LINUX – vom PC zur Workstation

Die Autoren
Stefan Strobel und
Thomas Uhl
studieren Medizi-
nische Informatik
an der Universität
Heidelberg/
Fachhochschule
Heilbronn.
Sie betreuen seit
längerem die an
der Hochschule
installierten
Workstations und
Linux-PCs.
In mehreren Vor-
trägen machten sie
Linux einer breiten
Öffentlichkeit
bekannt und unter-
stützten dessen
Verbreitung.

Stefan Strobel Thomas Uhl

LINUX
Vom PC zur Workstation

Grundlagen, Installation
und praktischer Einsatz

Mit einem Vorwort von Jürgen Gulbins
Zweite, überarbeitete und erweiterte Auflage

 Springer

Stefan Strobel
Schlegelstraße 19
D-74074 Heilbronn

Thomas Uhl
Obere Heerbergstraße 17
D-97078 Würzburg

Die Autoren sind unter der folgenden E-Mail-Adresse zu erreichen:
linux@sun1. rz.fh-heilbronn. de

ISBN 3-540-58097-2 Springer-Verlag Berlin Heidelberg New York
ISBN 3-540-57383-6 1. Auflage Springer-Verlag Berlin Heidelberg NewYork

CIP-Aufnahme beantragt

Umschlaggestaltung: Künkel + Lopka, Ilvesheim. Satz: Reproduktionsfertige Vorlage
der Autoren. Datenbelichtung, Druck und Bindearbeiten: K. Triltsch, Würzburg.
Gedruckt auf säurefreiem Papier SPIN 10471693 - 33/3142 - 5 4 3 2 1 0

Vorwort

UNIX hat seine starke Verbreitung, seine Durchdringung des Hochschulbereichs und von dort aus auch der Forschungsanlagen und der Industrie durch den Umstand erlangt, daß es von AT&T anfänglich relativ frei und in Quellen an alle Interessenten weitergegeben wurde. Die heutige UNIX-Funktionalität wurde so nicht nur von den AT&T-Entwicklern geschaffen, sondern ebenso von vielen anderen Entwicklern außerhalb, die das Produkt benutzten und weiterentwickelten – ihre Erweiterungen aber in die AT&T-Entwicklung zurückfließen ließen. Als Beispiel seien hier nur die Beiträge der University of California at Berkeley angeführt.

Mit der seit etwa 1983 stattfindenden Kommerzialisierung von UNIX durch AT&T (inzwischen Novell) und den Argumentationsschlachten zwischen den großen UNIX-Anbietern wie SUN, HP, Digital, IBM, SCO und dem UNIX-Kern-Labor sowie mit den mehr rhetorischen als sachlichen Diskussionen zwischen OSF und dem UNIX-International-Lager wurde diese kreative und kooperative Weiterentwicklung leider zunehmend eingeschränkt, und die UNIX-Quellen sind heute unerschwinglich teuer und faktisch nicht mehr zugänglich.

Linux hat dies geändert. Mit Linux wird den interessierten Informatikern und Computeranwendern – und ebenso auch den -Innen – ein System in die Hand gegeben, das diese alte UNIX-Tradition erneut aufleben läßt: Linux ist frei verfügbar und alle sind herzlich aufgefordert – aber nicht verpflichtet – zu seiner Weiterentwicklung beizutragen. Als ich Anfang 1994 das Vorwort zur ersten Auflage dieses Buches schrieb, begann Linux, da es auf PC-Systemen läuft, die Arbeitszimmer vieler Studenten und Informatik-Interessierten zu erobern. Dieser Siegeszug ist inzwischen fast vollendet und Linux beginnt immer ernsthafter, auch im kommerziellen Umfeld eine Rolle zu spielen.

Die inzwischen erreichte Funktionalität, Vollständigkeit und Kompatibilität zu kommerziellen Produkten ist beeindruckend, das Entwicklungstempo so rasant, daß es zuweilen schwer fällt, jeweils den aktuellen Stand zu kennen. Linux kann sich heute in vielen Aspekten mit den kommerziellen und realistisch gesehen proprietären UNIX-Versionen durchaus messen. An einzelnen Punkten – z.B. was die Unterstützung von PC-Karten betrifft – hat es diese sogar übertroffen. Was für die systemnahen Programmierer ein fast unschätzbarer Wert ist – seine Quellen sind im Gegensatz zu den kommerziellen UNIX-Versionen frei verfügbar.

Dieses Buch kann mithelfen, diese reiche Quelle an Software für den Anwender und Programmierer schneller zu erschließen, ihm helfen, sich einen Überblick zu verschaffen. Es will die durchaus vorhandenen Linux-Manualpages durch eine Übersicht und durch zahlreiche Hinweise und Vervollständigungen ergänzen. Es gestattet der Linux-Anwenderin und dem Linux-Anwender, sich damit schneller in Linux einzuarbeiten, das System besser zu nutzen und auch einmal in Bereiche hineinzuschauen, die sie oder er bisher noch nicht kennt oder gefunden hat.

Insbesondere die Hinweise zur Installation und Administration, beides ist bisher in UNIX leider von System zu System sehr verschieden, dürften den meisten Linux-Benutzern hilfreich sein.

Als eine Art UNIX-Veteran bin ich freudig überrascht, wie mit Linux, weit über anfängliche Begeisterung hinaus, wieder der Pioniergeist der früheren UNIX-Jahre aufersteht und den in vielen Aspekten unsinnigen, offenen und in Wirklichkeit proprietären Diskussionen kommerzieller UNIX-Macher aufzeigt, was möglich und sinnvoll ist. Mag dieses Buch dazu beitragen.

J. Gulbins

Anmerkung der Autoren

Dieses Buch entstand aus der Erfahrung, die wir durch mehrere gehaltene Vorträge gesammelt haben, und den Fragen, die wir immer wieder zum Thema Linux gestellt bekommen. Es hat sich gezeigt, daß es nicht unbedingt die genaue Kenntnis technischer Details ist, die die Anwender zum Einstieg benötigen, sondern ein breiter Überblick über das Linux-System und die vielen frei verfügbaren Tools. Daher soll dieses Buch auch keine Referenz darstellen, sondern dem Leser die nötigen Grundkenntnisse vermitteln und ihn in die Lage versetzen, selbst weitere Informationsquellen zu erschließen.

Im Gegensatz zu vielen anderen Autoren haben wir nicht versucht, die englischen Fachbegriffe ins Deutsche zu übersetzen, da dies nicht zu einer besseren Verständlichkeit der Thematik beiträgt, sondern eher zu Mißverständnissen führt. Beispiele hierfür sind Shell, Filesystem oder Manualpage. Für den Umgang mit Linux sind Kenntnisse der üblichen englischen Begriffe sehr von Nutzen.

Danksagungen

Die Autoren möchten sich ausdrücklich bei folgenden Personen bedanken, die tatkräftig zur Entstehung dieses Buches beigetragen haben: Christan Lotz und Henner Zeller, ohne deren Unterstützung wir womöglich nie die Zeit gefunden hätten, diese zweite Auflage zu vollenden, Dirk Höfle, Sascha Runge, Rainer Maurer, Maren Mecking und Roland Uhl, die Kritik und Korrekturen beigetragen haben. Besonderer Dank für die ausgezeichnete Unterstützung gebührt dem Rechenzentrumsleiter der Fachhochschule Heilbronn, Dr. G. Peter, und seinen Mitarbeitern. Herrn Gulbins danken wir für die Bereitschaft, das Vorwort zu verfassen.

Inhalt

Einleitung

Seit einiger Zeit sind 32-Bit Betriebssysteme eines der meist diskutierten Themen in der Welt der PCs. Es sieht fast so aus, als werde MS-DOS in absehbarer Zeit von leistungsstärkeren Betriebssystemen abgelöst.

Die Diskussion über den zukünftigen Standard ist, zumindest in den Fachzeitschriften, lebhaft im Gange. Dabei scheinen sich im Bereich der Server-Betriebssysteme zwei Alternativen abzuzeichnen: Microsoft Windows NT und UNIX, in Varianten wie Solaris 2 (Sun), AIX (IBM), UnixWare (Novell), NextStep und anderen. OS/2 von IBM spielt in diesem Zusammenhang keine große Rolle, da es eher als Konkurrenz zu Windows in der jetzigen und den künftigen 32-Bit Versionen zu sehen ist.

UNIX vs. Windows NT

OS/2

Welches System sich letztlich durchsetzen wird, ist heute noch nicht absehbar. Jedenfalls ist aufgrund der in den letzten Jahren erheblich gestiegenen Leistung im Hardwarebereich der Bedarf an einem modernen Betriebssystem vorhanden, das dieser Entwicklung Rechnung trägt.

Die Grenzen zwischen klassischen UNIX-Workstations und High-End-PCs unter einem modernen Serverbetriebssystem werden damit fließend.

Workstations

1.1 Geschichtliches zu Linux

Abseits aller großen Strategiedebatten hat sich eine enorm leistungsstarke Alternative zu den oben genannten kommerziellen Systemen entwickelt. Die Rede ist von Linux, einem komplett kostenlos erhältlichen UNIX-System für Intel-Prozessoren.

Linux wurde von einem jungen finnischen Studenten namens Linus Torvalds entwickelt. Es war jedoch zunächst nicht sein Ziel, ein vollwertiges Betriebssystem zu implementieren. Anfangs wollte er nur die speziellen Task-Switching-Befehle des 80386-Prozessors näher kennen– und verstehen lernen. Er benutzte zunächst MINIX, ein Lehrsystem für Betriebssystembauer von Andrew Tannenbaum, um sein Testprogramm zu übersetzen. Doch MINIX enthielt aufgrund seiner eher didaktischen Ausrichtung eine Menge Unzulänglichkeiten.

386-Prozessor

Dem ehrgeizigen Studenten reichten bald die vorhandenen Möglichkeiten dieses UNIX-ähnlichen Systems nicht mehr aus. Er begann aus seinen Testprogrammen Schritt für Schritt einen kleinen Betriebssystemkern (Kernel) zu entwickeln, der im sogenannten Protected-Mode des 80386ers lief und diesen Prozessor somit optimal ausnutzte.

Kernel

Dem Task-Switcher folgte ein einfacher Tastatur-Treiber, um interaktiv mit dem System arbeiten zu können. Zu diesem Zeitpunkt war Linux noch immer auf Teile des MINIX-Systems angewiesen, was sich aber rasch ändern sollte.

Um nicht auch noch ein neues Dateisystem entwickeln zu müssen, entschloß sich Linus Torvalds, das Filesystem von MINIX zu übernehmen. Auf diese Weise ersparte er sich nicht nur eine Menge Arbeit, sondern es stand ihm von Anfang an ein stabiles System zur Festplattenverwaltung zur Verfügung. Nach wenigen Monaten hielt der Entwickler das System für ausgreift genug, um es einer breiteren Öffentlichkeit vorzustellen.

MINIX-Dateisystem

Im August 1991 erschienen die kompletten Quelltexte von Linux Version 0.01 erstmalig auf dem größten finnischen FTP-Server im Internet `nic.funet.fi`. Es wurde als "freely distributable MINIX clone" angekündigt und nur von wenigen Interessierten im Internet beachtet. Bereits zwei Monate später veröffentlichte Linus Torvalds die nächste Version (0.02), die auch schon einige rudimentäre UNIX-Kommandos beinhaltete. Der dazu verfügbare GNU C-Compiler (gcc) erlaubte die Übersetzung kleinerer C-Programme und ermöglichte so die Portierung einer UNIX-Shell (bash).

FTP-Server

Eine entscheidende Rolle für die einfache Übertragbarkeit von Standard-UNIX-Software auf das heutige Linux spielte die frühe

POSIX

Entscheidung, sich an POSIX zu orientieren, einer Familie von Standards des *Institute of Electrical and Electronics Engineers* (IEEE). Es dauerte aber noch bis zum Ende des Jahres, ehe Linux größere Beachtung fand.

Der Durchbruch kam am 5. Januar 1992 mit der Version 0.12. Linux war nun mächtig genug, um eine größere Entwicklergemeinde zu interessieren. Inzwischen verfügte das System über einen Swapping-Mechanismus, der es gegenüber MINIX eindeutig überlegen machte.

Swapping

Im Laufe der Zeit fanden sich immer mehr interessierte Entwickler, die Fehlerkorrekturen und Verbesserungsvorschläge nach Finnland schickten und auf diese Weise mit an der Verbesserung des Systems arbeiteten. Solche frühen Fremdentwicklungen sind beispielsweise die in den heutigen Versionen enthaltene "POSIX job control" und die umschaltbaren virtuellen Konsolen.

interessierte Entwickler

Als wichtiges Instrument für die rasche Fortentwicklung stellte sich das Internet heraus. Dabei handelt es sich um ein weltweites Netzwerk (WAN), in dem über drei Millionen Computer miteinander verbunden sind. Es erlaubt den schnellen Austausch von Information aller Art. Über dieses Netzwerk konnten die Linux-Entwickler ihre Kommentare, Verbesserungen und Programme austauschen.

Internet

Zu Anfang wurde Linus Torvalds täglich mit mehr als 60 Mails überhäuft, die er kaum noch alle bearbeiten und beantworten konnte. Erst als eine eigene Diskussionsgruppe für Linux eingerichtet wurde, beruhigte sich die Flut an Nachrichten wieder. Heute existieren im Internet mehrere Newsgruppen, die sich mit den verschiedenen Aspekten von Linux befassen. Die wichtigste ist `comp.os.linux.announce` (c.o.l.a.), in der neue Entwicklungen und Programmversionen angekündigt werden. Für die Entwickler wurden sogenannte Mailing-Listen eingerichtet, die einen ähnlichen Informationsaustausch zulassen.

Diskussionsgruppen

Mailing-Listen

Neben Briefen und Nachrichten können im Internet auch Dateien ausgetauscht werden, so daß sich auch die verteilte Entwicklung größerer Softwarepakete organisieren läßt, wie das Beispiel Linux eindrucksvoll demonstriert.

3

Aber nicht nur für die Entwickler ist der schnelle Informations-
fluß von Vorteil, auch der Anwender hat greifbare Vorteile.

Support Sollten bei der Installation oder beim Betrieb irgendwelche
Probleme auftauchen oder Fehler entdeckt werden, so kann er in
günstigen Fällen innerhalb weniger Stunden eine adäquate Lösung für sein Problem erhalten. Eine derartige Unterstützung
gewährleisten oft nicht einmal kommerzielle Wartungsverträge.

Natürlich hat nicht jeder Linux-Anwender einen Internet-Zugang.
Doch auch in diesen Fällen ist er nicht auf sich alleine gestellt. In

Mailboxen den meisten Mailbox-Netzen wurden Diskussionsgruppen über
Linux eingerichtet, so daß in vielen Fällen ein Modem genügen
sollte, um einigermaßen auf dem Laufenden zu bleiben.

Ein interessanter Aspekt an der Geschichte von Linux ist, daß

Hierarchie weder eine strenge Hierarchie noch eine übergeordnete Instanz
existiert, die die Entwicklung in irgendeiner Weise steuert.
Vielmehr wird das Projekt vom Enthusiasmus vieler einzelner
Internet-Teilnehmer getragen, die immer neue Verbesserungen
und Vorschläge einbringen. Es sind häufig professionelle
Entwickler oder Angestellte größerer Institutionen, die dafür ihre
Freizeit opfern.

Kernel Zwar liegt die konkrete Weiterentwicklung des Kernels noch
immer in den Händen des ursprünglichen Autors, es haben sich
jedoch viele kompetente Mitstreiter gefunden, die sich um andere
Teilbereiche des Systems kümmern.

Ein solcher Bereich ist beispielsweise die Portierung bzw.

GNU C und das Wartung des GNU C-Compilers und der C-Libraries für Linux,
X Window System die Pflege und Anpassung des X Window Systems oder des
Netzwerkbereiches. Wieder andere Linux-Anhänger arbeiten an
einer Benutzer- und Systemdokumentation oder sorgen für die
Zusammenstellung eines installationsfähigen Systems auf
Disketten oder CD-ROM.

Die freie Verfügbarkeit der Quelltexte gilt nicht nur für den
Kernel, sondern auch für die meisten Anwenderprogramme. Sie
entstammen überwiegend den großen UNIX-Freeware–Archiven
des Internets.

Softwareliste In größeren Abständen wird eine Softwareliste (Linux Software
Map) im Internet verbreitet, die momentan ca. 1300 Pakete
enthält. Es gibt fast keinen Bereich, für den nicht eine passende

Software zu finden wäre. Da vor allem an den amerikanischen Universitäten sehr viele Entwicklungen unter UNIX durchgeführt werden, die dann frei erhältlich sind, gibt es für Linux auch viele Implementierungen aus dem Bereich der Forschung.

Als Beispiel wären diverse Compiler für bekannte und weniger bekannte Programmiersprachen zu nennen. Auch die Datenbanksysteme Ingres und Postgres der University of California at Berkeley wurden für Linux portiert. — *Programmiersprachen*

Noch liegt der Schwerpunkt im Bereich der Freeware, aber es sind auch kommerzielle Applikationen für Linux verfügbar. So zum Beispiel ein Modula-2-Compiler, ein Smalltalk-Entwicklungssystem, Interfacebuilder, CAD-Software, mehrere Datenbanksysteme oder die in der UNIX-Welt zum Standard gewordene grafische Benutzeroberfläche OSF/Motif. — *CAD*

1.2 Versionen

Die Weiterentwicklung von Linux geht momentan in ähnlich großen Sprüngen voran wie die ersten Implementierungen des Kernels. Die Version 1.0 sollte zunächst im Dezember 1992 erscheinen, wurde jedoch auf einen späteren Termin verschoben. — *Version 1.0*

Der Grund hierfür war nicht die mangelnde Stabilität, sondern der den kommerziellen UNIX-Versionen noch nicht ebenbürtige Funktionsumfang. — *Funktionsumfang*

So wurde das Erscheinen der Version 1.0 immer weiter hinausgezögert. Im nachhinein betrachtet hätte Linus Torwalds, nach eigenen Aussagen, am liebsten die erste stabile und anwendbare Version 0.12 als Version 1.0 deklariert, denn die Null in der Versionsnummer scheint einige potentielle Interessenten davon abgehalten zu haben, sich näher mit dem System zu befassen.

Im März '94 erschien die endgültige Version 1.0, und die Entwicklung wurde mit Versionsnummern 1.1.x fortgesetzt. Bei den Anwendern und Interessenten hat diese Numerierung zu einer großen Verwirrung geführt. Dazu beigetragen haben sicher nicht zuletzt diverse CD-Hersteller, die gleich mehrere Linux Distributionen mit eigenen Versionsnummern auf einer CD verkaufen. Das eigentliche Linux ist dabei nur ein sehr kleiner — *Version 1.1.x*

Teil, der compiliert mehrfach auf eine Diskette paßt. Die Frage nach der Linux-Version bei einer CD ist daher falsch. Statt dessen sollte man nach der Version des Kernels, der C-Library, des Compilers oder von X11 fragen.

Weit verbreitet ist auch die Meinung, daß eine höhere *höhere* Versionsnummer für bessere oder stabilere Software steht. Dem *Versionsnummern* ist jedoch nicht so. Der Kernel 1.0 Patchlevel 9 (oder kurz 1.0.9) war lange Zeit der einzige stabile Kernel, während die Kernels mit 1.1.x Nummern viele neue und noch unausgereifte Funktionen enthielten. Sie waren für Entwickler gedacht und änderten sich teilweise mehrfach in einer Woche.

Version 1.2 Mit Erscheinen der Version 1.2 ist diese Entwicklung ebenfalls abgeschlossen. Linux 1.2 enthält Treiber für den NCR SCSI-Chipsatz, der auf vielen PCI Mainboards verwendet wird und ist Voraussetzung für die aktuellen Versionen des DOS-Emulators und der iBCS2 Emulation.

GNU C-Compiler Ähnlich verhält es sich mit den Versionen des GNU C-Compilers. Die Version 2.5.8 war weit stabiler als die Version 2.6.0. Die Qualität einer Linux-Distribution kann daher nicht einfach anhand der Höhe der Versionsnummern abgelesen werden. Zu empfehlen sind die amerikanische Slackware-Distribution oder *Unifix* die deutschen Distributionen Unifix und LST.

Das heutige Linux wartet mit allen wichtigen Features der kommerziellen Konkurrenten auf und bietet aufgrund des effizienten Designs bei gleicher Hardwarekonfiguration eine weit höhere Performance. Dies gilt nicht nur für den Kernelbereich, sondern auch für die grafische Oberfläche.

1.3   Features

Besonders interessant für den Einsatz im kommerziellen Umfeld dürfte die Möglichkeit sein, Programme für andere PC-basierte UNIX-Varianten im COFF bzw. ELF-Format unter Linux *iBCS2* ablaufen zu lassen. Der dafür entwickelte iBCS2-Emulator erschließt dem Linux-Anwender ein beinahe unbegrenztes Angebot an professionellen Applikationen. Auch MS-DOS *DOS-Emulator* Programme sind in einem DOS-Emulator verwendbar. Eine Windows-Emulation zum direkten Ausführen von MS-Windows

Programmen unter X11 ist zwar noch nicht ausgereift, verspricht aber für die Zukunft interessante Perspektiven.

Linux läßt sich sowohl in TCP/IP, als auch in IPX- oder Lanmanager-Netze integrieren. Damit kann es beispielsweise als Client in Novell-Netzen, oder auch als Server für Windows for Workgroups verwendet werden.

TCP/IP, IPX und Lanmanager

Im Gegensatz zu vielen anderen UNIX-Systemen verfügt Linux bereits über die neueste Version des X Window Systems (X11R6). Zu weiteren Features, die in kommerziellen Systemen nicht ohne weiteres zur Verfügung stehen, zählt z.B. die Unterstützung von INMOS-Transputerboards oder die Möglichkeit, TCP/IP über die serielle oder parallele Schnittstelle zu betreiben. Auch die direkte Kernelunterstützung von ISDN-Karten zur schnellen Netzwerkverbindung über größere Distanzen machen es für Kommunikationsaufgaben interessant.

X11R6

ISDN

Da es keine echte "Roadmap" für die Weiterentwicklung von Linux gibt, wird das System in Zukunft sicher noch mit einigen Überraschungen aufwarten können.

"Linux" wird sehr oft falsch ausgesprochen. Viele Anwender halten den Namen für einen amerikanischen Begriff und reden daher von "Lainux". Richtig ist jedoch die finnische Aussprache. Diese entspricht etwa dem, was ein Deutscher ohne Englischkenntnisse sagen würde, also "Lihnucks".

Aussprache

1.4 UNIX-Entwicklung und Standards

Die Geschichte von UNIX reicht weit in die 70er Jahre zurück. Die erste Version wurde 1971 von Dennis Ritchie und Ken Tompson in den Bell Laboratories der größten amerikanischen Telefongesellschaft AT&T entwickelt.

Ritchie und Tompson

Als 1973 die Programmiersprache C zur Verfügung stand, wurde der größte Teil des Systems neu geschrieben, was sich später als sehr günstig für Übertragungen auf andere Prozessoren herausstellen sollte.

C

Aufgrund einer Vereinbarung mit der US-Regierung durfte AT&T das inzwischen recht erfolgreiche System nicht kommerziell verwerten. Daher wurde es im Quelltext, jedoch ohne Support, an Universitäten weitergegeben, wo es zunehmend

AT&T

an Popularität gewann. Mit der Version 7 im Jahre 1979 änderte sich die Lizenzpolitik von AT&T. Den Quelltext konnte man nur noch gegen Gebühren erhalten, was die University of California at Berkeley später veranlaßte, eine eigene UNIX-Variante, das BSD-UNIX, zu entwickeln.

System V

SVID

1983 kündigte AT&T eine Weiterentwicklung ihres Systems mit dem Namen *System V* an, welches nun kommerziell vertrieben wurde. Die Programmierschnittstelle dieses Systems wurde in der sogenannten *System V Interface Definition* festgelegt. Firmen wie Sun Microsystems, Microsoft oder DEC entwickelten jeweils ihre eigene Version von UNIX (SunOS, Xenix, ULTRIX), was im Laufe der Zeit die Portierung von Software zwischen diesen Systemen unnötig erschwerte.

System V Release 4

Um die zwei großen UNIX-Linien, System V und BSD wieder zusammenzuführen, propagierte AT&T im Jahre 1990 Release 4 des System V als neuen Standard, der alle bisherigen UNIX-Varianten umfaßte.

Auch andere Institutionen erkannten die Notwendigkeit einer Standardisierung von UNIX. So entwarf das IEEE den sogenannten POSIX-Standard für UNIX-ähnliche Betriebssysteme. Dieser Standard gliedert sich in mehrere Teile.

POSIX

POSIX 1003.1 enthält nur eine Beschreibung der unteren System-schnittstellen. POSIX 1003.2 wird einen Standard für Shells und Kommandos definieren und POSIX 1003.7 die Möglichkeiten der Systemadministration. Obwohl POSIX eigentlich auf der UNIX-Systemschnittstelle basiert, wird dieser Standard auch von anderen Betriebssystemen unterstützt werden (Windows NT).

X/Open

Ein anderes Gremium, das sich vorwiegend aus UNIX-Herstellern zusammensetzt, hat einen weiteren Standard verabschiedet. Der sogenannte *X/Open Portability Guide* basiert zwar auf POSIX 1003.1, erweitert diesen jedoch in einigen Punkten. Im Rahmen der COSE-Initiative (Common Open Software Environment) nahm die Bedeutung des X/Open-Konsortiums erheblich zu. Ziel ist nun die Verabschiedung einer einheitlichen Desktop-Oberfläche, des sogenannten Common Desktop Environments (CDE) und einer Programmierschnittstelle für alle vorhandenen UNIX-Varianten. Dadurch soll vor allem der Portierungsaufwand von Software zwischen den unterschiedlichen UNIX-Plattformen erheblich reduziert werden.

1.5   Die FSF

Neben der Orientierung am POSIX-Standard zeichnet sich Linux dadurch aus, daß es größtenteils der General Public License (GPL) der Free Software Foundation (FSF) unterliegt. Die FSF wurde vor etwa 10 Jahren von Richard Stallman, dem Autor des legendären GNU Emacs Editors, gegründet. Ziel dieser Organisation ist die Entwicklung qualitativ hochwertiger freier Software, wobei "frei" hier nicht bedeutet, daß sie nichts kosten darf. Vielmehr darf die Freiheit, die Software inklusive Quellcodes beliebig zu kopieren und weiterzugeben nicht eingeschränkt werden. Freie Software unterscheidet sich damit grundlegend von Public-Domain oder Shareware. Sie ist durch ein Copyright geschützt, und die Lizenzbedingungen werden durch das GPL geregelt.

General Public License

Richard Stallman

freie Software

Software, die dem GPL unterliegt, darf durchaus kommerziell vertrieben werden. Es muß jedoch gewährleistet werden, daß sie von jedem beliebig kopiert und weitergegeben werden darf. Auch der Quellcode darf nicht zurückgehalten werden. Benutzt ein Entwickler freie Software als Grundlage eigener Entwicklungen, so muß diese Entwicklung ebenfalls unter dem GPL verfügbar gemacht werden.

Quellcode

Es geht hierbei nicht um Software, die mit dem GNU C-Compiler compiliert oder mit dem GNU Emacs Editor editiert wurde, sondern um Programme, die Quellcode verwenden, der dem GPL unterliegt.

C-Compiler

Diese Regelung führt häufig zu einer Steigerung der Qualität der Software, von der alle Beteiligten profitieren. Die Firma Next verwendete beispielsweise den GNU C-Compiler als Grundlage ihres Objective-C Compilers. Damit stand ihnen ein relativ ausgereifter und frei verfügbarer Compiler zur Verfügung. Aufgrund des GPL wurden die Erweiterungen der Allgemeinheit zugänglich gemacht, und so verarbeitet der GNU C-Compiler neben ANSI-C und C++ heute auch Objective-C.

Qualität

Objective-C

9

Das GNU Projekt der FSF ist der Versuch, ein vollständiges, frei kopierbares Betriebssystem zu entwickeln, das weitgehend **GNU** UNIX-kompatibel sein soll. GNU steht dabei für "Gnu's not UNIX". Im Rahmen dieses Projektes wurden neben dem GNU C-Compiler und dem Emacs Editor zahlreiche UNIX-kompatible Kommandos und Tools entwickelt, die heute in fast allen Linux-Distributionen verwendet werden. Was der FSF und dem GNU-Projekt bisher fehlte ist ein Betriebssystemkern. Die Entwicklung **Hurd** des GNU-Kernels ("Hurd"), begann bereits vor dem Entstehen von Linux, dennoch ist er noch nicht für Anwender einsetzbar. Hurd basiert auf dem Mach-3 Microkernel und wird dem Linux-Kernel eventuell technologisch überlegen sein.

Linux und die FSF Linux profitiert vom GNU-Projekt, da ein großer Teil der UNIX-Befehle und Utilities diesem Projekt entstammen oder zumindest der GPL unterliegen. Gleichzeitig stellt der Linux Kernel zusammen mit den Tools der FSF und anderen frei erhältlichen Utilities ein vollständiges und kostenloses UNIX-System dar, was das Ziel des GNU-Projekts ist.

Weiterentwicklung Die Weiterentwicklung zentraler Elemente wie des C-Compilers und der C-Library läuft heute meist gemeinschaftlich und koordiniert von GNU- und Linux-Entwicklern ab.

Der interessierte Programmierer findet heute auf den bekannten **FTP-Server** FTP-Servern eine beinahe unüberschaubare Fülle an Software, die dem GPL unterliegt. Es stehen neben Programmiersprachen wie C, C++, Smalltalk, Lisp, und Fortran verschiedene Editoren, Debugger (gdb) und sogar ein PostScript-Interpreter (Ghostscript) zur Verfügung.

1.6 Linux Features im Überblick

Zur besseren Orientierung werden im folgenden die wichtigsten Eigenschaften von Linux in Stichpunkten zusammengefaßt.

- **Echtes 32-Bit Multiuser/Multitasking UNIX-System.** Linux erlaubt mehreren Benutzern die gleichzeitige Ausführung verschiedener Programme und nutzt dabei die Möglichkeiten der Intel 386 Prozessoren und deren Nachfolger voll aus. Der Leistungsumfang ist dabei durchaus mit einer klassischen RISC-Workstation vergleichbar.

- **Orientierung an gängigen UNIX-Standards (POSIX).** Durch die Einhaltung der bestehenden Standards für UNIX ist die Portierung von vorhandener Software auf Linux meist ohne Probleme durchführbar.

- **Netzwerkunterstützung (TCP/IP und andere).** Ein Linux-Rechner kann auf einfache Weise in ein TCP/IP-, Lanmanager- oder Novell-Netz integriert werden. Es werden gängige PC-Ethernetkarten und eine TCP/IP-Verbindung über Modems (SLIP) unterstützt.

- **Grafische Oberfläche (X11).** Die aktuelle Version (Release 6) des X Window Systems ist im Linux-System enthalten. Mit OSF/Motif steht auch die Standard-Oberfläche der kommerziellen UNIX-Systeme zur Verfügung.

- **GNU-Utilities und Programme.** Ein großer Teil der Befehle und Utilities unter Linux entstammt dem GNU-Projekt und zeichnet sich durch viele funktionelle Erweiterungen aus.

- **Komplette UNIX-Entwicklungsumgebung.** Linux erlaubt die Entwicklung von Programmen, die auch problemlos auf anderen UNIX-Systemen lauffähig sind. Neben dem GNU C / C++ / Objective-C Compiler, vielen Editoren und Versions-kontrollsystemen gibt es zahlreiche weitere Tools zur Softwareentwicklung.

- **Kompatibilität zum iBCS2-Standard** erlaubt die Ausführung von Programmen im COFF- und ELF-Format, die für SCO UNIX oder andere PC-UNIX Varianten entwickelt wurden.

11

Grundlagen

Für das Verständnis der folgenden Kapitel sind einige Grundkenntnisse der EDV im allgemeinen und UNIX im
besonderen erforderlich. Um dem mit UNIX unerfahrenen Leser
den Einstieg in diese Materie zu erleichtern, sollen hier einige der
wichtigsten Konzepte und Begriffe erläutert werden.

2.1   Multiuser

In der klassischen Datenverarbeitung gibt es einen zentralen
Großrechner, der alle anfallenden EDV-Aufgaben zu verarbeiten
hat. An diesem Großrechner sind über serielle Verbindungen
Terminals (einfache Textbildschirme mit einer Tastatur) angeschlossen. Da sich viele Benutzer den selben Rechner teilen
müssen, ist es nötig, ein System für den Zugangsschutz und die
Verwaltung dieser Benutzer zu verwenden, um eine gerechte
Verteilung der gemeinsam genutzten Ressourcen zu erreichen.
Die Basis für ein solches System bilden eindeutige Benutzernamen, denen meist numerische *User-Ids* zugeordnet sind. Jeder
Benutzer bekommt einen solchen Benutzernamen zugewiesen,
mit dem er sich beim System mit einem zusätzlichen *Paßwort*
anmelden muß. Man spricht hier auch von "Einloggen" in ein
System. Aufgrund dieser Kennung können dann Zugriffsrechte
auf Dateien und andere Ressourcen vergeben werden.
Systeme, die eine derartige Verwaltung für mehrere Benutzer
bieten, werden Multiuser-Systeme genannt. UNIX ist ein
typisches System dieser Art. Es sieht für jeden Benutzer eine
Benutzerkennung (mit interner numerischer User-Id) und mehrere

Zentralrechner

Terminals

Benutzer, User-Id

Paßwort

Multiuser

13

Gruppen (mit internen numerischen Group-Ids) vor. Ein Benutzer kann gleichzeitig mehreren Gruppen angehören. Dies ist dann sinnvoll, wenn er an mehreren Projekten beteiligt ist oder auf Daten verschiedener Bereiche Zugriff haben soll. Zugriffsberechtigungen auf Verzeichnisse und Dateien können individuell für Benutzer und Gruppen vergeben werden.

Es gibt auf allen Multiuser-Systemen einen privilegierten Benutzer, der das System verwaltet. Er wird häufig auch als Systemadministrator oder Superuser bezeichnet. Dieser Benutzer hat im Falle von UNIX den Namen *root* und die numerische Id 0. Für ihn gibt es keine Zugriffsbeschränkungen. Er kann neue Benutzer anlegen und Zugriffsrechte vergeben. Auf die Aufgaben dieses Benutzers wird im Kapitel 6 *Administration* näher eingegangen.

Systemadministrator

root

Vom Zentralrechner zum Netzwerk

In den letzten Jahren wurde die Hardware immer billiger und leistungsfähiger. Die Möglichkeiten neuer dezentraler Systeme mit ihren grafischen Oberflächen führten zu einem Rückgang der Akzeptanz von Großrechnern.

Anstelle eines Zentralrechners mit einer großen Anzahl von Terminals und vielen Benutzern findet man heute immer häufiger Arbeitsplätze, an denen jeder Mitarbeiter einen oder mehrere Rechner für sich alleine hat. Diese sind durch ein Netzwerk miteinander und mit anderen Rechnern und Servern verbunden und erlauben so den einfachen Datenaustausch.

mehrere Rechner

Eine ähnliche Entwicklung hat sich auch im UNIX-Bereich vollzogen: Aus dem rein textorientierten, eher zentralen UNIX-System wurde eine grafische UNIX-Workstation auf dem Schreibtisch.

UNIX-Workstation

Die Entwicklung, daß ein Benutzer mehrere Rechner zur gleichen Zeit bedient, um auf verschiedene Programme und Daten gleichzeitig zugreifen zu können, spiegelt sich auch in den sogenannten *virtuellen Terminals* wieder. Durch dieses Feature kann sich ein Benutzer, obwohl er nur einen physikalischen Bildschirm besitzt, mehrfach auf dem selben Rechner einloggen. Eine spezielle Tastenkombination erlaubt es, zwischen den einzelnen virtuellen Terminals umzuschalten.

virtuelle Terminals

2.2 Multitasking

Neuere Multiuser-Systeme sind in der Regel auch Multitasking-Systeme. Sie bieten die Möglichkeit, viele Aufgaben quasi gleichzeitig abzuarbeiten, was bei einfachen Multiuser-Systemen nicht unbedingt der Fall ist. Die kleinste Einheit, die ein solches System parallel zu anderen bearbeiten kann, wird *Prozeß* oder auch *Task* genannt. Bei UNIX, das sowohl ein Multiuser- als auch ein Multitasking-System ist, spricht man in der Regel von Prozessen. Prozesse, die auf einem UNIX-System parallel ablaufen, sind zum Beispiel Programme von verschiedenen Benutzern oder solche, die ständig im Hintergrund ablaufen (Daemons).

Ein wesentliches Merkmal von modernen Multitasking-Systemen ist außerdem die Verfügbarkeit von Inter-Prozeß-Kommunikation (IPC). Darunter versteht man Mechanismen, die zur Synchronisation und zum Datenaustausch zwischen Prozessen dienen.

Auf konventionellen Rechnern mit nur einem einzigen Prozessor muß dieser abwechselnd den Prozessen zugeteilt werden, um für den Benutzer eine scheinbar gleichzeitige Verarbeitung vorzutäuschen. Diese Aufgabe übernimmt der sogenannte *Scheduler*. Das ist ein spezieller Prozeß, der eine Liste der normalen Prozesse führt und dafür sorgt, daß der Prozessor in bestimmten Abständen den nächsten Prozeß bearbeitet.

Es gibt verschiedene Strategien, nach denen ein Scheduler bestimmen kann, welcher Prozeß als nächstes bearbeitet werden soll. Eine sehr einfache ist, in regelmäßigen Zeitintervallen (beispielsweise 50 ms) den nächsten Prozeß in der Liste auszuwählen, und diesen nach seiner Bearbeitung hinten in die Liste einzureihen (round robin). Andere Strategien ordnen jedem Prozeß eine Priorität zu, wobei Prozesse mit höherer Priorität mehr Rechenzeit bekommen als Prozesse mit niedrigerer Priorität.

UNIX erlaubt die Vergabe sogenannter *Nice Levels*, mit denen der Benutzer die interne Priorität seiner Prozesse beeinflussen kann. Auf diese Weise kann die Belastung des Systems durch Programme, die im Hintergrund ablaufen, erheblich reduziert werden. Wichtige Prozesse können vom Systemadministrator

15

auch in ihrer Priorität erhöht werden, um eine schnellere Abarbeitung zu gewährleisten.

2.3   Memory-Management

Die Speicherverwaltung eines heutigen UNIX-Systems unterscheidet sich deutlich von der eines einfacheren Betriebssystems wie MS-DOS. Linux verwendet ein virtuelles Memory-Management. Das bedeutet, daß den Programmen mehr Hauptspeicher vorgetäuscht wird, als tatsächlich vorhanden ist.

virtuelle
Speicherverwaltung

Das Verfahren, mit dem dies bei Linux ermöglicht wird, nennt sich *Paging*. Dabei wird mit Hilfe von Tabellen ein großer logischer Adreßraum auf einen kleinen physikalischen abgebildet. Der Speicherinhalt, der momentan nicht im physikalischen Hauptspeicher vorhanden ist, ist auf ein sekundäres Speichermedium, im allgemeinen die Festplatte, ausgelagert.

Paging

Festplatte

Wird auf eine logische Adresse zugegriffen, die sich gerade auf der Festplatte befindet, so wird der Bereich in den Hauptspeicher geladen, und ein anderer dafür auf der Festplatte abgelegt. Dieser Vorgang geht, wegen der erheblich höheren Zugriffszeit einer Festplatte, natürlich auf Kosten der Geschwindigkeit des Systems.

Geschwindigkeit

Um Speicher der Festplatte für die virtuelle Speicherverwaltung und den logischen Hauptspeicher verwenden zu können, müssen auf der Festplatte sogenannte *Swap-Files* oder *Swap-Partitionen* eingerichtet werden. Ohne solche Partitionen oder Dateien ist der Hauptspeicher auf die tatsächlich vorhandene Größe beschränkt.

Swap File/Partition

2.4   Schalenmodell

Der Aufbau eines UNIX-Systems wird häufig mit Hilfe eines Schalenmodells dargestellt. Abbildung 2.1 zeigt dies:

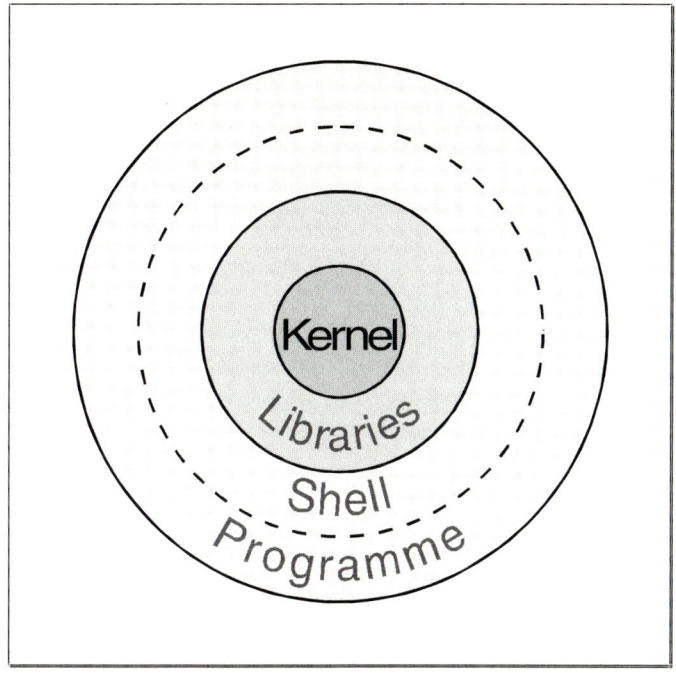

Abbildung 2.1 Schematischer Aufbau eines UNIX-Systems

Der Kern eines UNIX-Systems wird *Kernel* genannt. Er enthält   Kernel
zum Beispiel den Scheduler und die *Device-Driver*. Das sind die
Routinen, die den Zugriff auf Interface-Hardware und externe   Hardware
Geräte ermöglichen. Die Speicherverwaltung (Memory-Management) befindet sich ebenfalls im Kernel.
Die Prozesse des Kernels unterscheiden sich von den Prozessen,
die in den Schalen um den Kernel ablaufen. Die Prozesse eines
Benutzers können jederzeit unterbrochen werden. Sie unterliegen
der Steuerung des Schedulers, und jedem ist ein bestimmter   Scheduler
Speicherbereich zugeordnet. Versucht ein Benutzerprozeß auf
den Speicherbereich außerhalb seines eigenen zuzugreifen, so
wird er mit der Meldung "segmentation fault" abgebrochen.   segmentation fault
Eventuell wird dabei der aktuelle Speicher des Prozesses in eine
Datei mit dem namen `core` geschrieben ("core dump"). Diese   core dump
Datei kann für den Entwickler bei der Fehlersuche von Nutzen
sein.

17

Kernelprozesse dagegen haben universellen Zugriff auf alle Ressourcen des Rechners. Man spricht daher von verschiedenen Modi, in denen Prozesse ablaufen können, dem User-Mode und dem Kernel-Mode.

Die äußerste Schale des UNIX-Systems besteht aus Programmen, mit denen der Benutzer direkt in Berührung kommt. Dies sind zum einen die Shell, über die Betriebssystembefehle ausgeführt werden, und zum anderen Anwendungsprogramme, wie eine Textverarbeitung oder eine Datenbank.

Zwischen dieser Schale und dem Kernel liegen die verschiedenen Bibliotheken (Libraries), die den Zugriff auf meist in C geschriebene Bibliotheksfunktionen und auf Routinen des Kernels ermöglichen. Diese Libraries werden nach dem Compilieren eines Programms normalerweise zu dem Programm gelinkt. Das hat zur Folge, daß das Programm danach neben seinen eigenen Routinen auch die Routinen der Library beinhaltet.

Libraries

Linken

Da der Platzbedarf statisch gelinkter Programme recht hoch ist, greift man heute meist auf sogenannte *Shared-Libraries* zurück. Diese bestehen bei Linux aus zwei Teilen. Ein kleiner Teil, der nur Referenzen auf die Library enthält, wird zum Programm gelinkt. Die eigentliche Library wird erst zur Laufzeit des Programms geladen. Die in einer Shared-Library enthaltenen Routinen können dabei auch von mehreren Programmen gleichzeitig genutzt werden, was zusätzlich Speicherplatz einspart.

Shared-Libraries

Ein weiterer Vorteil ist die Möglichkeit, eine Shared-Library gegen eine neuere Version auszutauschen, ohne die darauf aufbauenden Programme neu linken zu müssen. Dies ist jedoch nur dann möglich, wenn die Routinen der neuen Bibliothek aufrufkompatibel zur alten Version sind.

Austauschen

2.5   Filesysteme

Festplatte

Ein Filesystem dient der Verwaltung der auf einer Festplatte gespeicherten Dateien. Obwohl jedes Computersystem über derartige Mechanismen verfügt, können diese sehr unterschiedlich aussehen.

Heutige Dateisysteme besitzen eine hierarchische Struktur. Der Benutzer kann seine Dateien auf verschiedene Verzeichnisse verteilen und behält auf diese Weise leichter den Überblick. Der Zugriff auf die einzelnen Dateien erfolgt über sogenannte Pfade. Im Gegensatz zu MS-DOS wird unter UNIX das /-Zeichen (slash) als Trennsymbol innerhalb eines Pfades benutzt.

Pfade

Unter UNIX können Pfade absolut (mit einem / am Anfang) oder relativ zum aktuellen Verzeichnis angegeben werden. Eine besondere Rolle spielt das Home-Verzeichnis eines Benutzers. In diesem Verzeichnis legt er seine persönlichen Daten ab, und dort befindet er sich nach dem Einloggen.

Home-Verzeichnis

Unter MS-DOS werden Diskettenlaufwerke und die einzelnen Partitionen der Festplatte über einen Buchstaben angesprochen. Unter UNIX sind diese zu einem Filesystem zusammengefaßt und erhalten somit keine getrennten Bezeichnungen. Das bedeutet, daß der Benutzer nicht mehr zwischen den einzelnen Laufwerken und Partitionen unterscheiden kann. Es existiert scheinbar nur ein großes Laufwerk mit einem Dateisystem. Probleme gibt es bei der Verwaltung von Disketten oder anderen Wechselmedien, da diese ja nicht ständig im Laufwerk verbleiben. Sie müssen daher vor dem Zugriff über den Befehl `mount` in das System eingebunden werden, was normalerweise nur vom Systemadministrator durchgeführt werden kann.

keine
Laufwerksbuchstaben

Disketten

mount

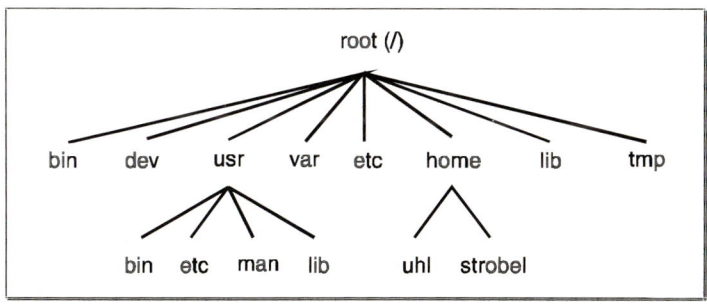

Abbildung 2.2 Ausschnitt aus einem UNIX-Dateibaum

Die Verwaltung der Dateien und freien Blöcke geschieht unter UNIX in einer anderen Form. MS-DOS erzeugt auf jedem Laufwerk eine sogenannte *File Allocation Table* (FAT), in der die freien und belegten Sektoren festgehalten werden. Ein zweiter

FAT

19

Bereich enthält das Wurzelverzeichnis. In einem DOS-Unterverzeichnis (Directory) werden neben den Namen der darin enthaltenen Dateien auch deren Attribute, wie Größe und Datum, gespeichert.

i-Node

UNIX dagegen legt für jede Datei einen sogenannten *i-Node* an, in dem die wichtigsten Merkmale, wie Name, Größe, Zugriffsrechte und Startblock gespeichert sind. Die Verzeichnisse enthalten dann nur noch einen Verweis auf einen i-Node. Eine derartige Struktur eignet sich erheblich besser zur Verwaltung größerer Dateisysteme als das FAT-System. Sie ist nicht nur platzsparender, sondern auch effizienter im Zugriff.

Verzeichnisse

Zugriffsrechte

Bei der Erzeugung einer Datei werden unter UNIX nicht nur der Dateiname und das Datum festgehalten, sondern auch die User-Id des Benutzers, der die Datei erstellt hat bzw. dem sie gehört, sowie die Gruppe, der die Datei gehört.

Besitzer

Um die Daten eines Filesystems vor unerwünschten Zugriffen schützen zu können, werden die Zugriffsrechte für jede Datei getrennt verwaltet. So kann der Zugriff auf den Dateibesitzer oder eine bestimmte Benutzergruppe beschränkt werden. Es ist aber auch möglich, ein allgemeines Zugriffsrecht zu definieren. Unterschieden wird dabei außerdem zwischen Lese-, Schreib und Ausführungsberechtigung. Diese werden in der Ausgabe des ls-Kommando durch die Buchstaben r, w und x gekennzeichnet. Ob es sich dabei um ein Zugriffsrecht für den Eigentümer, die Gruppe oder alle anderen Benutzer handelt, erkennt man an der jeweiligen Spaltenposition.

Zugriff

Lesen, Schreiben und Ausführen

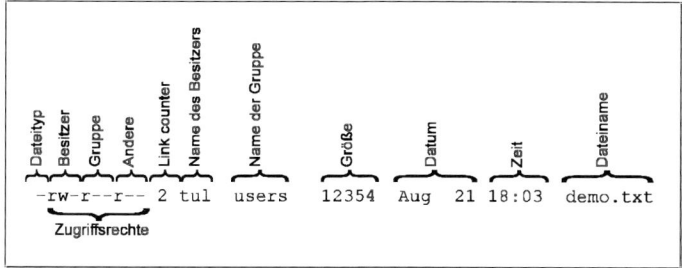

Abbildung 2.3 Darstellung der Zugriffsrechte durch den Befehl ls

Unterverzeichnisse stellen eine Ausnahme dar. Um auf ihren Inhalt zugreifen zu können, reicht eine Leseberechtigung. Soll jedoch in ein Unterverzeichnis verzweigt werden, so muß man sowohl Lese- als auch Ausführungsrechte besitzen.

Verzeichnisse

Links

Eine weitere Besonderheit der UNIX-Dateisysteme ist die Möglichkeit, sogenannte *Links* zu erzeugen. Soll der Zugriff auf eine Datei von mehreren Stellen des Filesystems aus erfolgen, so könnte man diese Datei einfach kopieren. Natürlich würde auf diese Weise unnötig Speicherplatz verschwendet. In solchen Fällen genügt unter UNIX die Erzeugung eines Links.

Verweise

Dafür gibt es normalerweise zwei Möglichkeiten, nämlich sogenannte Hard-Links und symbolische Links. Ein Hard-Link ist ein zusätzlicher Verweis aus einem Verzeichnis heraus auf eine Datei bzw. deren i-Node. Die Anzahl der Verweise wird über den sogenannten *Link-Counter* verwaltet. Soll eine Datei, auf die mehrere Links verweisen, gelöscht werden, so wird zunächst nur der Link Counter solange erniedrigt, bis er den Wert eins enthält. Erst danach wird die Datei physikalisch gelöscht.

Hard-Link

Link Counter

Da die Nummern der i-Nodes nur innerhalb eines Filesystems eindeutig sind, können Hard-Links nicht dateisystemübergreifend angelegt werden. Symbolische Links dagegen können auf beliebige Verzeichniseinträge (Dateien oder Verzeichnisse) verweisen. Zum Anlegen eines symbolischen Links muß der

symbolische Links

21

Original-Eintrag nicht einmal existieren. Die Unterschiede zwischen den beiden Arten von Links kann man auch gut an der Ausgabe des ls-Befehls erkennen:

```
linux1:/etc> ls -l wtmp passwd
lrwxrwxrwx 1 tul  users   10 Aug 21 18:05 wtmp -> /var/adm/wtmp
-rw-r--r-- 2 root root    863 Aug  9 15:00 passwd
linux1:/etc>
```

Dateityp

Symbolische Links werden mit einem "l" in der Spalte für den Dateityp und einem sichtbaren Verweis auf die Originaldatei dargestellt. Hard-Links dagegen sind nur an dem erhöhten Link Counter in der zweiten Spalte (nach den Zugriffsrechten) erkennbar.

Virtuelles Filesystem

verschiedene
Filesysteme

Um die Entwicklung verschiedener Filesysteme unter Linux zu erleichtern, wurde eine zusätzliche Schicht, das sogenannte *virtuelle Filesystem*, zwischen dem Kernel und den eigentlichen Routinen eines Filesystems geschaffen, wie man es auch von kommerziellen UNIX-Versionen kennt. Das virtuelle Filesystem

Routinen

definiert eine Reihe von Routinen, die zum Öffnen, Lesen, Schreiben und Schließen von Dateien benötigt werden und die in jedem Filesystem enthalten sein müssen. Diese eindeutige Schnittstelle ermöglicht erst das problemlose Nebeneinander verschiedener Dateisysteme.

2.6   Geräte

Unter UNIX werden Festplatten ebenso wie Terminals und andere Geräte (Devices) auf eine spezielle Datei im Verzeichnis

/dev

/dev des Dateisystems abgebildet. Der Programmierer kann dadurch auf ein solches Device wie auf eine normale Datei zugreifen.

Diese dateiähnliche Sichtweise von Geräten hat auch für den

Vorteile

Anwender Vorteile. Soll beispielsweise eine Datei auf einem Drucker statt auf dem Bildschirm ausgegeben werden, so genügt es, die Standardausgabe folgendermaßen auf das entsprechende Device (/dev/lp1) umzulenken.

```
linux2:/home> cat ausgabe.txt >/dev/lp1
```

Auch das Diskettenlaufwerk (/dev/fd0), die Maus (/dev/mouse) und die Festplatte lassen sich über einen Eintrag im /dev-Verzeichnis ansprechen. Die folgende Tabelle listet einige dieser Einträge auf:

Maus

/dev/console	Systemkonsole
/dev/mouse	serielle Maus
/dev/hda	erste AT-Bus Festplatte
/dev/hda1	erste Partition der ersten AT-Bus Festplatte
/dev/hda2	zweite Partition
/dev/hdb	zweite AT-Bus Festplatte
/dev/hdb1	erste Partition der zweiten AT-Bus Festplatte
/dev/sda	erste SCSI-Festplatte
/dev/sdb	zweite SCSI-Festplatte
/dev/lp0	erste Druckerschnittstelle (LPT1)
/dev/null	Null-Device, sämtliche Ausgaben dorthin werden verschluckt
/dev/ttyN	Virtuelle Konsolen
/dev/ptyN	Pseudoterminals für Login über ein Netzwerk
/dev/ttySN	Serielle Schnittstellen

Die Zuordnung der Dateien im Verzeichnis /dev und den entsprechenden Geräten erfolgt über zwei Zahlen, die sogenannten major- und minor-Device-Numbers. Diese bilden auch die Schnittstelle zum Kernel. Außerdem unterscheidet man bei Geräten zwischen Character- und Blockdevices. Erstere arbeiten zeichenorientiert und werden daher in erster Linie für Geräte wie Terminal oder serielle Schnittstellen benutzt. Letztere dienen vor allem zur Übertragung größerer Datenblöcke bei

major/minor
Device-Numbers

Character / Block

23

Festplatten oder anderen Datenträgern. Bei Blockdevices kann die Position des Zugriffs verändert werden (seek).

Die major- und minor-Device-Numbers sind in der Ausgabe von `ls -l` sichtbar:

```
linux1:/dev> ls -l
                            ...
brw-r-----   1 root      root          3,    0 Aug 29  1992 hda
brw-r-----   1 root      root          3,    1 Aug 29  1992 hda1
brw-r-----   1 root      root          3,    2 Aug 29  1992 hda2
                            ...
crw-rw-rw-   1 root      root          4,    0 Aug 16 12:26 tty0
crw--w--w-   1 tul       users         4,    1 Aug 21 15:15 tty1
                            ...
linux1:/dev>
```

Die major-Device-Number (fünfte Spalte) identifiziert den Typ des Gerätes. Normalerweise existiert für jede major-Device-Number ein eigener Device-Treiber im Kernel. Werden mehrere Geräte vom gleichen Typ angeschlossen, so werden diese durch ihre minor-Device-Number (sechste Spalte) voneinander unterschieden und vom selben Treiber bedient.

Device-Treiber

2.7   Shells

Die Shell bildet die interaktive Schnittstelle zwischen dem Betriebssystem und dem Anwender. Auch im Zeitalter grafischer Oberflächen bevorzugen viele UNIX-Anwender diese Möglichkeit der Kommandoeingabe.

command.com

Die Aufgaben der Shell sind in etwa mit denen des `command.com` unter DOS vergleichbar, wenngleich eine UNIX-Shell wesentlich mehr Möglichkeiten bietet als der DOS-Kommandointerpreter.

Standard Shells

Auf den meisten kommerziellen UNIX-Systemen findet man drei Typen von Shells: eine Bourne-Shell (`sh`), eine Korn-Shell (`ksh`) und eine C-Shell (`csh`). Die Bourne-Shell war die erste Shell unter UNIX und bietet daher auch keinen großen Komfort. Die Korn-Shell ist eine Erweiterung der Bourne-Shell und wird bei kommerziellen Systemen relativ häufig verwendet.

sh, ksh

csh

Die C-Shell entstand wie das BSD-UNIX an der University of California at Berkeley und bietet im Gegensatz zur Bourne- und Korn-Shell eine einfache History-Funktion, so daß auf schon ausgeführte Kommandos zugegriffen werden kann. Die sogenannte *Alias Substitution* erlaubt die automatische Ersetzung bestimmter Kommandos, die in einer der Initialisierungsdateien oder interaktiv festgelegt wurden. Aufgrund der C-ähnlichen Syntax ist diese Shell-Variante besonders bei Programmierern beliebt.

alias

C-ähnlich

Die C-Shell führt beim Start als Login-Shell die Kommandos der Datei `.login` aus, die sich zu diesem Zweck im Home-Verzeichnis befinden muß. Da ein Benutzer normalerweise nur eine aktive Login-Shell besitzt, werden die darin enthaltenen Befehle auch nur einmal beim Login abgearbeitet.

.login

Ein Shell-Script, das im Gegensatz dazu beim Start jeder neuen C-Shell ausgeführt wird, ist die Datei `.cshrc`, die ebenfalls im Home-Verzeichnis gesucht wird.

.cshrc

Erweiterte Shells

Unter Linux wird in der Regel keine der oben genannten Shells verwendet. Statt dessen kommen erweiterte Varianten dieser Shells zum Einsatz. Diese frei erhältlichen und komfortableren Versionen sind für fast alle UNIX-Systeme verfügbar und machen die originalen Shells überflüssig. Die Bourne-Shell wird dabei durch die sogenannte *Bourne Again Shell* (`bash`) und die C-Shell durch die `tcsh` ersetzt (siehe auch Seite 52).

kpmfortabler

bash und tcsh

Systemadministratoren benutzen in der Regel eine Bourne-Shell, da die meisten Administrations-Scripts diese Shell benötigen. Daher beziehen sich die folgenden Erläuterungen hauptsächlich auf diese Shell-Variante.

Interaktive Anwendung

UNIX-Befehle wie `ls`, `cd` und `rm`, die man in der normalen Kommandozeile eingibt, werden nicht vom UNIX-Betriebssystem selbst ausgeführt, sondern es sind Programme, die meist in den Verzeichnissen /bin und /usr/bin stehen. Bei der Eingabe solcher Befehle befindet man sich nicht im direkten Kontakt mit dem UNIX-Betriebssystem, sondern nur in der äußersten Schale, einem Programm, das Shell genannt wird.

Nachdem sich der Benutzer auf einem UNIX-System eingeloggt hat, befindet er sich normalerweise in einer interaktiven Shell. Die Shell kennt nur wenige eigene Befehle und verbringt die meiste Zeit damit, eine Eingabe des Benutzers von der Standard-eingabe, also der Tastatur, zu lesen und dann das entsprechende Programm zu starten. Bei der Eingabe von ls ruft die Shell beispielsweise das Programm /bin/ls auf, und es wird der Inhalt des aktuellen Verzeichnisses auf dem Bildschirm ausgegeben:

Standardeingabe

```
zeus:/home/uhl> ls
Disktools          Help          News          demo.txt
Documents          Motif         UsrAdmin      demo.tex
zeus:/home/uhl>
```

Die meisten Kommandos erlauben die Übergabe von Parametern. Auf diese Weise lassen sich Daten und Optionen an ein Programm übergeben, das diese auswerten kann.

Optionen

```
zeus:/home/uhl>ls -l
total 1516
drwxr-xr-x      3 uhl      users        1024 May 14  1994 Disktools
drwxr-xr-x      2 uhl      users        1024 May  1  1994 Documents
drwxr-xr-x      2 uhl      users        1024 Aug  8 12:28 Help
drwxr-xr-x      2 uhl      users        1024 Dec 24 17:27 Motif
drwxr-xr-x      2 uhl      users        1024 Jul 31 12:56 News
drwxr-xr-x      3 uhl      users        1024 Mar 27  1994 UsrAdmin
-rw-r--r--      1 uhl      users     1474560 Dec 29 21:10 demo.tex
-rw-r--r--      1 uhl      users     1474560 Dec 29 21:10 demo.txt
zeus:/home/uhl>
```

ls -l

Der Parameter -l führt beim ls-Kommando zur Ausgabe einer ausführlicheren Version des Inhaltsverzeichnisses.

Environment

Environment

Eine weitere Möglichkeit der Datenübergabe an ein Programm ist das sogenannte Environment (Umgebung). Dabei handelt es sich um eine Liste von Variablen und zugehörigen Werten, die beim Start eines Programmes automatisch "weitervererbt" werden. Um eine Liste der momentan definierten Environment-Variable zu erhalten, gibt man in der Bourne-Shell das Kommando `set` ein:

```
zeus:/home/uhl> set
PS1=$HOST:$PWD>
PS2=>
PATH=/bin:/usr/bin:/usr/local/bin:.
PWD=/home/uhl
TERM=vt100
UID=401
zeus:/home/uhl>
```

Der Benutzer kann derartige Variable beliebig löschen und neu definieren. Soll beispielsweise eine Variable namens AUTO mit dem Wert VW neu definiert und an andere Programme weitervererbt werden, kann dies wie folgt geschehen:

Variable

```
zeus:/home/uhl> export AUTO=VW
zeus:/home/uhl> set
PS1=$HOST:$PWD>
PS2=>
PATH=/bin:/usr/bin:/usr/local/bin:.
PWD=/home/uhl
TERM=vt100
UID=401
AUTO=VW
zeus:/home/uhl>
```

Im allgemeinen werden Environment-Variable dazu benutzt, um globale Systemeinstellungen, wie den Zugriffspfad auf Kommandos (PATH) oder die Gestalt des Prompts (PS1) festzulegen. Um derartige Einstellungen nicht ständig neu eingeben zu müssen, können diese in einer speziellen Datei namens `.profile` im Home-Verzeichnis des Benutzers hinterlegt werden, die bei jedem Login automatisch ausgeführt wird.

PATH, PS1

.profile

```
#
# Beispiel einer .profile-Datei
#
PATH=$PATH:/usr/local/bin
AUTO=vw
PS1='$HOST:$PWD>'
```

Die Bourne-Shell kennt noch eine weitere Startup-Datei namens `.bashrc`, die nicht nur beim Login, sondern bei jedem Start einer neuen Shell ausgewertet wird. Will man sicher sein, daß

.bashrc

bestimmte Environment-Variablen definitiv gesetzt sind, ist es oft sinnvoller, diese in der `.bashrc`-Datei zu definieren.

Redirection

Eines der Grundkonzepte von UNIX ist das der Standardeingabe (`stdin`) und Standardausgabe (`stdout`). Normalerweise handelt es sich dabei um die Tastatur und den Bildschirm. Einfache Kommandos, wie `ls`, geben ihre Ergebnisse auf der Standardausgabe aus. Eine Shell gestattet es, die Standardeingabe

bzw. -ausgabe in eine Datei umzulenken (Redirection), ohne daß das Kommando davon Notiz nimmt. Dazu werden die Operatoren ">" und "<" benutzt:

```
zeus:/home/uhl> ls > liste.txt
zeus:/home/uhl>
```

Wie im obigen Beispiel zu erkennen ist, erfolgt in diesem Fall keine Bildschirmausgabe. Das Ergebnis befindet sich vielmehr in

einer Datei namens `liste.txt`, die mittels `cat` auf dem Bildschirm ausgegeben werden kann:

```
zeus:/home/uhl> cat liste.txt
Disktools
Documents
Help
Motif
News
UsrAdmin
demo.tex
demo.txt
zeus:/home/uhl>
```

Kommandos, die Daten von der Standardeingabe erwarten (z.B. `cat`), können diese ebenfalls aus einer Datei empfangen:

```
zeus:/home/uhl> cat < liste.txt
Disktools
Documents
Help
Motif
News
UsrAdmin
demo.tex
demo.txt
zeus:/home/uhl>
```

Neben der Standardeingabe und -ausgabe existiert noch ein dritter
Kanal, der ebenfalls mit dem Bildschirm verbunden ist. Er dient
zur Ausgabe von Fehlermeldungen und heißt daher auch
Standard-Fehlerkanal (stderr). Hat der Benutzer stdin und
stdout umgelenkt, so werden eventuelle Fehlermeldungen noch
immer über stderr auf dem Bildschirm ausgegeben. Die
einzelnen Kanäle lassen sich über ihre Datei-Deskriptoren
ansprechen.

stderr

Bezeichnung	Abkürzung	Datei-Deskriptor	Standardgerät
Standardeingabe	stdin	0	Tastatur
Standardausgabe	stdout	1	Bildschirm
Standard-Fehler	stderr	2	Bildschirm

Um beispielsweise nur stderr in eine Datei umzulenken, genügt
folgende Anweisung:

stderr

```
zeus:/home/uhl> cat liste.txt 2>error.txt
```

Natürlich können sowohl stdout als auch stderr in eine Datei
umgelenkt werden:

stdout und stderr

```
zeus:/home/uhl> cat 2>&1 >output.txt
```

Hier wird quasi stderr zunächst nach stdout und schließlich
stdout in eine Datei umgelenkt.

Oft soll bei der Umlenkung von stdout der vorhandene Inhalt
einer Datei erhalten bleiben. Dazu existiert der spezielle Operator
">>", der die umgelenkte Ausgabe an eine vorhandene Datei
anhängt, anstatt diese zu überschreiben.

Noch interessanter ist sicher die Möglichkeit, die Standardausgabe eines ersten Kommandos als Eingabe für ein zweites
heranzuziehen. Dies läßt sich über den sogenannten *Pipe*-
Operator "|" erreichen:

Pipe

29

```
zeus:/home/uhl> ls | wc
        8       8      63
zeus:/home/uhl>
```

Das Kommando wc zählt in diesem Fall die Anzahl der Worte,
Zeilen und Zeichen, die es über die Standardeingabe erhalten hat.
Auf diese Weise wurde die Anzahl der Dateien im aktuellen
Verzeichnis ermittelt. Die Möglichkeit, aus einer Reihe kleiner
Befehlsverkettung Befehle durch Verkettung neue Kommandos zusammenzustellen,
macht die Shell zu einem sehr mächtigen Werkzeug.

Dateinamenexpansion

Oftmals ist es praktisch, einem Kommando mehrere Dateien auf
einmal zu übergeben, ohne alle Namen einzeln eingeben zu
müssen. Zu diesem Zweck existieren sogenannte Metazeichen
Wildcard (Wildcards), die eine Art Joker-Funktion besitzen. Enthält ein
Übergabeparameter ein solches Zeichen, so überprüft die Shell,
welche Dateinamen im entsprechenden Verzeichnis auf dieses
Suchmuster passen, und übergibt diese an das Kommando:

```
zeus:/home/uhl> cat *.txt
```

In diesem Beispiel werden dem Kommando cat alle Dateien
übergeben, die auf .txt enden. Die wichtigsten Metazeichen
sind:

Zeichen	Funktion
*	Ersetzt beliebige Zeichen (auch keines)
?	Ersetzt ein beliebiges Zeichen
[abc...]	Ersetzt ein Zeichen aus der angegebenen Menge
[a-z]	Bereiche lassen sich durch Bindestrich definieren
[!abc...]	Ersetzt allen Zeichen, die nicht in der Menge enthalten sind

Quoting

Neben den Wildcards kennt die Shell noch eine Reihe anderer
Metazeichen. Um die spezielle Bedeutung von derartigen   Metazeichen
Zeichen aufzuheben, müssen diese *quotiert* werden. Dies läßt sich
über einen vorangestellten Backslash erreichen:

```
zeus:/home/uhl> echo \?\?\?
???
zeus:/home/uhl>
```

Soll eine Reihe einzelner Parameter als eine Zeichenkette an ein
Kommando übergeben werden, so müssen diese durch einfache
(single quotes) bzw. doppelte (double quotes) Hochkommas   singe / double quotes
geklammert werden:

```
zeus:/home/uhl> echo "Hello World!"
Hello World!
zeus:/home/uhl> echo 'Hallo "Du" da!'
Hallo "Du" da!
zeus:/home/uhl>
```

Einfache Quotierung hebt, wie obiges Beispiel demonstriert, die
Wirkung des doppelten Hochkommas auf.

Die dritte Form des Quotings ist das sogenannte *Backquoting*.   Backquoting
Dabei handelt es sich um die Möglichkeit, die Ausgabe eines
Kommandos wie eine Zeichenkette behandeln zu können.

```
zeus:/home/uhl> cp `which ls` .
```

Obiges Kommando kopiert das Programm ls in das aktuelle
Verzeichnis. which liefert hierbei den Zugriffspfad für ls, der
als erster Parameter für den Kopierbefehl benutzt wird. Alternativ
hätte dieser vorher auch einer Variable zugewiesen werden
können:

```
zeus:/home/uhl> path=`which ls`
zeus:/home/uhl> echo $path
/bin/ls
zeus:/home/uhl> cp $path .
```

31

Kommandokürzel

alias Die Eingabe häufig benötigter Kommandos läßt sich durch die Verwendung sogenannter *Aliases* (Kürzel) abkürzen. Ein neuer Alias wird durch das gleichnamige Kommando erzeugt:

```
zeus:/home/uhl> alias l='ls -l'
zeus:/home/uhl> l
total 1516
drwxr-xr-x        3 uhl      users        1024 May 14  1994 Disktools
drwxr-xr-x        2 uhl      users        1024 May  1  1994 Documents
drwxr-xr-x        2 uhl      users        1024 Aug  8 12:28 Help
drwxr-xr-x        2 uhl      users        1024 Dec 24 17:27 Motif
drwxr-xr-x        2 uhl      users        1024 Jul 31 12:56 News
drwxr-xr-x        3 uhl      users        1024 Mar 27  1994 UsrAdmin
-rw-r--r--        1 uhl      users     1474560 Dec 29 21:10 demo.tex
-rw-r--r--        1 uhl      users     1474560 Dec 29 21:10 demo.txt
zeus:/home/uhl>
```

Eine Liste der momentan definierten Aliases bekommt man in der Bourne-Shell durch Eingabe von alias ohne Parameter:

```
zeus:/home/uhl> alias
alias l='ls -l'
alias ll='ls -laF'
zeus:/home/uhl>
```

Shell-Programmierung

shell-script Um zu vermeiden, daß der Benutzer längere Befehlszeilen jedesmal neu eingeben muß, kann ein sogenanntes Shell-Script erstellt werden, das wie ein normales UNIX-Kommando aufgerufen werden kann. Dazu ist eine Datei mit dem gewünschten Namen des neuen Kommandos zu erstellen, die die einzelnen Anweisungen enthält:

```
#!/bin/sh
#
# filecount: Zeigt die Anzahl der Dateien im aktuellen
#            Verzeichnis
ls | wc
```

Die erste Zeile bewirkt, daß obiges Script in einer Bourne-Shell (/bin/sh) abgearbeitet wird. Um ein Shell-Script ausführen zu können, müssen die Zugriffsrechte der Datei geändert werden:

```
zeus:/home/uhl> chmod +x filecount
zeus:/home/uhl> filecount
        8       8       63
zeus:/home/uhl>
```

In einem Shell-Script können aber auch erheblich komplexere
Anweisungen stehen als nur der Aufruf einiger Kommandos. Die
Script-Sprache der Bourne-Shell erlaubt die Konstruktion von
Schleifen, Abfragen, Verzweigungen und Ausdrücken. Damit
lassen sich recht komplexe Abläufe programmieren. Große Teile
eines UNIX-Systems sind auf dieser Basis entwickelt worden.
Vor allem beim Hochfahren (Booten) des Systems werden eine
Vielzahl verschiedener Shell-Scripts abgearbeitet. Im folgenden
soll ein grober Überblick über die Entwicklung solcher Scripts
gegeben werden.

Programmierung

Booten

Variable

Neben den bereits erwähnten Environment-Variablen, die an
aufgerufene Programme weitergegeben werden, gibt es innerhalb
der Shell noch lokale Variable. Lokale Variable können durch
Voranstellen des Schlüsselwortes export zu global bekannten
Environment-Variablen gemacht werden. Variable können
beliebige Zeichenketten aufnehmen:

lokale Variable

export

```
COMPUTER=IBM
```

weist der Variable COMPUTER den Wert IBM zu. Soll ein Zugriff
auf den Inhalt einer (Environment-)Variable erfolgen, so muß ein
$-Zeichen vor den Namen gesetzt werden:

Variablenzugriff

```
echo $COMPUTER
```

Innerhalb eines Shell-Scripts sind eine Reihe spezieller Variablen
bereits vordefiniert, die beispielsweise die Parameter aus der
Kommandozeile enthalten:

Kommandozeile

$#	Anzahl der übergebenen Parameter
$0	Name des Shell-Scripts
$n	n-ter Parameter
$*	alle Parameter
$$	ID des aktuellen Prozesses
$?	Rückgabewert des zuletzt ausgeführten Kommandos

double quoting

Wird innerhalb einer doppelten Quotierung (") auf den Wert einer Variablen zugegriffen, so wird diese wie gewohnt durch den aktuellen Wert ersetzt. Dieses Verhalten läßt sich durch einfache Hochkommas verhindern:

```
zeus:/home/uhl> echo "Terminal: $TERM"
Terminal: xterm
zeus:/home/uhl> echo 'Terminal: $TERM'
Terminal: $TERM
zeus:/home/uhl>
```

Tastatureingabe

read

Zur interaktiven Eingabe von Daten durch den Benutzer sieht die Bourne-Shell die Anweisung `read` vor. `read` erwartet als Parameter den Namen einer Shell-Variablen, unter der die Benutzereingabe abgelegt werden soll.

```
echo -n "Eingabe: "
read line
echo $line
```

prompt

Obiges Programmfragment gibt einen Prompt aus, liest eine Zeile von der Standardeingabe und legt diese unter der Variablen `line` ab, die in der letzten Zeile wieder ausgegeben wird.

Verzweigungen

IF-Abfrage

Für einfache Verzweigungen stellt die Bourne-Shell die IF-Abfrage zur Verfügung. Damit kann der Ablauf von Bedingungen abhängig gemacht werden. Ist die erste Bedingung erfüllt, so werden nur die *Kommandos1* ausgeführt. Analog verhält es sich mit *Bedingung2* und *Kommandos2*. Ist keine Bedingung wahr, so kommen *Kommandos3* zur Ausführung.

```
if Bedingung1
then
        Kommandos1
[ elif Bedingung2
then
        Kommandos2 ]
...
[ else
        Kommandos3 ]
fi
```

Eine Bedingung besteht im allgemeinen Fall aus einem externen Programmaufruf. Gibt dieser Null zurück, so ist die Bedingung erfüllt. Ein speziell auf diesen Zweck abgestimmtes Kommando ist test, das alternativ auch über "[" angesprochen werden kann. Ein einfacher Vergleich zweier Zeichenketten sieht dann folgendermaßen aus:

test

```
if [ "$auto" = "vw" ]
then
        echo "Sie haben den richtigen Wagen erworben!"
else
        echo "Kaufen Sie sich einen anderen Wagen!"
fi
```

Das test-Kommando kennt noch eine Menge weiterer Argumente, die der Kurzreferenz auf Seite 479 zu entnehmen sind.

Eine andere Form der Verzweigung stellt die case-Anweisung dar. Hier werden reguläre Ausdrücke (siehe Seite 37) benutzt, um die einzelnen Varianten im Ablauf voneinander zu unterscheiden:

case

```
case Wert in
      Ausdruck1)
                Kommandos1 ;;
      Ausdruck2)
                Kommandos2 ;;
      ...
      *)
                Kommandos3 ;;
esac
```

Es besteht die Möglichkeit, mehrere reguläre Ausrücke durch das "|"-Zeichen "oder" zu verknüpfen:

ODER

```
while true
do
        echo -n "* "
        read line
        case "$line" in
                monitor|bildschirm)
                        echo screen ;;
                auto)
                        echo car ;;
                haus)
                        echo house ;;
                ENDE)
                        exit 0 ;;
                *)
                        echo "Wort unbekannt!" ;;
        esac
done
```

Schleifen

FOR-Schleife

FOR-Schleifen bieten die Möglichkeit, eine Reihe von Anweisungen mehrfach für jeden Parameter der Kommandozeile oder einer übergebenen Liste auszuführen.

Die allgemeine Syntax einer FOR-Schleife sieht wie folgt aus:

```
for x [in Liste]
do
        Anweisungen
done
```

Kommandozeile

Wird keine Liste angegeben, so werden die Anweisungen für jeden Parameter der Kommandozeile einmal aufgerufen:

```
for i
do
        echo $i
done
```

gibt die Kommandozeilenparameter der Reihe nach aus.

```
for i in audi bwm mercedes volvo vw
do
        echo $i
done
```

Extension

Eine etwas sinnvollere Anwendung ist ein Script, das alle Dateien mit der Endung .doc mit der Extension .txt versieht:

```
for i in *.doc
do
        echo $i
        tmp=`basename $i .doc`
        mv $i $tmp.txt
done
```

WHILE-Schleifen wiederholen einen Anweisungsblock solange, bis eine übergebene Bedingung nicht mehr erfüllt ist. Eine solche Bedingung ist, wie bei der IF-Anweisung, ein externes Kommando:

WHILE-Schleife

```
while Bedingung
do
        Kommandos
done
```

Ein Anwendungsbeispiel könnte wie folgt aussehen:

```
while [ "$line" != "ENDE" ]
do
        echo -n "* "
        read line
        echo $line
done
```

Die von der Standardeingabe gelesene Zeile wird solange wieder ausgegeben, bis der Benutzer ENDE eingibt.

2.8   Suchmuster

Sowohl in den Shells, in den Editoren Emacs und vi, als auch in Suchprogrammen wie grep können mit Metazeichen, das sind vor allem ? und *, Suchmuster spezifiziert werden. Die Bedeutung dieser Zeichen ist jedoch bei den Shells und den anderen Programmen verschieden.

Metazeichen

Man unterscheidet zwischen einfachen Wildcards wie sie von den Shells zur Angabe von Dateinamen verwendet werden und regulären Ausdrücken (regular expression). Diese sind etwas komplizierter, dafür lassen sich aber auch komplexe Suchmuster definieren. Der Vorgang der Ersetzung dieser Metazeichen wird bei den Shells meist *Globbing* und bei regulären Ausdrücken *Pattern Matching* genannt.

reguläre Ausdrücke

Globbing

Die Verarbeitung einfacher Wildcards wurde bereits auf Seite 30 bei den Shells erläutert und soll hier nicht weiter diskutiert werden. Interessanter sind die regulären Ausdrücke. Die folgende Liste gibt zunächst einen Überblick über die Bedeutung der Metazeichen.

. Ein beliebiges Zeichen

* Eine beliebige Anzahl von Vorkommen des vorangegangenen Zeichens oder Ausdrucks. a* würde beispielsweise zu einer beliebig langen Folge des Buchstabens a passen, also auch gar kein a.

+ Mindestens ein Vorkommen des vorangegangenen Zeichens oder Ausdrucks. a+ Bedeutet damit ein oder mehrere a-Zeichen.

? Genau ein oder kein Vorkommen des letzten Zeichens oder Ausdrucks.

^ Anfang der Zeile. Damit kann man Ausdrücke erstellen, die nur am Anfang der Zeile vorkommen dürfen. ^ab* steht bespielsweise für ein a am Anfang einer Zeile gefolgt von beliebig vielen Buchstaben b.

$ Ende der Zeile.

[ ] Eines der Zeichen innerhalb der eckigen Klammern. eine spezielle Rolle spielen hier die Zeichen ^ und -. Beginnt der Inhalt der eckigen Klammern mit ^, so wird ihre Aussage negiert. Es passen alle Zeichen außer den angegebenen. Mit dem Zeichen - kann ein Bereich von Zeichen definiert werden. [A-Z] steht für einen beliebigen Großbuchstaben, [^a-c] steht für alle Zeichen außer a, b und c. [123] steht für eines der Zeichen 1, 2 oder 3.

\ Schaltet die spezielle Bedeutung des folgenden Zeichens ab. Damit können Metazeichen selbst in Ausdrücken verwendet werden. *+ steht dabei für mindestens ein Vorkommen des *.

( ) Klammert einen regulären Ausdruck. Damit können beispielsweise die Zeichen * und + auf andere Ausdrücke angewendet werden.

Je nach Programm kann die Bedeutung dieser Zeichen leicht variieren, und es können weitere Metazeichen definiert sein. Im Zweifelsfall wird dies in der jeweiligen Manualpage beschrieben. Die folgenden Beispiele verdeutlichen die Verwendung der regulären Ausdrücke am Beispiel des Befehls `grep`. Dieser muß eventuell mit der Option -E aufgerufen werden, die erweiterte Ausdrücke zuläßt. Der passende Teil in der Ausgabe wird hier zum einfacheren Verständnis fett dargestellt.

Variationen

grep

```
hermes:/home/strobel> grep Die testfile
wird dies in der jeweiligen Manualpage beschrieben. Die
Dieser muß eventuell mit der Option -E aufgerufen werden,

hermes:/home/strobel> grep ^Die testfile
Dieser muß eventuell mit der Option -E aufgerufen werden,

hermes:/home/strobel> grep ren testfile
kann die Bedeutung dieser Zeichen leicht variieren
regulären Ausdrücke am Beispiel des Befehls grep.

hermes:/home/strobel> grep 'ren$' testfile
kann die Bedeutung dieser Zeichen leicht variieren

hermes:/home/strobel> grep -E "l+ ?m" testfile
Dieser muß eventuell mit der Option -E aufgerufen werden,

hermes:/home/strobel> grep -E '(ll)+[^$]' testfile
Dieser muß eventuell mit der Option -E aufgerufen werden,

hermes:/home/strobel>
hermes:/home/strobel> grep 'B.*l' testfile
Je nach Programm kann die Bedeutung dieser Zeichen leicht
folgenden Beispiele verdeutlichen die Verwendung der
regulären Ausdrücke am Beispiel des Befehls grep.
```

Das Suchmuster `l+ ?m` steht für ein oder mehrere Buchstaben l, gefolgt von einem optionalen Leerzeichen und einem m. `(ll)+[^$]` steht für mindestens ein Vorkommen des Ausdrucks ll, jedoch nicht gefolgt von einem Zeilenende. Dieser Ausdruck muß in einfachen Hochkommas gequoted werden, damit die Shell nicht versucht, den Ausdruck zu verarbeiten, sondern direkt an den Befehl `grep` weitergibt.

2.9   Daemons

Daemons sind spezielle Prozesse, die im Hintergrund ablaufen und meist wichtige Aufgaben innerhalb eines UNIX-Systems übernehmen. Große Teile des Betriebssystems laufen somit als eigenständige Programme. Auf diese Weise kann der Betriebssystemkern relativ klein gehalten werden. Außerdem lassen sich, auch während des Betriebs, einzelne Daemons aktivieren oder nach einer Änderung in der Konfiguration neu starten. Da Daemons als eigenständige Prozesse laufen, können diese auch parallel nebeneinander arbeiten und blockieren somit keine anderen Programme. Die folgenden Abschnitte stellen einige dieser Daemons exemplarisch vor.

Hintergrund

aktivieren

Printer-Daemon (lpd)

Der Line-Printer-Daemon (`lpd`) überprüft in regelmäßigen Abständen das Verzeichnis `/usr/spool` auf neue Druckaufträge und gibt diese auf dem entsprechenden Drucker aus. Zur Ausgabe einer Datei auf einen Drucker steht unter Linux das vom Berkeley-UNIX bekannte `lpr`-Kommando zur Verfügung. Neue Druckaufträge werden normalerweise immer an das Ende der Warteschlange angehängt, ehe sie vom Drucker-Daemon ausgegeben werden.

Drucker

lpr

Cron-Daemon

Wünscht ein Benutzer die Ausführung eines Programmes zu bestimmten Zeitpunkten oder in regelmäßigen Abständen, so kann er dies über den Cron-Daemon erreichen. Dieser verwaltet für jeden Benutzer eine eigene Tabelle, in der die einzelnen Zeitpunkte eingetragen werden, an denen die gewünschten Prozesse starten sollen. Die Ausgabe eines ausgeführten Kommandos oder entsprechende Fehlermeldungen werden dem Benutzer als Mail zugeschickt. Soll ein Script nur einmal zu einem bestimmten Zeitpunkt ausgeführt werden, so sollte man das Kommando `at` benutzen. Für regelmäßige Aufgaben dagegen ist ein Eintrag in die Cron-Tabelle des Benutzers (`crontab`) nötig. Zu

crontab

Mail

at

diesem Zweck existiert ein eigenes Kommando namens `crontab`.

Syslog-Daemon

Da ein Daemon üblicherweise keine direkten Ausgaben auf den Bildschirm macht, wurde ein eigener Protokoll-Daemon geschaffen, der Ausgaben und Fehlermeldungen anderer Daemons aufnimmt. Diese können dann auf die Konsole ausgegeben, in Dateien geschrieben oder als Mail an den Systemadministrator weitergeleitet werden (siehe Seite 124).

Protokoll

2.10   Befehlsübersicht

Um den Einstieg in die Bedienung von Linux zu erleichtern, sollen abschließend die wichtigsten UNIX-Kommandos aufgezählt und kurz erläutert werden. Nähere Information zu den einzelnen Befehlen können der Referenz im Anhang, der gängigen UNIX-Literatur oder dem Online-Manual entnommen werden.

Kommandos

- `ls` - gibt eine Liste von Dateien und Verzeichnissen aus. Zusätzlich können das Erstellungsdatum, die Dateigröße, die Zugriffsrechte und der Besitzer angezeigt werden. Auch die rekursive Ausgabe ganzer Verzeichnisbäume ist möglich.
- `cd` - wechselt in ein anderes Verzeichnis. Wird kein Parameter angegeben, so befindet man sich anschließend im eigenen Home-Verzeichnis.
- `cp` - kopiert die übergebenen Dateien von einem in ein anderes Verzeichnis oder in eine andere Datei. Optional kann auch ein ganzer Verzeichnisbaum rekursiv kopiert werden.
- `mv` - verschiebt eine Datei innerhalb eines Dateisystems. Kann auch zum Umbenennen einer Datei oder eines Verzeichnisses benutzt werden.
- `rm` - entfernt eine Datei. Optional kann auch ein ganzer Dateibaum rekursiv gelöscht werden.
- `mkdir` - erzeugt ein neues Unterverzeichnis.

41

- **rmdir** - entfernt ein leeres Unterverzeichnis.
- **exit** - verläßt die aktuelle Shell.
- **more** - zeigt den Inhalt einer Textdatei seitenweise auf dem Bildschirm an. Außerdem können innerhalb der Datei Zeichenketten gesucht werden.
- **man** - zeigt die Online-Dokumentation (Manualpages) zu einem übergebenen Befehl an.
- **cat** - dient eigentlich zum Aneinanderhängen von Text-dateien, kann aber auch zur Ausgabe einer Datei benutzt werden.
- **grep** - sucht innerhalb der übergebenen Dateien nach einem beliebigen Muster.
- **passwd** - ändert das Paßwort eines Benutzers.
- **ps** - listet die laufenden Prozesse mit ihrer Prozeß-Id auf.
- **kill** - beendet einen Prozeß anhand der übergebenen Prozeß-Id.
- **su** - wechselt die User-Id temporär, ohne nochmals einen Login durchführen zu müssen. Wird als zusätzlicher Para-meter "-" übergeben, so entspricht dies einem erneuten Login.

Linux Features

Im folgenden Kapitel wird davon ausgegangen, daß der Leser bereits über Grundkenntnisse von UNIX verfügt oder die vorangegangenen Kapitel gelesen hat. Nun sollen einige wichtige Merkmale und Features von Linux näher beschrieben werden, durch die sich dieses System von anderen UNIX-Varianten, aber auch von anderen PC-Betriebssystemen abhebt.

Merkmale

3.1 Virtuelle Konsolen

Viele PC UNIX-Implementationen unterstützen virtuelle Konsolen. Darunter versteht man die Möglichkeit, mehrere voneinander unabhängige Login-Sessions auf einem Bildschirm verwalten zu können. Die Umschaltung zwischen den einzelnen Sessions erfolgt meist über eine spezielle Tastenkombination.

mehrere Logins

Unter Linux geschieht dies über die Taste **<Alt>** zusammen mit einer Funktionstaste. Die maximale Anzahl an virtuellen Konsolen ist im Kernel festgelegt. Auf welchen dieser Konsolen ein Login-Prompt erscheinen soll, kann in der Datei `/etc/inittab` eingestellt werden.

Kernel

Unter X11 sind die **<Alt>** Tasten für Anwendungen reserviert. Das Umschalten auf eine andere virtuelle Konsole funktioniert jedoch trotzdem mit der Tastenkombination **<Strg-Alt>** und der entsprechenden Funktionstaste. Damit kann zwischen der grafischen Oberfläche und der Textdarstellung der virtuellen Konsolen umgeschaltet werden.

X11

Funktionstasten

Es ist sogar möglich, auf verschiedenen virtuellen Konsolen, mehrere X-Server zu starten. Dies ist jedoch nicht zu empfehlen, da dafür meist nicht genügend Speicherplatz vorhanden ist und daher die Performance spürbar abnimmt. Statt dessen sollte man unter X11 einen virtuellen Window Manager, wie `olvwm` oder `fvwm`, verwenden, der ebenfalls mehrere virtuelle Bildschirme zur Verfügung stellt.

3.2   Linux-Filesysteme

Die Vielzahl der unter Linux verfügbaren Dateisysteme mag auf den ersten Blick recht verwirrend erscheinen. Die folgenden Abschnitte listen die momentan unterstützten Filesysteme auf und beschreiben deren wichtigste Merkmale.

unterstützte
Dateisysteme

MINIX-Filesystem

Die ersten Linux-Versionen verfügten nur über einen Filesystem-Typ. Dieser war stark an das MINIX-Filesystem angelehnt. So wurde der Aufwand einer kompletten Neuimplementierung umgangen. Außerdem stand auf diese Weise von Anfang an ein stabiles Dateisystem zur Verfügung, das jedoch auch entscheidende Nachteile besitzt.

erstes Dateisystem

Dateinamen dürfen nur eine maximale Länge von 14 Zeichen besitzen, und die Größe einer Partition ist auf 64 MB begrenzt. Neuere Versionen dieses Linux/MINIX Filesystems erlauben zwar auch längere Dateinamen (30 Zeichen), dennoch dürfte dieses Dateisystem inzwischen kaum noch Verwendung finden.

14 Zeichen
64 MB Partitionen

Bemerkenswert ist allerdings, daß schon diese erste Version eines Linux-Filesystems, im Gegensatz zu vielen kommerziellen System-V-Implementierungen auch symbolische Links unterstützte.

Symbolische Links

Extended-Filesystem (ext)

Aufgrund der oben erwähnten Einschränkungen wurde von dem Franzosen Remy Card das erste alternative Filesystem implementiert. Das sogenannte *Extende- Filesystem* (`ext`) unterstützte erstmals Dateien und Partitionen mit einer maximalen Größe von

Remy Card

bis zu 2 GB. Auch die maximale Länge der Dateinamen wurde auf 255 Zeichen erhöht.

Doch auch dieses System hat seine Schwächen. Die Verwaltung der freien Blöcke und i-Nodes erfolgt nicht über einen Bitvektor, sondern über eine verkettete Liste. Dies führt bei längerer Betriebsdauer zu einer übermäßigen Fragmentierung des Speicherplatzes, was sich in einer spürbar längeren Zugriffszeit bemerkbar macht.

i-Nodes

Fragmentierung

Extended2-Filesystem (ext2)

Aus dem Extended ging nach einiger Zeit das *Extended2-Filesystem* hervor, das momentan wohl am häufigsten verwendet wird. Die Fragmentierungsprobleme treten in dieser Version nicht mehr auf und die Beschränkung auf 2 GB große Dateisysteme wurde aufgehoben. Außerdem wird ein Mechanismus unterstützt, der verlorengegangene Sektoren in einem speziellen Unterverzeichnis (lost+found) sichert. Eventuelle Systemabstürze und daraus resultierende korrupte Dateisysteme werden beim Starten des Systems erkannt und können über ein spezielles Utility (e2fsck) repariert werden.

wenig Fragmentierung

lost+found

Xia-Filesystem

Das Extended2-Filesystem blieb nicht der einzige Versuch, ein neues, schnelleres Dateisystem zu etablieren. Beinahe zeitgleich tauchte das sogenannte *Xia-Filesystem*, benannt nach seinem Autor Frank Xia, auf. Auch dieses erhöht die maximale Partitionsgröße auf 4 GB. Dateinamen können bis zu 248 Zeichen lang sein. Die Größe einer Datei ist jedoch momentan auf 64 MB beschränkt.

Frank Xia

64 MB Dateigröße

Andere Filesysteme

Das DOS-Filesystem ermöglicht den transparenten Zugriff auf DOS-Disketten oder Partitionen (auch OS/2-FAT-Partitionen).

DOS & OS/2

Auf diese Weise kann auf vorhandene Datenbestände zurückgegriffen werden, wie auf Seite 48 näher erläutert wird.

System V   Für den Zugriff auf Partitionen von Xenix bzw. System V und
OS/2   OS/2-HPFS wurden ebenfalls spezielle Dateisysteme entwickelt,
die jedoch zum Teil noch nicht vollständig implementiert sind.

ISO 9660/HighSierra-Filesystem

CD-ROM   Um den Zugriff auf CD-ROMs zu ermöglichen, stellt Linux
sowohl ein ISO9660-kompatibles als auch das High Sierra-
Rockridge Extensions   Filesystem zur Verfügung. Auch die sogenannten *Rockridge
Extensions* zur Unterstützung längerer Dateinamen wurden
implementiert.

Proc-Filesystem

Ein besonderes Dateisystem, das nicht der Verwaltung von
Kernel-Info   Dateien dient, sondern den Zugriff auf Information des Kernels
und der momentan erzeugten Prozesse ermöglicht, ist das Proc-
Filesystem. Es wird meistens beim Hochfahren des Systems auf
das Verzeichnis /proc im Wurzelverzeichnis abgebildet.

Dieses enthält für jeden laufenden Prozeß wiederum ein
Prozeß-Ids   Unterverzeichnis mit dem Namen der entsprechenden Prozeß-Id.
Die darin befindlichen Dateien stellen eine flexible Schnittstelle
zu den eigentlichen Prozeß-spezifischen Informationen dar. Im
ASCII   allgemeinen handelt es sich dabei um virtuelle ASCII-Dateien.
Der Inhalt läßt sich beispielsweise über das cat-Kommando ausgeben. Auf diese Weise kann man den Inhalt der Kommandozeile
oder die für einen Prozeß gültigen Environment-Variablen
ermitteln. Auch Information über den Speicherplatzbedarf, den
Vaterprozeß oder den aktuellen Prozeßzustand läßt sich so
gewinnen.

3.3   Datenaustausch

In den seltensten Fällen wird Linux als einziges Betriebssystem
auf einem PC verwendet. Häufig ist auf einer anderen Partition
oder Festplatte noch DOS mit MS-Windows, OS/2 oder ein   DOS, Windows
anderes PC-UNIX installiert. Wer von DOS auf Linux umsteigt,
möchte häufig nicht auf seine alten Programme verzichten.

Die folgenden Abschnitte sollen zeigen, wie man neben Linux
mit verschiedenen Betriebssystemen arbeiten kann und wie Daten
und Programme zwischen diesen Betriebssystemen ausgetauscht
werden können.

Eines der wichtigsten Utilities bei der Verwendung mehrerer
Betriebssysteme auf einem Rechner ist ein Boot-Manager. Er   Boot-Manager
ermöglicht es, beim Starten des Systems das zu bootende
Betriebssystem auszuwählen. Bei Linux erfüllt der Linux Loader
(LILO) unter anderem diese Funktion. Seine Bedienung und   LILO
Installation wird im Kapitel *Installation* genauer beschrieben.

MTools

Da gerade der Austausch von Dateien mit DOS-Systemen eine   DOS
Anforderung ist, die heute an fast alle Betriebssysteme gestellt
wird, gibt es schon seit einiger Zeit frei verfügbare Programme
zur Verarbeitung von DOS-Dateien unter UNIX.

Wie auf vielen anderen UNIX-Systemen existieren zu diesem
Zweck auch unter Linux die sogenannten MTools. Dabei handelt
es sich um Befehle wie `mdir` oder `mcopy`, mit denen das   mdir, mcopy
Verzeichnis eines DOS-Datenträgers, typischerweise einer Dis-
kette, gelesen bzw. Dateien kopiert werden können. Das folgende
Beispiel zeigt dies:

```
zeus:/home/stefan> mdir a:
 Volume in drive A is dosdisk1
 Directory for A:/

COMMAND   COM       55591    3-10-93    6:00a
WINA20    386        9349    6-11-91   12:00p
AUTOEXEC  BAT         359    8-26-93    9:02p
CONFIG    SYS         377    5-23-93    2:48p
DOSKEY    COM        6012    6-11-91   12:00p
EDIT      COM         429    6-11-91   12:00p
FORMAT    COM       34223    6-11-91   12:00p
         9 File(s)      1270784 bytes free

zeus:/home/stefan> mcopy -t a:autoexec.bat .
Copying AUTOEXEC.BAT

zeus:/home/stefan> mdel a:autoexec.bat
zeus:/home/stefan>
```

Damit man mit den MTools auf eine Diskette zugreifen kann, muß das Device des Diskettenlaufwerks frei sein. Die Diskette darf also nicht gemountet sein.

DOS-Filesystem

Linux stellt neben den MTools eine weitere Methode zum Zugriff auf DOS-Datenträger zur Verfügung, das bereits erwähnte DOS-Filesystem. Damit ist es möglich, Disketten und DOS-Partitionen einer Festplatte genauso wie andere Dateisysteme in den Linux Verzeichnisbaum einzuhängen (mounten). Man erreicht dadurch einen völlig transparenten Zugriff auf die darauf enthaltenen Daten. Hinzu kommt eine höhere Zugriffsgeschwindigkeit im Vergleich zu den MTools, da die Ein- und Ausgabeoperationen jetzt vom Cache des Betriebssystems profitieren können.

Das folgende Beispiel zeigt das Mounten und den Zugriff auf eine DOS-Partition:

Disketten

DOS-Partitionen

Zugriffsgeschwindigkeit

Cache

```
dirk1:/# cd msdos
dirk1:/msdos# ls -a
./    ../
dirk1:/msdos# cd ..
dirk1:/# mount -t msdos /dev/hda2 /msdos
dirk1:/# cd msdos
dirk1:/msdos# ls -a
./          command.com*    format.com*    tools/
../         config.sys*     io.sys*        wina20.386*
autoexec.bat*  dos/         msdos.sys*     windows/
dirk1:/msdos# cd dos
dirk1:/msdos/dos#
```

Der Nachteil beim Mounten von Disketten ist jedoch, daß diese nicht mehr nach Belieben eingelegt und entfernt werden können, sondern jeweils die Befehle `mount` und `umount` verwendet werden müssen. Wird eine Diskette, während sie gemountet ist, gewechselt, so wird dadurch meist die danach eingelegte Diskette überschrieben.

mount und umount

Da es unter DOS keine Benutzer- oder Gruppen-Id gibt, können den einzelnen Dateien eines gemounteten DOS-Filesystems keine individuellen Einstellungen für die Zugriffskontrolle gegeben werden. Statt dessen lassen sich beim Mounten die Group- und User-Id, sowie die Zugriffsrechte für das gesamte Filesystem als Option angeben. Damit kann zumindest der Zugriff auf das Filesystem als ganzes geregelt werden.

Zugriffsrechte

User Id

Eine vollständige Beschreibung der Funktionsweise des DOS-Filesystems unter Linux und seiner Optionen findet man in der Manualpage zu `mount` oder in dem File `README.dosfs`, das auf den FTP-Servern zusammen mit dem Quellcode des Filesystems abgelegt ist.

Es gibt zwei Manualpages zu `mount`, eine für den Befehl und eine für die Routine in der C-Library. Um die richtige Manualpage angezeigt zu bekommen, muß man die Sektion beim Aufruf des `man`-Befehls angeben. Der Aufruf lautet also `man 8 mount`.

Sektion

Die wichtigsten Optionen, die man beim Aufruf des `mount`-Befehls für ein DOS-Filesystem angeben kann, sind:

- `uid=<Nummer>`
- `gid=<Nummer>`
- `umask=<Nummer>`
- `conv=binary` oder `text` oder `auto` (siehe nächster Absatz)

Das folgende Beispiel zeigt das Mounten eines DOS-Filesystems mit der Angabe von Optionen (die Optionen werden auf Seite 466 in der Referenz beschrieben):

```
stef1:/# mount -t msdos -o umask=000 /dev/hda1 /msdos
```

Die Optionen können auch in der Datei /etc/fstab angegeben werden:

```
dev/hda3          none      swap      defaults
/dev/hda2         /         ext2      defaults
/dev/hda1         /dosc     msdos     rw,umask=000
none              /proc     proc      defaults
```

Textkonvertierung

Zeilenumbruch (CR/LF)

Ein grundsätzliches Problem beim Datenaustausch zwischen DOS und UNIX ist die unterschiedliche Darstellung des Zeilenumbruchs bei Textdateien. Bei mcopy wird dies durch die Kommandozeilenoption -t gelöst, die angibt, ob eine Datei im Binärmodus oder im Textmodus mit Konvertierung kopiert werden soll.

Konvertierung

Da im Falle eines gemounteten DOS-Filesystems auf sehr viele verschiedene Dateien zugegriffen werden kann, gibt es hier keine universelle Lösung. Es gibt zwar Optionen für den mount-Befehl, mit denen eine automatische Konvertierung aktiviert werden kann, doch funktioniert dieses Verfahren nicht immer zuverlässig. Es ist nämlich nicht immer sicher entscheidbar, ob es sich bei einer Datei um eine Text- oder eine Binärdatei handelt.

Optionen

3.4   Loadable Modules

monolithische Kernels

Klassische UNIX-Systeme besitzen im allgemeinen einen monolithischen Kernel. Soll ein neuer Treiber in das System eingebunden werden, so muß der gesamte Kernel neu gelinkt werden. Die Architektur des Linux-Kernels ist dem prinzipiell sehr ähnlich, sieht jedoch sogenannte *Loadable Modules* vor. Dabei handelt es sich um Objektdateien, die zur Laufzeit geladen bzw. entfernt werden können. Zahlreiche Linux-Treiber liegen bereits als Loadable Module vor. Auch der iBCS2-Emulator (siehe Seite 71) wird auf diese Weise eingebunden.

zur Laufzeit laden

Zur Verwaltung von Modulen gibt es die folgenden Kommandos:

insmod <module>	Bindet das übergebene Modul ins System ein.
rmmod <module>	Entfernt das übergebene Modul.
lsmod	Gibt eine Liste der geladenen Module aus.

Im Normalfall werden die benötigten Module beim Systemstart in einer der rc-Dateien (siehe Seite 137) geladen.

3.5 Sound

Im Gegensatz zu einigen anderen PC-basierten UNIX-Systemen unterstützt Linux alle gängigen PC-Soundkarten. Die dafür benötigten Treiber sind im Kernel-Code vorhanden, müssen jedoch vor der Compilation konfiguriert werden (make config). Ist ein entsprechender Treiber im Kernel vorhanden, so stehen eine Reihe neuer Devices zur Verfügung:

PC-Soundkarten

Kernel

/dev/mixer	Mixer für verschiedene Audio-Kanäle
/dev/audio	Sun-Audio-Device (μ-law-Format)
/dev/sequenzer	Sequenzer-Device
/dev/midi	Device zur Wiedergabe von MIDI-Daten
/dev/sndstat	Status-Device für Audio-System
/dev/dsp	Audio-Device (raw-Format)

Es existieren eine Reihe von Programmen, mit denen Audio-Daten eingelesen und abgespielt werden können (vrec und vplay). Im einfachsten Fall genügt jedoch das cat-Kommando, um Aufnahmen durchzuführen

Abspielen

```
zeus:/home/uhl> cat < /dev/audio > sound.au
```

oder Audio-Dateien wiederzugeben:

```
zeus:/home/uhl> cat sound.au > /dev/audio
```

3.6 Alternative Shells

Wie erwähnt, werden unter Linux selten die originalen UNIX-Shells sh bzw. csh benutzt. Dies liegt zum einen daran, daß die Quelltexte nicht frei erhältlich sind, und zum anderen sind mittlerweile erheblich komfortablere Versionen entwickelt worden.

Bash

GNU

tcsh

automatische
Pfaderweiterung

Die bash (Bourne Again Shell) entstammt, wie viele andere Programme, dem GNU-Projekt der Free Software Foundation und kann als Erweiterung der Korn-Shell betrachtet werden, die auch viele Features der tcsh (siehe nächster Abschnitt) kennt. So sind praktische Spezialfunktionen wie automatische Namens- oder Pfaderweiterung oder Historyscrolling über die Pfeiltasten möglich. Dies soll an einem Beispiel näher erläutert werden.

Um vom Verzeichnis /home/stefan in das Verzeichnis /usr/src/linux zu wechseln, kann der Befehl cd /usr/src/linux natürlich manuell, Buchstabe für Buchstabe, eingegeben werden. Mit der automatischen Pfaderweiterung der bash reicht es jedoch, Verzeichnisse nur so weit einzugeben, bis sie eindeutig zugeordnet werden können. Dann kann durch Eingabe von **<Tab>** der Pfad erweitert werden.

```
/home/stefan> cd /usr/s
```

wird nach Eingabe von **<Tab>** zu

```
/home/stefan> cd /usr/src/
/home/stefan> cd /usr/src/l
```

wird nach Eingabe von **<Tab>** zu

```
/home/stefan> cd /usr/src/linux/
```

Um in diesem Verzeichnis das Makefile des Linux-Kernels zu editieren, reicht ebenfalls die Eingabe von wenigen Zeichen.

```
/usr/src/linux> emacs M
```

wird nach Eingabe von **<Tab>** zu

```
/usr/src/linux> emacs Makefile
```

da das Makefile in diesem Verzeichnis die einzige Datei ist, die
mit einem großen M beginnt.

Falls es bei der Erweiterung mehrere Alternativen gibt, ertönt ein
Warnton, und die bash zeigt nach nochmaligem Drücken der   Varianten
<Tab> Taste alle möglichen Varianten an.

Mit den Pfeiltasten (auf und ab) kann in der Kommandohistorie   Kommandohistorie
geblättert werden. So erscheint am obigen Beispiel nach
einmaligem Drücken der Pfeil-hoch-Taste

```
/usr/src/linux> emacs Makefile
```

und nach nochmaligem Drücken

```
/usr/src/linux> cd /usr/src/linux/
```

Die Anzeige des Hostnamen und des aktuellen Pfades als Prompt   Prompt
ist durch die Verwendung von Environment-Variablen möglich.
Dazu fügt man zum Beispiel die folgende Zeile in die Datei
.bashrc im jeweiligen Home-Verzeichnis ein.   .bashrc

```
PS1='\h:$PWD>'
```

Die Bourne Again Shell bietet noch viele weitere Features, die
hier jedoch nicht ausführlich beschrieben werden können. Für
Details sei auf die Manualpage der bash verwiesen.

tcsh

Eine Alternative zur Bourne Again Shell ist die `tcsh`. Sie ist eine Erweiterung der C-Shell und kann wie die `bash` mit der **<TAB>** Taste Pfade und Befehle erweitern und mit den Pfeiltasten in der Kommandohistorie scrollen oder die Zeilen editieren. Außerdem lassen sich verschiedene Zusatzfunktionen aktivieren, wie beispielsweise ein Watch-Modus, in dem eine Meldung ausgegeben wird, falls sich ein Benutzer ein- oder ausloggt. Die Ausgabe aller Alternativen bei der automatischen Erweiterung wird bei der `tcsh` mit **<Strg-D>** aufgerufen, sämtliche Tasten sind jedoch konfigurierbar. So kann man zum Beispiel mit

```
linux1:/home/tul> cd /usr/src/ <Strg D>
```

das Inhaltsverzeichnis des `/usr/src` Verzeichnisses ausgeben, bevor man den Befehl `cd` ganz eingegeben hat. Interessant ist auch die Möglichkeit der automatischen Korrektur von falsch eingegeben Kommandos oder Dateinamen. Die `tcsh` versucht dabei, den nächsten passenden Befehl oder Dateinamen zu benutzen. Aktiviert wird diese Funktion durch Eingabe von **<Meta-s>**.

3.7   Erweiterte Kommandos

Viele der Standard-UNIX-Befehle, die bei Linux verwendet werden, entstammen dem GNU-Projekt und sind Erweiterungen der normalen Befehle. Der Befehl `ls` zum Beispiel hat unter Linux über 20 Optionen, mit denen bei Bedarf die Art der Anzeige, Sortierung oder Behandlung von symbolischen Verweisen geändert werden kann. Viele Distributionen enthalten sogar eine "farbige" Variante des `ls`-Befehls, der je nach Typ des Verzeichniseintrags (Link, ausführbare Datei, tar-File, Unterverzeichnis etc.) den Eintrag in einer anderen Farbe ausgibt.

```
LS(1L)                                                        LS(1L)

NAME
        ls, dir, vdir, ll, lsf - list contents of directories

SYNOPSIS
        ls  [-abcdgiklmnpqrstuxABCFLNQRSUX1]  [-w cols] [-T cols]
        [-I pattern] [--all] [--escape] [--directory] [--inode]
        [--kilobytes]  [--numeric-uid-gid]  [--hide-control-chars]
        [--reverse]   [--size]   [--width=cols]   [--tabsize=cols]
        [--almost-all]  [--ignore-backups]  [--classify]  [--file-
        type]   [--ignore=pattern]   [--dcrcference]   [--literal]
        [--quote-name]                               [--recursive]
        [--sort={none,time,size,extension}]              [--for-
        mat={long,verbose,commas,across,vertical,single-column}]
        [--time={atime,access,use,ctime,status}] [path...]
...
```

Ausschnitt aus der Manualpage des GNU ls-Befehls

GNU Tar

Das Kommando tar ermöglicht die Zusammenfassung einzelner Dateien und Unterverzeichnisse zu einem einzigen Archiv (siehe auch Seite 420). Die GNU-Variante dieses Befehls kennt beispielsweise die Option z, mit der tar-Archive automatisch komprimiert und dekomprimiert werden können, oder die Option M, mit der ein Archiv über mehrere Datenträger verteilt werden kann (Multi-Volume-Archiv).

Archiv

komprimiert

Gzip

Der Befehl compress kann unter Linux durch gzip ersetzt werden, ein Programm, das kompatibel zu mehreren anderen Komprimierungsverfahren ist und eine deutlich höhere Effektivität als compress besitzt. Ein komprimiertes tar-Archiv, das mit dem normalen UNIX-Befehl compress eine Größe von 1,5 MB besaß, benötigt bei Komprimierung mit gzip häufig nur 900 KB.

compress

Effektivität

Alle diese erweiterten Befehle sind natürlich im Quellcode verfügbar und lassen sich auch auf anderen UNIX-Maschinen übersetzen. Der Vorteil bei Linux ist jedoch, daß diese von Anfang an verwendet werden und kein weiterer Aufwand in die Konfiguration, Compilation und Installation dieser Utilities investiert werden muß.

Quellcode

Linux

Die Liste aller erweiterten Befehle mit ihren Optionen würde sicher ein eigenes Buch füllen. Die wichtigsten sind im Referenzteil. Für alle Details muß auf die Manualpages und info-Seiten zu den einzelnen Befehlen verwiesen werden (siehe auch Seite 299 und 303).

Emulatoren

Die verschiedenen Emulatoren, die den Linux-Benutzern zur Verfügung stehen, gewinnen immer mehr an Bedeutung. In der ersten Auflage dieses Buches wurde der DOS-Emulator noch innerhalb des Kapitels über die Linux-Features beschrieben. Inzwischen gibt es auch verschiedene andere Emulatoren. Viele dieser Projekte sind nicht mehr nur auf Linux beschränkt, sondern werden parallel für andere kommerzielle und freie UNIX-Varianten wie zum Beispiel Free-BSD entwickelt.

4.1   DOS-Emulator

Wie bei OS/2 und anderen neueren Betriebssystemen existiert für Linux ein DOS-Emulator, der es erlaubt, DOS-Programme gleichzeitig mit anderen Linux-Anwendungen ablaufen zu lassen. Dieser bildet jedoch nicht das DOS-Betriebssystem nach, sondern nur die rudimentären Ein-/Ausgaberoutinen (BIOS) und ermöglicht den Zugriff auf alle wichtigen Geräte. Mit dieser Systemerweiterung kann unter der Kontrolle von Linux DOS gebootet werden. Die DOS-Version ist dabei eher von untergeordneter Bedeutung.

DOS-Programme

BIOS

DOS Booten

Überblick

Obwohl der Emulator noch weit davon entfernt ist, jedes DOS Programm problemlos zu unterstützen, sind die Möglichkeiten schon sehr beachtlich. So kann man Programme im Grafikmodus und mit Unterstützung von High-Memory, Upper-Memory-Blocks (UMB) und EMS ablaufen lassen. Die Unterstützung des *DOS Protected Mode Interface* (DPMI) und der Zugriff auf Novell-Server innerhalb des Emulators sind ebenfalls möglich, sind jedoch noch in der Entwicklung. DOS-Programme wie der Norton Commander und der Texteditor QEdit arbeiten problemlos, aber auch größere kommerzielle Produkte wie Turbo Pascal oder Word Perfect können verwendet werden.

Grafik

HMA, UMB

EMS

DPMI

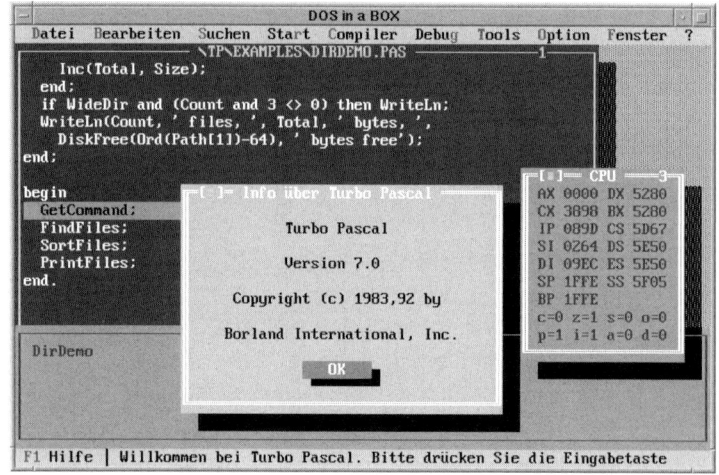

Abbildung 4.1 Der DOS-Emulator unter X11

X11 oder

Konsole

Der Emulator kann entweder unter X11 als eigenes Fenster, oder in einer virtuellen Konsole im Textmodus verwendet werden. Die Umschaltung der Konsolen funktioniert dabei auch innerhalb des Emulators. Wie unter X11 wird dazu **<Strg>** und **<Alt>** gleichzeitig zusammen mit einer Funktionstaste verwendet.

Image-Dateien

Der DOS-Emulator kann neben normalen Disketten und DOS-Partitionen auch auf das Linux-Filesystem und sogenannte Disk-Image-Dateien zugreifen. Für DOS-Programme verhalten sich diese Dateien wie "echte" Datenträger. Sie werden hauptsächlich zum Booten des DOS-Emulators verwendet.

Die Konfiguration des DOS-Emulators geschieht durch Editieren der Datei /etc/dosemu.conf. Zusätzlich wird eine Datei mit dem Namen /etc/dosemu.users benötigt, in der die User-Namen aller Benutzer eingetragen sind, die den Emulator verwenden dürfen.

Disk-Image-Dateien werden normalerweise im Verzeichnis /usr/lib/dosemu oder /var/lib/dosemu abgelegt.

Der DOS-Emulator emuliert, wie oben schon erwähnt, nicht das DOS-Betriebssystem, sondern nur die Hardware und das BIOS eines PC. Deshalb wird zum Starten des Emulators eine DOS-Bootdiskette, eine Festplattenpartition, auf der DOS installiert ist, oder eine entsprechende Image-Datei verwendet.

Hardware
BIOS

Der direkte Zugriff auf eine DOS-Partition der Festplatte und das Booten von dieser Partition ist eine Möglichkeit. In diesem Fall darf diese Partition jedoch nicht im Linux-Filesystem gemountet werden, da es sonst zu Konflikten kommen kann, die in der Regel mit Datenverlusten enden.

Konflikte

Die Alternative ist, daß man von einer Diskette oder einer speziellen Image-Datei bootet, die vom DOS-Emulator wie eine echte Diskette oder Festplatte verwendet wird. Es ist natürlich eine elegante und schnelle Lösung, eine Datei anstelle einer Bootdiskette zu verwenden. Eine solche Datei muß jedoch zunächst erstellt werden.

Booten von einer
Image-Datei

Erstellen einer Image-Datei zum Booten

Um eine Boot-Image-Datei zum Booten zu erstellen, benötigt man zunächst eine normale bootfähige DOS-Diskette. Auf diese Diskette kopiert man zusätzlich einige spezielle DOS-Emulator-Programme, die man zusammen mit dem DOS-Emulator erhält. Sie werden benötigt, um innerhalb des Emulators auf das Linux-Filesystem zuzugreifen oder bestimmte Einstellungen des Emulators abzufragen oder zu ändern. Außerdem ist es praktisch, einen einfachen Editor mit auf die Diskette zu kopieren.

DOS-Diskette

Programme

Editor

Das folgende Beispiel zeigt das Unterverzeichnis innerhalb des DOS-Emulator-Pakets, in dem diese Treiber und Programme enthalten sind :

```
stef1:strobel/dosemu0.50p11/commands> ls
Makefile        dosdbg.c        exitemu.S       lredir.exe      vgaon.S
bootoff.S       dosdbg.exe      exitemu.com     lredir.readme   vgaon.com
bootoff.com     dosdbg.readme   lancheck.exe    pdipx.com
booton.S        dumpconf.asm    linpkt/         vgaoff.S
booton.com      dumpconf.exe    lredir.c        vgaoff.com
stef1:strobel/dosemu0.50p11/commands>
```

Falls diese Dateien in einer Distribution nicht enthalten sind, so kopiert man sich am besten das komplette Paket des Emulators von einem der üblichen FTP-Server. Auf dem Server **FTP-Server** `sunsite.unc.edu` steht er beispielsweise im Verzeichnis `/pub/Linux/system/Emulators/dosemu`. Zum Kopieren der Programme von Linux auf eine DOS-Diskette kann man die **MTools** MTools verwenden (siehe Seite 47) oder die Diskette mounten (siehe Seite 48).

Sind alle Programme und Dateien auf die Bootdiskette kopiert, so kann man die Diskette, wie im folgenden Beispiel, mit dem **dd** Befehl `dd` in eine Datei kopieren. Diese Datei (im Beispiel `bdisk`) kann in einem beliebigen Verzeichnis abgelegt werden. Für den persönlichen Gebrauch bietet sich das Home-Verzeichnis an. Falls jedoch mehrere Benutzer dieses DOS-Boot-Image verwenden sollen, so sollte man dafür ein Systemverzeichnis wie `/var/lib/dosemu` verwenden.

```
zeus:/home/strobel> dd if=/dev/fd0 of=bdisk bs=16k
```

Nun muß man noch in der Konfigurationsdatei des DOS-Emulators einstellen, daß diese Image-Datei zum Booten verwendet werden soll. Die entsprechenden Einträge in der Konfigurationsdatei sind :

```
boota
bootdisk { heads 2 sectors 18 tracks 80 threeinch file bdisk}
```

Pfad Wenn man bei der Definition der Image-Datei keinen Pfad angegeben hat, dann muß diese Datei beim Starten des Emulators im aktuellen Verzeichnis liegen. Soll sie dagegen in einem

Systemverzeichnis stehen, so muß der komplette Pfad in der Konfigurationsdatei angegeben werden.

Nun könnte der DOS-Emulator theoretisch mit der Eingabe von `dos` gestartet werden. Zum sinnvollen Einsatz fehlen jedoch noch einige Einstellungen.

dos

Zugriff auf DOS-Partitionen

Nach dem Erstellen des Bootdisketten-Image kann man den DOS-Emulator zwar booten, man hat jedoch noch keinen Zugriff auf das Linux-Filesystem oder eine DOS-Partition der Festplatte.

Booten

Um innerhalb des Emulators auf das Linux-Filesystem zuzugreifen, kann man entweder den Treiber `emufs.sys` oder das Programm `lredir` verwenden. Der Treiber `emufs.sys` kann ein beliebiges Verzeichnis des Linux-Filesystems auf den nächsten freien Laufwerksbuchstaben abbilden. Das Redirector-Programm `lredir` ist außerdem in der Lage schon zugewiesene Laufwerksbuchstaben zu ersetzen. `lredir` wird zum Beispiel folgendermaßen aufgerufen :

emufs.sys

lredir

```
c:\>lredir c: \linux\fs/
```

Der erste Parameter, im Beispiel `C:`, gibt den Laufwerks-buchstaben an, der ersetzt werden soll. Der zweite Parameter steht für die Quelle, im Beispiel das root-Verzeichnis des Linux-Filesystems. `\linux\fs` steht dabei für das Linux-Filesystem und `/` gibt den Pfad innerhalb des Filesystems an.

Pfad

Die genaue Beschreibung aller Optionen des Programms `lredir` findet man in der Datei `lredir.readme`, die im gleichen Verzeichnis wie `lredir` selbst im Paket des DOS-Emulators enthalten ist.

Es gibt noch andere Methoden zum Booten des DOS-Emulators, die jedoch meist negative Konsequenzen für den späteren Zugriff auf Disketten oder andere Laufwerke haben. Im folgenden wird ein kleiner Überblick darüber gegeben. Dabei wird angenommen, die Festplatte enthalte eine DOS-Partition, die unter Linux auf das Verzeichnis `/dosc` gemountet wurde. Um auf diese Partition

Andere Methoden zum Booten

61

unter dem DOS-Emulator zugreifen zu können, gibt es mehrere Möglichkeiten :

- Man bootet von einer Diskette und ruft in der Datei `config.sys` den Treiber `emufs.sys` oder in der Datei `autoexec.bat` das Programm `lredir` auf. Das Verzeichnis `/dosc` unter Linux wird damit im DOS-Emulator als nächster Laufwerksbuchstabe verwendet. In diesem Fall wäre das `C:`. Da es recht umständlich ist, zum Booten des Emulators ständig eine Diskette einzulegen, wird diese Methode selten und meist nur während der Installation verwendet.

- Man bootet von einem Festplatten-Image und benutzt `emufs.sys` oder `lredir` wie oben beschrieben, um auf die Festplatte als `D:` zuzugreifen. `C:` wird in diesem Fall von der Festplatten-Image-Datei verwendet.

- Man bootet von einem Festplatten-Image und benutzt `lredir` in der Datei `autoexec.bat`, um den Laufwerksbuchstaben `C:` zu ersetzen. Damit ist die DOS-Partition als `C:` zugreifbar, und die Diskettenlaufwerke bleiben unberührt. Man hat also die gleiche Umgebung wie beim direkten Booten von DOS.

  Das Problem bei dieser Methode ist, daß man die "Festplatte", von der die Datei `autoexec.bat` gelesen wird, durch eine andere ersetzt, während die Datei noch gelesen und ausgeführt wird. Deshalb sollte diese Datei auf dem Festplatten-Image und der echten Festplatten-Partition gleich sein.

- Man aktiviert eine Disketten-Image-Datei als virtuelles Laufwerk A: und benutzt die Datei `config.sys` oder `autoexec.bat` wie oben beschrieben. Dies hat den Vorteil, daß man keine Diskette zum Starten des DOS-Emulators benötigt. Der Nachteil ist, daß das Diskettenlaufwerk im DOS-Emulator nicht mehr als A: benutzt werden kann, da dieser Laufwerksbuchstabe von dem Disketten-Image verwendet wird.

- Man benutzt wie am Anfang des Kapitels beschrieben die spezielle Option `bootdisk` in der Konfigurationsdatei des

DOS-Emulators, um von einem Disketten-Image zu booten und schaltet dieses Image am Ende der Datei `autoexec.bat` ab. Diese Methode ist die eleganteste. Dadurch hat man nach dem Booten eine normale Umgebung ohne Image-Dateien, kann jedoch beim Booten ein Disketten-Image verwenden.

Man könnte theoretisch in der Konfigurationsdatei des DOS-Emulators den direkten Zugriff auf eine DOS-Partition ermöglichen und gleichzeitig diese Partition an das Linux Filesystem mounten.

Vorsicht! Dies sollte auf jeden Fall unterlassen werden, um Datenverluste zu vermeiden. Falls man sowohl von Linux als auch vom Emulator aus auf eine DOS-Partition zugreifen möchte, so sollte der Emulator über `emufs.sys` oder `lredir` und das Linux-Filesystem auf die DOS-Partition zugreifen und nicht direkt.

Datenverlust

lredir

Konfiguration

Das Folgende Beispiel zeigt eine vollständige Konfigurationsdatei für den DOS-Emulator (`etc/dosemu.conf`), in der die Option `bootdisk` wie oben beschrieben verwendet wird. Sie ist in logische Abschnitte unterteilt. Zeilen, die mit # beginnen, sind Kommentare.

Die Datei ist nur als Beispielkonfiguration zu betrachten, da sie nicht alle möglichen Optionen enthält.

Konfigurationsdatei

Die folgenden Debug-Einstellungen sind nur für Entwickler und Freaks interessant. Benutzer sollten alle Debug-Optionen auf `off` stellen.

Debug

```
debug { config  off disk   off      warning off      hardware off
        port    off read   off      general off      IPC      off
        video   off write  off      xms     off      ems      off
        serial  off keyb   off      dpmi    off
        printer off mouse  off
      }
```

Die Dosemu-Startmeldung und der Timer-Interrupt können an- und abgeschaltet werden:

Startmeldung und Timer

```
dosbanner on
#
# timint wird fuer viele Programme benoetigt.
timint on
```

Tastatur Die Tastatur muß ebenfalls definiert werden.

```
# Moegliche Werte fuer das Tastatur-Layout :
#
#       finnish          us          dvorak        sf
#       finnish-latin1   uk          sg            sf-latin1
#       gr               dk          sg-latin1     es
#       gr-latin1        dk-latin1   fr            es-latin1
#       be               no          fr-latin1     portuguese
#
keyboard { layout gr-latin1 keybint on rawkeyboard on }
#
# Nach wievielen Tastaturabfragen wird die CPU abgegeben
# (0 Schaltet den Mechanismus ganz ab.)
HogThreshold 0
```

serielle Schnittstellen und Mäuse Einstellungen für serielle Schnittstellen, serielle Mäuse und Modems sind optional. Für eine normale Konfiguration, in der der Emulator unter X11 abläuft und Modemprogramme direkt unter Linux verwendet werden, können sie ignoriert werden. Um die Maus unter X11 benutzen zu können, darf sie jedoch in der Konfigurationsdatei nicht angegeben werden.

```
# evt. eine der folgenden Einstellungen aktivieren :
#serial { com 1  device /dev/modem }
#serial { com 2  device /dev/modem }
#serial { com 3  device /dev/modem }
#serial { com 4  device /dev/modem }
#serial { com 3  base 0x03E8  irq 5  device /dev/cua2 }
#
# Serielle Maus :
#serial { mouse  com 1  device /dev/mouse }
#serial { mouse  com 2  device /dev/mouse }
#
# Typ der Maus (wird unter X11 nicht benoetigt !)
#mouse { microsoft }
#mouse { logitech }
#mouse { mmseries }
#mouse { mouseman }
#mouse { hitachi }
#mouse { mousesystems }
#mouse { busmouse }
#mouse { ps2  device /dev/mouse internaldriver }
```

Dosemu im xterm Neue Versionen des DOS-Emulators können auch remote bedient werden. Die Ausgabe erfolgt dabei in einem normalen `xterm` oder `color-xterm`. Dazu müssen jedoch der Typ des Terminals und der Zeichensatz definiert werden.

```
#*************************** TERMINALS *************************************
#
# IBM character set
#terminal { charset ibm  color on  method fast }
#
# color xterms oder rxvt's ohne IBM font, 8 Farben
#terminal { charset latin  color xterm  method fast }
#
# color xterms oder rxvt's mit IBM font, 8 Farben
#terminal { charset ibm  color xterm  method fast }
#
# andere Terminals (keine xterms oder vt100)
#terminal { charset latin  color on  method ncurses }
#
# oder noch mehr Optionen ...
#terminal { charset latin  updatefreq 2  updatelines 25  color on
#           method fast  corner on }
```

Soll der DOS-Emulator unter X11 ablaufen, so kann man die
Aktualisierung des Bildschirms anpassen. Außerdem können die
X11-Optionen wie Name des Fensters und des Icons definiert
werden.

X11

```
# mögliche Schluesselworte:
#    "updatefreq" Wert                    (default 8)
#        Updatefrequenz der Darstellung. Je kleiner umso mehr Refresh
#
#    "updatelines" Wert                   (default 25)
#        Wieviele Zeilen werden jeweils neu dargestellt
#
#    "display" String                     (default ":0")
#        Display des X-Servers
#
#    "title" String
#        Titel fuer das Fenster
#
#    "icon_name" String
#        Name fuer das Icon
X { updatefreq 8 updatelines 25 title "DOS in a BOX" icon_name "xdos" }
```

Für den Ablauf auf einer Konsole muß die Videokarte festgelegt
werden. Von dieser Einstellung hängt es eventuell ab, ob Grafikprogramme, die direkt auf die Videokarte zugreifen, funktio-
nieren. Falsche Einstellungen können an dieser Stelle dazu
führen, daß der Bildschirm schwarz wird und auch nach Beenden
des Emulators oder Umschalten der virtuellen Konsole schwarz
bleibt. Die einzige Möglichkeit diesen Zustand zu beenden ist
dann ein Neustart des Rechners. Dazu sollte man blind auf eine
andere virtuelle Konsole wechseln und den Rechner mit
shutdown -r now (siehe Seite 139) herunterfahren.

Videokarte

Neustart

```
#************************* Videokarte **************************************
# Hier wird die Graphikkarte eingestellt. Dieser Bereich ist kritisch.
# unvorsichtige Einstellungen können das System lahmlegen ...
#
# Unter X11 (bei dos -x oder xdos) sind diese Einstellungen unwichtig.
#
allowvideoportaccess on
#
# Standard VGA-Karten sollten mit dieser Einstellung funktionieren
video { vga  console  graphics memsize 1024}
#
#video { vga  console  graphics  vbios_seg 0xe000 }
#video { vga  console  graphics  chipset trident  memsize 1024 }
#video { vga  console  graphics  chipset diamond }
#video { vga  console  graphics  chipset et4000  memsize 1024 }
#video { vga  console  graphics  chipset s3  memsize 1024 }
```

CPU Damit auch DOS informiert ist, welcher Prozessor und Koprozessor installiert ist, kann dies ebenfalls eingestellt werden. Der Laufwerksbuchstabe des Bootlaufwerks sollte entweder auf A oder C eingestellt werden. In unserem Beispiel wird `BootA` verwendet.

```
# Mathe Coprozessor (on / off)
mathco on
# CPU Typ (286 / 386 / 486)
cpu 80386
# Bootlaufwerk (BootA oder BootC)
bootA
```

XMS, EMS, DPMI Die Speicherverwaltung innerhalb des Emulators kann relativ detailliert festgelegt werden. XMS, EMS und DPMI, aber auch RAM im Adapterbereich können in ihrer Größe definiert oder abgeschaltet werden.

```
# XMS Groesse in KB oder off
xms 1024
# EMS Groesse in KB oder off
ems 1024
# bei EMS kann auch die Rahmenadresse angegeben werden:
#ems { 1024 ems_frame 0xe000 }
#ems { ems_size 2048 emsframe 0xd000 }
#
# Wo soll RAM eingeblendet werden
# (wer hier aendert sollte wissen was er tut ...)
#hardware_ram { 0xc8000 range 0xcc000 0xcffff }
# DPMI Groesse in KB oder off
# DPMI ist evt. noch nicht ausgereift ...
dpmi off
```

IO-Ports und Interrupts Die Verwaltung der Interrupts und IO-Ports ist eine kritische Sache. Die Optionen sind hauptsächlich für Entwickler und Freaks gedacht, die sich mit den internen Abläufen von DOS auskennen. Als Anwender sollte man hier nichts verändern.

```
sillyint off
#sillyint { 15 }
#sillyint { use_sigio 15 }
#sillyint { 10  use_sigio range 3 5 }

# ports { 0x388 0x389 }  # fuer SimEarth
```

Zugriffe auf den Lautsprecher können entweder direkt zugelassen oder in Piep-Töne umgewandelt werden.

Lautsprecher

```
# Zugriff auf den PC-Lautsprecher. Moegliche Optionen sind:
#  native       Direkter Zugriff
#  emulated     Umwandeln in Beeps
#  off
#
speaker native
```

Direkter Zugriff auf Festplatten und Partitionen ist nicht zu empfehlen. Falls dennoch gute Gründe dafür vorliegen, z.B. weil auf eine mit Stacker komprimierte Partition zugegriffen werden muß, so kann dieser Zugriff hier freigeschaltet werden.

Festplatte

```
# Festplattenimage
#disk { image "/var/lib/dosemu/hdimage" }
#
# direkter Zugriff auf die erste Partition von hda, mit der Option
# readonly fuer Schreibschutz
#disk { partition "/dev/hda1" 1 readonly }
#
# direkter Zugriff auf die komplette erste AT-Bus Platte (hda)
#disk { wholedisk "/dev/hda" }
```

Die folgende Option legt fest, daß von einem Disketten-Image gebootet werden soll.

Boot-Image

```
#
bootdisk { heads 2 sectors 18 tracks 80 threeinch
        file /var/lib/dosemu/bdisk }
```

Damit auf die Diskettenlaufwerke zugegriffen werden kann, müssen sie ebenfalls definiert werden.

Disketten

```
# Typ und Device der Diskettenlaufwerke
floppy { device /dev/fd0 threeinch }
floppy { device /dev/fd1 fiveinch }
```

Auch der Zugriff auf den Drucker kann vom DOS-Emulator auf ein entsprechendes Device oder sogar auf einen Befehl unter Linux umgelenkt werden.

Drucker

```
#printer { options "%s"   command "lpr"  timeout 20 }
#printer { options "-p %s" command "lpr"  timeout 10 }
#printer { file "lpt3" }
```

autoexec.bat

Die Datei `autoexec.bat`, die in dem Bootdisketten-Image verwendet wird, könnte zum Beispiel folgendermaßen aussehen:

```
@echo off
lredir c: linux\fs\dosc
PATH C:\BAT;C:\TOOLS;C:\DOS;C:\EMU;C:\WINDOWS\WIN31;

lh DosKey
prompt $p$g
c:
bootoff
```

bootoff

Ändern der Boot-
Konfiguration

Nach Ablauf der Datei `autoexec.bat` kann nicht mehr auf das Boot-File zugegriffen werden, da der Befehl `bootoff` das Disketten-Image ausblendet und den Zugriff auf das echte Diskettenlaufwerk wieder herstellt. Um nachträglich Änderungen an der Boot-Konfiguration durchzuführen, muß man das Boot-File mit dem Befehl `booton` wieder einblenden.

Leerzeilen

Zu beachten ist auch, daß in der Datei `autoexec.bat` nach `bootoff` keine Leerzeilen mehr kommen, da DOS sonst versucht, nach dem Befehl `bootoff` fortzufahren. Da die Datei `autoexec.bat` dann jedoch nicht mehr existiert, wird eine Fehlermeldung ausgegeben.

Zugriff auf Novell-Server

IPX

Im DOS-Emulator kann auch auf Novell-Server zugegriffen werden. Da dieser Bereich jedoch noch ständig weiterentwickelt wird, ändert sich das Vorgehen dazu schnell. Prinzipiell kann man entweder den Emulator so konfigurieren, daß er bereits eine IPX-Schnittstelle bereitstellt, oder man kann im DOS-Emulator eine angepaßte Version des `pdipx`-Treibers starten, die im Paket des Emulators enthalten ist. In beiden Fällen wird anschließend eine normale `netx`-Shell gestartet. Dabei wird die Verbindung zum Server hergestellt und ein neues virtuelles Laufwerk angeboten. Danach reicht es, auf das Novell-Laufwerk zu wechseln und den `login`-Befehl des Servers auszuführen.

Aktuelle Information zu diesem Vorgehen sollte in einer
Readme-Datei des jeweiligen DOS-Emulator-Pakets enthalten
sein.

Readme

Starten und Beenden

Der DOS-Emulator wird mit dem Befehl `dos` oder `xdos`
gestartet. `xdos` ist dabei nur Verweis auf `dos`, der bewirkt, daß
die X11-Version des Emulators gestartet wird. Das gleiche
erreicht man durch Angabe der Option `-x` beim Aufruf von `dos`.
Die anderen möglichen Optionen sind meist dazu da,
Einstellungen aus der Konfigurationsdatei des DOS-Emulators zu
überschreiben. Sie können mit Eingabe von `dos -help` angezeigt werden. Im Normalfall werden sie jedoch nicht benötigt.
Um den DOS-Emulator zu beenden, kann man das Programm
`exitemu` aufrufen, die Tastenkombination **\<Strg-Alt-BildAb\>**
betätigen oder einfach den Prozeß des DOS-Emulators von einer
anderen virtuellen Konsole aus mit `kill` beenden.

dos
xdos
-x

-help

exitemu

4.2 WINE

Eine Entwicklung, die wohl großen Einfluß auf die Verbreitung
von UNIX auf PCs sowohl im privaten, als auch im kommerziellen Bereich ausüben wird, ist das sogenannte *Windows Applica-*
tion Binary Interface (WABI).
Dieses Interface wurde von Sun entwickelt und von zahlreichen
UNIX-Herstellern lizensiert, so daß es auf allen gängigen Plattformen verfügbar sein wird. Es bietet die Möglichkeit, MS-Win-
dows-Programme direkt unter UNIX ablaufen zu lassen. Dazu
werden die Windows-API-Aufrufe in entsprechende X11-Calls
übersetzt, was den interessanten Nebeneffekt hat, daß diese
Programme wegen der Netzwerktransparenz von X11 auch von
anderen X-Servern aus benutzt werden können.
Bereits Anfang Juni 1993 kamen in der Mailing-Liste des Linux
DOS-Emulators Diskussionen über eine Portierung oder Eigen-
entwicklung eines WABI für Linux auf. Nach wenigen Tagen

WABI

Sun

MS-Windows

X11

DOS-Emulator

wurde für dieses Projekt eine eigene Mailing-Liste eingerichtet und mit der konkreten Entwicklung begonnen.

Zunächst gab es zwei relativ unabhängige Entwicklungen. Eine Gruppe versuchte, einen Loader für MS-Windows Programme zu schreiben, und eine andere versuchte ein API zu entwickeln, mit dem man die MS-Windows Systemaufrufe auf X11 umsetzen kann. Diese beiden Gruppen einigten sich jedoch bald auf ein gemeinsames Vorgehen, und das Ergebnis ist das heutige WINE. Zwar läuft noch keines der großen Softwarepakete für Windows, doch lassen sich schon einige kleinere Applikationen starten. Die jeweils aktuellste Version von WINE kann per FTP aus dem Verzeichnis `/pub/linux/ALPHA/Wine/development` des Servers `tsx-11.mit.edu` bezogen werden.

API

WINE

FTP

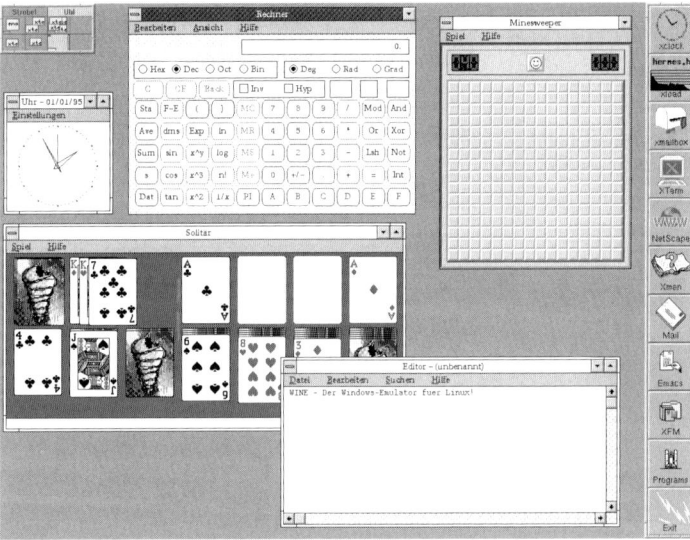

Abbildung 4.2 Solitär unter WINE

4.3   iBCS2 Kompatibilität

Erheblich weiter ist die Entwicklung des sogenannten iBCS2-
Emulators fortgeschritten. Mit ihm können eine Reihe
kommerzieller Applikationen, wie z.B. WordPerfect, unter Linux
gestartet werden. Voraussetzung dafür ist, daß die Programme in
einem der unter PC-UNIX-Derivaten benutzten Objektformate
vorliegen. UNIX System V Release 3 verwendet das sogenannte
COFF-, Release 4 das ELF-Format. SCO- und Interactive UNIX
benutzen eine Variante des COFF-Fomats. Auch Xenix V/386
und Wyse V/386-Programme sind teilweise unter Linux
lauffähig.

iBCS2

WordPerfect

SCO, COFF, ELF

SCO-Software-Pakete sind momentan am interessantesten, da
diese im allgemeinen statisch gelinkt sind und somit keine
zusätzlichen Shared-Libraries benötigt werden.

Shared-Libraries

Installation

Da der iBCS2-Emulator als Loadable Module vorliegt (siehe
Seite 50), gestaltet sich seine Installation relativ einfach. Es
genügt in das ausgepackte Verzeichnis mit den Quelltexten zu
wechseln und make einzugeben. Am Ende der Compilation
existiert eine neue Objektdatei namens iBCS. Diese wird mit
insmod geladen:

insmod

```
zeus:/root# insmod iBCS
```

Sinnvollerweise wird man den Emulator in einem der Startup-
Scripte (rc.local) eintragen, so daß dieser gleich beim
Systemstart geladen wird.

rc.local

Zur vollständigen Installation gehört noch die Erzeugung
spezieller Device-Dateien. Zu beachten ist die genaue
Schreibweise des Links /dev/null auf /dev/X0R (X [null] R).

/dev/X0R

```
zeus:/root# mknod /dev/socksys c 30 0
zeus:/root# ln -s /dev/socksys /dev/nfsd
zeus:/root# ln -s /dev/null /dev/X0R
zeus:/root# mknod /dev/spx c 30 1
```

71

Stehen die Shared-Libraries einer SCO-Lizenz zur Verfügung, so sollten diese in ein Verzeichnis namens /shlib kopiert werden. Auf diese Weise lassen sich auch die SCO-Programme ausführen, die nicht statisch gelinkt wurden.

Anwendungen

Dank des iBCS2-Emulators können einige interessante SCO-Applikationen auch unter Linux genutzt werden. Die prominenteste ist sicherlich WordPerfect (Version 5.1 oder 6.0).

WordPerfect

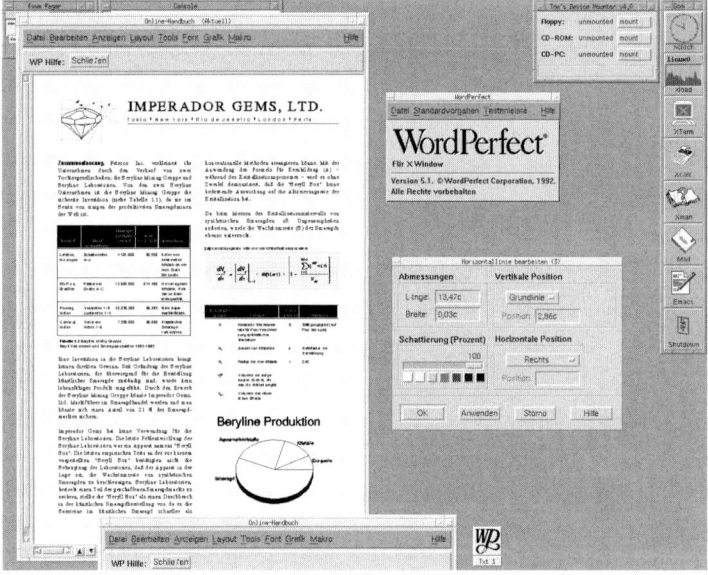

Abbildung 4.3 WordPerfect 5.1 unter Linux

Getestet wurde auch der Motif-Interface-Builder *X-Designer*.   X-Designer

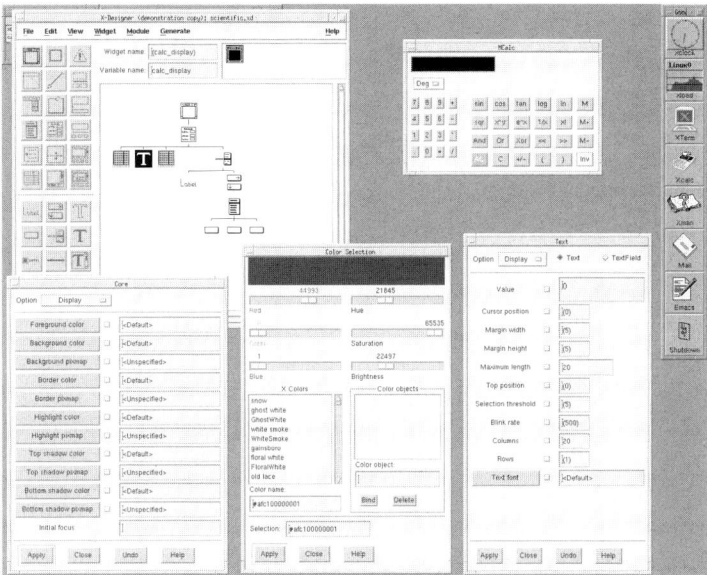

Abbildung 4.4 X-Designer

Stehen die SCO Shared-Libraries zur Verfügung, so laufen auch
der SCO Open Desktop 3 und einige zugehörige Utilities
problemlos unter Linux.

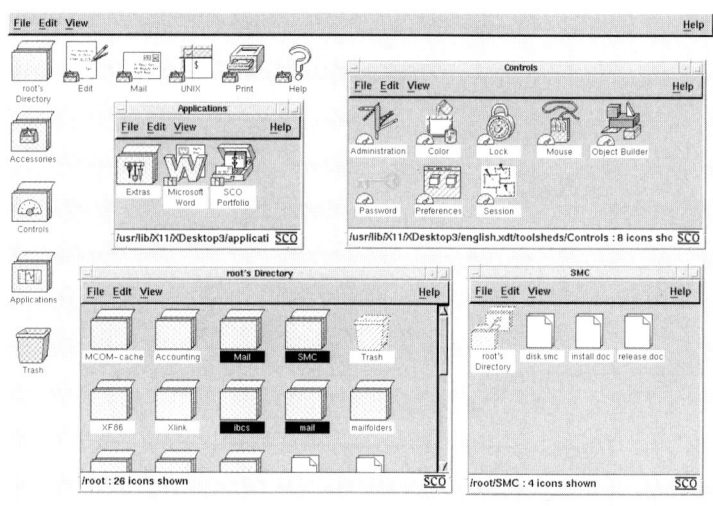

Abbildung 4.5 SCO's Open Desktop 3 unter Linux

Vergleicht man die Performance der Applikationen unter SCO und Linux, so wird man feststellen, daß diese unter Linux erheblich schneller laufen. Dies liegt zum einen an der effizienteren Implementierung des Kernels und zum zweiten am erheblich schnelleren X-Server (XFree86).

Geschwindigkeit

Abbildung 4.6 SCO ODT Applikationen

4.4 HP48-Emulator (X48)

Anhänger der HP48-Serie werden den X48-Emulator zu schätzen
wissen. Er steht dem Original weder in der Optik noch der
Funktionalität nach. Zum Betrieb wird aus Copyright-Gründen
neben dem Emulator der Inhalt des Original-EPROMs benötigt.
Über die serielle Schnittstelle des Linux-Rechners kann eine
Verbindung zu einem externen HP48 aufgenommen werden. Der
Hauptvorteil von x48 gegenüber dem Original ist der erheblich
größere Arbeitsspeicher und die Möglichkeit der Cross-Entwick-
lung von HP48-Software. Damit lassen sich neben ernsthaften
Anwendungen auch Computerspiele wie *Lemmings* realisieren.

HP48

Speicher

75

Abbildung 4.7 HP48-Emulator

4.5   IBM 3270-Emulator

Linux kann über den x3270-Emulator auch Kontakt zu IBM-
Mainframes aufnehmen. Voraussetzung dafür ist allerdings, daß
auf dem jeweiligen Großrechner ein TCP/IP-Stack zur Verfügung
steht. Um eine perfekte Emulation eines 3270-Terminals zu
erreichen, müssen zusätzlich spezielle Zeichensätze installiert
werden.

Mainframes

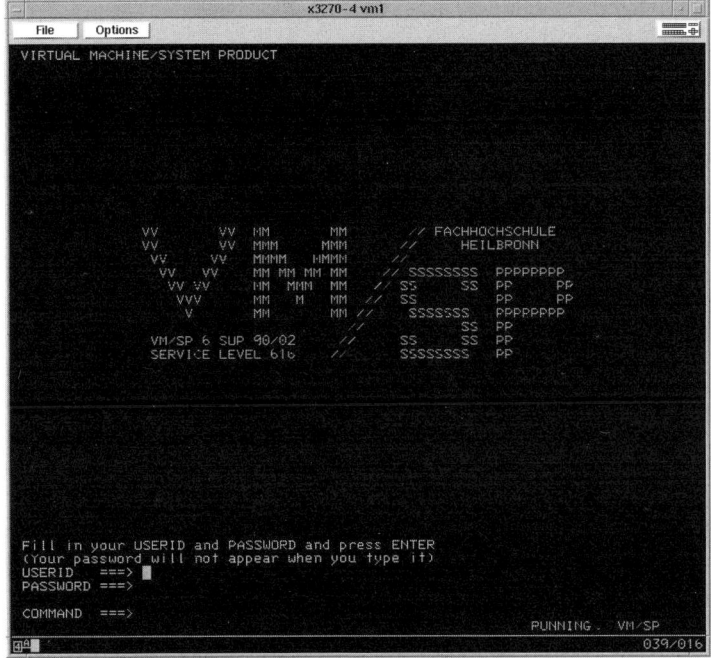

Abbildung 4.8 IBM 3270 Emulator unter X11

4.6   Mac-Emulator

Als letzter Emulator soll hier noch der Apple Macintosh-
Emulator der Firma *Abacus Research and Development*
vorgestellt werden. Dabei handelt es sich allerdings um
kommerzielle Software. Der über die Demo-Version gewonnene
Eindruck ist allerdings recht positiv.

Apple Macintosh

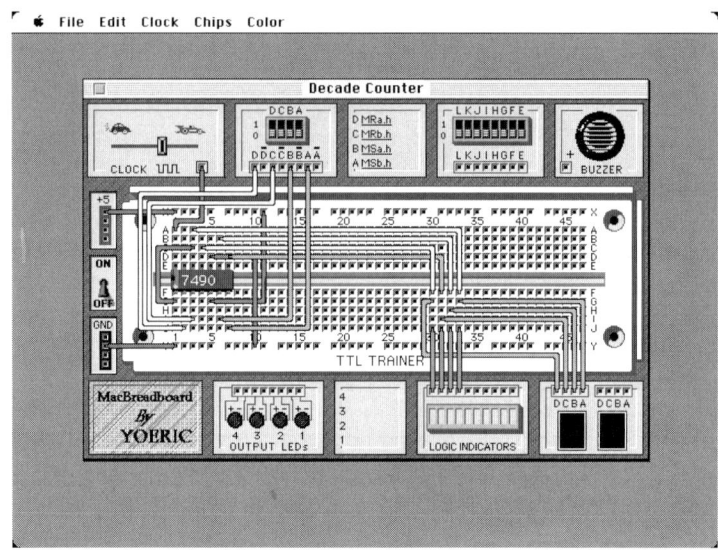

Abbildung 4.9 Apple Macintosh Emulator

Installation

In diesem Kapitel werden die wichtigsten Bezugsquellen für Linux sowie die Installation beschrieben. Dabei wird zunächst auf allgemeine Merkmale eingegangen, die für fast alle Linux-Distributionen gleichermaßen gültig sind. Danach wird die Installation am konkreten Beispiel der Slackware-Distribution erläutert.

5.1   Linux-Distributionen

Da Linux als Free Software aus vielen Teilen besteht, die von verschiedenen Leuten in der ganzen Welt unabhängig voneinander entwickelt werden, gibt es kein "offizielles" Linux-Installationspaket, in dem alle für Linux verfügbaren Programme zusammengefaßt sind.

kein "offizielles" Paket

Es gibt jedoch mehrere Gruppen oder auch Einzelpersonen, die den Linux-Kernel zusammen mit vielen Utilities, Applikationen und Installationsprogrammen zu einem Paket zusammenfassen. Ein solches Paket wird dann auch Linux-Distribution genannt. Die Hersteller dieser Distributionen legen ihr Paket teilweise auf einem FTP-Server ab und versenden es gegen entsprechende Gebühren auf Disketten oder CD-ROMs. Die Linux-Distributionen auf den FTP-Servern sind daher meist auf viele Unterverzeichnisse verteilt, deren Inhalt jeweils auf eine Diskette paßt.

Distribution

FTP-Server

Fast alle diese Distributionen umfassen zumindest den Kernel und alle wichtigen Utilities, die man für eine Erstinstallation benötigt. Darüber hinaus enthalten sie oft den GNU C-Compiler, die grafische Oberfläche X11, sowie viele weitere Programme.

Kernel

79

Installationsprogramm

Die Installation der Distributionen erfolgt in der Regel über menügesteuerte Installationsprogramme, die es erlauben, nur ausgewählte Teile einer Distribution zu installieren. Außerdem bieten sie meist eine interaktive Konfiguration des Systems an.

CD-ROM

NFS

Neben der Installation von Disketten wird oft auch eine Installation direkt von einer CD, einem Bandlaufwerk oder per NFS von einem anderen Rechner angeboten. Der Zeitaufwand für eine solche Installation liegt je nach Erfahrung und Umfang der ausgewählten Komponenten zwischen wenigen Minuten und mehreren Stunden.

SLS

erste große Distribution

Eine der ersten Distributionen, die einen großen Beitrag zur Verbreitung von Linux geleistet hat, ist das SLS (Softlanding Systems) Release von Peter MacDonald. Es war lange Zeit die einzige Distribution, die eine vollständige Installation mit dem C-Compiler und der grafischen Oberfläche ermöglichte.

keine große

Bedeutung mehr

Mit dem Erscheinen anderer Distributionen, wie Slackware oder der deutschen LST-Distribution, verlor das SLS-Paket jedoch an Bedeutung.

tsx-11

Die jeweils aktuellste Version war lange Zeit im Verzeichnis `/pub/linux/packages/SLS` auf dem FTP-Server `tsx-11.mit.edu` verfügbar. Inzwischen findet man sie nur noch selten.

MCC Interim

Manchester

Ein anderes Installationspaket ist das MCC Interim Release. Es stammt von der Universität in Manchester und zeichnet sich gegenüber anderen Distributionen dadurch aus, daß viele der weniger wichtigen Programme weggelassen wurden. In diesem

kein X11

Paket ist beispielsweise kein X11 und kein TeX enthalten.

Damit eignet es sich besonders für Anwender, die weitere Programme gerne selbst installieren und damit genau wissen, was auf ihrer Festplatte gespeichert ist. Für Anfänger ist es dagegen weniger geeignet.

Slackware

Eine Distribution neueren Datums, die relativ weite Verbreitung
gefunden hat, ist das Slackware-Paket. Anfänglich basierte es   große Verbreitung
sehr stark auf dem SLS Release. Später wurden jedoch eigene
Installationsroutinen benutzt, die heute einen sehr ausgereiften
Eindruck machen. Es werden farbige Fenster, Dialogboxen und   farbige Installation
Auswahllisten benutzt, in denen der Benutzer die zu instal-
lierenden Pakete, die zu benutzende Festplatte und Partition und
eine landesspezifische Tastaturtabelle auswählen kann. die
Slackware-Distribution erlaubt eine Installation von Disketten,
Festplatte, CD und über NFS.

Der Umfang der Slackware-Distribution ist sehr groß. Neben dem   viele Pakete
Basissystem, X11, XView, Applikationen, TCP/IP, UUCP und
Netzwerkprogrammen wird eine Diskettenserie mit Spielen und
dem neusten GNU-Emacs angeboten. Patrick Volkerding, der   Patrick Volkerding
Verwalter des Slackware-Pakets, achtet sorgfältig darauf, daß
jeweils die aktuellsten Programmversionen enthalten sind, was
jedoch bei der schnellen Entwicklung des Linux-Systems nicht
immer leicht sein dürfte.

LST

Eine rein deutsche Distribution kommt vom Linux Support Team   deutsche Distribution
(LST) aus Erlangen. Sie ähnelt der Slackware-Distribution, bietet   Erlangen
jedoch schon am Anfang der Installation eine detaillierte
Auswahl der zu installierenden Programme. Außerdem wird
zugunsten der Stabilität weniger Wert auf aktuelle Kernel- und   Stabilität statt Aktualität
Programmversionen gelegt.

DLD

Die Deutsche Linux Distribution (DLD) ist die wahrscheinlich
meistverkaufte Distribution in Deutschland. Sie unterscheidet
sich kaum von anderen Distributionen, wird jedoch mit
wesentlich größerem Engagement vermarktet.

CD-ROMs

CD-Abonnement

aktuelle Pogramme

Viele Pakete werden inzwischen auf CD bzw. als CD-Abonnement angeboten. Dabei erhält man mehrmals im Jahr eine neue CD mit der aktuellen Version des Linux-Kernels und einiger Programme oder auch ganze Kopien des Linux-Verzeichnis-baums eines FTP-Servers.

Yggdrasil

Quellcodes

Ein bekanntes Beispiel ist die CD von Yggdrasil Computing, auf der neben einem bootfähigen und installierten Linux-System der Quellcode des MIT X11R6 Systems und viele GNU-Utilities enthalten sind.

günstige Preise

Wer keinen einfachen Zugang zum Internet besitzt, für den ist eine CD natürlich eine sehr einfache und auch preislich günstige Möglichkeit. Teilweise werden Linux-CDs schon deutlich unter 50 DM angeboten, und ein CD-ROM Laufwerk gehört fast schon zur Standardausstattung eines High-End-Pcs.

Versandhandel

Das Problem bei solchen CDs, aber auch bei Diskettenpaketen, die im Versandhandel verkauft werden, ist jedoch, daß Linux sich von Tag zu Tag weiterentwickelt, und daher in den Wochen oder sogar Monaten, die vom Erstellen des Pakets oder der CD bis zum Versand vergehen, schon wieder eine neue Version mit vielen Verbesserungen vorhanden sein kann.

Unifix

Handbuch

Eine besonders interessante CD ist die Distribution der Unifix Software GmbH aus Braunschweig. Der Käufer erhält neben der CD und einem kleinen Handbuch eine Bootdiskette, über die der erste Systemstart erfolgt. Nach der Installation einer etwa 8 MB großen Minimalkonfiguration auf einer bestehenden DOS-Partition oder einer neuen Partition der Festplatte ist das System einsatzbereit.

direkt von CD

Sämtliche Anwendungsprogramme können direkt von der CD geladen werden. Verfügt der jeweilige Rechner über genügend Hauptspeicher (8-16 MB), so werden die wichtigsten Daten der CD im Speicher gehalten, was sich äußerst positiv auf die Zugriffsgeschwindigkeit auswirkt. Bei eventuellen Updates genügt dann der Wechsel der CD. Es entfällt die zeitraubende Installation der kompletten Linux-Software.

Die Unifix-Distribution hebt sich auch durch ihren Inhalt von anderen Distributionen ab. Eine Softwareliste, die mit einem WWW-Client gelesen werden kann, enthält eine Gliederung und Übersicht aller verfügbaren Programme. Die Konfiguration der enthaltenen Utilities und Applikationen wirkt ausgereift und durchdacht.

Softwareliste

Qualität

5.2 Bezugsquellen

Da der Bekanntheitsgrad von Linux in letzter Zeit stark gestiegen ist, gibt es inzwischen viele Möglichkeiten, die oben genannten Pakete und zusätzliche Programme für Linux zu beziehen.

viele Möglichkeiten

Der direkteste und schnellste Weg, einzelne Programme und Kernel-Versionen zu beziehen, ist jedoch mit Sicherheit der Zugriff auf einen FTP-Server im Internet.

FTP-Server

FTP-Server

Der wichtigste FTP-Server für Linux in Europa ist `nic.funet.fi` in Finnland, der auch der erste Linux-Server überhaupt war. Auf ihm finden sich die neusten Kernel-Versionen und eventuelle neuere Entwickler-Releases. Der Server `tsx-11.mit.edu` enthält den jeweils aktuellen GNU C-Compiler und die Linux-C-Libraries. Ein breites Angebot an Linux-Software bietet auch `sunsite.unc.edu` in den USA. Dort werden vor allem viele nach Linux portierte Softwarepakete archiviert.

Finnland

tsx-11
C-Compiler

sunsite
Programme

Diese Server werden auch von mehreren deutschen FTP-Servern gespiegelt (Mirror-Server). Das bedeutet, daß die Dateien der FTP-Server in den USA in regelmäßigen Abständen auf den entsprechenden deutschen FTP-Server kopiert werden. Damit soll vermieden werden, daß das Internet unnötig belastet wird. Meist ist eine Verbindung innerhalb von Deutschland auch schneller,

Mirror-Server

sicherer und vor allem preisgünstiger als der direkte Zugriff auf die amerikanischen Server.

Derartige Mirror-Server in Deutschland sind beispielsweise:

- `ftp.informatik.hu-berlin.de`
- `ftp.uni-erlangen.de`
- `ftp.uni-paderborn.de`
- `ftp.germany.eu.net`
- `ftp.rz.uni-karlsruhe.de`
- `ftp.tu-bs.de`
- `ftp.rz.uni-ulm.de`
- `ftp.informatik.uni-rostock.de`
- `ftp.dfv.rwth-aachen.de`
- `ftp.rrzn.uni-hannover.de`
- `ftp.gwdg.de`
- `ftp.cs.tu-berlin.de`
- `ftp.informatik.tu-muenchen.de`
- `sun0.urz.uni-heidelberg.de`
- `ftp.hrz.th-darmstadt.de`
- `ftp.rz.uni-hildesheim.de`
- `ftp.uni-oldenburg.de`
- `ftp.rz.uni-sb.de`
- `ftp.uni-duisburg.de`
- `ftp.informatik.uni-hamburg.de`
- `ftp.informatik.rwth-aachen.de`
- `ftp.informatik.uni-kiel.de`
- `ftp.uni-regensburg.de`
- `ftp.tu-clausthal.de`
- `forwiss.uni-passau.de`
- `ftp.inf.tu-dresden.de`
- `ftp.uni-mainz.de`
- `ftp.uni-kl.de`

FTP-Roadmap

Erlangen

Einen ausführlichen Überblick über Linux-FTP-Server in Deutschland erhält man beispielsweise in der Datei `Linux-FTP-Roadmap.table.z`, die unter anderem auf dem FTP-Server der Universität Erlangen (`ftp.uni-erlangen.de`) im Verzeichnis `pub/Linux/LOCAL/Roadmaps` zu finden ist.

FTP-Mailserver

Wer keinen direkten Internet-Zugang zur Verfügung hat, jedoch
E-Mail senden und empfangen kann, hat die Möglichkeit über
sogenannte FTP-Mailserver auf die Internet-FTP-Server zuzugreifen.

E-Mail

Ein FTP-Mailserver verschickt Programme von FTP-Servern per
E-Mail. Dazu sendet man einen entsprechenden Befehl an die E-
Mail-Adresse des Servers, der dann auf den FTP-Server zugreift,
das Programm in kleinere Stücke zerlegt und diese meist mit
`uuencode` kodiert als E-Mail zurückschickt.

Programme als Mail

uuencode

Die Befehle, die ein solcher Server versteht, bekommt man in der
Regel durch Senden einer Nachricht mit dem Kommando `help`
in der ersten Zeile. Derartige Mailserver sind zum Beispiel unter
den Adressen `ftp-mailer@informatik.tu-muenchen.de`
oder aber `ftpmail@decwrl.dec.com` erreichbar. Zu beachten
ist jedoch, daß sich ein FTP-Mailserver nicht dazu eignet, eine
komplette Linux-Distribution zu übertragen. Diese Server haben
in der Regel eine Begrenzung auf kleine Datenmengen.

help

München

Versandhandel

Andere Bezugsquellen für Linux und Linux-Programme sind
verschiedene kommerzielle Händler, die Linux-Disketten oder
CDs im Versand anbieten. Die Adressen solcher Händler findet
man am einfachsten in den deutschen Fachzeitschriften.

Zeitschriften

Teilweise werden von diesen Händlern sogar Festplatten oder
komplette PCs angeboten, auf denen bereits ein lauffähiges
Linux-System installiert ist.

Festplatten

Mailboxen

Inzwischen gibt es eine Reihe von Mailboxen in größeren
Städten, die sich auf Linux spezialisiert haben oder zumindest
einige Linux-Programme anbieten. Eine spezielle Liste, die von
Matthias Gmelch zusammengestellt wurde, enthält eine Übersicht
über viele Mailboxen in aller Welt, die Linux anbieten. Sie findet
sich beispielsweise im Verzeichnis `/pub/linux/docs` auf dem

Mailbox-Liste

85

FTP-Server `tsx-11.mit.edu.` und seinen vielen Mirror-Servern.

5.3 Hardware

Eine der am häufigsten gestellten Fragen ist, welche Hardware von Linux unterstützt bzw. benötigt wird. Die Grundvorraus-setzung ist ein PC-kompatibler Rechner mit einem 386er oder neueren Prozessor. Auf alten XTs oder ATs mit 286er Prozessor läuft Linux definitiv nicht, da es die Task-Switching-Möglich-keiten benötigt, die erst ab dem 386er Prozessor verfügbar sind.

386er

Hauptspeicher

Die Minimalausstattung ist ein 386sx Rechner mit 2 MB Speicher. Dabei wird die Installation jedoch schwierig, da 2 MB Speicher sogar für die Installationsprogramme nicht ausreichen. In diesem Fall muß möglichst früh eine Swap-Partition oder ein Swap-File eingerichtet werden, um überhaupt die für die Installation und Konfiguration nötigen Programme und Editoren starten zu können.

2 MB problematisch

Swap-Partition

Ein normales Arbeiten im Textmodus ist ab 4 MB Hauptspeicher möglich, und um mit dem X Window System in der normalen Version arbeiten zu können, sollten schon 8 MB zur Verfügung stehen. Ist der Rechner sogar mit 16 MB ausgerüstet, so macht sich dies durch einen deutlichen Performancegewinn vor allem unter X11 bemerkbar.

8 MB Speicher

oder mehr

Festplatte

Was den benötigten Platz auf der Festplatte angeht, so kann man für eine minimale Installation, unter Verzicht auf die grafische Oberfläche, mit 40 MB auskommen. Um jedoch eine vollständige Installation mit X11, dem C-Compiler und allen Tools und Utilities durchzuführen, sollte man mindestens 150 MB für Linux verfügbar haben. Nach oben sind hier keine Grenzen gesetzt. Wer Zugang zum Internet hat, wird kein Problem haben, eine 2 GB

150 MB

oder mehr

Festplatte mit Linux-Software zu füllen. Das Angebot an Programmiersprachen, Utilities, Bibliotheken und Anwendungsprogrammen ist mittlerweile enorm groß.

Für eine preiswerte Erstinstallation ist es empfehlenswert, auf eine Festplatte mit AT-Bus bzw. IDE-Interface zurückzugreifen. Diese sind in vielen Versionen bis ca. 500 MB erhältlich und bieten im Ein-Benutzer-Betrieb ausreichende Performance. Anstelle von größeren IDE- oder Enhanced-IDE-Festplatten sollte man jedoch SCSI-Systeme vorziehen.

IDE-Festplatten

Ein-Benutzer-Betrieb

Das IDE Interface wurde von Anfang an vom Kernel unterstützt und benötigt keinen weiteren Treiber. Es existiert sogar ein Kernel-Patch, mit dem es möglich ist, auch zwei IDE-Adapter parallel zu betreiben, sofern deren I/O-Ports und Interrupts konfigurierbar sind.

mehrere IDE-Adapter

Für größere und schnellere Platten wird meist das *Small Computer System Interface* (SCSI) verwendet. Es erlaubt die parallele Nutzung von bis zu sieben Geräten. Dabei spielt es keine Rolle, ob es sich um Festplatten, Bandlaufwerke, CD-ROM-Laufwerke oder einen Scanner handelt. Zum Betrieb wird ein spezieller Treiber für den SCSI-Hostadapter im Linux-Kernel benötigt, der aber für die üblichen Adapter in allen aktuellen Versionen bereits enthalten ist.

SCSI

Festplatten, Streamer, CD-ROM

Man sollte keine exotischen Hostadapter verwenden, da man dafür nur selten einen Treiber findet. Eventuell mit dem Adapter mitgelieferte Treiber für MS-DOS oder andere UNIX-Versionen sind nicht verwendbar.

übliche SCSI Hostadapter

Ohne Probleme arbeiten die meisten Controller der bekannten Hersteller wie Adaptec, NCR, Future Domain und Seagate. Im Zweifelsfall sollte man die jeweils aktuelle Liste der unterstützten Hardware zu Rate ziehen. Sie ist unter dem Namen Hardware-HOWTO auf den FTP-Servern verfügbar.

Grafikkarten

Bei der Grafikkarte ist die unkomplizierteste Lösung, auf eine
Grafikkarte mit S3 einfache Karte mit einem S3-Chipsatz zurückzugreifen. Im
Chipsatz aktuelle X11R6-Paket für Linux ist ein spezieller Server für
diesen Chipsatz vorhanden, der seine Möglichkeiten gut ausnutzt.
PCI-Version Besonders schnell sind Local-Bus oder PCI-Karten, die 32-Bit
oder 64-Bit Varianten des S3- oder Mach-Chips verwenden.
Viele Chipsätze anderer Hersteller werden ebenfalls unterstützt.
Eine aktuelle Liste findet man auf den FTP-Servern zusammen
XFree86-HOWTO mit den anderen HOWTOs unter dem Namen XFree86-HOWTO.
Für exotische oder mit wenig Speicher bestückte Grafikkarten
bleibt der generische VGA-Server, der jedoch nur mit 16 Farben
und einer Auflösung von 640 mal 480 Bildpunkten arbeitet, oder
Mono-Server der Mono-Server, der auch Hercules-Karten unterstützt.
Busmäuse aller bekannten Hersteller können ebenso wie die
übliche Mäuse üblichen, seriellen Mäuse oder ein PS/2-kompatibler Trackball
verwendet werden.

Bussystem (ISA / EISA / PCI)

Motherboards mit dem alten AT-Bus (ISA), mit dem flexibleren
und schnelleren EISA-Bus, mit Local-Bus-Erweiterungen und
dem neueren PCI-Bus werden unterstützt.
PCI-Bus Der PCI-Bus ist prozessorunabhängig und erheblich schneller als
ein EISA-System. Er erlaubt Datentransferraten von bis zu 130
MBytes/s im 32-Bit-Modus. Einige PCI-Boards verfügen über
NCR SCSI-Chip einen sehr schnellen SCSI-Chip (NCR 53c810), für den ein
Treiber im offiziellen Kernel enthalten ist.
Obwohl die Spezifikation des PCI-Standards sehr sorgfältig
vorgenommen wurde, weichen die heute erhältlichen PCI-
Komponenten zum Teil noch davon ab. Dies hat zu Folge, daß es
Probleme leider noch immer Probleme beim Zusammenspiel zwischen
Motherboard und Peripheriekarten geben kann. Eine eigene PCI-
HOWTO geht auf derartige Schwierigkeiten näher ein. Diese
sollte vor dem Kauf von PCI-Hardware auf jeden Fall zu Rate
gezogen werden.

Zusatzhardware

Zur Datensicherung mit Streamern (Bandlaufwerken) können SCSI-Geräte, aber auch billigere Floppy-Streamer verwendet werden. Zu empfehlen sind hier vor allem SCSI-Streamer.

Streamer

Die Auswahl der Treiber für Netzwerkkarten ist recht groß. Neben häufig verwendeten Karten von Novell, 3Com und SMC, das die Fertigung der alten WD-Karten aufkaufte, werden auch HP- und D-Link-Karten unterstützt. Es gibt sogar Treiber für Arcnet-Karten. Viele Noname-Karten sind zu den obigen kompatibel und können ebenfalls benutzt werden.

Netzwerkkarten

Wie es für ein UNIX-System traditionell üblich ist, kann man auch bei Linux ASCII-Terminals verwenden, die an serielle Schnittstellen bzw. spezielle Multi-Serial-Adapter angeschlossen werden. Auch für solche Karten existieren Treiber.

Multi Serial Adapter

Ein Feature, das Linux von vielen anderen Systemen abhebt, ist die direkte Unterstützung von ISDN-Karten im Kernel. Das Treiberpaket *isdn4linux* ermöglicht die Nutzung aktiver ISDN-Karten als Netzwerk-Interface unter Linux, ohne Kernel-Eingriffe vornehmen zu müssen. Diese Software kann am einfachsten über das Internet von folgendem ftp-Server bezogen werden: `ftp.to.com:/pub/isdn4linux`.

ISDN

isdn4linux

Auch Multimedia-Anwendungen sind unter Linux möglich. Peripherie wie Soundkarten (Soundblaster, Soundblaster 16, Adlib, Gravis Ultra Sound oder PAS 16) oder CD-ROM-Laufwerke können über entsprechende Kernel-Treiber angesprochen werden. Auch hier sollte man jedoch auf der jeweils aktuellen Hardwareliste nachsehen, für welche CD-ROM-Laufwerke inzwischen Treiber-Software existiert. Völlig problemlos sind auch hier SCSI-Laufwerke einzubinden.

Soundkarten und CD-ROM

Sogar für eher exotische Hardware, wie Transputer-Boards und Frame-Grabber-Karten existieren Treiber, die es ermöglichen, diese Karten unter Linux anzusprechen.

Transputer

In Hinblick auf die weitere Entwicklung im Hardware- und Softwarebereich ist derzeit ein 486er Rechner ab 33 MHz und mit 16 MB Hauptspeicher eine vernünftige und erschwingliche Ausstattung. Die Festplatte sollte mindestens 200 MB besitzen,

empfohlene Hardware

da permanenter Speicherplatzmangel ein sinnvolles Arbeiten unmöglich macht. Wer neben einer Festplatte noch ein CD-ROM Laufwerk oder einen Streamer verwenden möchte, sollte von vornherein SCSI-Geräte verwenden.

14 Zoll Monitor auf
Dauer zu klein

Ein 14-Zoll-Monitor ist eigentlich zu klein für eine Multitasking-Umgebung, da meist viele Fenster gleichzeitig geöffnet werden. Der Linux X-Server ist in der Lage, einen größeren, virtuellen Bildschirm zur Verfügung zu stellen und die meisten Geräte können eine Auflösung von 800 mal 600 Punkten vernünftig darstellen; deshalb kann für den Einstieg auf einen 17-Zoll-Monitor verzichtet werden.

5.4 Installation

Im folgenden wird der Ablauf einer Installation am Beispiel des

Slackware

Slackware-Pakets näher beschrieben. Diese Distribution scheint insgesamt am weitesten verbreitet zu sein, da sie frei kopiert werden darf und auf vielen CDs unterschiedlicher Hersteller

deutsche Versionen

enthalten ist. Manche Firmen bieten sogar ins Deutsche übersetzte Versionen dieser Distribution an. Der Installations-vorgang ist mit geringen Abweichungen auch auf andere Distributionen übertragbar.

Die wesentlichen Schritte einer Linux-Installation sind:

- Booten eines minimalen Linux-Systems von einer Boot- und eventuell einer Rootdiskette
- Erstellen der Partitionen für Linux
- Anlegen der Filesysteme und des Swap-Bereichs
- Kopieren des Systems auf die Festplatte
- Konfiguration der wichtigsten Systemdateien
- Installation eines Bootmanagers
- Konfiguration der grafischen Oberfläche
- Einrichten von Benutzern

Bootdiskette

Der Installationsvorgang beginnt mit dem Booten eines minimalen Linux-Systems, das neben dem Kernel nur die wichtigsten Utilities und ein Installationsprogramm beinhaltet. Die Slackware-Distribution enthält zu diesem Zweck zwei Disketten, eine sogenannte Boot- und eine Rootdisk.

Booten von Diskette

Boot- und Rootdisk

Diese stehen wahlweise in einer 3½-Zoll- und einer 5¼-Zoll-Fassung zur Verfügung. Sowohl bei der Boot- als auch bei der Rootdisk kann wiederum zwischen mehreren Versionen ausgewählt werden. Die Bootdisketten enthalten einen Kernel und unterscheiden sich in den darin enthaltenen Gerätetreibern, die Rootdisketten enthalten ein minimales Dateisystem mit den wichtigsten Hilfsprogrammen und dem Installationsskript.

verschiedene Versionen

Treiber

Wurde die Distribution als Diskettenpaket erworben, so sind diese Disketten in einer bootfähigen Version vorkonfiguriert. Andernfalls liegen die Inhalte dieser Installationsdisketten meist als Image-Datei vor. Um aus einer solchen Datei eine bootfähige Diskette oder eine Diskette mit einem Linux-Filesystem zu erstellen, muß sie mit einem speziellen Utility auf die Diskette übertragen werden.

Image-Dateien

Die Images für Boot- und Rootdisketten befinden sich meist in folgenden Verzeichnissen der Slackware-Distribution:

- `bootdsks.12`
- `bootdsks.144`
- `rootdsks.12`
- `rootdsks.144`

Das Verzeichnis `bootdsks.144` enthält die folgenden Dateien:

- README
- WHICH.ONE
- alpha.gz
- bare.gz
- cdu31a.gz
- cdu535.gz
- loaded.gz
- mitsumi.gz
- nec260.gz
- net.gz
- old1118.gz
- sbpcd.gz
- scsi.gz
- scsinet.gz
- xt.gz

3½ oder 5¼ Zoll Besitzt man beispielsweise ein 3½-Zoll-Diskettenlaufwerk als Bootlaufwerk, das entspricht unter DOS dem Laufwerk A, so stehen die richtigen Dateien in den Verzeichnissen `bootdsks.144` und `rootdsks.144` Die Dateien für ein 5¼-Zoll-Laufwerk sind in den Verzeichnissen `bootdsks.12` und `rootdsks.12` zu finden.

NFS Für eine Installation über NFS muß im Kernel der Bootdiskette ein Treiber für die Netzwerkkarte enthalten sein. Ist im Rechner Treiber eine Netzwerkkarte installiert, für die kein Treiber im Kernel der Bootdiskette enthalten ist, so kann man sich eine eigene Bootdiskette erstellen (siehe Seite 104).

Das gleiche gilt für Systeme mit einer SCSI-Festplatte und einem SCSI-Hostadapter exotischen SCSI-Hostadapter, für die es keine Bootdiskette mit passendem Treiber gibt. Im Zweifelsfalle sollte man in der Datei README, die im gleichen Verzeichnis wie die Diskettenimage-Dateien steht, nachlesen, welche Datei für welche Hardwarekonfiguration geeignet ist.

Rootdiskette Auch für die Rootdiskette gibt es verschiedene Dateien, wobei hier nur zwischen einer Diskette mit einem farbigem oder einem einfacheren Installationsprogramm unterschieden wird. In den

meisten Fällen kann man die Datei für das farbige Installationsprogramm benutzen. Bei einem 3½-Zoll-Laufwerk ist dies die
Datei `rootdsks.144/color144.gz`. Andere Verzeichnisse
enthalten Dateien zum Erstellen spezieller Bootdisketten bzw.
weitere Tools und Informationen.

Hat man die richtigen Dateien für Boot- und Rootdisketten
ausgewählt, so müssen sie entweder unter DOS mit
`rawrite.exe` oder unter UNIX mit dem `dd`-Befehl auf bereits
formatierte Disketten übertragen werden. Dazu müssen sie
zunächst mit `gzip` dekomprimiert werden. Das folgende Beispiel
zeigt diesen Vorgang.

Erstellen der Disketten

rawrite.exe

gzip

```
stef1:/tmp> gzip -d bare.gz
stef1:/tmp> dd if=bare of=/dev/fd0 bs=8k
180+0 records in
180+0 records out
stef1:/tmp>
```

Sind die Disketten erstellt, kann man die Bootdiskette in das
Bootlaufwerk legen und den Rechner neu starten. Die erste
Meldung, die beim Booten auf dem Bildschirm erscheint, kommt
von LILO, dem Linux Bootmanager, der auf der Bootdiskette
installiert ist. Das folgende Beispiel zeigt die erste Meldung beim
Booten.

Booten

LILO

```
Welcome to the Slackware Linux 2.1.0 bootkernel disk!

If you have any extra parameters to pass to the kernel, enter them at the
prompt below after one of the valid configuration names (ramdisk, mount, drive2)
Here are some examples:

   ramdisk hd=cyl,hds,secs   (Where "cyl", "hds", and "secs" are the number of
                              cylinders, sectors, and heads on the drive. Most
                              machines won't need this.)

In a pinch, you can boot your system with a command like:
   mount root=/dev/hda1

On machines with low memory, you can use mount root=/dev/fd1 or
mount root=/dev/fd0 to install without a ramdisk.  See LOWMEM.TXT for details.

If you would rather load the root/install disk from your second floppy drive:
   drive2  (or even this:  ramdisk root=/dev/fd1)

DON'T SWITCH ANY DISKS YET! This prompt is just for entering extra parameters.
If you don't need to enter any parameters, hit ENTER to continue.

boot:
```

Der Linux Loader wartet nun auf eine Eingabe. Für eine normale
Installation, bei der das erste Diskettenlaufwerk auch für die
Rootdiskette verwendet werden soll, reicht es, Return zu drücken.

In manchen Fällen, wenn zum Beispiel ein CD-ROM Laufwerk, eine Festplatte oder eine Netzwerkkarte nicht richtig erkannt werden, müssen spezielle Parameter an den Kernel übergeben werden. Diese Parameter werden nach der Angabe der Bootoption aufgelistet. Eine Eingabe nach dem boot-Prompt hat den folgenden Aufbau:

Parameter

```
Bootauswahl Parameter=Value,Value,.. Parameter=Value,Value,...
```

Beispiel Netzwerkkarte

Ein Beispiel wird schon in der obigen Meldung des Linux Loaders gegeben. Ein anderes Beispiel ist:

```
ramdisk ether=5,0x320
```

Interrupt und IO-Adresse

Damit wird dem Treiber für die Ethernetkarte im Kernel mitgeteilt, daß die Karte den Interrupt 5 und die IO-Adresse 0x320 benutzt.

Hat man die richtige Auswahl getroffen und eventuell benötigte Optionen übergeben, so lädt der Linux Loader den Kernel. Dieser dekomprimiert sich und initialisiert dann seine einzelnen Bestandteile, wobei jeweils entsprechende Meldungen auf dem Bildschirm erscheinen. An den Ausgaben der einzelnen Gerätetreiber kann man leicht erkennen, welche Geräte erkannt und erfolgreich initialisiert wurden. Der Bootvorgang könnte beispielsweise folgendermaßen aussehen:

Kernel startet

Gerätetreiber

```
Loading ramdisk ........
Uncompressing linux...memory is tight...done.
Console: colour EGA+ 80x25, 1 virtual console (max 63)
bios32_init : BIOS32 Service Directory structure at 0x000fc300
bios32_init : BIOS32 Service Directory entry at 0xfc580
pcibios_init : PCI BIOS revision 2.00 entry at 0xfc5b0
Serial driver version 4.00 with no serial options enabled
tty00 at 0x03f8 (irq = 4) is a 16550A
tty01 at 0x02f8 (irq = 3) is a 16550A
lp_init: lp2 exists, using polling driver
Calibrating delay loop.. ok - 36.08 BogoMips
```

```
scsi-ncr53c7,8xx : at PCI bus 0, device 4,  function 0
scsi-ncr53c7,8xx : NCR53c810 at memory 0xfc800000, io 0xd000, irq 11
scsi0 : using io mapped access
scsi0 : using initiator ID 7
scsi0 : using level active interrupts.
scsi0 ; burst length 8
scsi0 : using 40MHz SCSI clock
scsi0 : m_to_n = 0x90, n_to_m = 0xa0, n_to_n = 0xb0
scsi0 : NCR code relocated to 0x383b10
scsi0 : testing
scsi0 : test 1 started
scsi0 : tests complete.
scsi0 : NCR53c{7,8}xx (rel 3)
scsi : 1 hosts.
  Vendor: TOSHIBA   Model: CD-ROM XM-3401TA  Rev: 2873
  Type:   CD-ROM                      ANSI SCSI revision: 02
scsi : detected total.
Memory: 29780k/32768k available (868k kernel code, 384k reserved, 1736k data)
This processor honours the WP bit even when in supervisor mode. Good.
Floppy drive(s): fd0 is 1.44M
FDC 0 is a post-1991 82077
Swansea University Computer Society NET3.017
Swansea University Computer Society TCP/IP for NET3.017
IP Protocols: ICMP, UDP, TCP
eth0: SMC Ultra at 0x240, 00 00 C0 16 02 A0, IRQ 5 memory 0xe0000-0xe3fff.
smc-ultra.c:v1.10 9/23/94 Donald Becker (becker@cesdis.gsfc.nasa.gov)
Checking 386/387 coupling... Ok, fpu using exception 16 error reporting.
Checking 'hlt' instruction... Ok.
Linux version 1.1.59 (root@fuzzy) (gcc version 2.5.8) #6 Sat Oct 29 1994
RAMDISK: 1474560 bytes, starting at 0x21b850
```

Nachdem der Kernel erfolgreich geladen und gestartet wurde, erscheint eine Meldung auf dem Bildschirm, die den Benutzer auffordert, die Bootdiskette gegen die Rootdiskette auszutauschen. **Diskettenwechsel**

```
Please remove the boot kernel disk from your floppy drive, insert a
root/install disk (such as one of the Slackware color144, colrlite,
tty144, or tty12 disks) or some other disk you wish to load into a
ramdisk and boot, and then press ENTER to continue.
```

Ist dies geschehen, wird der Inhalt der Rootdiskette in eine Ramdisk im Speicher geladen. Dies ermöglicht es, das Root-Filesystem mit dem Installationsprogramm komplett im Hauptspeicher zu halten. Auf diese Weise kann das Diskettenlaufwerk für andere Disketten verwendet werden. **Ramdisk**

```
VFS: Disk change detected on device 2/28
RAMDISK: Minix filesystem found at block 0
RAMDISK: Loading 1440 blocks into RAM disk.................................
......................................................
done
```

Ist der Bootvorgang abgeschlossen, erscheint eine Willkommensmeldung auf dem Bildschirm, die die weiteren Schritte erläutert.

```
Welcome to the Slackware Linux installation disk, (v. 2.1.0)

###### IMPORTANT! READ THE INFORMATION BELOW CAREFULLY. ######
- You will need one or more partitions of type "Linux native" prepared. It is
  also recommended that you create a swap partition (type "Linux swap") prior
  to installation. Most users can use the Linux "fdisk" utility to create and
  tag the types of all these partitions. OS/2 Boot Manager users, however,
  should create their Linux partitions with OS/2 "fdisk", add the bootable
  (root) partition to the Boot Manager menu, and then use the Linux "fdisk" to
  tag the partitions as type "Linux native".
- If you have 4 megabytes or less of RAM, you MUST activate a swap partition
  before running setup. After making the partition with fdisk, use:
  mkswap /dev/<partition> <number of blocks> ; swapon /dev/<partition>
- Once you have prepared the disk partitions for Linux, and activated a swap
  partition if you need one, type "setup" to begin the installation process.
- If you want the install program to use monochrome displays, type:
  TERM=vt100
  before you start "setup".

You may now login as "root".
slackware login:
```

Einloggen   Um fortzufahren gibt man nach dem Login-Prompt die Benutzerkennung `root` ein. Danach erscheint ein weiterer Hinweis:

```
Linux 1.1.59. (Posix).

If you're upgrading an existing Slackware system, you might want to
remove old packages before you run 'setup' to install the new ones. If
you don't, your system will still work but there might be some old files
left laying around on your drive.

Just mount your Linux partitions under /mnt and type 'pkgtool'. If you
don't know how to mount your partitions, type 'pkgtool' and it will tell
you how it's done.

To start the main installation, type 'setup'.
```

Alle weiteren Schritte finden nun unter Linux statt.

Partitionieren

Zur Installation von Linux benötigt man mindestens eine freie

mehrere Partitionen   Partition. Es ist jedoch sinnvoll, gleich drei Partitionen anzulegen; eine für das Root-Filesystem, eine für das Home-Filesystem und eine als Swap-Partition. Dann kann bei einer

/home trennen   Neuinstallation des Systems die `/home`-Partition unberührt bleiben und nach der Installation einfach wieder gemountet werden. Auf diese Weise bleiben alle Benutzerdaten erhalten.

Falls auf der Festplatte noch keine Partitionen angelegt sind, die für Linux verwendet werden können, so muß dies mit dem

fdisk   Programm `fdisk` durchgeführt werden. Das folgende Beispiel zeigt das Anlegen von drei Partitionen für Linux. Eine Partition mit MS-DOS existiert schon auf der Festplatte.

Der Partitionstyp, der als Vorgabe für eine neue Partition vergeben wird, ist 83 (Linux native). Für die Partition, die später als Swap-Partition verwendet werden soll, wird der Typ auf 82 (Linux swap) geändert.

Der Typ der Partition wird vom Installationsprogramm ausgelesen. Es erkennt daran, welche Partitionen für die Installation verwendet werden können. Wenn also schon Partitionen für Linux existieren, die zum Beispiel unter DOS mit `fdisk` erstellt wurden, so sollte man auf jeden Fall den Typ der Partitionen mit fdisk unter Linux auf 83 setzen, sofern diese ein Linux-Filesystem enthalten sollen.

Typ der Partition

DOS-fdisk

```
# fdisk
Using /dev/hda as default device!
Command (m for help): p
Disk /dev/hda: 14 heads, 35 sectors, 978 cylinders
Units = cylinders of 490 * 512 bytes

   Device Boot  Begin      Start    End  Blocks  Id  System
/dev/hda1           1          1    418  102392+  6  DOS 16-bit >=32M

Command (m for help): n
Command action
   e   extended
   p   primary partition (1-4)
p
Partition number (1-4): 2
First cylinder (419-978): 419
Last cylinder or +size or +sizeM or +sizeK (419-978): +100M

Command (m for help): p
Disk /dev/hda: 14 heads, 35 sectors, 978 cylinders
Units = cylinders of 490 * 512 bytes
   Device Boot  Begin      Start    End  Blocks  Id  System
/dev/hda1           1          1    418  102392+  6  DOS 16-bit >=32M
/dev/hda2         419        419    836  102410  83  Linux native

Command (m for help): n
Command action
   e   extended
   p   primary partition (1-4)
p
Partition number (1-4): 3
First cylinder (837-978): 837
Last cylinder or +size or +sizeM or +sizeK (837-978): +8M

Command (m for help): p
Disk /dev/hda: 14 heads, 35 sectors, 978 cylinders
Units = cylinders of 490 * 512 bytes
   Device Boot  Begin      Start    End  Blocks  Id  System
/dev/hda1           1          1    418  102392+  6  DOS 16-bit >=32M
/dev/hda2         419        419    836  102410  83  Linux native
/dev/hda3         837        837    870    8330  83  Linux native
```

```
Command (m for help): n
Command action
   e   extended
   p   primary partition (1-4)
p
Partition number (1-4): 4
First cylinder (871-978): 871
Last cylinder or +size or +sizeM or +sizeK (871-978): 978

Command (m for help): p
Disk /dev/hda: 14 heads, 35 sectors, 978 cylinders
Units = cylinders of 490 * 512 bytes
   Device Boot   Begin       Start      End   Blocks   Id  System
/dev/hda1           1           1      418  102392+    6  DOS 16-bit >=32M
/dev/hda2         419         419      836  102410    83  Linux native
/dev/hda3         837         837      870  8330      83  Linux native
/dev/hda4         871         871      978  26460     83  Linux native

Command (m for help): t
Partition number (1-4): 3
Hex code (type L to list codes): L
 0  Empty          8  AIX           75  PC/IX         b8  BSDI swap
 1  DOS 12-bit FAT 9  AIX bootable  80  Old MINIX     c7  Syrinx
 2  XENIX root     a  OPUS          81  Linux/MINIX   db  CP/M
 3  XENIX usr     40  Venix 80286   82  Linux swap    e1  DOS access
 4  DOS 16-bit <32M 51 Novell?      83  Linux native  e3  DOS R/O
 5  Extended      52  Microport     93  Amoeba        f2  DOS secondary
 6  DOS 16-bit >=32 63 GNU HURD     94  Amoeba BBT     ff  BBT
 7  OS/2 HPFS     64  Novell        b7  BSDI fs
Hex code (type L to list codes): 82
Changed system type of partition 3 to 82 (Linux swap)

Command (m for help): p
Disk /dev/hda: 14 heads, 35 sectors, 978 cylinders
Units = cylinders of 490 * 512 bytes
   Device Boot   Begin   Start      End   Blocks   Id  System
/dev/hda1           1       1      418  102392+    6  DOS 16-bit >=32M
/dev/hda2         419     419      836  102410    83  Linux native
/dev/hda3         837     837      870  8330      82  Linux swap
/dev/hda4         871     871      978  26460     83  Linux native

Command (m for help): w
The partition table has been altered!
Calling BLKRRPART ioctl() to re-read partition table
Syncing disks
Reboot your system to ensure partition table is updated
#
```

fdisk unter Linux

Alle Partitionen, auch die logischen Laufwerke einer erweiterten Partition, werden unter Linux einfach durchnumeriert und können wie eine primäre Partition verwendet werden. Sämtliche Partitionen werden auf Dateien im /dev-Verzeichnis, deren Name mit hd für normale Festplatten bzw. sd für SCSI-Festplatten beginnt, abgebildet. Genaueres hierzu ist im Kapitel über die Grundlagen zu finden.

Anlegen der Filesysteme

Bevor auf einer Partition Dateien gespeichert werden können, muß auf ihr ein Filesystem angelegt werden. Im allgemeinen erfolgt dies durch den entsprechenden Menüpunkt im Installationsskript. Alternativ kann das Anlegen eines Dateisystems jedoch auch manuell über das mkfs-Kommando erfolgen. Dieser Befehl ist jedoch nur ein Frontend, das je nach übergebenem Filesystemtyp (Option -t) das entsprechende Programm zum Erzeugen des jeweiligen Dateisystems aufruft. Im Falle des Extended-2-Filesystems ist dies beispielsweise das Kommando mke2fs.

Menü

mkfs

```
# mkfs -t ext2 -c /dev/hda4
```

Der Parameter -c aktiviert die Prüfung der Blöcke auf der Festplatte, die für das Filesystem verwendet werden.

Prüfen

Anlegen der Swap-Partition

Ähnlich wie ein Filesystem wird eine Swap-Partition mit dem Befehl mkswap vorbereitet. Dazu muß jedoch neben dem Device die Anzahl der Blöcke der Partition angegeben werden. Diese erhält man am einfachsten durch Aufruf des Programms fdisk mit der Option -s. Sie gibt zu einer Partition die Größe in Blöcken aus.

mkswap

```
# fdisk -s /dev/hda3
8330
# mkswap /dev/hda3 8330
Setting up swapspace, size = 8523776 bytes
#
```

Um die neue Swap-Partition zu aktivieren, gibt man den Befehl swapon gefolgt von der Partition an. Den aktuellen Zustand des Speichers kann man sich mit dem Befehl free anzeigen lassen.

swapon

```
# swapon /dev/hda3
# free
          total        used        free      shared     buffers Mem:
          7060        5248        1812         888       2300
Swap:     8324           0        8324
#
```

Hauptspeicher

Falls man 8 MB Speicher oder mehr in seinem System hat, so kann die Swap-Partition, genauso wie ein Filesystem, auch erst im Installationsprogramm vorbereitet und aktiviert werden. Ruft man hier den Menüpunkt ADDSWAP auf, so wird die Festplatte Typ Linux swap nach einer Partitionen vom Typ Linux swap durchsucht. War die Suche erfolgreich, so kann der Benutzer die entsprechende Partition als Swap-Partition anmelden. Anschließend kann diese mit mkswap initialisiert und und mit swapon aktiviert werden.

4 MB oder weniger

Besitzt man jedoch nur 4 MB oder weniger, so muß vor dem Aufruf des Installationsprogramms eine Swap-Partition angelegt und aktiviert werden. Der vorhandene Speicher reicht sonst nicht aus.

Kopieren auf die Festplatte

Sind die Filesysteme und die Swap-Partitionen eingerichtet, so setup kann man das Linux-System auf die Festplatte kopieren. Dazu ruft man das Installationsprogramm über den Befehl setup auf.

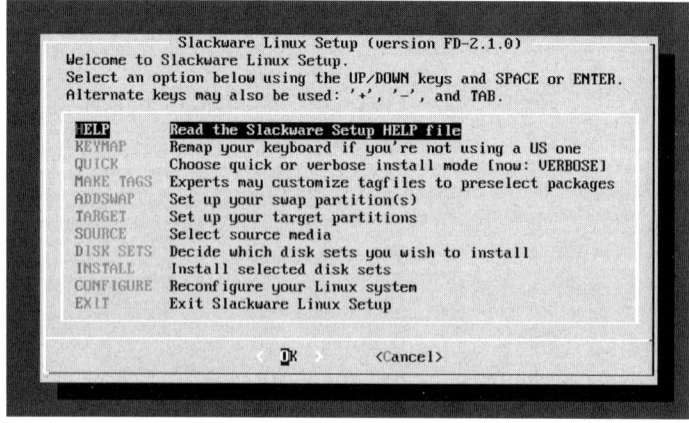

Abbildung 5.1 Das Hauptmenü des Installationsprogramms

Die wichtigsten Punkte in diesem Hauptmenü sind die Auswahl des Quellmediums, die Auswahl der Ziel-Partition, die Auswahl der zu installierenden Teile und der Start der eigentlichen Installation. Diese Punkte werden automatisch verkettet, das bedeutet, wenn man den ersten auswählt, wird nach Abschluß dieses Punktes automatisch zum nächsten Punkt übergegangen. Die Auswahl des Installationsmodus zwischen *Quick* und *Verbose* sollte zunächst auf *Verbose* belassen werden.

Als Quellmedium können die Festplatte, auf die man zuvor alle Disketten kopiert hat, die Disketten selbst, ein über NFS gemounteter Rechner im Netz, eine CD-ROM oder ein Streamer-Tape herangezogen werden. Die Installation von einem Streamer-Tape ist etwas aufwendiger als die übrigen und wird in einer separaten README-Datei näher erläutert.

Quellmedium
Zielpartition
Pakete

Festplatte, Disketten,
CD-ROM, NFS oder
Streamer

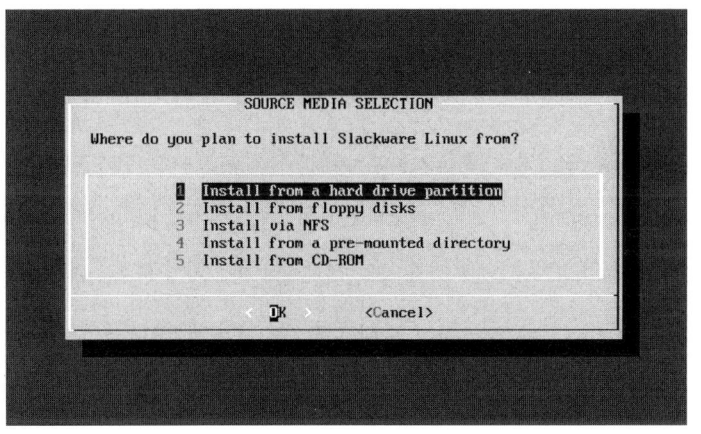

Abbildung 5.2 Auswahl des Quellmediums

Zur Installation über NFS sind einige Netzwerkparameter, wie IP Adresse des zu installierenden Rechners und die des NFS-Servers, die Netzwerkmaske, die Broadcast- und Netzwerkadresse sowie der Pfad der Distribution auf dem NFS-Server einzugeben. Diese Begriffe werden im Vernetzungskapitel (ab Seite 211) näher erläutert. Im Zweifelsfalle sollte man hier den Netzwerkadministrator zu Rate ziehen, der die lokalen Gegebenheiten kennt.

NFS

Parameter

Netzwerkadministrator

101

Auch die Auswahl der Zielpartition geschieht menügesteuert. Das Installationsprogramm durchsucht dabei selbstständig das System nach Partitionen mit dem Typ `Linux native` und bietet diese zur Auswahl an:

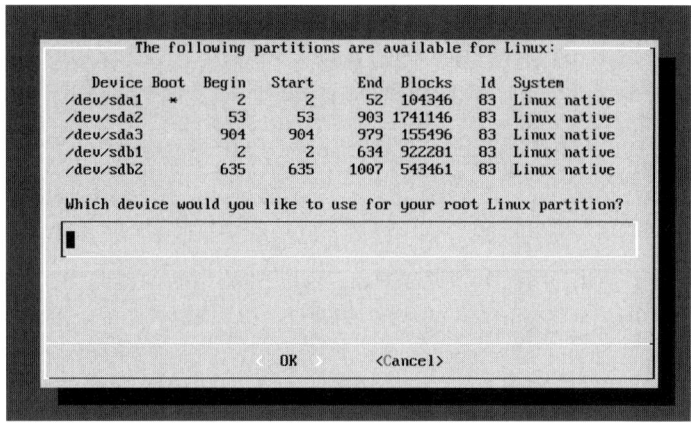

The following partitions are available for Linux:

Device	Boot	Begin	Start	End	Blocks	Id	System
/dev/sda1	*	2	2	52	104346	83	Linux native
/dev/sda2		53	53	903	1741146	83	Linux native
/dev/sda3		904	904	979	155496	83	Linux native
/dev/sdb1		2	2	634	922281	83	Linux native
/dev/sdb2		635	635	1007	543461	83	Linux native

Which device would you like to use for your root Linux partition?

‹ OK › ‹Cancel›

Abbildung 5.3 Auswahl der Zielpartition

Nachdem die root-Partition festgelegt ist, fragt das Installations-
weitere Partitionen programm nach, ob weitere Partitionen gemountet werden sollen.
/home Möchte man `/home` und eventuell `/usr` auf getrennte Dateisysteme installieren, so müssen diese jetzt angegeben werden.
Pakete Auch die Auswahl der zu installierenden Pakete geschieht über eine Auswahlliste, in der alle Teilpakete mit einer kurzen Beschreibung aufgeführt sind.

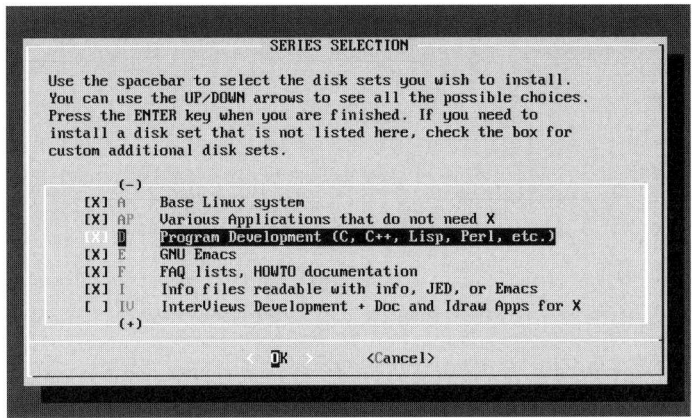

Abbildung 5.4 Auswahl der Pakete

Danach kann man den Menüpunkt INSTALL aufrufen. Man bekommt nun eine Auswahl mit den verschiedenen Modi, in denen der Kopiervorgang durchgeführt werden kann. Für eine Erstinstallation ist die Option NORMAL sicher die beste Wahl. In diesem Modus werden die grundlegenden Systemteile automatisch installiert, bei optionalen Teilen wird nachgefragt.

INSTALL

Vor dem Kopiervorgang wird eine kurze Beschreibung des Paketes angezeigt, was die Auswahl optionaler Pakete erleichtert.

Beschreibung

Sind die ausgewählten Pakete installiert, wird zur Konfiguration des Systems übergegangen. Hier werden verschiedene Links und Parameter eingestellt, zum Beispiel für den Anschluß des Modems oder der Maus.

Konfiguration

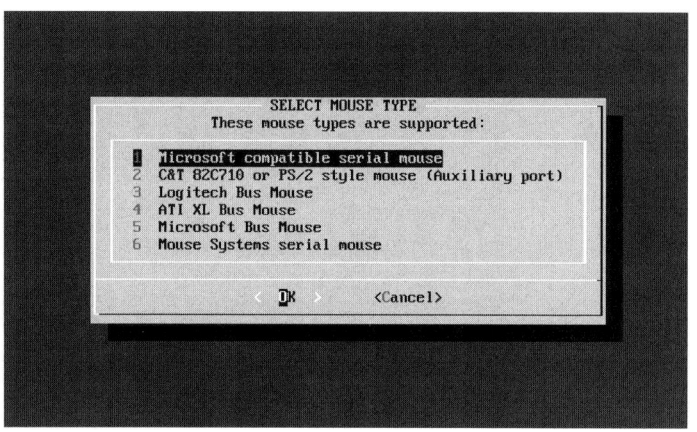

Abbildung 5.5 Konfiguration der Maus

LILO Außerdem hat man die Möglichkeit, den Linux Loader menügesteuert zu installieren. (siehe auch Seite 107)

Ist die Konfiguration beendet, kehrt das Installationsprogramm
automatisch in das Hauptmenü zurück und kann beendet werden.
Damit ist die Installation der Slackware-Distribution abgeschlossen, und der Rechner kann neu gebootet werden.

5.5   Erstellen einer Bootdiskette

Benötigt man zur Installation des Systems schon einen speziellen
SCSI Treiber im Bootkernel, um beispielsweise auf eine SCSI-
Festplatte mit einem seltenen Hostadapter oder eine exotische
Netzwerkkarte zuzugreifen, so kann man sich eine eigene
Bootdiskette erstellen.   Vorraussetzung ist natürlich, daß ein
entsprechender Treiber überhaupt existiert. Außerdem muß man
Zugang zu einem laufenden Linux System haben, um einen
passenden Kernel zu compilieren.   Die Konfiguration und Com-
pilation des Kernels wird in einem eigenen Kapitel erläutert, sie
wird deshalb hier nur grob beschrieben. (siehe Seite 117)

Zunächst muß ein Kernel erstellt werden, in dem alle nötigen Treiber enthalten sind. Treiber für nicht vorhandene Peripherie sollten nicht mit in den Kernel compiliert werden, da sie das Risiko eines Konflikts zwischen den einzelnen Treibern erhöhen. Dazu ruft man zunächst im Verzeichnis des Linux Quellcodes den Befehl `make config` auf.

Compilieren eines
Kernels

make config

Nun kann der Kernel neu übersetzt werden. Zunächst werden die Abhängigkeiten der einzelnen Quelltextdateien des Kernels mittels `make dep` festgestellt, dann werden eventuell noch vorhandene alte Objektdateien über `make clean` gelöscht. Die eigentliche Compilation kann nun mit `make zImage` im Hauptverzeichnis des Kernel sources, also `/usr/src/linux` gestartet werden. Das Ergebnis ist ein Kernel namens `zImage`, der sich im Verzeichnis `/usr/src/linux/arch/i386/boot` befindet. Der Compilationsvorgang dauert je nach Hardware zwischen einer viertel und einer ganzen Stunde.

make dep
make clean
make

```
zeus:/root# cd /usr/src/linux
zeus:/usr/src/linux# make dep
...
zeus:/usr/src/linux# make clean
...
zeus:/usr/src/linux# make zImage
...
```

Nun müssen noch einige Parameter des Kernels geändert werden. Dazu wird der Befehl `rdev` verwendet.

Kernel-Parameter
rdev

```
zeus:/usr/src/linux# rdev zImage /dev/fd0
```

Hiermit wird festgelegt, daß das Root-Filesystem auf der Diskette steht.

Root-Filesystem

```
zeus:/usr/src/linux# rdev -R zImage 0
```

Mit dieser Option wird eingestellt, daß das Root-Filesystem readwrite gemountet wird.

```
zeus:/usr/src/linux# rdev -r zImage 1440
```

Größe der Ramdisk

Damit wird die Größe der Ramdisk auf 1,44 MB eingestellt (siehe auch Seite 95), dies entspricht einer 3½ -Zoll-Diskette. Benutzt man ein 5¼-Zoll-Laufwerk, so sollte anstelle der 1440 die Zahl 1200 verwendet werden.

```
zeus:/usr/src/linux# rdev -v zImage -1
```

Videomodus

Damit wird sichergestellt, daß der Kernel die Videokarte im normalen Modus (80x25) initialisiert.

Kopie einer anderen Bootdiskette

Nun muß man mit diesem Kernelimage-File eine neue Bootdiskette erstellen. Dazu benutzt man im einfachsten Fall eine bereits vorhandene Slackware-Bootdiskette (im Beispiel wird diese neu erstellt), mountet sie und kopiert den neuen Kernel mit dem Namen vmlinuz auf die Diskette. Nach dem Kopiervorgang wird die Diskette wieder über den Befehl umount aus dem Dateisystem entfernt.

```
stef1:/usr/src/linux# zcat net.gz |dd bs=8192 of=/dev/fd0
0+360 records in
0+360 records out
stef1:/usr/src/linux# mount /dev/fd0 /mnt
stef1:/usr/src/linux# cat arch/i386/boot/zImage > /mnt/vmlinuz
stef1:/usr/src/linux# umount /dev/fd0
```

weitere Diskette

Nun benötigt man noch eine zweite Diskette, auf die direkt ein neuer Kernel geschrieben wird. In ihm wird die Ramdisk deaktiviert.

```
stef1:/usr/src/linux# rdev -r zImage 0
stef1:/usr/src/linux# cat zImage > /dev/fd0
```

Von dieser zweiten Diskette wird nun gebootet. Sobald die Meldung

```
VFS: Insert root floppy and press ENTER
```

Disketten wieder wechseln

erscheint, kann die erste, zu erstellende Bootdiskette wieder eingelegt werden. Nach dem Betätigen der Return-Taste wird der Bootvorgang fortgesetzt. Eventuell erscheinen einige Fehlermeldungen auf dem Bildschirm, die jedoch an dieser Stelle

ignoriert werden können. Nach kurzer Zeit erscheint ein Login-
Prompt. Hier muß man sich nun als root einloggen.

```
(none) login: root
```

Danach gibt man die beiden Befehle lilo und sync ein.   lilo und sync

```
# lilo
Added ramdisk
Added drive2
Added mount
# sync
```

Sobald der sync-Befehl beendet ist und der Prompt erscheint,
kann man die Diskette aus dem Laufwerk nehmen. Sie ist nun
eine neue Bootdiskette für die Slackware-Installation.

5.6   Der Bootmanager

Der Linux Loader (LILO) ist ein Programm, mit dem Linux
sofort beim Booten geladen werden kann. Befinden sich mehrere   Linux Loader
Betriebssysteme auf der Festplatte, so kann die Auswahl des zu
startenden Systems auch über LILO erfolgen. Neben Linux   Auswahl des
können hiermit auch DOS, OS/2 und andere PC–UNIX-Varianten   Betriebssystems
gestartet werden. Es ist sogar möglich, diese von einer zweiten
Festplatte zu booten.
Das Funktionsprinzip ist ähnlich dem des OS/2-Bootmanagers.   Bootmanager
Anstatt sofort ein Betriebssystem zu laden, wird zunächst LILO
gestartet, der alle angemeldeten Systeme und Konfigurationen
zur Auswahl anbietet.

Bedienung

Der Loader meldet sich zunächst mit einem LILO auf dem
Bildschirm. Dann hat der Benutzer eine einstellbare Anzahl von
Sekunden Zeit, eine der Tasten **<Alt>**, **<Strg>** oder **<AltGr>** zu   <Alt>, <Strg>
drücken um damit dem Loader mitzuteilen, daß man nicht die   oder <AltGr>
Standardkonfiguration booten, sondern eine andere Partition oder
Konfiguration auswählen möchte. Daraufhin wird der Benutzer

107

durch die Ausgabe der konfigurierbaren Meldung `boot:` auf-gefordert, eine Boot-Variante einzugeben.

<Tab>

Sobald der Boot-Prompt erscheint, kann durch Drücken der Tabulatortaste eine Liste der verfügbaren Alternativen ausge-geben werden.

```
LILO boot:
linux        linux-old        dos
boot: linux
Loading linux
```

automatische Auswahl

Wird beim Booten innerhalb einer einstellbaren Zeit keine Taste gedrückt, so wird automatisch die erste Auswahl getroffen und damit das erste definierte Betriebssystem geladen.

Konfiguration

/etc/lilo.conf

Im folgenden Beispiel wird eine typische Installation für ein System mit einer IDE-Festplatte gezeigt, wobei das Linux-Root-Filesystem auf der zweiten Partition installiert wurde. Zunächst wird die Konfigurationsdatei `/etc/lilo.conf` angepaßt:

```
boot = /dev/hda2
root = /dev/hda2
install = /boot/boot.b
message = /boot/message
map   = /boot/map
delay = 100
compact
image = /vmlinuz
        label = linux
        read-only
image = /vmlinuz.old
        label = linux-old
other = /dev/hda1
        label = DOS
```

MBR oder Anfang
einer Parttion

Die erste Zeile gibt an, wo LILO installiert werden soll. Zur Auswahl steht der Anfang einer Festplatte und damit der *Master Boot Record* (MBR) oder der Anfang einer Partition. Am sichersten ist es, LILO an den Anfang des Linux-Root-Filesystems zu installieren und diese Partition zu aktivieren (siehe unten).

Die Installation von LILO im Master Boot Record würde dazu führen, daß der ursprüngliche DOS-MBR überschrieben wird.

Dieser kann jedoch mittels `fdisk /mbr` unter DOS wieder-hergestellt werden.

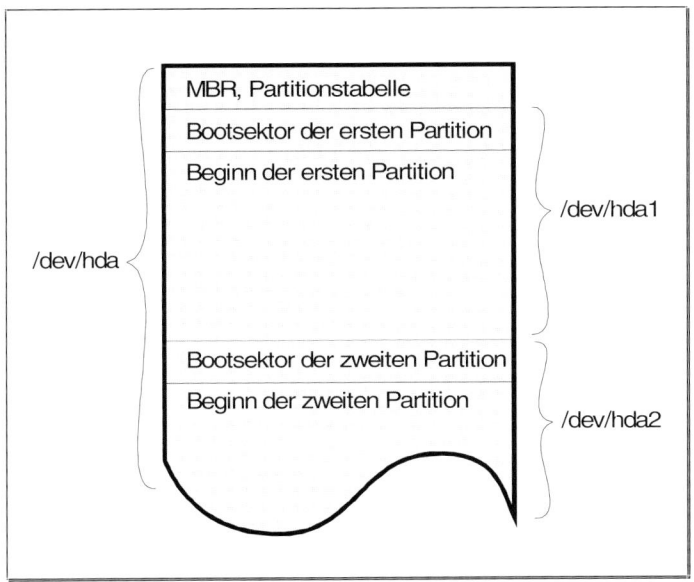

MBR, Partitionstabelle

Bootsektor der ersten Partition

Beginn der ersten Partition

/dev/hda1

/dev/hda

Bootsektor der zweiten Partition

Beginn der zweiten Partition

/dev/hda2

Abbildung 5.6 Logischer Aufbau einer Festplatte

`root = /dev/hda2` legt fest, von wo der Kernel versuchen soll, das Root-Filesystem zu mounten.

Root-Filesystem

`compact` ist eine Optimierung von LILO, die verhindert, daß jeder Sektor einzeln gelesen wird.

`install = /boot/boot.b` ist eine optionale Einstellung, die den zu schreibenden Bootsektor angibt. Ist diese Option nicht angegeben, so wird `/boot/boot.b` verwendet.

Bootsektor

`message = /boot/message` ist ebenfalls optional und gibt den Dateinamen einer Textdatei an, die beim Booten vor dem Prompt ausgegeben werden soll. Üblicherweise steht in einer solchen Datei ein Hinweis über die möglichen Boot-Optionen und Image-Dateien.

Hinweis

`map = /boot/map` kann angegeben werden, um ein anderes Mapfile festzulegen. In diesem File speichert LILO bei der Installation Informationen über die möglichen Image-Dateien und Optionen. Der Defaultwert ist `/boot/map`.

Mapfile

`delay` gibt die Zeit in zehntel Sekunden an, die LILO warten soll, ob eine der oben genannten Tasten gedrückt wird, ehe automatisch die erste Boot-Alternative ausgewählt wird.

Der Eintrag `image = /vmlinuz` und die folgenden ein-gerückten Zeilen beschreiben die erste Auswahlmöglichkeit. Das

Kernel-Image-File, das gebootet werden soll, heißt `vmlinuz` und steht im Root-Verzeichnis. Die Kennung, die beim Booten

eingegeben werden muß, ist linux. `read-only` überschreibt die Einstellung im Kernel, ob das Root-Filesystem read-write oder read-only gemountet werden soll (siehe auch Seite 152).

Die zweite Boot-Möglichkeit ist das File `/vmlinuz.old`. Es ist

ein älteres Kernel-Image-File, das für Notfälle vorgesehen ist, in denen der aktuelle Kernel nicht mehr funktioniert.

Die dritte Alternative ist das Booten von der DOS-Partition auf der ersten IDE-Festplatte. Die Marke `other` führt dazu, daß nicht versucht wird, von dieser Partition aus Linux zu starten, sondern den Loader eines anderen Betriebssystems.

Eine recht nützliche Option in der LILO-Konfigurationsdatei ist

`append`. Nach dieser können wie beim `boot`-Prompt des LILO Parameter für den Kernel oder den `init`-Prozeß übergeben werden. Dies wird häufig für Soundkarten oder Systeme mit zwei Ethernet-Adaptern benötigt. Das folgende Beispiel zeigt die Datei `/etc/lilo.conf` einer Linux-Maschine, die als Router arbeitet und daher zwei Ethernet-Karten enthält.

```
boot     = /dev/sda1
root     = /dev/sda1
compact
delay    = 50
append   = "ether=10,0x280,eth0 ether=5,0x340,eth1"

image = /vmlinuz
        read-only
        label = linux

image = /vmlinuz.fw
        label = firewall
```

Die `append`-Zeile legt die Zuordnung der Ethernet-Karten zu den Devices `eth0` und `eth1` sowie deren Interrupt- und IO-Port-Einstellungen fest. Siehe Seite 121 für eine Übersicht möglicher Kernel-Parameter.

Kernel-Image-Files

Ein Kernel-Image ist eine Datei, die den Kernel, also den eigentlichen Betriebssystemkern, zusammen mit einem Initialisierungs- und Ladeprogramm enthält. Diese Datei wird erstellt, wenn der Kernel, dessen Quellcodes in `/usr/src/linux` stehen, compiliert wird (siehe Seite 118).

compilierter Kernel

Damit man von einer Kernel-Image-Datei booten kann, muß sie in der Konfigurationsdatei des LILO eingetragen werden, und der Loader muß neu installiert werden.

LILO

Wenn man einen neuen Kernel übersetzt hat, bietet es sich an, die alte Version des Kernel-Images ebenfalls in der Konfigurationsdatei einzutragen. Falls man einen Fehler bei der Compilation oder Konfiguration des Kernels gemacht hat, und das System mit dem neuen Kernel nicht mehr bootet, kann man jederzeit mit dem alten Kernel booten und den Fehler korrigieren.

alte Kernel-Images

Dies wird bereits vom Makefile des Kernels unterstützt. Beim Aufruf von `make zlilo` im Verzeichnis des Kernel-Quellcodes `/usr/src/linux` wird nach Abschluß der Compilation das neue Kernel-Image-File nach `/vmlinuz` kopiert, und das alte `/vmlinuz` in `/vmlinuz.old` umbenannt.

make zlilo

Aktivieren des Loaders

Damit die Einträge in dieser Konfigurationsdatei auch aktiv werden, muß LILO neu installiert werden. Dazu ruft man `lilo` auf, was den eigentlichen Loader mit der aktuellen Konfiguration in einen Bootsektor oder das MBR schreibt.

LILO

```
dirk1:/root# lilo
Added linux
Added linux-old
Added DOS
dirk1:/root#
```

Entfernen des LILO

Ist LILO wie oben beschrieben in der Partition des Linux-Root-Filesystems installiert, so genügt es, mit `fdisk` die vorher aktive

alte Partition aktivieren

Partition wieder zu aktivieren, um beispielsweise direkt DOS zu booten.

Hat man LILO in den MBR installiert und möchte ihn aus irgendwelchen Gründen wieder entfernen, so muß der alte Inhalt des MBR wieder hergestellt werden. Falls man DOS auf einer anderen Festplatte oder Partition installiert hat, ist die einfachste Möglichkeit dazu, unter DOS das Programm `fdisk` mit der Option `/mbr` aufzurufen. Dadurch wird ein neuer Master Boot Record installiert und damit LILO überschrieben.

fdisk /mbr

Alternativer Bootmanager

Möchte man anstelle des LILO einen anderen Bootmanager verwenden, wie zum Beispiel den OS/2-Bootmanager, so darf man LILO nicht im MBR installieren, da dieser sonst in jedem Fall als erstes gestartet wird.

OS/2 Bootmanager

Zur Partitionierung sollte die OS/2-Version von `fdisk` benutzt werden. Anschließend kann der OS/2-Bootmanager initialisiert und die Boot-Partition aktiviert werden. Nun wird auch die Linux-Partition angemeldet, auf der zuvor der Linux Loader installiert wurde. Beim Booten wird zunächst der OS/2-Bootmanager aktiviert, aus dem heraus der Benutzer dann entweder OS/2 oder über LILO das Linux-System starten kann.

OS/2 fdisk

Weitere Information zu Bootmanagern können dem LILO User's Guide oder der LILO-FAQ entnommen werden, die zusammen mit dem Linux Loader oder den anderen FAQs und HOWTOs auf den FTP-Servern verfügbar sind. (siehe auch Seite 305)

Konfiguration

Sind die Systemdateien auf die Festplatte kopiert und der Linux Loader installiert, so sollten noch einige Konfigurationsdateien angepaßt werden. Dadurch wird das System auf die vorhandene Hardware oder spezielle Benutzerwünsche angepaßt.

Dateien

6.1 Allgemeine Konfiguration

Die meisten Konfigurationsdateien sind im Verzeichnis /etc abgelegt. Viele dieser Dateien enthalten einen feststehenden Inhalt und müssen unter normalen Umständen nicht geändert werden. Eine kurze Beschreibung befindet sich im Anhang. Im folgenden werden nur die Einstellungen behandelt, die nach der Installation auf einer normalen PC-Hardware verändert werden müssen.

/etc

Filesysteme

Beim Starten des Systems wird aus einem der rc-Scripte (siehe auch Seite 137) der Befehl mount zum Einhängen der Dateisysteme aufgerufen. Meist geschieht dies mit der Option -a, die festlegt, daß alle Dateisysteme, die in /etc/fstab entsprechend eingetragen sind, gemountet werden. In dieser Datei sollten alle verfügbaren Dateisysteme eingetragen werden, auch diejenigen, die nicht automatisch beim Systemstart gemountet werden sollen. Für solche Dateisysteme gibt man die Option noauto an, die das automatische Mounten bei mount -a verhindert. Damit kann man die Mount-Optionen für alle Dateisysteme zentral ablegen.

mount

/etc/fstab

noauto

113

Das folgende Beispiel zeigt die Datei /etc/fstab für einen Rechner, auf dem nicht nur /home sondern auch /usr und /var auf getrennten Partitionen installiert wurden.

```
/dev/sda1          /          ext2       defaults
/dev/sda2          /usr       ext2       defaults
/dev/sda3          /var       ext2       defaults
/dev/sda5          /home      ext2       defaults

/dev/sda6          none       swap
none               /proc      proc       defaults

/dev/scd0          /cdrom     iso9660    defaults,user,noauto,ro

zeus:/usr/src      /usr/src   nfs        defaults
```

Die Einträge entsprechen weitgehend den Parametern des
Device   mount-Kommandos. In der ersten Spalte wird das einzubindende Device angegeben. Im Falle eines NFS-Mounts steht hier der Host und, durch einen Doppelpunkt getrennt, das entsprechende Verzeichnis. In der zweiten Spalte findet sich eine Pfadangabe, die die Stelle im Dateisystem angibt, an der das Dateisystem
Mountpoint   eingehängt werden soll. Diese Angabe wird auch *Mountpoint* genannt. Die dritte Spalte enthält den Typ des Dateisystems.

Die meisten Dateisysteme erlauben die Angabe zusätzlicher
Optionen   Optionen, die in der letzten Spalte übergeben werden. Sind keine speziellen Parameter erwünscht, so sollte hier in jedem Fall
defaults   defaults stehen, was die Standard-Optionen aktiviert. Die möglichen Mount-Optionen sind auf Seite 466 in der Referenz aufgelistet.

/proc   Der Eintrag für das /proc-Filesystem ist wichtig, da einige Kommandos, wie zum Beispiel eine Variante von ps, auf die Informationen im /proc-Filesystem angewiesen sind. Wie schon im Kapitel *Grundlagen* (siehe Seite 46) erläutert, werden in
Kernel   diesem Dateisystem Information des Kernels in Form von Dateien und Unterverzeichnissen dargestellt.

Swapspace

Hauptspeicher   Falls man acht MB oder weniger Hauptspeicher besitzt, ist es nötig, eine Swap-Partition oder eine Swap-Datei anzulegen, falls dies bei der Installation noch nicht erfolgt ist. Der Hauptspeicher reicht sonst nicht aus, um mehrere Programme gleichzeitig unter der grafischen Oberfläche ablaufen zu lassen. Vier MB reichen nicht einmal aus, um den Kernel neu zu compilieren und daneben einen Editor zu benutzen. Aber auch bei 16 MB ist es sinnvoll, den virtuellen Speicher durch eine Swap-Partition zu vergrößern. Der Swap-Bereich wird mit dem Befehl swapon aktiviert (siehe auch Seite 99). Damit dies automatisch beim Systemstart geschieht, wird die Swap-Partition wie ein Filesystem in der Datei /etc/fstab eingetragen. Das obige Beispiel enthält bereits einen solchen Eintrag.

swapon

In manchen Fällen kann es auch sinnvoll sein, anstelle einer Swap-Partition eine Swap-Datei zu verwenden. Eine solche Datei muß zunächst in der gewünschten Größe erzeugt werden. Dazu bietet sich der Befehl dd an. Im folgenden Beispiel wird eine Swap-Datei erzeugt und aktiviert:

Swap-Datei

```
hermes:/# free
             total        used        free      shared     buffers
Mem:         31380       29476        1904       17260      10092
Swap:            0           0           0
hermes:/# dd if=/dev/zero of=/swapfile bs=1k count=8192
8192+0 records in
8192+0 records out
hermes:/# mkswap /swapfile 8192
Setting up swapspace, size = 8384512 bytes
hermes:/# sync
hermes:/# swapon /swapfile
hermes:/# free
             total        used        free      shared     buffers
Mem:         31380       29484        1896       17260      10092
Swap:         8188           0        8188
hermes:/#
```

Auch Swap-Dateien können in der Datei /etc/fstab eingetragen werden, damit sie beim Booten mit swapon -a automatisch aktiviert werden. Dazu gibt man an der Stelle des Device-Files die Swap-Datei an:

/etc/fstab

```
/swapfile      none      swap
```

Login

Falls man das in vielen Distributionen enthaltene Shadow-Password-Paket installiert hat, so können einige Optionen, die mit dem Einloggen von Benutzern zu tun haben, in der Datei

Shadow-Password

login.defs im /etc-Verzeichnis eingestellt werden. Hier können beispielsweise die Wartezeit nach Eingabe eines falschen Paßwortes und die Devices, von denen man sich als *root* einloggen kann, angegeben werden.

/etc/login.defs

Entsprechende Hinweise stehen in der entsprechenden Manualpage oder in der Datei /etc/login.defs selbst. Die folgende Abbildung zeigt einen kleinen Ausschnitt aus dieser Datei.

```
# Pause in Sekunden, die der Login Prompt nach einem
# falschen Passwort gesperrt ist.
FAIL_DELAY   2

# Devices von denen ein Login als root zulässig ist
#CONSOLE      /etc/consoles
#CONSOLE      console:tty01:tty02:tty03:tty04
CONSOLE       tty1:tty2:tty3:tty4:tty5:tty6:tty8

#  Dateien, die nach dem Einloggen ausgegeben werden
MOTD_FILE    /etc/motd
```

Ausschnitt aus einer Datei /etc/login.defs

andere login-Pakete

Alternative login-Pakete, die keine Shadow-Paßwörter unterstützen, besitzen diese Konfigurationsdatei in der Regel nicht. Die entsprechenden Parameter sind hier bei der Compilation festgelegt worden.

Tastaturanpassung

Seit der Version 0.99.10 des Linux Kernels muß die Anpassung der Tastatur nicht mehr bei der Compilation des Kernels erfolgen, sondern kann zur Laufzeit geändert werden. Dazu gibt es den

loadkeys

Befehl loadkeys, der eine Tabelle mit einem Tastaturlayout (Map) lädt.

gr-latin1.map

Als Tastaturtabelle sollte man die Datei gr-latin1.map verwenden, die eine normale deutsche Tastatur mit Umlauten nach ISO-Latin-1 definiert. In manchen Distributionen heißt diese Datei auch de-latin1.map. Sie steht je nach Distribution meist

/usr/lib/kbd/keymaps

im Verzeichnis /usr/lib/keymaps, /usr/lib/kbd/keymaps oder /etc/keymaps.

Damit die richtige Tastaturbelegung schon beim Booten geladen wird, sollte man den Befehl loadkeys in einer der rc- Dateien aufrufen. Das folgende Beispiel zeigt einen Ausschnitt aus der Datei /etc/rc.d/rc.local, der dies vornimmt.

```
# Länderspezifische Tastaturtabelle laden
/usr/bin/loadkeys /usr/lib/keymaps/gr-latin1.map
```

6.2 Der Kernel

Der Kernel, also der eigentliche Kern von Linux, ist wie auch die Kommandos, Utilities und alle anderen Linux-Programme im Quellcode frei verfügbar. Er ist hauptsächlich in C geschrieben, kleine Teile auch in Assembler.

Quellcode

Im Kernel sind neben der Speicherverwaltung und dem Scheduler, der für das Umschalten der verschiedenen Prozesse zuständig ist, vor allem die Treiber für die Peripheriegeräte und die Routinen zur Verwaltung der Dateisysteme enthalten.

Treiber

Konfiguration des Kernels

Ein weiterer Schritt nach der Basisinstallation des Betriebssystems ist die Konfiguration und Compilation des Kernels. Dies kann zwar in vielen Fällen entfallen. Um jedoch eine optimale Anpassung an die verfügbare Hardware zu erreichen, ist eine Übersetzung unbedingt zu empfehlen. Dabei können Treiber, die nicht benötigt werden, weggelassen, neue Treiber dazugenommen oder Einstellungen von Treibern geändert werden. Dadurch wird der Speicherbedarf des Kernels geringer, und der Bootvorgang läuft schneller ab.

Anpassung
an die Hardware

Speicherbedarf

Normalerweise befinden sich die Quelltexte des Kernels im Verzeichnis /usr/src/linux. Dort findet man auch ein Konfigurationsscript, das vom Makefile aufgerufen wird und die individuelle Anpassung erheblich erleichtert. Diese wird durch Eingabe von make config aktiviert und erlaubt unter anderem die Einstellung folgender Optionen:

/usr/src/linux

make config

- Unterstützte Filesysteme
- TCP/IP Unterstützung und Optionen
- Verwenden des Koprozessor Emulators
- Optimierung für 486er Prozessoren
- SCSI Unterstützung
- Treiber für SCSI und Netzwerkkarten
- Parameter für spezielle Interfacekarten
- Einstellungen für Soundkarten

IO-Adressen
oder Interrupts

Falls spezielle Parameter wie I/O-Adresse oder Interrupt-Nummer einer Karte nicht automatisch vom Kernel erkannt werden und daher angegeben werden müssen, ist es oft nicht sinnvoll, diese im Quellcode des entsprechenden Treibers zu ändern. Statt dessen sollten Sie beim Booten an den Kernel übergeben werden. Man kann sie beim Booten mit LILO manuell eingeben oder

append=

einen `append`-Eintrag in der Datei `/etc/lilo.conf` vornehmen (siehe Seite 110). Ein Rechner, der mit zwei gleichen Ethernet-Karten ausgerüstet ist und als Router oder Gateway arbeiten soll, benötigt beispielsweise die Daten dieser Karten, da der Kernel normalerweise nur nach einer Netzwerkkarte sucht.

Compilation des Kernels

Hat man alle nötigen Angaben gemacht, so müssen die Abhängigkeiten der einzelnen Quelltexte untereinander neu bestimmt werden. Dieser Vorgang wird durch den Aufruf von

make dep

`make dep` gestartet. Auch dazu muß man sich im Hauptverzeichnis des Kernel-Quellcodes (`/usr/src/linux`) befinden. Da bei einer Änderung der Konfiguration eventuell noch alte Objektdateien vorhanden sein könnten, sollten diese mittels

make clean

`make clean` gelöscht werden.

Dann kann der eigentliche Compilationsvorgang gestartet werden. Das Makefile spielt dabei, wie bei der Installation und Compilation der meisten anderen Programme, eine zentrale Rolle. In ihm sind die Abhängigkeiten zwischen den einzelnen Quelldateien gespeichert, und es dient zur Koordination verschiedener Scripts zur Installation und Konfiguration des Kernels.

Auf PCs wird normalerweise ein komprimierter Kernel erzeugt, der sich beim Booten automatisch dekomprimiert. Diese Eigenschaft des Linux-Kernels ist auch der Grund dafür, daß ein komplettes Linux-Minimalsystem mit Unterstützung sämtlicher Hardware (Netzwerk, Streamer, SCSI-Geräte, CD-ROM) auf eine einzige Bootdiskette paßt. Der zeitliche Verlust bei der Dekompression ist nicht weiter von Bedeutung.

komprimierte Kernels

Im folgenden werden die wichtigsten Varianten beim Aufruf des `make`-Kommandos aufgelistet.

- **make dep** - Die Abhängigkeiten der Quelldateien werden neu bestimmt. Dies sollte nach jeder Änderung der Konfiguration des Kernels gemacht werden.

Abhängigkeiten

- **make clean** - Löscht alle Objektdateien. Beim nächsten Compilieren wird alles neu übersetzt.

Löschen

- **make** - Der Kernel wird nur compiliert. Es wird kein Kernel-Image erstellt.

Compilation

- **make zImage** - Compiliert den Kernel und erstellt ein komprimiertes, bootfähiges Kernel-Image im Verzeichnis `/usr/src/linux/arch/i386/boot`.

Kernel-Image

- **make zlilo** - Erstellt wie oben ein neues Kernel-Image und kopiert es nach `/vmlinuz`. Eine eventuell vorhandene alte, gleichnamige Datei wird vorher nach `/vmlinuz.old` gesichert. Danach wird das Installationsscript des Linux Loaders aufgerufen, so daß beim nächsten Systemstart der neue Kernel gebootet werden kann.

/vmlinuz

- **make disk** - Damit wird am Ende der Compilation das Image-File direkt auf die Diskette, die gerade im Laufwerk A liegt, geschrieben. Man sollte also schon vor dem Aufruf dieses Kommandos eine leere und formatierte Diskette einlegen.

Bootdiskette

Konfiguration mit rdev

Verschiedene Parameter des Kernels können auch noch nach der Compilation im Image-File eingestellt werden. Dazu gehört beispielsweise das Device der Root-Partition und die Größe der Ramdisk. Das Programm, mit dem diese Einstellungen vorgenommen werden, ist `rdev`. Beim Aufruf mit der Option `-help` zeigt es eine Liste aller Optionen an. Die wichtigsten Aufrufe dieses Programms werden in der folgenden Tabelle aufgelistet:

- **`rdev -help`**

Hilfe

Zeigt eine Übersicht aller möglichen Optionen an.

- **`rdev <Image-File> <Root-Device>`**

z.B. `rdev /vmlinuz /dev/hda1`

Root-Filesystem

Dieser Aufruf legt das Device fest, von dem beim Booten des angegebenen Kernel-Imagefiles das Root-Filesystem gemountet wird. Wird das angegebene Image-File von LILO geladen, so wird diese Einstellung meist von der LILO-Konfiguration überschrieben. Ein Eintrag der Form `root=device` in der Datei `/etc/lilo.conf` ist also stärker als ein direkter Eintrag im Kernel.

Wichtig ist diese Einstellung im Kernel jedoch, wenn das Image-File mit dem Kommando `dd` direkt auf eine Diskette geschrieben wird (siehe auch Seite XXX).

- **`rdev <Image-File>`**

Anzeigen

z.B. `rdev /dev/fd0`

Zeigt das Device an, das im Image-File als Device des Root-Filesystems eingestellt ist.

- **`rdev -R <Image-File> <Flag>`**

z.B. `rdev -R /vmlinuz 1`

read-only
oder read-write

Damit wird festgelegt, ob die Root-Partition vom Kernel zum Lesen und Schreiben gemountet wird, oder nur zum Lesen (read-only). Viele Linux-Distributionen gehen davon aus, daß der Kernel die Root-Partition zunächst read-only mountet, damit die Filesysteme beim Booten mit `fsck` geprüft werden können. Die Filesysteme werden nach dem Prüfen neu für Lese- und Schreibzugriff gemountet. Mountet der Kernel die Root-Partition beim Booten nicht read-only, so ist der Filesystem-Check nicht möglich.

Das Wert 1 entspricht dem read-only Modus und der Wert 0 read-write.

- **`rdev -r <Image-File> <RamdiskSize>`**

z.B. `rdev -r /vmlinuz 1440`

Damit kann man die Größe der Ramdisk im Kernel festlegen.
Diese Option wird vor allem für Bootdisketten verwendet.
Dort stellt man das Device der Root-Partition auf `/dev/fd0`
und die Größe der Ramdisk auf 1440, was einer 3½" Diskette
entspricht. Der Kernel lädt dann beim Booten den Inhalt der
Bootdisk in die Ramdisk und mountet diese als Root-
Filesystem. Das Diskettenlaufwerk ist dann für andere
Disketten frei.

- **`rdev -v <Image-File> <VideoMode>`**
  z.B. `rdev -v /vmlinuz -1`
  Setzt den Videomodus, in dem der Kernel die Grafikkarte
  initialisiert. `-1` entspricht der normalen Auflösung, bei `-3`
  wird die Auflösung beim Starten des Kernels abgefragt.

Parameterübergabe an den Kernel

Die Optionen der verschiedenen Treiber können dem Kernel
beim Booten übergeben werden. Dazu muß man sie entweder
nach dem Boot-Prompt manuell eingeben oder in der Konfigurationsdatei des Linux Loaders in einer append-Zeile angeben
(siehe auch Seite 108). Die wichtigsten dieser Parameter werden
in der folgenden Übersicht aufgelistet.

- **`root=Device`**
  Legt fest, von welchem Device der Kernel das Root-
  Filesystem mounten soll.
- **`ro`**
  Definiert, daß das Root-Filesystem nur zum Lesen gemountet
  werden soll.
- **`rw`**
  Definiert, daß das Root-Filesystem zum Lesen und Schreiben
  gemountet werden soll.
- **`debug`**
  Setzt das Debug-Level innerhalb des Kernels auf 10.
- **`no-hlt`**
  Schaltet den Aufruf der `hlt`-Anweisung im Idle-Loop des
  Kernels ab.

- `no387`

  Diese Option legt fest, daß der Kernel den mathematischen Koprozessor nicht benutzen soll. Statt dessen wird die Emulation des Kernels verwendet. Diese muß in diesem Fall in den Kernel compiliert sein.

- `reserve=IO-Adresse,Länge{,IO-Adress,Länge...}`

  Verhindert, daß Device-Treiber beim Booten auf den angegebenen Bereich von IO-Ports zugreifen, um selbständig unterstützte Adapter zu finden.

- `ramdisk=Kilobytes`

  Setzt die Größe der Ramdisk auf den angegebenen Wert in Kilobytes.

- `ether=IRQ,IO-Adresse,P1,P2,Device`

  Übergibt Parameter über die vorhandenen Ethernet-Karten an die entsprechenden Treiber im Kernel. Die Bedeutung von P1 und P2 hängt von dem jeweiligen Treiber ab. In der Regel wird hier 0 angegeben. Device enthält den Namen des Ethernet-Devices, für das die Parameter gelten sollen. Ohne Angabe ist dies `eth0`.

- `hd=Cylinder,Köpfe,Sektoren`

  Definiert die Geometrie der Festplatte. Diese Option wird nur benötigt, falls eine Festplatte nicht korrekt erkannt wird.

- `st=Puffergröße,WT,MaxTapePuffer`

  Legt Parameter für ein SCSI-Tape fest. Die genaue Bedeutung der Parameter sollte der Datei README.st im Verzeichnis `divers/scsi` des Kernel-Quellcode entnommen werden.

- `bmouse=IRQ`

  Legt den IRQ der Busmaus fest.

- `max_scsi_luns=Nr`

  Legt die höchste logische Unit-Nummer für SCSI-Geräte fest.

- `st0x=ROM-Adresse,IRQ`

  Setzt Parameter für Seagate st01 und st02 Hostadapter.

- `tmc8xx=ROM-Adresse,IRQ`

  Setzt Parameter für Future Domain TMC8xx Hostadapter.

- `t128=ROM-Adresse,IRQ`

  Setzt Parameter für T128 Hostadapter.

- `pas16=IO-Adresse,IRQ`

  Setzt Parameter für den PAS 16 Hostadapter.

- **ncr5380=IO-Adresse,IRQ,DMA**

  Definiert die Parameter für einen SCSI-Hostadapter mit NCR 5380 Chip fest.

- **aha152x=IO-Adresse,IRQ,SCSI-Id,Reconnect, Parity,Debug**

  Setzt die Parameter für Adaptec 152x Controller.

- **mcd=IO-Adresse,IRQ,Mitsumi_Bug_Wait**

  Setzt die Parameter für Mitsumi CD-ROM-Laufwerke.

- **sound=0xTaaaId**

  Legt Parameter für Soundkarten fest. Die Parameter werden in einer einzigen hexadezimalen Zahl angegeben. Die einzelnen Ziffern bedeuten dabei:

  T Typ der Karte. T kann folgende Werte annehmen :

    1 FM Synth. (YM3812 oder OPL3)

    2 Soundblaster 1.0 bis 2.0, Soundblaster Pro und 16

    3 Pro Audio Spectrum 16

    4 Gravis UltraSound

    5 MPU-401 UART Midi

    6 SB16 mit 16-Bit DMA Nummer

    7 SB16 Midi (in der MPU-401 Emulation)

  aaa IO-Adresse

  I IRQ

  d DMA-Kanal (0,1,3,5,6 oder 7)

- **sbpcd=IO-Adresse,Typ**

  Setzt Parameter für den Soundblaster / Panasonic CD-ROM Treiber.

- **cdu31a=IO-Adresse,IRQ**

  Setzt Parameter für den Sony CDU-31A CD-ROM-Treiber.

6.3 Daemons

Da Daemons in der Regel kein Terminal zugeordnet ist, können sie auch keine Fehlermeldungen direkt ausgeben. Statt dessen schicken sie Fehlermeldungen und andere Hinweise als Nachricht an den Syslog-Daemon. Um eventuelle Fehler bei der Konfiguration der Daemons und anderer Programme einfacher erkennen zu können, ist es daher sinnvoll, zunächst den Syslog-Daemon zu konfigurieren.

Fehlermeldungen

Syslog

Unter Linux gibt es wie fast immer mehrere Versionen dieses Daemons. Im folgenden wird die `syslogd` / `klogd` Kombination von Dr. G. Wettstein beschrieben, die gegenüber dem normalen BSD `syslogd` besser konfigurierbar ist.

syslogd / klogd

Syslog-Daemon

Der Syslog-Daemon `syslogd` kann die Meldungen, die er von anderen Daemons bekommt, in eine Datei schreiben, per E-Mail an bestimmte Benutzer senden oder direkt auf den Bildschirm oder die Konsole ausgeben.

Dateien

Diese Einstellung kann individuell für die Einheit, von der die Meldung kommt, und für die Priorität der Meldung vorgenommen werden. Sie wird in der Datei `/etc/syslog.conf` festgelegt.

/etc/syslog.conf

Eine meist ausreichende Lösung ist die, besonders dringliche Meldungen auf der Konsole auszugeben und die anderen je nach ihrer Gewichtung in einer Datei zusammenzufassen. Die Einträge, die dazu in `/etc/syslog.conf` notwendig sind, sehen wie folgt aus:

```
*.alert                 /dev/console
*.crit                  /dev/console
kern.*                  /dev/console

*.debug                 /var/adm/debug
*.=info;*.=notice       /var/adm/messages
*.warn                  /var/adm/syslog
```

Einheit und Priorität

Alle Einträge bestehen aus einer Einheiten- und Prioritätsangabe und dem Ziel der Meldungen. Eine Übersicht über alle definierten Einheiten und Prioritäten findet man in der Manualpage zu `syslogd` oder zur Datei `syslog.conf`. Die Erweiterungen der Version von Dr. Wettstein werden in der Manualpage `sysklogd` beschrieben.

Die Dateien im Verzeichnis `/var/adm` müssen beim Start des Syslog-Daemons bereits existieren. Zum Erzeugen einer leeren Datei benutzt man am einfachsten das Kommando `touch` mit der entsprechenden Datei als Parameter. Dateien müssen
bereits existieren

Um zu überprüfen, ob die Einstellungen in der Konfigurationsdatei korrekt sind, kann man den Syslog-Daemon mit dem `kill`-Befehl beenden und ihn danach mit der Option `-d` neu starten. Option -d Dies startet den Daemon im Debug-Modus, wodurch dieser in einer Matrix auf dem Bildschirm ausgibt, welche Meldungen in welche Datei geschrieben oder an welchen Benutzer geschickt werden. Matrix

Bei dieser Konfiguration sollte man darauf achten, daß die Logdateien nicht zu groß werden. Dazu bietet es sich an, in einem Script, das von `crond` regelmäßig aufgerufen wird, die protokollierten Dateien in ein anderes Verzeichnis zu sichern und dann neu anzulegen. Anschließend muß der Syslog-Daemon dazu veranlaßt werden, seine Logdateien neu zu öffnen. Auf diese Weise kann man bei Problemen immer noch in den alten Protokolldateien nachsehen. Logdateien

Drucker-Daemon

Die allgemeine Definition und Konfiguration der Drucker erfolgt in der Datei `/etc/printcap`. Darin wird beispielsweise festgelegt, ob für jeden neuen Druckerjob ein eigenes Deckblatt erzeugt wird, oder ob nach der Ausgabe eine Leerseite nachgeschoben werden soll. Außerdem ist es möglich, mehrere Druckerwarteschlangen zu erzeugen, für die wiederum verschiedene Filterprogramme angemeldet werden können. /etc/printcap Filter

Um den Zugriff auf Drucker anderer Rechner (Print-Server) über das Netz zu realisieren, muß der eigene Rechner in der Datei `/etc/hosts.lpd` des Print-Servers eingetragen werden. Diese Datei enthält die Namen aller Hosts, die auf den Drucker zugreifen können. /etc/hosts.lpd

125

```
#
# /etc/hosts.lpd
#
hades.demo.de
hermes.demo.de
jupiter.demo.de
```

printcap Das folgende Beispiel zeigt die Datei `/etc/printcap` eines Rechners, der keinen eigenen Drucker, dafür jedoch Zugriff auf den Drucker einer Maschine namens `zeus` hat.

```
#
# /etc/printcap: Konfiguration eines Remote-Druckers (zeus)
#
lp:lp=:rm=zeus.demo.de:sd=/usr/spool/lp:mx#0
```

Warteschlange Jede Zeile der `printcap`-Datei definiert eine Druckerwarteschlange. Die einzelnen Optionen sind durch Doppelpunkte voneinander getrennt, wobei das erste Attribut den Namen der Warteschlange angibt (`lp`). Falls sich ein Eintrag über mehrere Zeilen erstrecken soll, so muß das Zeilenende mit einem Backslash (\) abgeschlossen werden.

Optionen Die wichtigsten Optionen werden in der folgenden Auflistung erläutert. Genauere Informationen enthält die entsprechende Manualpage. Textoptionen enden mit einem Gleichheitszeichen (=), numerische mit einem Hash-Zeichen (#).

lp=	Bezeichnung Drucker-Schnittstelle (default ist `/dev/lp`)
rm=	Name des Remote Host, über den gedruckt werden soll
rp=	Namen der Remote Druckerwarteschlange (default ist `lp`)
sd=	Name des lokalen Spool-Verzeichnisses
if=	Name eines Eingabefilters
of=	Name eines Ausgabefilters
mc#	max. Anzahl möglicher Kopien eines Dokuments
mx#	max. Größe eines Jobs in Blocks, `mx#0` erlaubt Jobs beliebiger Größe
sc	unterbindet die mehrfache Ausgabe eines Dokuments
sf	unterdrückt die Ausgabe eines Seitenvorschubs nach jedem Druckjob
sh	Unterdrückt die Ausgabe einer Titelseite vor jedem Job

wichtige `printcap`-Optionen

Ein Problem bei der Ausgabe von Textdateien auf einen Drucker stellen meistens die deutschen Umlaute dar. Eine befriedigende Lösung kann hier wohl nur durch die Installation eines entsprechenden Filters erzielt werden. Ein derartiger Filter kann auf viele verschiedene Arten realisiert werden. Im folgenden wird ein einfaches C-Programm aufgelistet, das neben der Konvertierung der Umlaute auch noch nach jeder Zeile ein Steuerzeichen für den Wagenrücklauf (CR) an den Drucker ausgibt. Alternativ könnte auch das UNIX-Kommando tr zur Zeichenkonversion herangezogen werden.

Umlaute

C-Programm

tr

```c
/***************************************************
 * Umlaut-Konvertierung für EPSON Drucker
 ***************************************************/

#include <stdio.h>

main (int argc, char *argv[])
{
  int ch;

  while ((ch = getchar ()) != EOF)
  {
    /* printer needs CR+LF */
    if (ch == '\n')
      putchar ('\r');

    /* convert ISO to PC */
    switch (ch)
    {
      case 228: /* "a */
        ch = 132;
        break;
      case 246: /* "o */
        ch = 148;
        break;
      case 252: /* "u */
        ch = 129;
        break;
      case 196: /* "A */
        ch = 142;
        break;
      case 214: /* "O */
        ch = 153;
        break;
      case 220: /* "U */
        ch = 154;
        break;
      case 223: /* sz */
        ch = 225;
        break;
      case 167: /* paragraph */
        ch = 21;
        break;
      default:
        break;
    }
    putchar (ch);
  }
}
```

127

Die Einbindung eines Filters erfolgt über die Option if (input filter) oder of (output filter) in der /etc/printcap-Datei. Ein Output-Filter wird für mehrere wartende Druckjobs nur einmal initialisiert. Ein Input-Filter dagegen wird für jeden Druckerjob erneut gestartet.

```
#
# /etc/printcap: Drucker-Konfiguration
#
lp:lp=/dev/lp1:sf:sd=/usr/spool/lp:mx#0:sh

# Text Warteschlange
txt:lp=/dev/lp1:sd=/usr/spool/txt:\
        if=/usr/spool/lp/epson:mx#0:sh:sf

# PostScript Warteschlange
ps:lp=/dev/lp1:sd=/usr/spool/ps:\
        if=/usr/spool/lp/Postscript:mx#0:sh:sf
```

Einbindung eines Filters in /etc/printcap

mehrere
Warteschlangen

Durch die Anmeldung mehrerer Druckerwarteschlangen kann bei Bedarf zwischen den einzelnen Filtern umgeschaltet werden. Die Auswahl der richtigen Queue erfolgt über einen Parameter (-P) des lpr-Kommandos:

```
linux1:/home/tul> lpr -Ptxt Umlaut.txt
```

PostScript

Über einen passenden Filter läßt sich ein gewöhnlicher Nadel-, Tintenstrahl- oder Laserdrucker problemlos in einen vollwertigen PostScript-Drucker verwandeln. Dazu wird einfach der Post-Script-Interpreter *Ghostscript* als Filter angemeldet, was jedoch nicht direkt, wohl aber über ein Shell-Script erfolgen kann.

```
#!/bin/sh
#
# PostScript-Druckerfilter
#
DEVICE=epson

exec /usr/bin/gs -q -sPAPERSIZE=a4 -dSAFER\
     -sDEVICE=$DEVICE -sOutputFile=- -
```

PostScript-Filter

Im obigen Beispiel wird angenommen, daß es sich bei dem anzusteuernden Drucker um ein Epson-kompatibles Gerät handelt. Durch die Anpassung des Parameters sDEVICE können aber auch andere Druckertypen benutzt werden. Eine Liste der möglichen Drucker erhält man über Ghostscript:

```
hermes:/home/uhl> gs -help
Ghostscript version 2.6.1 (5/28/93)
Copyright (C) 1990-1993 Aladdin Enterprises, Menlo Park, CA.
Usage: gs [switches] [file1.ps file2.ps ...]
Available devices:
    x11 dmp bj10e bj200 cdeskjet cdjcolor cdjmono cdj500
    cdj550 declj250 deskjet dfaxhigh dfaxlow djet500 djet500c epson
    eps9high epsonc escp2 ibmpro jetp3852 laserjet la50 la75
    lbp8 ln03 lj250 ljet2p ljet3 ljet4 ljetplus m8510
    necp6 oki182 paintjet pj pjxl pjxl300 r4081 t4693d2
    t4693d4 t4693d8 tek4696 bmpmono bmp16 bmp256 bmp16m gifmono
    gif8 pcxmono pcx16 pcx256 tiffg3 pbm pbmraw pgm
    pgmraw ppm ppmraw bit

    ...

hermes:/home/uhl>
```

Eine interessante Alternative zur Erzeugung mehrerer Warteschlangen stellt das aps-Filter-Paket dar. Hier genügt die Anmeldung eines einzigen Filter-Scripts, das den jeweiligen Typ des zu druckenden Dokumentes automatisch erkennt und den passenden Filter aktiviert. Der Anwender kann somit beliebige Daten über eine Warteschlange ausgeben:

aps-filter

automatische Erkennung

```
zeus:/home/uhl> lpr postscript.ps tex.dvi text.txt
```

Die printcap-Datei für den aps-filter und einen HP-Deskjet sieht wie folgt aus:

```
#
# /etc/printcap: Drucker Konfiguration für aps-filter
#
# apsfilter setup Wed Oct  5 17:24:41 MET 1994
#
# APS_BASEDIR:/usr/local/apsfilter
#
lp|lp2|djet500-a4-auto-mono|djet500 auto mono:\
        :lp=/dev/lp1:\
        :sd=/usr/spool/djet500:\
        :if=/usr/local/apsfilter/filter/aps-djet500-a4-auto-mono:\
        :mx#0:\
        :sh:

ascii|lp1|djet500-a4-ascii-mono|djet500 ascii mono:\
        :lp=/dev/lp1:\
        :sd=/usr/spool/djet500:\
        :if=/usr/local/apsfilter/filter/aps-djet500-a4-ascii-mono:\
        :mx#0:\
        :sh:

raw|lp3|djet500-a4-raw|djet500 auto raw:\
        :lp=/dev/lp1:\
        :sd=/usr/spool/djet500:\
        :if=/usr/local/apsfilter/filter/aps-djet500-a4-raw:\
        :mx#0:\
        :sh:
```

6.4   Serieller Login

Zur Konfiguration des Logins über eine serielle Schnittstelle sollte nicht das normale getty-Kommando, sondern das *mgetty* mgetty-Paket von Gert Döring benutzt werden. mgetty ermöglicht es, auf einer Schnittstelle mehrere Dienste an einem Port gleichzeitig zu betreiben. Neben dem normalen Login können auch Faxe empfangen werden. Wird eine erweiterte *vgetty* Version namens vgetty verwendet, so läßt sich ein Modem der Firma Zyxel zusätzlich als Anrufbeantworter nutzen.

mgetty wird im Normalfall beim Systemstart vom init-Prozeß gestartet. Dazu muß ein Eintrag in der Datei /etc/inittab existieren:

```
#
# Starte mgetty auf Port /dev/ttyS0
#
S1:45:respawn:/usr/sbin/mgetty ttyS0
```

6.5   Fax

Auch das Senden und Empfangen von Faxen läßt sich durch das *sendfax* mgetty/sendfax-Paket bewerkstelligen.

Empfang

mgetty legt eingehende Faxe automatisch im Verzeichnis
/var/spool/fax/incoming als G3-Datei ab. Anschließend
wird eine Mail an den Benutzer faxadmin geschickt, die den
Empfang meldet:

G3-Format

```
Date: Wed, 11 Jan 95 14:24 MET
From: Fax Getty <root@hn-net.de>
To: faxadmin@hn-net.de
Subject: fax from " +49 9344 1636"

A fax has arrived:
Sender ID: "        +49 9344 1636"
Pages received: 1

Communication parameters: +FCS:0,3,0,2,0,0,0,0
    Resolution : normal
    Bit Rate   : 9600
    Page Width : 1728 pixels
    Page Length: unlimited
    Compression: 0 (1d mod Huffman)
    Error Corr.: none
    Scan Time  : 0

Reception Time : 0:46

Spooled G3 fax files:

  /usr/spool/fax/incoming/fnf13dbfcS0-+49-9344-1636.01

regards, your modem subsystem.
```

Nachricht von mgetty an faxadmin

Existiert im Verzeichnis /usr/local/bin ein Script namens
new_fax, so wird dieses nach dem erfolgreichen Empfang eines
Faxes ausgeführt. Dort lassen sich weitere Aktionen, wie die
automatische Konvertierung in ein anderes Grafikformat oder das
Ausdrucken realisieren. Mit Hilfe der ppm-Tools läßt sich eine
G3-Datei in beliebige Formate umwandeln.

new_fax

ppm-Tools

```
#!/bin/sh
#
# new_fax: konvertiert eingehende g3 faxe nach GIF.
#

shift 3

for i in $*
do
        /usr/local/netpbm/g3topbm $i | /usr/local/netpbm/ppmtogif > $i.gif
        rm $i
done
```

Ein Script zur Anzeige aller empfangenen Faxe könnte dann wie
folgt aussehen:

```
#!/bin/sh
#
# faxview - zeigt eingegangene Faxe auf dem Bildschirm an
#

xloadimage -geometry 1000x720+10+10 -xzoom 50 /var/spool/fax/incoming/*.gif
```

Senden

sendfax Das Senden von Faxen geschieht mittels sendfax. Die zu versendende Datei muß im G3-Format vorliegen. Eine PostScript-Datei kann mit Ghostscript auf einfache Weise in diese Form gebracht werden:

```
#!/bin/sh
#
# psfax - Versendet eine PS-Datei als Fax.
#
echo 'Converting PS to G3 fax ...'

gs -q -sPAPERSIZE=a4 -sDEVICE=dfaxhigh -sOutputFile=/tmp/$2.fax - <$2

echo 'Sending fax to' $1

sendfax $1 /tmp/$2.fax

rm /tmp/$2.fax
```

Script zum Versenden von PS-Dateien als Fax

Logdatei Sollten irgendwelche Probleme auftreten, so kann die Logdatei /var/spool/fax/Faxlog zu Rate gezogen werden, in der alle Aktionen des sendfax-Kommandos protokolliert werden.

6.6 Streamer und CD-ROM

Viele PCs verfügen heute über ein Streamer- oder CD-ROM-Laufwerk. Linux unterstützt auch derartige Massenspeicher. Im Falle einer Neuanschaffung sollte man sich in jedem Fall für ein SCSI SCSI-Gerät entscheiden. Die Anpassung von SCSI-Geräten gestaltet sich aufgrund der Standardisierung des Befehlssatzes extrem einfach. Es genügt, die entsprechenden Einträge im /dev-Verzeichnis über das Kommando mknod zu erzeugen, falls der zugehörige SCSI-Treiber bereits in den Kernel compiliert wurde. Die meisten Distributionen legen diese Device-Dateien schon bei der Installation automatisch an.

Soll beispielsweise ein CD-ROM-Laufwerk (scd?) und ein SCSI-Streamer (rmt?) angesprochen werden, so müssen die folgenden Einträge existieren:

```
ls scd* rmt*
crw-rw-rw-  1 root    root     9,   0 Jan 23  1993 rmt0
crw-rw-rw-  1 root    root     9,   1 Jan 23  1993 rmt1
brw-rw-rw-  1 root    root    11,   0 Jan 23  1993 scd0
brw-rw-rw-  1 root    root    11,   1 Jan 23  1993 scd1
linux1:/dev>
```

Ist dies nicht der Fall, so können diese mit den folgenden Befehlen vom Systemadministrator generiert werden:

Erzeugen der Device-Special-Files

```
linux1:/dev>mknod /dev/rmt0 c 9 0
linux1:/dev>mknod /dev/scd0 b 11 0
```

Erheblich problematischer kann die Konfiguration eines Floppy-Streamers oder eines CD-ROM-Laufwerks mit eigenem AT-Bus-Controller sein, da für diese Geräte kein Standard für entsprechende Treiber existiert. Nur für die gängigsten Modelle sind auch unter Linux passende Treiber verfügbar, die ebenfalls in den Kernel compiliert werden müssen.

Floppy-Streamer

Administration

Nachdem die Installation des Linux-Systems abgeschlossen ist und die wichtigsten Konfigurationen durchgeführt wurden, kann auch anderen Benutzern der Zugang zum System ermöglicht werden. Außerdem wird bald der Wunsch nach zusätzlichen Applikationen auftauchen, die nicht in den Installationspaketen enthalten sind. Nach einiger Zeit werden von einzelnen Systemkomponenten neuere Versionen erscheinen, die installiert werden sollten, um mit der weiteren Entwicklung Schritt halten zu können. Die damit verbundenen Aufgaben werden unter dem Begriff *Systemadministration* zusammengefaßt. Da diese auf allen UNIX-Systemen sehr ähnlich sind, soll hier auf die Standardliteratur verwiesen werden und nur einige Tips und Hinweise zu Linux-spezifischen Details gegeben werden.

Benutzer

Updates

Systemadministration

7.1 Der Administrator

Die Konfigurationsdateien des Systems können nur von dem Benutzer *root*, also dem Systemadministrator geändert werden. Dies wird durch entsprechende Zugriffsrechte der Dateien sichergestellt. Als Systemadministrator hat man generell Zugriff auf alle Dateien und kann diese beliebig modifizieren. Dies bedeutet natürlich auch, daß man als Administrator durch eine falsche Eingabe das gesamte System zerstören oder löschen kann. Wird zum Beispiel der Befehl

root

Zugriff

```
linux1:/> rm -rf *
```

alles löschen   zum Löschen aller Dateien eines Verzeichnisses mit allen Unterverzeichnissen ohne Sicherheitsabfrage versehentlich im Root-Verzeichnis (/) ausgeführt, so wird unweigerlich das gesamte System gelöscht.

Zugriffsrechte   Geschieht dies ohne root-Privilegien, so sorgen die Zugriffsberechtigungen der Systemdateien und Verzeichnisse dafür, daß schlimmstenfalls alle Dateien des Benutzers gelöscht werden. Dies hat jedoch keinen Einfluß auf andere Benutzer oder das gesamte System.

Vorsicht   Daher sollte man als Systemadministrator sehr vorsichtig vorgehen und sich nur dann als *root* einloggen, wenn tatsächlich eine Systemdatei verändert werden muß oder ein neues Programm installiert werden soll.

7.2   Der Bootvorgang

Zum besseren Verständnis des Systems soll zunächst beschrieben **Booten** werden, wie der Bootvorgang eines Linux-Systems abläuft und welche Programme und Scripts zu diesem Zeitpunkt abgearbeitet werden.

Unabhängig vom Betriebssystem wird beim Booten zunächst der **MBR** sogenannte *Master Boot Record* (MBR) geladen. Dort befinden sich die Partitionstabelle und ein Ladeprogramm, welches den Bootsektor der aktiven Partition lädt.

LILO   Ist LILO, wie im Installationskapitel beschrieben, im MBR installiert, so wird er als erstes gestartet und bietet danach **Auswahl** verschiedene Linux-Kernels und DOS zur Auswahl an. Wählt der Benutzer einen Linux-Kernel aus, so wird das entsprechende Kernel-Image geladen und gestartet. Optional können nach der **Parameter** Angabe des Image Parameter an den Kernel selbst oder den Init-Prozeß übergeben werden.

Beim Start des Kernels wird als erstes die Grafikkarte vom **Auflösung** Kernel initialisiert und eventuell die zu verwendende Bildschirmauflösung abgefragt. Dann werden die verschiedenen Device-**Treiber** Treiber initialisiert, die meist eine entsprechende Meldung auf dem Bildschirm ausgeben. Ist dies geschehen, wird das Root-Filesystem gemountet, und der Kernel startet den Prozeß `init`.

Linux kennt, wie UNIX System V, verschiedene Runlevels, die in der Datei `/etc/inittab` festgelegt werden. Dabei handelt es sich um verschiedene Konstellationen, in denen nur bestimmte Systemkomponenten aktiviert werden. Normalerweise wird das System im Multiuser-Betrieb hochgefahren. Das bedeutet, daß auf der Konsole und optional den seriellen Schnittstellen mehrere `getty`-Prozesse gestartet werden. Außerdem werden in diesem Modus sämtliche Netzwerk-Daemons aktiviert.

Alternativ steht ein Singleuser-Modus zur Verfügung, der vor allem zur Systemadministration vorgesehen ist. Er wird aktiviert wenn man beim Booten die Option `single` angibt. Diese Option wird weder von LILO, noch vom Kernel ausgewertet, sondern nach dem Starten des Kernels an den `init`-Prozeß übergeben.

Ein weiterer Runlevel kann beispielsweise statt dem üblichen Terminal-Login einen grafischen Login-Prompt (`xdm`) starten.

Da `init` der erste Prozeß ist, den der Kernel startet, hat er immer die Prozeßnummer 1 und ist der Vater aller weiteren Prozesse.

Vom `init`-Prozeß werden auch verschiedene Scripte im Verzeichnis `/etc/rc.d` ausgeführt, die normalerweise alle mit `rc.` beginnen. Darin werden verschiedene Systemdateien neu initialisiert, sowie die Dateisysteme gemountet. Der genaue Ablauf und die Aneinanderreihung der verschiedenen Scripte kann von System zu System variieren. Bei einer Slackware-Distribution findet man im Verzeichnis **/etc/rc.d** folgende Dateien:

Runlevels

Multiuser

getty

Singleuser-Betrieb

Init

/etc/rc.d

Scripte

```
/etc/rc.d> ls
rc.0*     rc.K*      rc.S*      rc.inet1*   rc.local*
rc.6*     rc.M*      rc.font*   rc.inet2*   rc.serial*
```

- **rc.S** - Wird beim Start als erstes aufgerufen und initialisiert das System.
- **rc.serial** - Initialisiert die seriellen Verbindungen. Dieses Script kann optional aus dem Script `rc.S` aufgerufen werden.
- **rc.M** - Multiuser-Setup. Hier werden die wichtigsten Daemons gestartet.

- **rc.font** - Aktiviert optional eine andere Schriftart für die Konsole.
- **rc.inet1** - Initialisiert die unteren Schichten des TCP/IP-Systems. Hier werden die IP-Adresse, der Hostname und die Routingtabellen gesetzt.
- **rc.inet2** - Startet die Netzwerk-Daemons.
- **rc.0** - Wird beim Shutdown aufgerufen.
- **rc.K** - Wird beim Umschalten vom Multiuser-Betrieb in den Singleuser-Mode aufgerufen.

Das folgende Beispiel zeigt eine leicht gekürzte Version eines rc.S-Scriptes:

```sh
#!/bin/sh

PATH=/sbin:/usr/sbin:/bin:/usr/bin

# enable swapping
/sbin/swapon -a

# Start update.
/sbin/update &

# Test to see if the root partition is read-only, like it ought to be.
READWRITE=no
if echo -n >> "Testing filesystem status"; then
 rm -f "Testing filesystem status"
 READWRITE=yes
fi

# Check the integrity of all filesystems
if [ ! $READWRITE = yes ]; then
 /sbin/fsck -A -a
 # If there was a failure, drop into single-user mode.
 if [ $? -gt 1 ] ; then
  echo "****************************************"
  echo "fsck returned error code - REBOOT NOW!"
  echo "****************************************"
  /bin/login
 fi
 # Remount the root filesystem in read-write mode
 echo "Remounting root device with read-write enabled."
 /sbin/mount -w -n -o remount /
 if [ $? -gt 0 ] ; then
  echo "Attempt to remount root device as read-write failed!  This is going to"
  echo "cause serious problems... "
  read junk;
 fi
else
 echo "Testing filesystem status: read-write filesystem"
 if [ -d /DOS/linux/etc -a -d /DOS/linux/dev ]; then # no warn for UMSDOS
  cat << EOF

*** ERROR: Root partition has already been mounted read-write. Cannot check!

For filesystem checking to work properly, your system must initially mount
the root partition as read only. Please modify your kernel with 'rdev' so that
it does this.

EOF
  echo -n "Press ENTER to continue. "
  read junk;
 fi
fi

# remove /etc/mtab* so that mount will create it with a root entry
/bin/rm -f /etc/mtab* /etc/nologin /var/adm/utmp

# Looks like we have to create this.
cat /dev/null >> /var/adm/utmp
```

```
# mount file systems in fstab (and create an entry for /)
# but not NFS because TCP/IP is not yet configured
/sbin/mount -avt nonfs

# Configure the system clock.
# This can be changed if your system keeps GMT.
if [ -x /sbin/clock ]; then
   /sbin/clock -s
fi

# Run serial port setup script:
# (CAREFUL! This can make some systems hang if the rc.serial script isn't
# set up correctly. If this happens, you may have to edit the file from a
# boot disk)
#
#/bin/sh /etc/rc.d/rc.serial
```

Ausschnitte der Datei /etc/rc.d/rc.S

Nach rc.S wird für den Multiuser-Betrieb das Script rc.M ausgeführt. In diesem Script werden die wichtigsten Daemons gestartet. Falls ein Netzwerk vorhanden ist, werden von hier aus auch die Scripte rc.inet1 und rc.inet2 aufgerufen.   Netzwerk

7.3   Shutdown

Wie alle UNIX-Systeme darf man einen Linux Rechner nicht einfach ausschalten. Statt dessen muß das System mit dem Befehl shutdown definiert heruntergefahren werden.   Ausschalten

Dies liegt daran, daß durch den internen Cache des Kernels meist nicht alle Daten, die von Programmen auf die Festplatten-schnittstelle geschrieben wurden, tatsächlich schon auf die Festplatte gesichert sind. Hinzu kommt, daß besonders häufig benötigte Information, wie die i-Node-Tabelle oder der Superblock der Dateisysteme ebenfalls im Speicher gehalten werden. Falls der Rechner ohne den Befehl shutdown ausgeschaltet wird, so kann es zu Inkonsistenzen auf der Festplatte und Datenverlusten kommen.   Cache   i-Node Tabelle

Der Befehl shutdown sorgt dafür, daß alle Puffer vom Speicher auf die Datenträger übertragen werden und alle Prozesse ordnungsgemäß beendet werden.   shutdown

Mit dem Befehl sync können die Puffer auf die Festplatte geschrieben werden, ohne daß das System beendet wird. Dieser Befehl wird jedoch nur selten verwendet.   sync

139

7.4 Der Linux-Verzeichnisbaum

Um neuen Linux-Anwendern und dem noch unerfahrenen Systemadministrator die Orientierung im System zu erleichtern, sollen nun die wichtigsten Verzeichnisse eines typischen Linux-Systems erläutert werden. Die Organisation des Linux-File-

systems ist im Linux-Filesystem-Standard festgelegt, der als PostScript-Datei auf den üblichen FTP-Servern bei den anderen Dokumenten zu finden ist. Dieser Standard wurde von den

meisten Herstellern von Distributionen und Paketen anerkannt, und die folgende Beschreibung geht von einer typischen Distribution aus.

Das Verzeichnis "/" ist die Wurzel des Linux-Verzeichnisbaums. Es wird daher auch Wurzel- oder Root-Verzeichnis genannt. In

ihm sollten außer den Linux Kernel-Image-Files, die zum Booten benötigt werden und den wichtigsten Unterverzeichnissen keine weiteren Dateien vorhanden sein.

Dieses Root-Verzeichnis wird häufig als Home-Verzeichnis des Systemadministrators verwendet. Es ist jedoch sinnvoller, dafür

ein eigenes Unterverzeichnis, zum Beispiel /root zu verwenden. Damit wird es einfacher, zwischen Konfigurationsdateien des Administrators und Systemdateien zu unterscheiden.

Um ein neues Home-Verzeichnis festzulegen, reicht es, den

entsprechenden Eintrag in der Datei /etc/passwd mit einem Editor zu ändern.

Verzeichnisse im Root-Verzeichnis

- **/bin** - Die wichtigsten Programme, die auch dann vorhanden sein müssen, wenn man auf /usr nicht zugreifen kann, sind in diesem Verzeichnis abgelegt. Dazu gehören zum Beispiel die Befehle mv, cp, cat oder rm. Im Gegensatz zu /sbin, das nur Programme zur Systemadministration und zum Systemstart enthält, sind die Programme in /bin für alle Benutzer gedacht. Alle anderen Befehle, auf die man im Notfall auch verzichten kann, liegen in /usr/bin (siehe auch /usr).

- **/boot** - Hier werden Map-Files des Linux-Loaders und
  Sicherungskopien des alten Bootsektors oder der Partitions-
  tabelle abgelegt. Diese Files werden in der Regel nur von
  LILO benötigt oder von LILO automatisch angelegt.

  Boot-Loader

- **/conf** - Falls dieses Verzeichnis existiert, sind hier
  ausschließlich Konfigurationsdateien abgelegt, die sonst in
  /etc oder anderen Verzeichnissen zu finden sind. In diesem
  Fall existieren statt der eigentlichen Dateien in /etc nur
  Verweise (symbolische Links) auf die Dateien in /conf bzw.
  einem Unterverzeichnis, wie beispielsweise /conf/net. In
  einfachen Installationen wird jedoch meist auf dieses
  Verzeichnis verzichtet.

  Konfiguration

- **/dev** - Wie der Name /dev schon andeutet, liegen in diesem
  Verzeichnis die Gerätedateien. Das sind spezielle Dateien, die
  einem I/O-Treiber zugeordnet sind. (siehe auch Seite 22).

  Geräte

- **/dist** - An dieser Stelle wird bei den Distributionen der
  Firma Unifix und bei Linux Universe die CD gemountet.
  Pakete und Programme, die nicht auf die Festplatte installiert
  wurden, verweisen auf Dateien in Unterverzeichnissen von
  /dist.

- **/etc** - Das /etc-Verzeichnis enthält lokale Konfigurationsdateien. Dies sind zum Beispiel die Dateien passwd und
  group mit den Benutzer- bzw. Gruppeninformationen oder
  die Konfigurationsdateien der TCP/IP-Daemons wie
  services, inetd.conf oder exports. Vor dem
  Filesystem-Standard wurden hier auch häufig Daemons oder
  Systemprogramme, zum Beispiel init oder update
  abgelegt. Diese findet man jetzt im Verzeichnis /sbin oder
  /usr/sbin.

  Konfigurationsdateien

- **/etc/Isode** - Hier werden Konfigurationsdateien für das
  Isode-Paket (siehe Seite 255) abgelegt.

- **/etc/X11** - Dieses Verzeichnis wird vom Standard für die
  lokalen X11-Konfigurationsdateien vorgesehen. Dazu gehören
  zum Beispiel XF86Config mit den generellen Einstellungen
  für den Server und den Bildschirm, Xmodmap mit dem
  Tastaturlayout unter X11, xinitrc oder die Dateien für xdm.

  X11

- **/etc/init.d** - Hier stehen bei manchen Distributionen die
  eigentlichen rc-Scripte, die beim Booten des Systems und

beim Shutdown verwendet werden. Diese Scripte werden dann wie bei System V Systemen über symbolische Links in den Verzeichnissen `/etc/rc0.d` bis `/etc/rc6.d` aufgerufen.

- **/etc/keytables** - Der Filesystem-Standard sieht dieses Verzeichnis für die Tastaturlayout-Tabellen vor, die beim Booten geladen werden können. In amerikanischen Distributionen wird dafür auch manchmal das Verzeichnis `/usr/lib/keytables` oder `/usr/lib/kbd/keytables` verwendet.

- **/etc/ppp** - Die PPP-Konfigurationsdateien stehen in diesem Verzeichnis.

- **/etc/rc0.d** bis **/etc/rc6.d** - Diese Verzeichnisse werden von Distributionen verwendet, bei denen die Startup-Scripte in `/etc/init.d` liegen. Die Scripte in diesen Verzeichnissen werden von `init` bei einer Änderung des Runlevels ausgeführt. Die Verzeichnisse `/etc/rc?.d` enthalten dabei nur Links auf Dateien in `/etc/init.d`.

- **/etc/rc.d** - Alternativ zu `/etc/init.d` können die Scripte, die beim Starten des Systems von `init` aufgerufen werden, auch direkt in `/etc/rc.d` oder `/etc` stehen..

- **/etc/skel** - Die Dateien in diesem Verzeichnis werden beim Anlegen eines neuen Benutzers mit `useradd -m` automatisch in das Home-Verzeichnis des Benutzers kopiert. Hier werden normalerweise Beispiele für benutzerspezifische Konfigurationsdateien abgelegt. Dazu gehören zum Beispiel `.cshrc`, `.bashrc`, `.Xdefaults` und `.emacs`.

- **/ftp** - Dieses Verzeichnis wird bei manchen Distributionen vom ftp-Server-Daemon verwendet. Benutzer, die sich mit dem Namen ftp oder anonymous beim Server anmelden, können nur auf Unterverzeichnisse von `/ftp` zugreifen. Amdere Distributionen verwenden hierfür das Verzeichnis `/home/ftp`.

- **/home** - In diesem Verzeichnis wird für jeden Benutzer, außer `root`, ein Home-Verzeichnis eingerichtet. Im jeweiligen Unterverzeichnis werden benutzerspezifische Konfigurationsdateien abgelegt. Außer den persönlichen Dateien der Benutzer sollten hier keine Programme installiert werden.

Da dieses Verzeichnis meist auf einer getrennten Partition liegt, ist es nicht ratsam, das Home-Verzeichnis von `root` ebenfalls in diesem Verzeichnis anzulegen. Falls dieses Filesystem aufgrund von Fehlern nicht gemountet werden kann, könnte sich unter Umständen nicht einmal der Administrator in das System einloggen, um den Fehler zu beheben.

- **/install** - Das Installationsprogramm mancher Distributionen verwendet dieses Unterverzeichnis, um Informationen über installierte Pakete zu speichern. Andere Distributionen verwenden dazu spezielle Verzeichnisse unter `/var` oder `/usr`.

  Information über installierte Programme

- **/lib** - Die Images der wichtigsten Shared-Libraries des Systems liegen im Verzeichnis `/lib`. Die Images sind der Teil der Shared-Libraries, der die eigentlichen Routinen enthält. Sie werden beim Starten der Programme geladen. Der andere Teil, die sogenannten *Stubs*, werden im Verzeichnis `/usr/lib` abgelegt. Sie werden zu den Programmen dazugelinkt und enthalten nur Verweise auf die eigentlichen Routinen. Shared-Libraries, die beim Systemstart und zur Administration nicht unbedingt benötigt werden, wie zum Beispiel die Libraries des X Window Systems, sollten in einem anderen Verzeichnis unter `/usr` liegen, im Falle von X11 ist dies `/usr/X11R6/lib`. `/lib` enthält für diese Libraries nur symbolische Links.

  Libraries

- **/local** - Auf dieses Verzeichnis verweist bei manchen CD-Distributionen ein symbolischer Link von `/usr/local`. Hier sollten lokale Programme installiert werden, die nicht auf der CD enthalten sind.

- **/lost+found** - Dieses Verzeichnis wird automatisch beim Erstellen eines Filesystems vom Typ ext2 angelegt und von Utilities wie `fsck` verwendet.

- **/mnt** - Dieses Verzeichnis sollte leer sein und wird häufig dazu verwendet, Disketten oder Filesysteme anderer Rechner per NFS temporär zu mounten.

  Mounten

- **/proc** - Hier wird normalerweise das Proc-Filesystem gemountet. Das Proc-Filesystem ist ein spezielles Dateisystem, in dem Informationen des Kernels und laufender

  Kernel-Info

143

Prozesse als Unterverzeichnisse und Dateien dargestellt werden. Diese Dateien können meist als Text ausgelesen werden und ermöglichen so einen einfachen Zugriff auf diese Information (siehe auch Seite 46).

- **/root** - Obwohl dieses Verzeichnis optional ist, wird es von den meisten Linux Distributionen angelegt. Dabei handelt es sich um das Home-Verzeichnis des Superusers (root). Normalerweise liegt das Verzeichnis nicht auf derselben Partition wie die Home-Verzeichnisse der normalen Anwender.

  Homeverzeichnis des Administrators

- **/sbin** - Dieses Verzeichnis enthält nur die wichtigsten Programme und Befehle, die zum Starten des Systems oder zur grundlegenden Systemadministration benötigt werden. Dies sind zum Beispiel `getty`, `init`, `update`, `fdisk`, `fsck`, `ifconfig`, `ping` oder `lilo`. Programme, die außer von root auch von anderen Benutzern benötigt werden, liegen in `/bin` oder in `/usr/bin`, falls auf sie im Notfall auch verzichtet werden kann.

  System-Programme

- **/shlib** - Hier werden Shared-Libraries für die iBCS2-Emulation abgelegt.

- **/tftpboot** - Manche Distributionen verwenden dieses Verzeichnis für den `tftpd`-Daemon. Falls dieser verwendet wird, so kann der Zugriff per tftp auf dieses Verzeichnis beschränkt werden.

- **/tmp** - Dieses Verzeichnis wird von vielen Programmen für Temporärdateien verwendet. In `/tmp` kann von allen Benutzern gelesen und geschrieben werden. Dateien, die in diesem Verzeichnis liegen, dürfen in der Regel gelöscht werden, wenn keine Applikations-Prozesse mehr laufen. Außer dem Administrator sollten bei diesem Vorgang aber keine weiteren Benutzer eingeloggt sein. Oftmals wird das Löschen des `/tmp`-Verzeichnisses beim Systemstart durch einen Eintrag in der Datei `/etc/rc.d/rc.local` durchgeführt.

  Temporäre Dateien

- **/user** - Auch dieses Verzeichnis ist, sofern es überhaupt existiert, in der Regel leer und wird nur zum Mounten verwendet.

  Mounten

- **/usr** - Dieses Directory enthält fast alle weiteren wichtigen Unterverzeichnisse, die nicht direkt für das Starten des Systems notwendig sind. Die Trennung von Maschinen-abhängiger Konfiguration, essentiellen Programmen für die Systemadministration und Log- oder Spool-Dateien von den Programmen in /usr soll es ermöglichen, /usr von einer CD oder für mehrere Maschinen von einem gemeinsamen NFS-Server aus zu benutzen. Dazu muß das /usr-Verzeichnis schreibgeschützt gemountet werden.

  Die wichtigsten Programme zur Systemadministration und die benötigten Libraries müssen sich dennoch im Root-Filesystem befinden, damit im Falle eines Systemfehlers, wenn nicht mehr auf die CD oder den NFS-Server zugegriffen werden kann, der Fehler behoben werden kann. Das Root-Filesystem sollte möglichst klein sein, um möglichst viele Programme und viel Platz gemeinsam nutzen zu können.

- **/var** - In diesem Verzeichnis sind alle Files abgelegt, auf die oft geschrieben wird, und deren Größe sich ständig verändern kann. Dazu gehören vor allem Log- und Spool-Dateien. Viele der Unterverzeichnisse unter /var waren früher unter /usr abgelegt. Um /usr auch von mehreren Rechnern gleichzeitig read-only per NFS mounten zu können, wurden diese dynamischen Unterverzeichnisse in das /var-Verzeichnis gelegt. Dies sind zum Beispiel /var/spool mit den Unter-verzeichnissen für Mail und die Druckerwarteschlangen, /var/adm mit den System-Log-Dateien oder /var/lock mit den Lockdateien.

Verzeichnisse unter /usr

- **/usr/X386** - Hier beginnt der Verzeichnisbaum der älteren Version des X11-Pakets. Ab Release 6 wird das Unter-verzeichnis /usr/X11R6 verwendet.

- **/usr/X11R6** - Das Verzeichnis des X Window Systems ab der Release 6. Die Verzeichnisse /usr/lib/X11 und /usr/bin/X11 sind Verweise in diesen Verzeichnisbaum.

- **/usr/adainclude** - Hier liegen die Include-Dateien des GNU-Ada-Compilers.

- **/usr/adm** - Dieses Verzeichnis ist ein Link auf `/var/adm`.

- **/usr/bin** - Hier sind die meisten der Systemprogramme bzw. UNIX-Befehle für Benutzer, aber auch für den Administrator abgelegt, die nicht unbedingt benötigt werden, falls `/usr` nicht gemountet werden kann. Die Trennung der UNIX-Befehle in solche, die in `/bin` oder `/sbin` und solche, die in `/usr/bin` abgelegt werden, ist nicht immer konsequent durchgeführt. Im Zweifelsfalle sollte man in beiden Verzeichnissen nachsehen. Sowohl `/bin` als auch `/usr/bin` sollten immer in der Environment-Variable für den Suchpfad (PATH) enthalten sein.

- **/usr/bin/X11** - X11-Programme werden normalerweise in diesem Verzeichnis installiert. Es ist jedoch meist nur ein symbolischer Link auf `/usr/X386/bin` beziehungsweise `/usr/X11R6/bin` bei der neuen X11-Release. Dieses Verzeichnis sollte im Suchpfad enthalten sein.

- **/usr/dict** - Ursprünglich befand sich in diesem Verzeichnis ein englisches Wörterbuch für das `look`-Kommando und andere Programme zur Überprüfung der Rechtschreibung.

- **/usr/doc** - Dokumentation, die nicht als Manualpage oder im info-Format vorliegt, ist in diesem Verzeichnis abgelegt.

- **/usr/etc** - Dieses Verzeichnis sollte die Konfigurationsdateien enthalten, die von mehreren Maschinen gemeinsam benutzt werden können. Oft ist es jedoch nur ein symbolischer Link auf das Verzeichnis `/etc`.

- **/usr/g++-include** - Hier liegen Header-Dateien für den GNU C++-Compiler.

- **/usr/games** - Hier werden im allgemeinen Spiele oder andere unterhaltsame Programme abgelegt, die für den ernsthaften Einsatz von untergeordneter Bedeutung sind.

- **/usr/include** - Hier sind die Include-Files der C-Library abgelegt. Dieses Verzeichnis enthält die Unterverzeichnisse `sys` und `linux`, wobei `linux` ein Verweis auf ein Unterverzeichnis von `/usr/src/linux` ist.

- **/usr/info** - Dieses Verzeichnis wird für das GNU-Info-System verwendet. Die Dateien in diesem Verzeichnis können im info-mode im Emacs-Editor oder mit Programmen wie `tkinfo` betrachtet werden und stellen die hauptsächliche Dokumentation der GNU-Programme dar.

- `/usr/lib` - Wie oben schon erwähnt, werden hier die statischen Libraries für die verschiedenen Programmiersprachen und die Stubs für die Shared-Libraries abgelegt. Außerdem enthält dieses Verzeichnis mehrere Unterverzeichnisse, die meist Hilfs- und Konfigurationsdateien anderer Programme beinhalten.

  Libraries

- `/usr/lib/X11` - Hier findet man die Konfigurationsdaten, Zeichensätze, Farbtabellen und andere Dateien des X Window Systems. Dieses Verzeichnis ist meist ein Verweis auf `/usr/X11R6/lib/X11`. Dateien, die die lokale Konfiguration des X-Servers betreffen, wie `XF86Config`, sollten nach dem Filesystem-Standard eigentlich unter `/etc/X11` stehen. Daran halten sich jedoch nur wenige Distributionen.

  X11-Konfiguration

- `/usr/local` - In diesem Verzeichnis sollten alle zusätzlichen Programme installiert werden, die nicht im Installationspaket enthalten waren. Meist enthält dieses Verzeichnis einen kompletten Unterverzeichnisbaums bestehend aus einem `bin`-, `lib`-, `etc`-, `include`- und `man`-Verzeichnis. In der Regel wird `/usr/local/bin` in den Suchpfad für Programme (PATH) und `/usr/local/man` in den Suchpfad für Manualpages (MANPATH) aufgenommen.

  nachträglich installierte Systeme

- `/usr/man` - Die Manualpages werden in Unterverzeichnissen von `/usr/man` abgelegt.

  Manualpages

- `/usr/openwin` - In den Unterverzeichnissen von `/usr/openwin` liegen die Programme und Daten des XView-Pakets von Sun. Die Libraries und die Konfigurationsdateien stehen meist im Verzeichnis `/usr/openwin/lib`. Die interessantesten dieser Dateien sind die Definitionsdateien des Menüs für die OpenLook Window-Manager (`olwm` und `olvwm`). Ihre Dateinamen beginnen alle mit `openwin-menu`. Die Window-Manager selbst und die anderen Programme stehen in `/usr/openwin/bin`.

  OpenWindows / XView

- `/usr/pkg` - Manche CD-Distributionen verwenden dieses Verzeichnis um eine getrennte Installation einzelner Programmpakete auf die Festplatte zu ermöglichen. Von dort können die Pakete mit einem Installationsprogramm auf der Festplatte installiert werden.

- **/usr/sbin** - Wie im Verzeichnis /sbin findet man hier vor allem Programme zur Systemadministration, allerdings nur solche, die zum Hochfahren des Systems nicht essentiell sind. Außerdem enthält das Verzeichnis die Netzwerk-Daemons.

- **/usr/share** - In diesem Verzeichnis sollten Dateien abgelegt werden, die von der jeweiligen Maschinenarchitektur unabhängig sind. Der Inhalt eines solchen Verzeichnisses kann dann von mehreren unterschiedlichen Maschinen im Netz per NFS gemountet werden. Beispiele für solche Dateien sind die Manualpages oder die terminfo-Datenbank.

- **/usr/src** - In den Unterverzeichnissen unter /usr/src stehen die Quellcodes der Systemprogramme. Das wichtigste dieser Unterverzeichnisse ist /usr/src/linux, in dem sich die Quellcodes des Linux Kernels befinden.

- **/usr/TeX** - In diesem Verzeichnis ist das TeX-Paket installiert. Nach dem Filesystem-Standard sollten die TeX-Datenfiles jedoch unter /usr/lib/TeX liegen.

7.5 Benutzer und Gruppen

Jeder Benutzer besitzt eine eindeutige User-Id und gehört zu einer oder mehreren Gruppen. Diese Information ist in den Dateien /etc/passwd und /etc/group gespeichert.

Um einen Benutzer anzulegen, werden diese Dateien in der Regel nicht mit einem Texteditor geändert. Statt dessen verwendet man das Programm useradd.

Dieses Programm erhält alle wichtigen Angaben über die Kommandozeile und ändert danach die Dateien /etc/passwd und /etc/group sowie die entsprechenden Shadow-Dateien. Die Shadow-Dateien enthalten die verschlüsselten Benutzer- und Gruppenpaßworte in verschlüsselter Form und sind aus Sicherheitsgründen nur vom Superuser lesbar.

Man kann sich die Arbeit wesentlich vereinfachen, indem mit der Option -D einmal Standardwerte für die Gruppe, Gültigkeitsdauer des Paßworts sowie ein Verzeichnis für die Home-Verzeichnisse der Benutzer vorgegeben werden.

Außerdem können benutzerspezifische Konfigurationsdateien, zum Beispiel .profile, .bashrc oder .openwin-menu im Verzeichnis /etc/skel abgelegt werden. Sie werden dann beim Anlegen eines neuen Benutzers automatisch in dessen Home-Verzeichnis kopiert.

/etc/skel

Sind Defaultwerte definiert und die richtigen Dateien in /etc/skel abgelegt, so kann man nun einen neuen Benutzer durch Aufruf von

neue Benutzer

```
linux1:/> useradd -m Benutzername
```

anlegen. Als User-Id wird automatisch die nächste freie Nummer verwendet.

Danach muß mit passwd <Benutzername> ein Paßwort vergeben werden, da der neue Account sonst noch gesperrt ist.

Neben useradd gibt es Befehle zum Ändern der Einstellungen (usermod) und zum Löschen eines Benutzers (userdel). Chsh legt die Login-Shell und chfn den ausführlichen Namen eines Benutzers fest. Auf diese und weitere Befehle wird in der Manualpage zu useradd verwiesen.

Ändern

```
dirk1:/etc# useradd -D -g 6 -b /home -f 3 -e 999
dirk1:/etc# useradd -m peter
dirk1:/etc# passwd peter
Changing password for peter
Enter the new password (minimum of 5 characters)
Please use a combination of upper and lower case letters and
numbers.
New Password:
Re-enter new password:
dirk1:/etc#
```

Gruppen werden mit den Befehlen groupadd, groupmod und groupdel verwaltet. Um einem Benutzer eine zusätzliche Gruppe zuzuweisen, kann der Befehl usermod mit der Option -G verwendet werden.

Gruppen

usermod

Eine weitere besondere Rolle neben *root* spielt der Benutzer *ftp*. Falls dieser Benutzer existiert, kann sich ein Anwender mit dem ftp-Befehl auf dem Rechner einloggen, ohne daß er einen Account benötigt. Er weist sich einfach als Benutzer *ftp* oder *anonymous* aus und wird dann vom System aufgefordert, seine E-Mail-Adresse als Paßwort einzugeben. Das Home-Verzeichnis

ftp

anonymous

149

des Benutzers *ftp* wird dabei als Root-Verzeichnis verwendet, so daß ein Benutzer, der sich auf diese Weise Zugang verschafft, nur auf ganz bestimmte Dateien Zugriff hat.

Verzeichnisse Dazu muß allerdings im Home-Verzeichnis des Benutzers *ftp* ein `dev`, `bin` und ein `usr`-Verzeichnis mit entsprechenden Dateien vorhanden sein. Der genaue Aufbau dieses Dateibaums wird in der Manualpage zu `ftpd` erklärt.

7.6   Shells

Damit die Benutzer ihre Shell selbständig ändern können, ist zu /etc/shells beachten, daß in der Datei `/etc/shells` jede Shell mit ihrem Zugriffspfad aufgelistet ist. Dies wird häufig vergessen, wenn eine Shell nachträglich installiert wird.

Ist kein Eintrag für diese Shell in der Datei `/etc/shells` Login-Shell vorhanden, so kann diese nicht von den Benutzern als Login-Shell verwendet werden, und man bekommt Probleme mit verschiedenen TCP/IP-Programmen. Das folgende Beispiel zeigt den Inhalt einer Datei `/etc/shells`.

```
/bin/sh
/bin/bash
/bin/ksh
/bin/tcsh
```

chsh Das Kommando `chsh` erlaubt den Benutzern die Änderung der Login-Shell. Auch der Administrator sollte es bei der Konfiguration eines Accounts heranziehen. In diesem Fall muß zusätzlich der entsprechende Benutzername als Parameter übergeben werden.

```
dirk1:/home/stefan# chsh
Changing the login shell for stefan
Enter the new value, or press return for the default

        Login Shell [/bin/sh]: /bin/bash
dirk1:/home/stefan#
```

7.7   Information der Benutzer

Der Text, der vor dem Login-Prompt ausgegeben wird, steht in der Datei /etc/issue. In dieser Datei wird in der Regel ein Begrüßungstext mit dem Namen des Rechners und Hinweisen für Benutzer eingetragen.

/etc/issue

Hat sich ein Benutzer eingeloggt, so wird meist der Text aus der Datei /etc/motd ausgegeben. Dies kann bei manchen Systemen, die ein entsprechendes login-Programm verwenden, in der Datei /etc/login.defs konfiguriert werden. Motd steht dabei für "message of the day". Die Datei sollte auch dementsprechend benutzt werden. Manche Distributionen, unter anderem Slackware und die deutsche LST-Distribution, überschreiben in den Start-Scripten des Systems die Dateien /etc/issue und /etc/motd.

/etc/motd

/etc/login.defs

Um sie dennoch selbst anpassen zu können, müssen die Befehle, die diese Dateien überschreiben, aus den Scripten entfernt werden. Bei der Slackware-Distribution geschieht dies in /etc/rc.d/rc.S.

7.8   Backups

Eine relativ einfache Möglichkeit, um Backups von wichtigen Dateien anzulegen, bietet der tar-Befehl. Er gehört zu den Standard-UNIX-Befehlen, die unter Linux in einer erweiterten Form der FSF vorliegen.

tar

Um zum Beispiel alle Daten im Verzeichnis /home/stefan auf Disketten zu sichern, kann der tar-Befehl mit der Option M im Multivolume-Modus aufgerufen werden. Ist die erste Diskette voll, wird von tar eine weitere angefordert. Das folgende Beispiel zeigt den Aufruf des tar-Befehls:

Disketten

```
dirk1:/root# cd /home/stefan
dirk1:/home/stefan# tar cvfM /dev/fd0 *
```

Unterverzeichnisse werden automatisch bei der Archivierung eingeschlossen. Um ein solches Backup wieder auf die Festplatte

Unterverzeichnisse

zu übertragen, muß der `tar`-Befehl wiederum mit der Option `M` aufgerufen werden, da er sonst nach der ersten Diskette abbricht.

```
dirk1:/root# cd /home/stefan
dirk1:/home/stefan# tar xvfM /dev/fd0
```

Streamer Genauso können größere Backups auf einem Bandlaufwerk (Streamer) gemacht werden. Dazu muß nur anstelle von `/dev/fd0` das Device des Streamers (`/dev/rmt0`) angegeben werden.

GNU-tar Auf anderen UNIX-Systemen, die nicht den GNU-tar Befehl verwenden, ist die Option `M` nicht verfügbar. Daher sollte man bei Backups, die eventuell auf anderen UNIX-Maschinen wieder eingespielt werden sollen, auf diese Option verzichten.

Der `tar`-Befehl, aber auch die MTools gehen bei der Verwendung von Disketten davon aus, daß die Disketten bereits low-level-formatiert sind. Auch der Befehl `mformat` schreibt nur ein DOS-Dateisystem auf eine bereits formatierte Diskette. Zum eigentlichen Low-level-Formatieren kann man den Befehl fdformat `fdformat` verwenden. Er wird in der Referenz auf Seite 448 beschrieben.

7.9 Filesystem Management

Ein weiteres Aufgabengebiet des Systemadministrators ist die Verwaltung der Filesysteme. Im Normalbetrieb beschränkt sich dies darauf, in regelmäßigen Abständen den freien Speicherplatz zu kontrollieren, die Logfiles zu überwachen und gelegentlich den Inhalt der `/tmp`-Verzeichnisse zu löschen.

Absturz Kommt es jedoch zu einem Systemabsturz, so sollte unbedingt eine Konsistenzprüfung durchgeführt werden. In den meisten Distributionen wird dies automatisch beim Booten durchgeführt. Booten Dazu wird das Root-Filesystem beim Booten vom Kernel zunächst read-only gemountet und geprüft. Danach wird es in einem der `rc`-Scripte erneut mit der Option read-write gemountet. In Problemfällen muß man die Prüfung jedoch manuell vornehmen.

Zu diesem Zweck stellen die einzelnen Linux-Dateisysteme ein spezielles Tool namens `fsck` (Filesystem Check) zur Verfügung. Es ist jedoch darauf zu achten, daß das zu überprüfende Filesystem nicht gemounted ist und auch wirklich das passende Prüfprogramm benutzt wird. Für das momentan meistverwendete `ext2`-Filesystem heißt das entsprechende Tool `e2fsck`. Das folgende Beispiel zeigt den Aufruf dieses Programms:

Filesystem Check

e2fsck

```
hermes:/root# mount
/dev/sda1 on / type ext2 (defaults)
/proc on /proc type proc (rw)
/dev/sda2 on /usr type ext2 (rw)
/dev/sda5 on /var type ext2 (rw)
/dev/sda6 on /www type ext2 (rw)
/dev/sda7 on /ftp type ext2 (rw)
hermes:/root# umount /ftp
hermes:/root# e2fsck /dev/sda7
fsck.ext2 0.5a, 5-Apr-94 for EXT2 FS 0.5, 94/03/10
Pass 1: Checking inodes, blocks, and sizes
Pass 2: Checking directory structure
Pass 3: Checking directory connectivity
Pass 4: Check reference counts.
Pass 5: Checking group summary information.
/dev/sda7: 9094/212160 files, 750177/845401 blocks
hermes:/root# mount -text2 /dev/sda7 /ftp
hermes:/root#
```

Beim Aufruf wird die zu testende Partition bzw. das Filesystem als Parameter übergeben. Normalerweise werden nur eventuelle Inkonsistenzen auf der Konsole ausgegeben. Das Dateisystem ist in Ordnung, wenn keine Fehlermeldung erscheint.

Inkonsistenzen

Spezielle Optionen erlauben auch eine automatische Fehler-korrektur. Meist wird von den Programmautoren aber eine interaktive Reparatur eines defekten Dateisystems empfohlen.

automatische Korrektur

7.10 Updates

Da gerade bei Linux fast jeden Monat neue Versionen des Kernels, der C-Library oder des C-Compilers verfügbar sind, ist eine der Aufgaben des Systemadministrators, diese Updates in das System einzuspielen. Wie man dies macht, wird im folgenden erläutert.

neue Versionen

GCC

C-Compiler

Die jeweils neueste Version des GNU-C-Compilers (GCC) für Linux kann von dem FTP-Server `tsx-11.mit.edu` kopiert werden. Es sind meist mehrere mit `tar` und `gzip` gepackte Dateien, in denen die für Linux compilierten Programme (Binaries) enthalten sind.

tar-Dateien

Um den alten C-Compiler gegen eine neue Version auszutauschen, reicht es meist aus, die `tar`-Dateien im Root-Verzeichnis auszupacken. Die ältere Version wird dabei überschrieben. Danach kann man aus Platzgründen die Verzeichnisse der alten Version unter `/usr/lib/gcc-lib` löschen.

auspacken

Genauere Anweisungen zum Update stehen in einem der zugehörigen `README`- oder `RELEASE`-Dateien, die man zusammen mit den `tar`-Archiven findet.

README

Libraries

C-Library

Die Linux C-Library ist ebenfalls auf dem FTP-Server `tsx-11.mit.edu` verfügbar. Sie steht zusammen mit dem C-Compiler im Verzeichnis `/pub/linux/packages/GCC`. Um eine neue Version der Library zu installieren, benötigt man meist zwei `tar`-Archive, deren Namen "image" und "inc" enthält. In der einen Datei sind die eigentlichen Library-Dateien enthalten, in der anderen die passenden Header-Dateien. Außerdem gibt es noch eine `tar`-Datei mit den Libraries für Debugging und Profiling.

tar-Archive

Header-Dateien

Die `tar`-Files müssen im Wurzelverzeichnis ausgepackt werden, so daß die Include-Dateien in das Verzeichnis `/usr/include` und die Libraries in die Verzeichnisse `/lib` und `/usr/lib` kommen.

Verzeichnisse

```
stef1:/# tar xvfz /home/strobel/image-4.5.26.tar.gz
./lib/
./lib/libc.so.4.5.26
./lib/libm.so.4.5.26
./lib/libc-lite.so.4.5.26
./usr/lib/
./usr/lib/libc.sa
./usr/lib/libcurses.sa
./usr/lib/libtermcap.sa
./usr/lib/libdbm.sa
./usr/lib/crt0.o
./usr/lib/libc.a
./usr/lib/libm.sa
./usr/lib/libm.a
./usr/lib/libtermcap.a
./usr/lib/libcurses.a
./usr/lib/libdbm.a
./usr/lib/libbsd.a
./usr/lib/libieee.a
```

```
stef1:/# tar xvfz /home/strobel/extra-4.5.26.tar.gz
./usr/lib/
./usr/lib/libg.a
./usr/lib/libmcheck.a
./usr/lib/gcrt0.o
./usr/lib/libc_p.a
./usr/lib/libgmon.a
stef1:/# tar xvfz /home/strobel/inc-4.5.26.tar.gz
./usr/include/
./usr/include/arpa/
./usr/include/arpa/ftp.h
./usr/include/arpa/inet.h
...
```

Die Versionskennung der Libraries besteht aus zwei Teilen, einer sogenannten Major und einer Minor-Version. Die Dateien, die nach /lib entpackt werden, heißen bei der Major-Version 4 und der Minor-Version 5.26 beispielsweise /lib/libc.so.4.5.26, /lib/libc-lite.so.4.5.26 und libm.so.4.5.26.

Major- und Minor-Version

Auf diese Dateien wird über einen symbolischen Link zugegriffen, der nur die Major-Version im Namen enthält. Für die oben genannten Dateien müssen symbolische Links mit den Namen /lib/libc.so.4 und /lib/libm.so.4 existieren, die auf die eigentlichen Dateien verweisen.

symbolischer Link

Wenn eine Library mit einer neuen Minor-Version installiert wird, müssen diese Links verändert werden. Dazu ruft man das Programm ldconfig auf.

neue Version

ldconfig

```
stef1:/# ldconfig -nv /lib
ldconfig: version 1.4.3
/lib:
        libc-lite.so.4 => libc-lite.so.4.5.26
        libgr.so.1 => libgr.so.1.3
        libXpm.so.3 => libXpm.so.3.3.0
        libvga.so.1 => libvga.so.1.0.11
        libm.so.4 => libm.so.4.5.26
        libc.so.4 => libc.so.4.5.26
stef1:/# cd /lib
stef1:/lib# ls -l libc* libm*
-rwxr-xr-x   1 root     root       619524 Apr  4 21:32 libc-lite.so.4.5.26*
lrwxrwxrwx   1 root     root           14 Apr 27 23:50 libc.so.4 -> libc.so.4.5.26*
-rwxr-xr-x   1 root     root       623620 Apr 19 14:05 libc.so.4.5.24*
-rwxr-xr-x   1 root     root       623620 Apr  4 21:31 libc.so.4.5.26*
lrwxrwxrwx   1 root     root           14 Apr 27 23:50 libm.so.4 -> libm.so.4.5.26*
-rwxr-xr-x   1 root     root       107524 Apr 19 14:05 libm.so.4.5.24*
-rwxr-xr-x   1 root     root       107524 Apr  4 21:31 libm.so.4.5.26*
stef1:/lib#
```

Im obigen Beispiel wird eine Library mit der Major-Version 4 und der Minor-Version 5.24 durch eine neuere Version mit der selben Major-Version und der Minor-Version 5.26 ersetzt.

NICHT manuell

Es ist **nicht** ratsam, die Links von Hand mit dem Befehl ln zu verändern oder sogar den alten Link zuerst zu löschen und dann zu versuchen, diesen neu anzulegen. Da der Befehl ln selbst die C-Library benötigt, kann nach dem Löschen des Links kein neuer Link mehr angelegt werden. Auch alle anderen Befehle sind auf die C-Library angewiesen und können daher nicht mehr aufgerufen werden.

Bootdiskette

Um den Link wieder einzurichten, muß man mit einer Bootdiskette (z.B. aus einer der Distributionen) booten, das Root-Filesystem der Festplatte mounten und dort den Link neu erstellen. Das Erstellen einer Bootdiskette wird auf Seite 157 beschrieben.

Kernel

Quelltext

Die Quelltexte des jeweils neusten Kernels sind auf den meisten Linux FTP-Servern verfügbar. Als erstes erscheint er jedoch auf

finnischer FTP-Server

dem finnischen nic.funet.fi. Um ihn zu installieren ist es sinnvoll, zunächst das Verzeichnis /usr/src/linux komplett

löschen und

zu löschen und danach das tar-Archiv mit dem Kernel-Quelltext

neu auspacken

im Verzeichnis /usr/src auszupacken. Dabei wird das Unterverzeichnis linux neu angelegt.

Compilation

Danach kann man, wie schon im Kapitel über die Konfiguration und Compilation des Kernels (siehe Seite 117) beschrieben, mit `make config` die zu verwendenden Treiber neu definieren und dann den Kernel übersetzen.

7.11 Bootdisketten

Nicht nur bei Anfängern kommt es vor, daß sie versehentlich wichtige Dateien löschen, und das System danach nicht mehr bootet. Vor allem Kernel-Images, die von LILO geladen werden, Shells oder Dateien im `/etc`-Verzeichnis kommen hier in Frage. In einem solchen Fall gibt es mehrere Möglichkeiten des Vorgehens, um das System zu reparieren.

wichtige Dateien

/etc

Falls das System auch im Singleuser-Mode (siehe auch Seite 137) nicht mehr startet, benötigt man eine Bootdiskette. Sind die Installationsdisketten einer Distribution wie Slackware, LST oder SLS zur Hand, so kann man von den Bootdisketten der Distribution ein Linux-System booten. Anstatt das Installationsprogramm zu starten, mountet man dann die Root-Partition der Festplatte und rekonstruiert oder kopiert die fehlenden Dateien. Ein Backup wichtiger Dateien auf Disketten ist hier sehr hilfreich.

Singleuser-Mode

Installations-Disketten

Ist nur der Boot-Kernel auf der Festplatte defekt, so kann man auf einem anderen System einen funktionierenden Kernel direkt auf eine Diskette schreiben. Sie enthält dann nur den Kernel und kein Filesystem oder weitere Dateien. Von dieser Diskette kann gebootet werden. Der Kernel wird nach seinem Start versuchen, ein Root-Filesystem zu mounten. Von welchem Device bzw. von welcher Partition er dies versuchen soll, kann mit dem Programm `rdev` eingestellt werden (siehe Seite 120).

Kernel auf Diskette

Root-Filesystem mounten

Sind auch wichtige Dateien im `/etc`-Verzeichnis beschädigt, und ist ein Booten mit dieser Root-Partition nicht mehr möglich, so benötigt man eine Diskette mit einem eigenen Root-Filesystem. Der Bootkernel kann dabei entweder auf derselben oder auf einer zweiten Diskette sein. Eleganter ist jedoch sicher die Variante mit einer einzigen Bootdiskette, die sowohl den Bootkernel als auch das Root-Filesystem enthält.

/etc

eigenes Filesystem

Boot/Root-Diskette

Mit einer solchen Diskette kann dann ein minimales aber eigenständiges Linux-System gestartet werden, von dem aus man

Festplatte Mounten

die Partitionen der Festplatte mounten kann, um den Fehler zu beheben.

Verwendet man eine Diskette als Root-Filesystem, so darf diese nicht mehr aus dem Laufwerk genommen werden. Das ist natürlich recht unpraktisch, wenn man auf andere Disketten zugreifen muß. Abhilfe schafft hier eine Ramdisk, auf die die Diskette beim Booten kopiert wird. Damit kann die Ramdisk als Root-Filesystem verwendet werden, und das Diskettenlaufwerk steht für andere Zwecke zur Verfügung.

Das Erstellen einer derartigen Diskette ist nicht weiter schwierig. Zunächst benötigt man eine formatierte Diskette. Zum Formatieren kann das DOS-Programm `format` oder das Linux-Programm `fdformat` verwendet werden. Auf dieser Diskette wird dann üblicherweise ein MINIX-Filesystem angelegt.

```
zeus:/root# fdformat /dev/fd0H1440
Double-sided, 80 tracks, 18 sec/track. Total capacity 1440 kB.
Formatting ... done
Verifying ... done

zeus:/root# mkfs -t minix /dev/fd0 1440
480 inodes
1440 blocks
Firstdatazone=19 (19)
Zonesize=1024
Maxsize=268966912
```

Danach wird die Diskette gemounted, und die wichtigsten Verzeichnisse müssen angelegt werden.

```
zeus:/root# mount /dev/fd0 /mnt
zeus:/root# mkdir /mnt/etc /mnt/bin /mnt/sbin /mnt/boot
zeus:/root# mkdir /mnt/dev /mnt/lib /mnt/root /mnt/mnt
```

Im Verzeichnis `/dev` müssen die Device-Dateien angelegt werden. Dazu bietet es sich an, den `cp`-Befehl zu verwenden. Danach werden die wichtigsten Programme, Libraries und andere Dateien kopiert und symbolische Links angelegt.

Margin notes:
- Ramdisk
- Erstellen einer Boot/Root-Diskette
- fdformat
- Verzeichnisse
- /dev
- Programme und Libraries

```
zeus:/root# cp -a /dev/* /mnt/dev/

zeus:/root# cp /bin/bash /bin/cp /bin/cat /bin/ln /mnt/bin/
zeus:/root# cp /bin/loadkeys /bin/ls /bin/mkdir /mnt/bin/
zeus:/root# cp /bin/rmdir /bin/rm /mnt/bin/
zeus:/root# ln -s bash /mnt/bin/sh

zeus:/root# cp /sbin/fdisk /sbin/mke2fs /mnt/sbin/
zeus:/root# cp /sbin/mkswap /sbin/mount /mnt/sbin/
zeus:/root# cp /sbin/reboot /sbin/shutdown /mnt/sbin/
zeus:/root# cp /sbin/umount /sbin/update /mnt/sbin/

zeus:/root# cp /usr/lib/kbd/keytables/gr-lat1.map /mnt/etc/

zeus:/root# cp /boot/boot.b /mnt/boot/

zeus:/root# cp /lib/ld.so /mnt/lib
zeus:/root# cp /lib/libc.so.4.5.26 /mnt/lib/
zeus:/root# ln -s libc.so.4.5.26 /lib/libc.so.4
```

Die Versionsnummer der C-Library kann von der im Beispiel
verwendeten 4.5.26 abweichen. Wichtig ist nur, daß wie auf der
Festplatte ein symbolischer Link, der nur die Major-Versions-   Link
nummer enthält, auf die eigentliche Library angelegt wird.
Nun müssen die wichtigsten Dateien im Verzeichnis /etc erstellt   /etc
werden. Im folgenden werden die Dateien mit ihrem Inhalt
aufgelistet:

/mnt/etc/group:

```
root::0:root
bin::1:root,bin,daemon
daemon::2:root,bin,daemon
sys::3:root,bin,adm
adm::4:root,adm,daemon
tty::5:
disk::6:root,adm
lp::7:lp
mem::8:
kmem::9:
wheel::10:root
```

/mnt/etc/passwd:

```
root::0:0:root:/root:/bin/sh
bin:*:1:1:bin:/bin:
daemon:*:2:2:daemon:/sbin:
adm:*:3:4:adm:/var/adm:
^D
```

159

/mnt/etc/fstab:

```
/dev/ram  /  minix  defaults
```

/mnt/etc/rc:

```
# initial path
PATH=/sbin:/bin

# start update
update &

# create a new utmp
cat /dev/null >> /etc/utmp

# create mtab
mount -av

# Loading german keytable
loadkeys /etc/gr-lat1.map
```

/mnt/etc/profile:

```
export PATH=/bin:/sbin
```

Damit von dieser Diskette gebootet werden kann, muß auf sie ein Kernel kopiert und der Linux Loader installiert werden. Dazu **LILO** benötigt man eine spezielle `lilo`-Konfigurationsdatei, die im folgenden abgebildet ist. Diese Datei selbst und das Programm `lilo` müssen nicht auf die Diskette kopiert werden.

Die Definition des Root-Filesystems und der Ramdisk im Kernel **rdev** geschieht mit dem Utility `rdev` (siehe auch Seite 120).

```
zeus:/root# cp /vmlinuz /mnt/
zeus:/root# rdev /mnt/vmlinuz /dev/ram
zeus:/root# rdev -r /mnt/vmlinuz 1440
zeus:/root# rdev -R /mnt/vmlinuz 0
```

lilo.conf.bd:

```
boot     = /dev/fd0
2install = /mnt/boot/boot.b
map      = /mnt/boot/map
compact

image = /mnt/vmlinuz
        root  = /dev/fd0
        label = linux
```

Das Programm lilo wird mit der neuen Konfigurationsdatei
aufgerufen. Damit wird der Bootsektor auf der Diskette mit dem   Bootsektor
Linux Loader überschrieben, und die Diskette ist bootfähig.

```
zeus:/root# lilo -C lilo.conf.bd
Added linux
```

Damit ist die Erstellung der Bootdiskette abgeschlossen, und sie
kann mit dem Befehl umount aus dem Linux Verzeichnisbaum   umount
ausgehängt werden.

```
zeus:/root# umount /mnt
```

X11

Als am Anfang der 80er Jahre die Verbreitung grafikfähiger Workstations begann, gab es kaum Standards für die Programmierung grafischer Benutzeroberflächen. Die meisten Hersteller lieferten zunächst ihre eigenen Oberflächen aus. Sollte eine Applikation, die von den grafischen Möglichkeiten der neuen Maschinen Gebrauch machte, auf verschiedenen Plattformen lauffähig sein, so mußten große Teile mehrfach entwickelt und gewartet werden. Gerade große Institutionen, die mit Systemen verschiedener Hersteller arbeiteten, bekamen dieses Problem deutlich zu spüren.

Daher entschloß sich das Massachusetts Institute of Technology (MIT) im Rahmen des Athena Projects eine plattformübergreifende, einheitliche Umgebung zur Entwicklung grafischer Applikationen zu entwerfen. Zunächst wurde die Entwicklung des X Window Systems nur von den Firmen DEC und IBM finanziell unterstützt.

MIT

Im Januar 1987 schlossen sich 12 namhafte Workstation-Hersteller zum X Consortium zusammen. Ziel dieser Institution sollte es sein, die Weiterentwicklung und Standardisierung des X Window Systems voranzutreiben und die kommerzielle Anwendung zu ermöglichen.

X Consortium

Noch im selben Jahr erschien die Version 11 Release 1. Im Gegensatz zu den früheren Versionen war diese dem Forschungsstadium entwachsen. Sie war zwar nicht kompatibel zur Version 10, bot aber eine weit größere Flexibilität und Performance. Version X11 brachte schließlich den kommerziellen Durchbruch und entwickelte sich schnell zur

X11 R1

163

Standard-Oberfläche für UNIX-Systeme der verschiedensten Hersteller.

8.1 Merkmale

Das X Window System besitzt einige Eigenschaften, die es von herkömmlichen grafischen Oberflächen, wie dem Apple Finder MS-Windows oder MS-Windows, unterscheiden. Die nächsten Abschnitte beschreiben die wichtigsten Konzepte dieses leistungsfähigen Systems.

Offenheit

X11 wurde, im Gegensatz zu den meisten anderen grafischen Oberflächen, von Anfang an als offenes System konzipiert. Das bedeutet, daß keinerlei herstellerspezifische Politik betrieben wird und die kompletten Quelltexte jedermann zur Verfügung stehen.

Hardware-unabhängigkeit X11 erlaubt die komfortable Entwicklung portabler und hardwareunabhängiger Software. Der Programmierer muß sich nicht um die zugrundeliegende Hardware kümmern. Es wird eine Vielzahl von Ein- und Ausgabegeräten unterstützt. Außerdem sind auch Schnittstellen für herstellerspezifische Erweiterungen vorgesehen. Dadurch wird die Einbindung von Spezialhardware ermöglicht.

Die Herstellerunabhängigkeit und nicht zuletzt die sehr hohe Portabilität von X sorgten für eine hohe Akzeptanz im Workstationbereich. Heute gibt es wohl keine Plattform mehr, für die das System nicht verfügbar wäre, egal ob Mainframe oder PC. Von diesem Umstand profitieren natürlich auch die Anwender XFree86-Server von Linux. Der unter Linux gebräuchliche X-Server der XFree86-Distribution zeichnet sich durch eine besonders hohe Performance auf normaler PC-Hardware aus und ist kommerziellen X-Servern durchaus ebenbürtig, in vielen Bereichen sogar überlegen.

Client/Server-Architektur

Das X unterscheidet aufgrund seiner internen Struktur zwischen dem sogenannten X-Server und den X-Clients. Das Server-Programm ist für die Verwaltung der lokalen Hardware wie Bildschirm, Tastatur und Maus verantwortlich und stellt das Bindeglied zwischen dem Benutzer und den einzelnen X-Applikationen, den sogenannten X-Clients, dar.

Auf jeder Workstation läuft im allgemeinen immer nur ein Server, der beliebig viele Clients mit Eingaben versorgt bzw. die vom Client gewünschten Bildschirmausgaben durchführt. Es ist jedoch durchaus möglich, daß ein Server mehrere Bildschirme, die an einer Arbeitsstation angeschlossen sind, verwaltet, was vor allem bei CAD-Systemen zur Anwendung kommt.

X-Server/Client

CAD

X-Protokoll

Die einzige Verbindung zwischen dem Server und den X-Clients stellt das sogenannte X-Protokoll dar. Aufgrund dieses standardisierten Protokolls können die Clients auch auf anderen Rechnern im Netz laufen (Netzwerktransparenz).

Netzwerktransparenz

Man sollte sich bei den Bezeichnungen X-Server und X-Client die Unterschiede zur gewohnten Terminologie klar machen. Normalerweise versteht man unter einem Server eine den Clients hardwaremäßig überlegene Maschine, die die Datenanfragen oder Rechenaufgaben der Clients bearbeitet. Unter dem X Window System ist dies meist gerade umgekehrt: der Server läuft auf einer normalen Arbeitsplatzstation, während der Client auf einer leistungsfähigeren Maschine arbeitet. Oftmals ist diese physikalische Trennung jedoch nicht vorhanden, da sich Server und Client auf der selben Maschine befinden.

Diese Unterscheidung zwischen Client und Server führt zu einigen Konsequenzen, sowohl für den Programmierer als auch für den Anwender. So muß zum Beispiel der Programmierer eine Grafik, die im Client als Bitmap vorliegt, erst über das Netzwerk zum Server übertragen, ehe diese auf dem Display dargestellt werden kann. Bei der Entwicklung von X-Applikationen müssen diese Zusammenhänge beachtet werden, um nicht unnötige

Bitmap

Netzwerkbelastungen und die damit verbundenen Geschwindigkeitseinbußen zu provozieren.

Da ein X-Client mit seinem jeweiligen Server nur relativ lose gekoppelt ist, ergeben sich für den unerfahrenen Anwender gelegentlich einige Überraschungen. Reagiert ein Client beispielsweise aufgrund hoher Netzwerk- oder CPU-Belastungen nicht sofort auf eine Benutzereingabe, so neigen viele Benutzer dazu, die Eingaben zu wiederholen. Da der X-Server jedoch jedes Ereignis aufzeichnet und dies definitiv dem Client schickt, wird die Aktion eventuell mehrfach ausgeführt, was in den seltensten Fällen dem Wunsch des Benutzers entspricht.

Verzögerung

Netzwerktransparenz

Ein wichtiges Merkmal des X Window Systems ist die sogenannte Netzwerktransparenz. Die meisten Workstations im UNIX-Bereich sind in einem Netzwerk miteinander verbunden. X11 ermöglicht es nun, die grafischen Ausgaben einer Applikation auf eine beliebige Workstation im Netz umzulenken. Dieses Feature erlaubt es beispielsweise, rechenintensive Programme auf der jeweils leistungsstärksten CPU laufen zu lassen und die Ein- und Ausgaben auf einer kleineren Arbeitsstation im Netz durchzuführen.

Umlenkung des Displays

Steht eine entsprechend schnelle Netzwerkverbindung zur Verfügung, können die beiden Maschinen durchaus auch tausende von Kilometern voneinander entfernt sein. X11 ist prinzipiell nicht an ein bestimmtes Netzwerkprotokoll gebunden, obwohl es momentan nur TCP/IP und DECnet unterstützt.

TCP/IP, DECnet

Erstaunlicherweise führt die Netzwerktransparenz im Vergleich zu herkömmlichen Grafiksystemen kaum zu Geschwindigkeitseinbußen. Da es darüber hinaus möglich ist, lokale Applikationen und Programme von verschiedenen im Netz befindlichen Maschinen auf einem Display darzustellen, stellt das X Window System eine ideale Integrationsbasis für alle möglichen Anwendungsbereiche dar.

Integration

8.2   Aufbau

Der Aufbau des X Window Systems kann in mehrere Schichten aufgeteilt werden. Der Anwender kommt mit dieser Schichtung im allgemeinen nicht in Berührung. Dennoch dürfte ihre Kenntnis zur Klärung einiger Phänomene beitragen, die auch im Alltag eines Anwenders auftreten.

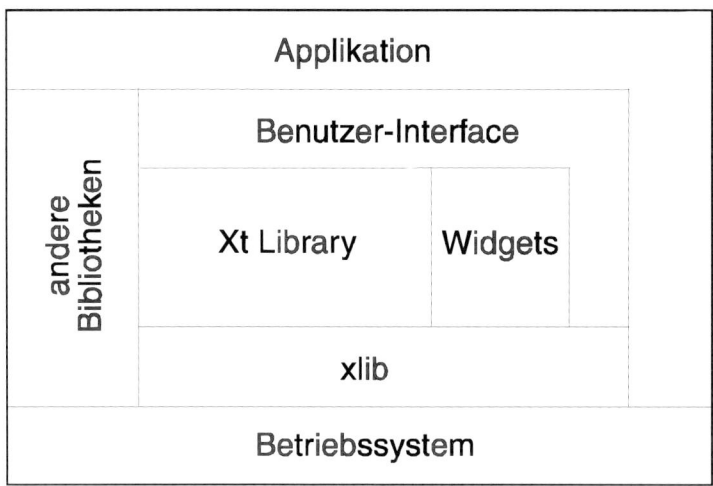

Abbildung 8.1 Aufbau einer X11-Applikation

Die Basis des X Window Systems stellt eine äußerst umfangreiche Grafikbibliothek mit einer standardisierten C-Schnittstelle names *Xlib* dar. Jeder Aufruf einer Xlib-Routine wird in einen entsprechend kodierten Datenstrom umgesetzt, der dann über ein Netzwerk übertragen (X11-Protokollebene) und auf einer anderen Workstation interpretiert werden kann. Dies garantiert auch die problemlose Kommunikation zwischen Workstations unterschiedlicher Hersteller.

Protokollebene

X11 erlaubt keinerlei direkte Zugriffe auf die Videohardware und stellt auch keine Möglichkeit zur Verfügung, diese standardisierte Schnittstelle zu umgehen.

Videohardware

Intrinsics

Da die Xlib nur rudimentäre Grafikoperationen, wie z.B. das Zeichnen von Linien und Kreisen oder das Füllen von Flächen, erlaubt, wurden höhere Schichten eingeführt. Das MIT hat mit

X-Toolkit dem sogenannten *X-Toolkit* einen ausgereiften Vorschlag zur Implementierung solcher Bibliotheken gemacht. Für die Gestaltung von grafischen Oberflächen werden meist Objekte auf der Toolkit-Ebene benutzt. Werden in einer Anwendung jedoch zusätzlich primitive grafische Ausgabeoperationen benötigt, so werden diese über direkte Xlib-Aufrufe realisiert.

Xt-Library Die X-Toolkit-Intrinsics-Library erlaubt die Entwicklung und Verwendung komplexer grafischer Objekte wie Buttons, Texteingabefelder oder Auswahlmenüs. Diese Objekte werden im

Widgets allgemeinen *Widgets* genannt.

Das grafische Erscheinungsbild und die Bedienung (Look and

Look and Feel Feel) solcher Objekte werden durch die Intrinsics-Bibliothek jedoch nicht näher festgelegt. Es war ein Design-Ziel von X11, die grafische Gestaltung der darauf aufbauenden Applikationen nicht vorzuschreiben, sondern nur definierte Schnittstellen zur Implementierung und Anwendung solcher Widget-Sets zur Verfügung zu stellen. Daher wurden im Laufe der Zeit von verschiedener Seite derartige Widget-Bibliotheken mit zum Teil erheblichen Unterschieden in Aussehen und Bedienung geschaffen.

Den Anwender dürfte diese Vielfalt allerdings eher verwirrt haben. Jüngste Entwicklungen zeigen jedoch, daß sich die

OSF/Motif meisten Hersteller auf das Motif-Widget-Set der Open Software Foundation als de-facto-Standard geeinigt haben und somit in Zukunft wahrscheinlich ein einheitliches Konzept für grafische Benutzeroberflächen unter X11 zur Verfügung stehen wird.

8.3   X-Resources

Die Entwickler des X Window Systems haben beim Design eine ungewöhnlich flexibel gestaltete Schnittstelle zur Konfiguration verschiedener Parameter des Systems geschaffen. Grundlage dafür ist der objektorientierte Ansatz des X-Toolkits bzw. der darauf aufbauenden Widget-Sets.

Widgetattribute

Jedes dieser Widgets verfügt über eine Anzahl bestimmter Attribute, wie Position, Größe, Form oder Farbe. Diese Merkmale können sowohl vom Programmierer als auch später vom Anwender beeinflußt werden.

Jedes grafische Objekt besitzt zunächst eine interne Standard-einstellung, die von den Widget-Entwicklern festgelegt wurde. Der Programmierer einer X-Applikation ändert diese im allgemeinen nur in dem Maße, wie es für die jeweiligen Bedürfnisse notwendig ist.

Standardeinstellung

Resource-Dateien

Beim Start einer X-Applikation lädt der Resource-Manager eventuell neue Daten aus den X-Resource-Dateien, deren Inhalt und Suchpfad vom Anwender in mehreren Stufen modifiziert werden kann.

Resource-Manager

8.4   Window-Manager

Einen besonderen Client stellt der sogenannte Window-Manager dar. Auch er existiert meist nur einmal pro Arbeitsplatz und hat die Aufgabe, die unterschiedlichen Fenster eines Displays zu verwalten. Er erlaubt die Beeinflussung von Position und Größe eines Fensters durch den Benutzer. Außerdem ist er für die sogenannte Fensterdekoration zuständig. Als Dekoration wird der Randbereich eines Fensters mit seinen verschiedenen Bedienungselementen bezeichnet. Für den Fensterinhalt ist selbstverständlich der entsprechende X-Client verantwortlich.

Fensterdekoration

Auch für den Window-Manager gilt, daß weder das Erscheinungsbild noch die Art der Bedienung von X vorgeschrieben wird.

Um dennoch die problemlose Kommunikation zwischen dem jeweiligen Window-Manager und den unter seiner Kontrolle ablaufenden Clients zu gewährleisten, wurden vom X Consortium die sogenannten ICCC (Inter Client Communications Conventions) verabschiedet.

ICCC

Dem Anwender stehen inzwischen viele unterschiedliche Window-Manager zur Verfügung, die jeweils ihre Vor- und Nachteile besitzen. Die Standard X-Distribution enthält beispielsweise den twm (Tab-Window-Manager), der jedoch keinen hohen Bedienungskomfort bietet. Von der Open Software Foundation (OSF) stammt der Motif-Window-Manager (mwm), der von seinem Erscheinungsbild zum zugehörigen Motif-Widget-Set paßt. Der von Sun Microsystems entwickelte OpenLook-Window-Manager (olwm) steht im Quelltext kostenlos zur Verfügung und wurde von dritter Seite zum sogenannten OpenLook-Virtual-Window-Manager (olvwm) erweitert. Er stellt nahezu beliebig viele virtuelle Bildschirme zur Verfügung, zwischen denen über den Desktop-Manager umgeschaltet werden kann.

twm, mwm, olvwm

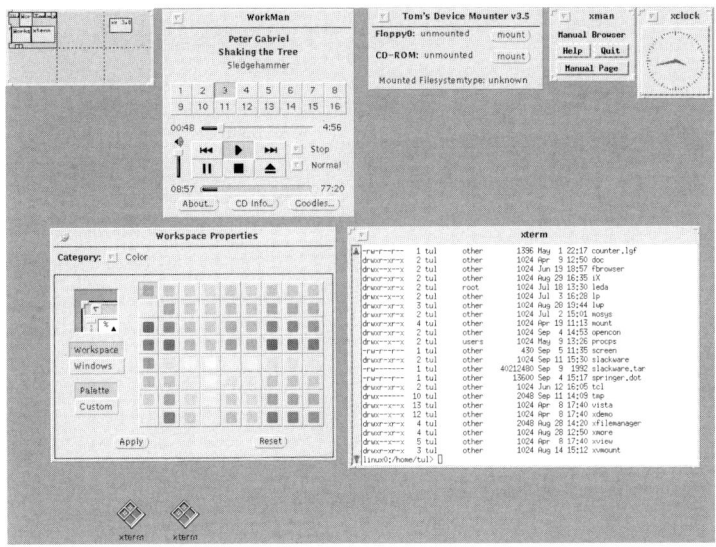

Abbildung 8.2 olvwm-Window-Manager

Die meisten Linux-Distributionen favorisieren mittlerweile allerdings den `fvwm` von Robert Nation. Auch dieser Window-Manager basiert auf dem `twm`, benötigt jedoch erheblich weniger Hauptspeicher als das Original. `fvwm` erlaubt über eine Konfigurationsdatei (`.fvwmrc`) eine weitgehende Beeinflussung des Erscheinungsbildes und die Einstellung zahlreicher Parameter. Auf diese Weise läßt sich der Look und das Verhalten weitgehend dem `mwm` oder dem Window-Manager von Silicon Graphics nachempfinden.

`fvwm`

171

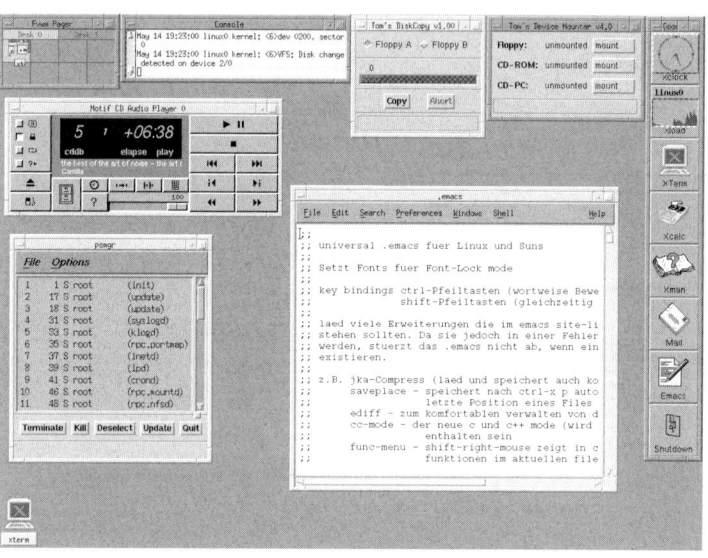

Abbildung 8.3 fvwm-Window-Manager

virtueller Desktop   Über einen virtuellen Desktop lassen sich mehrere Bildschirme, ähnlich wie beim olvwm, verwalten.

Besonders erwähnenswert ist die Möglichkeit, externe Module einzubinden, die mit dem Window-Manager über eine definierte Schnittstelle kommunizieren können. Ein Beispiel für ein GoodStuff   derartiges Modul ist *GoodStuff*, eine Iconleiste, in der die am häufigsten benötigten Applikationen in übersichtlicher Form auf dem Desktop abgelegt und per Mausklick gestartet werden können. Ein anderes Modul (FvwmAudio) erlaubt die Kopplung von Sounds an bestimmte Benutzeraktionen, wie das Öffnen oder Schließen eines Fensters.

gwm   Darüber hinaus gibt es den Generic Window-Manager (gwm), dessen Look and Feel der Benutzer mit einem eingebauten Lisp-Interpreter an verschiedene Standards (OpenLook und Motif) anpassen kann.

ctwm   Auch ctwm hat seinen Ursprung im twm, bietet jedoch ein ansprechenderes Erscheinungsbild und ist besser konfigurierbar.

8.5 Toolkits

Der nachfolgende Abschnitt stellt die wichtigsten Bibliotheken (Toolkits) zur Erstellung grafischer Benutzeroberflächen unter X11 vor.

Athena-Widget-Set

Das Standard-Widget-Set des X Window Sytems ist das sogenannte *Athena-Widget-Set*. Es war das erste verfügbare Widget-Set für X und liegt der MIT-Distribution bei. Viele der   MIT
frühen X-Applikationen benutzten die Athena-Widgets. Auch heute werden diese noch von vielen Freeware-Programmen benutzt.

Leider wirkt das Look and Feel einiger Elemente etwas antiquiert, so daß die meisten kommerziellen Anwendungen inzwischen an modernere Toolkits angepaßt wurden. Dies war aufgrund der Ähnlichkeiten zwischen Intrinsics-basierten   Intrinsics
Toolkits wohl kein größeres Problem.

Doch auch die Form und Art der Darstellung der Athena-Widgets hat in jüngster Zeit eine Aufbesserung erfahren. Da auch diese Quelltexte frei verfügbar sind, war es möglich, die Zeichenroutinen auszutauschen. Die Modifikationen führten zu einem Motif-ähnlichen 3D-Erscheinungsbild. Interessanterweise   libXaw3D
kann bei Linux die alte Shared-Library (`libXaw`) einfach gegen die neue (`libXaw3D`) ausgetauscht werden.

OpenLook

OpenLook stellt zunächst nur eine detaillierte Spezifikation des Look and Feels für grafische Benutzeroberflächen dar und wurde nach mehrjähriger Entwicklung von AT&T und Sun   AT&T, Sun
Microsystems verabschiedet. Ziel war es, einen Standard für Benutzerschnittstellen unter X11 zu schaffen.

Sun entwickelte auf der Basis der OpenLook-Spezifikation ein zu   XView
ihrem bisherigen Grafiksystem SunView nahezu kompatibles Toolkit für X11 (XView). Dieses wurde der Release 4 der MIT-Distribution von X11 beigelegt und ist somit frei verfügbar. Sun

173

benutzte dieses Toolkit, das leider direkt auf der Xlib aufsetzt und somit kein Widget-Set im eigentlichen Sinne darstellt, um eine Reihe von Standardanwendungen zu implementieren, die mit jeder Sun Workstation ausgeliefert werden (OpenWindows Deskset).

AT&T versuchte, durch die Auslieferung dieser Oberfläche mit den UNIX System V Systemen für eine weite Verbreitung zu sorgen. Als Alternative zu XView wurde, in erster Linie von AT&T, ein X-Toolkit basierendes Widget-Set entwickelt, das ebenfalls den OpenLook-Spezifikationen entspricht.

System V *(Randnotiz)*

OSF/Motif

Um die Entwicklungen neuer Technologien und Standards vor allem für UNIX-Systeme voranzutreiben, schlossen sich die meisten namhaften UNIX-Hersteller (außer Sun und AT&T) zur OSF (Open Software Foundation) zusammen. Darunter finden sich Firmen wie Hewlett Packard, IBM und DEC.

OSF, HP *(Randnotiz)*

Auch diese Gruppe erkannte den Mangel an einer einheitlichen Benutzerschnittstelle für X11 und gab die Entwicklung von OSF/Motif in Auftrag. Vor allem die Firmen DEC und HP waren maßgeblich am Design und der Implementierung beteiligt. Innerhalb weniger Monate entstand ein dem Erscheinungsbild gängiger Oberflächen im PC-Bereich angepaßtes User-Interface. Hauptkomponenten waren der Motif-Window-Manger (mwm) und das auf den X-Intrinsics basierende Motif-Widget-Set.

mwm *(Randnotiz)*

Außerdem wurde eine formale Sprache geschaffen, die die einfache Beschreibung Motif-basierter grafischer Benutzeroberflächen ermöglicht, die sogenannte *User Interface Language* (UIL). Diese Beschreibung kann mit Hilfe eines speziellen Compilers in ein binäres Format überführt und mit Hilfe einer Bibliothek interpretiert werden.

UIL *(Randnotiz)*

Von zahlreichen Drittanbietern stehen inzwischen Programme zur interaktiven Erstellung von Motif-Oberflächen zur Verfügung.

Aufgrund der großen Anzahl der an der OSF beteiligten Firmen entwickelte sich Motif nach einiger Zeit zum de-facto-Standard in der UNIX-Welt.

de-facto-Standard *(Randnotiz)*

Die OpenLook-Entwickler Sun und AT&T (heute UNIX System
Laboratories bzw. Novell) schlossen sich im Frühjahr 1993 in der
COSE-Initiative dem Motif-Interface an. Somit dürfte OpenLook, COSE
zumindest was den kommerziellen Bereich angeht, wohl der
Vergangenheit angehören. Zentrales Ziel von COSE ist die
Standardisierung der Motif-basierten Desktop-Umgebung CDE
(Common Desktop Environment).

Da die OSF den Quelltext von Motif nicht kostenlos verfügbar OSF/Motif 2.0
macht, müssen für jede Laufzeit-Lizenz Gebühren abgeführt
werden. Aus diesem Grund stand Motif auch nicht von Anfang an
für Linux zur Verfügung. Mittlerweile sind jedoch kommerzielle
Linux-Versionen von OSF/Motif, einschließlich der Version 2.0,
zu einem günstigen Preis lieferbar.

Hochschulen können die Quelltexte direkt bei der OSF erwerben
und auf ihren Workstations übersetzen. Dies wurde auch von
verschiedenster Seite auf Linux-Systemen durchgeführt.

SUIT

SUIT (Simple User Interface Toolkit) wurde an der University of University of Virginia
Virginia entwickelt. Im Gegensatz zu den meisten X-Toolkits
steht dieses auch unter anderen gängigen grafischen Benutzeroberflächen, wie MS-Windows oder dem Finder des Apple
Macintosh, zur Verfügung.

Mit Hilfe von SUIT ist es möglich, zwischen diesen Systemen
portable Applikationen zu entwerfen. Das Look and Feel ist stark
an OSF/Motif angelehnt, was die Akzeptanz beim Benutzer
erhöhen dürfte.

Ein besonderes Merkmal dieser Bibliothek ist der integrierte Interface-Editor
Interface-Editor. Dem Benutzer wird damit die einfache
interaktive Manipulation der Oberfläche ermöglicht. Er kann die
Objekte beispielsweise in Position und Form modifizieren, ohne
daß eine Neuübersetzung notwendig wäre. Alle Änderungen
werden beim Verlassen der Applikation automatisch in eine Datei
gesichert.

Interviews/Fresco

Bei Interviews handelt es sich um eine umfangreiche grafische Umgebung, die an der Stanford University entworfen wurde. Im Gegensatz zum X-Toolkit bzw. den zughörigen Widget-Sets *C++-Toolkit* verfügt InterViews über eine C++-Schnittstelle und folgt damit objektorientierten Konzepten. Das Interviews-System stellt neben einer Grafikbibliothek einen interaktiven Interface-Editor (`ibuild`), einen Texteditor mit WYSIWYG-Darstellung (`doc`), einen C++ Class-Browser (`iclass`) und ein leistungsfähiges, vektororientiertes Grafikprogramm (`idraw`) zur Verfügung. Aufgrund des recht großen Overheads stellt InterViews nicht unerhebliche Anforderungen an die Hardware.

Fresco Mit Version 6 von X11 wurde das neue Toolkit *Fresco* ausgeliefert, das eine Weiterentwicklung von Interviews darstellt. Fresco ermöglicht die Einbindung grafischer Objekte aus anderen Programmen (Embedding), die auf beliebigen Rechnern im Netz laufen können. Die Beschreibung der Oberfläche *CORBA, IDL* geschieht über eine CORBA-konforme Sprache (IDL).

XView/Slingshot/UIT

XView ist ein unabhängiges Toolkit, das nicht auf den Xt-Intrinsics aufsetzt. Es stammt von der Firma Sun und ist mit der Release 4 des X Window Systems ausgeliefert worden. Die *SunView* Programmierschnittstelle ist stark an das inzwischen veraltete SunView angelehnt. SunView war eine nicht netzwerktransparente, eng mit dem Kernel verbundene grafische Oberfläche der frühen Sun Workstations. XView implementiert das bereits erwähnte Look and Feel von OpenLook und ist, aufgrund des objektorientierten Ansatzes und der übersichtlichen Struktur, relativ einfach zu programmieren.

XView Um die Möglichkeiten von XView auszubauen, wurden von einem Mitarbeiter von Sun England die sogenannten *Slingshot-Extensions* entwickelt. Dieses Paket bietet zahlreiche neue grafische Objekte, die sich harmonisch in das Basissystem eingliedern. Slingshot erweitert den objektorientierten Ansatz um rudimentäre grafische Figuren wie Linien oder Rechtecke. Auch die Programmierung der in OpenLook relativ ausgereiften Drag & Drop Funktionalität wird durch die Slingshot-Extensions vereinfacht.

Um XView (und Slingshot) an die neuen Entwicklungen im Bereich der Programmiersprachen anzupassen, wurde, ebenfalls von einem Sun Mitarbeiter, eine C++ Klassenhierarchie (UIC) entworfen. Diese erlaubt die Benutzung aller XView-Objekte und vereinfacht den Umgang mit diesen. Leider ist die Integration der Funktionen in abgeleitete C++-Klassen nicht ganz unproblematisch.

Slingshot

UIC

8.6   X11-Server

Ein zentraler Bestandteil jedes Linux-Systems ist der X-Server des *XFree86*-Projekts. XFree86 ist eine Non-Profit-Organisation, die sich haupsächlich um die Weiterentwicklung von X-Servern für Intel-basierte Rechner kümmert.

XFree86-Projekt

Der XFree86-Server wurde speziell an die im PC-Bereich üblichen Grafikkarten angepaßt und besitzt eine beachtliche Performance, die teilweise über das hinausgeht, was man von einer RISC-Workstation erwarten kann. Der Super-VGA-Server (`XF86_SVGA`) unterstützt alle gängigen VGA-Grafikkarten in allen möglichen Auflösungen und Bildwiederholfrequenzen. Mit speziellen Servern, die die Möglichkeiten moderner Beschleunigerkarten (Mach, S3) ausnutzen, lassen sich jedoch erheblich bessere Ergebnisse erzielen.

XF86-Server

Wenn die Performace des XFree86-Servers allerdings noch immer nicht ausreicht, oder aber 24-Bit-Untertstützung nötig ist, kann auf das kommerzielle *Accelerated X* der Firma *X Inside* zurückgegriffen werden.

X Inside

8.7   Linux als X-Terminal

Ein unter Linux und XFree86 laufender PC eignet sich hervorragend als X-Terminal. Dies ist vor allem dann interessant, wenn teure Softwarepakete auf einer Workstation zur Verfügung stehen, die dezentral genutzt werden sollen.

PC als X-Server

Heute sind auch zahlreiche X-Server erhältlich, die unter MS-Windows laufen. Deren Performance ist jedoch meist erheblich geringer als die des XFree86 Servers, da die X-Protokollbefehle auf die relativ langsamen MS-Windows-Aufrufe umgesetzt werden müssen.

Um sich von diesen Möglichkeiten ein genaueres Bild machen zu können, soll im folgenden ein Beispiel für eine derartige Anwendung gezeigt werden.

Auf einer Sun Workstation (sun) in einem Netzwerk (siehe Abbildung 9.3, Seite 215) steht beispielsweise ein leistungsfähiges Grafikprogramm zur Verfügung, das von einem Linux-Arbeitsplatz (zeus) aus benutzt werden soll. Zunächst muß der externe Zugriff auf den eigenen X-Server zugelassen werden. Dazu dient das Kommando xhost. Die Zugriffsberechtigung kann für jede Maschine getrennt definiert werden. Im allgemeinen genügt jedoch die folgende Eingabe:

xhost

```
zeus:/home/strobel>xhost +
access control disabled, clients can connect from any host
zeus:/home/strobel>
```

telnet

Anschließend loggt sich der Linux-Anwender über telnet oder rlogin auf dem Rechner sun ein.

```
zeus:/home/strobel>
zeus:/home/strobel>telnet sun
Trying 141.7.1.20...
Connected to sun.
Escape character is '^]'.


SunOS UNIX (sun)
login: strobel
Password:
Last login: Mon Aug 30 09:59:51 from zeus
SunOS Release 4.1.2 (NEWKERN) #1: Wed Dec 23 11:02:57 MET 1992
sun:/home/strobel>
sun:/home/strobel> setenv DISPLAY zeus:0.0
```

DISPLAY

Nun wird die sogenannte DISPLAY-Environment-Variable gesetzt, damit die X-Library alle grafischen Ausgaben auf die Linux-Maschine umlenkt. Dies geschieht bei einer C-Shell, wie im obigen Beispiel gezeigt, mit dem Befehl setenv, in einer Bourne-Shell mit

```
sun:/home/strobel> export DISPLAY zeus:0.0
```

Wird nun auf sun ein X-Client gestartet, so erscheinen alle
Fenster nicht auf dieser Maschine, sondern auf dem Display des
Linux-Rechners (zeus). Auf diese Weise können auch mehrere
Applikationen von verschiedenen Workstations auf ein Display
ausgegeben und von einem Rechner aus bedient werden. Unter
Linux kann das Setzen der DISPLAY-Variable unterbleiben, da
dies automatisch vom telnetd durchgeführt wird.

Alternativ kann der Start einer X-Applikation auf einem anderen
Rechner auch über das rsh-Kommando erfolgen. Dazu muß   rsh
bekanntlich ein entsprechender .rhosts-Eintrag auf der
entsprechenden Maschine existieren. Nähere Infomationen
darüber finden sich auf Seite 268. Die folgende Anweisung startet
auf sun die Applikation xterm und lenkt deren Ausgabe auf   xterm
zeus um. Die Option -display wird von allen X11-
Applikationen unterstützt.

```
zeus:/home/strobel> rsh sun "xterm -display zeus:0.0"
```

Um die Umlenkung einer Remote-Applikation zu vereinfachen,
bietet es sich an, einen entsprechenden Eintrag im einem Popup-   Popup-Menü
Menü des Window-Managers vorzusehen.

8.8 X11-Konfiguration

Die Installation des X Window Systems unter Linux besteht
normalerweise nur aus dem Entpacken der Programme und
Dateien aus den verschiedenen tar-Archiven. Bei den meisten   tar-Archiv
Paketen geschieht dies schon während der Installation des
Betriebssystems und stellt so keinerlei Problem dar.

Anders verhält es sich bei der Konfiguration, bei der der X-Server
auf die verwendete Video-Karte und den Monitor abgestimmt
werden muß. Dies geschieht durch Modifikation der zentralen   XF86Config
Konfigurationsdatei XF86Config, die im Verzeichnis /etc oder
/usr/lib/X11 steht.

Die Konfigurationsdatei XF86Config

Diese Datei ist in verschiedene Sections gegliedert. Im folgenden werden die Sections zunächst aufgelistet und danach die wichtigsten Bereiche im Detail erläutert.

- **Files** - Hier werden die vom X-Server benötigten Pfade definiert. Dabei handelt es sich um die Pfade der RGB-Farbtabelle und der Font-Verzeichnisse.
- **ServerFlags** - In dieser Section werden allgemeine Flags des Servers festgelegt. Dazu gehört zum Beispiel, ob man den Server mit **<Ctrl-Alt Backspace>** beenden kann und wie der Server auf UNIX-Signale reagieren soll.
- **Keyboard** - Definiert die angeschlossene Tastatur und die Funktion spezieller Modifier- Tasten.
- **Pointer** - Hier erfolgt die Anpassung des Maustreibers. Dazu werden der Typ der Maus und die verwendete Schnittstelle angegeben.
- **Monitor** - Legt die Grenzwerte und Timing-Daten der Monitore fest.
- **Device** - Diese Sections beschreiben Video-Karten.
- **Screen** - Hier werden Monitor, Definitionen und Video-Karten einem X-Server zugeordnet.

Die Section Files

Die Einstellungen für die RGB-Tabelle und die Font-Pfade sind bei den Installationspaketen meist schon korrekt vorgenommen. Die Font-Pfade können in einzelnen Zeilen oder in einer Zeile Font-Server durch Kommas getrennt angegeben werden. Font-Server werden in der Form Transport/Hostname:Portnummer, also beispielsweise `tcp/zeus:7100` spezifiziert. Das folgende Beispiel zeigt eine File-Section :

```
Section "Files"
RgbPath      "/usr/X11R6/lib/X11/rgb"
# Beispiel für Font-Server Einträge :
#    FontPath    "tcp/127.0.0.1:7100"
#    FontPath    "tcp/font.server.de:7100"

    FontPath     "/usr/lib/X11/fonts/misc/"
    FontPath     "/usr/lib/X11/fonts/Type1/"
    FontPath     "/usr/lib/X11/fonts/Speedo/"
    FontPath     "/usr/lib/X11/fonts/75dpi/"
    FontPath     "/usr/lib/X11/fonts/100dpi/"

EndSection
```

Die Section ServerFlags

Hier gibt es nur zwei Optionen. NoTrapSignal ist nur für
Debug-Zwecke interessant und mit DontZap kann verhindert   Debugging
werden, daß man den Server mit **<Strg-Alt-Backspace>** beenden
kann:

```
Section "ServerFlags"
# Wird Die folgende Option aktiviert, so dumpt der X-Server
# ein Core-File, wenn er ein Signal empfängt.
#    NoTrapSignals

# Beim Aktivieren der folgenden Option wird Die
# Sequenz <Crtl><Alt><BS> zum Beenden des Servers
# unterbunden.

DontZap
EndSection
```

Die Section Keyboard

Hier wird der Tastaturtreiber eingestellt. Als Protokoll sollte
grundsätzlich Standard verwendet werden. Zu beachten ist
außerdem, daß die rechte **<Alt>** Taste (**<AltGr>**) zu ModeShift
definiert werden muß, damit die Sonderzeichen der deutschen   Sonderzeichen
Tastatur wie "@" und "|" über diese Taste angesprochen werden
können. In vielen Beispieldateien wird hier von einer
amerikanischen Tastaturbelegung ausgegangen und die **<AltGr>**
Taste als Compose-Taste verwendet.

```
Section "Keyboard"
Protocol    "Standard"
# Verzögerung und Wiederholrate für Auto-Repeat
AutoRepeat   500 5
# Numlock sollte vom Server verarbeitet werden
ServerNumLock
# Welche LEDs können vom Benutzer (z.B. mit xset)
# beeinflusst werden

#     Xleds       1 2 3
# Funktion der Modifier-Tasten
    LeftAlt      Meta
    RightAlt     ModeShift
    RightCtl     Compose
#    ScrollLock  ModeLock


# Umschalten der Konsolen mit SysReq (wird bei Linux
# normalerweise nicht verwendet)
#    VTSysReq

# Kommando, das nach dem öffnen des virtuellen Terminals
# aufzurufen ist:

#    VTInit "command"
EndSection
```

Die Section Pointer

Für den Maustreiber reicht normalerweise die Angabe des Maus-Typs und der verwendeten Schnittstelle. Meist wird für die Schnittstelle bei der Installation ein Link als `/dev/mouse` angelegt, der hier verwendet werden kann.

Maus

```
Section "Pointer"
# Es muß eines der folgenden Maus-Protokolle ausgewählt werden.
# Dies entspricht unter Umständen nicht dem Namen der Maus.
# Die Meisten No-Name Mäuse und viele Logitech-Mäuse
# verwenden das Microsoft Protokoll.
#    Protocol    "Microsoft"
# Alle normalen Busmäuse
#    Protocol    "BusMouse"
# Viele neuen seriellen Logitech Mäuse verwenden das folgende
# (siehe auch ChordMiddle) :
#    Protocol    "Mouseman"
# Ältere Logitech Mäuse :
#    Protocol    "Logitech"
# andere Mäuse :
#    Protocol    "MouseSystems"
#    Protocol    "MMSeries"
#    Protocol    "PS/2"
#    Protocol    "MMHitTab"

# Die folgenden sollten unter Linux verwendet werden :
#    Protocol    "Xqueue"
#    Protocol    "OSMouse"

Protocol    "microsoft"

# Schnittstelle der Maus :
Device      "/dev/mouse"
# Baudrate und SampleRate - nur für manche Logitech Mäuse nötig
#    BaudRate    9600
#    SampleRate  150
```

```
# Emulation einer 3 Button Maus, die 3. Maustaste
# wird durch gleichzeitiges Drücken der linken und rechten
# Maustaste simuliert.
#    Emulate3Buttons

# ChordMiddle ist eine Option für manche 3-Button Logitech
# und Mouseman Mäuse.
#    ChordMiddle

# Setzt die DTR Leitung des seriellen Maus-Ports auf 0.
# Diese Option wird für manche MouseSystems Mäuse
# benötigt. Manche Mäuse benötigen eventuell auch
# die ClearRTS Option, die RTS auf 0 setzt.
#    ClearDTR
#    ClearRTS


EndSection
```

Die Section Monitor

Diese Section kann mehrfach verwendet werden. Sie legt die Grenzwerte und Timing-Daten eines Monitors fest. Jeder Monitor bekommt dabei einen Identifier, mit dem er später referenziert werden kann. Als Grenzwerte werden die maximale horizontale und vertikale Ablenkfrequenz sowie die Bandbreite angegeben.

Bandbreite

Diese Daten findet man in den technischen Unterlagen des Monitors. Sofern nichts anderes angegeben ist, wird die Bandbreite in Mhz, der Bereich der horizontalen Ablenkfrequenz in kHz und der Bereich der Vertikalen Frequenz in Hz angegeben. Die Spezifikation dieser Werte in der Konfiguration dient dem Schutz des Monitors. Der Server prüft beim Starten, ob ein angegebener Mode die Grenzwerte des Monitors überschreitet und verwirft ihn, falls dies der Fall ist.

Ablenkfrequenz

Nach den technischen Daten des Monitors werden verschiedene Videomodi aufgelistet, die speziell an den jeweiligen Monitor angepaßt sind. Ihre Definition wird in einem der folgenden Abschnitte ausführlich diskutiert.

Videomodi

```
Section "Monitor"
Identifier  "VESA Generic Monitor"
VendorName  "Unknown"
    ModelName    "Unknown"
    BandWidth   300
    HorizSync    23-38
VertRefresh 50-60
# 640x480@60Hz Non-Interlaced mode
# Horizontal Sync = 31.5kHz
ModeLine "640x480" 25 640 664 760 800 480 491 493 525
# 640x480@64Hz Non-Interlaced mode
# Horizontal Sync = 33.7kHz
#ModeLine "640x480" 28 640 664 704 832 480 489 492 525
# VESA 640x480@72Hz Non-Interlaced mode
# Horizontal Sync = 37.9kHz
#ModeLine "640x480" 31.5 640 664 704 832 480 489 492 520
# VESA 800x600@56Hz Non-Interlaced mode
# Horizontal Sync = 35.1kHz
ModeLine "800x600" 36 800 824 896 1024 600 601 603 625
# VESA 800x600@60Hz Non-Interlaced mode
# Horizontal Sync = 37.9kHz
ModeLine "800x600" 40 800 840 968 1056 600 601 605 628
# VESA 800x600@72Hz Non-Interlaced mode
# Horizontal Sync = 48kHz
#ModeLine "800x600" 50 800 856 976 1040 600 637 643 666
# VESA 1024x768@60Hz Non-Interlaced mode
# Horizontal Sync = 48.4kHz
#ModeLine "1024x768" 65 1024 1032 1176 1344 768 771 777 806
# 1024x768@42.6Hz, Interlaced mode
# Horizontal Sync = 34.8kHz
ModeLine "1024x768" 44 1024 1040 1216 1264 768 777 785 817 Interlace
# 1024x768@43.5Hz, Interlaced mode (8514/A standard)
# Horizontal Sync = 35.5kHz
ModeLine "1024x768" 45 1024 1040 1216 1264 768 777 785 817 Interlace
# VESA 1024x768@70Hz Non-Interlaced mode
# Horizontal Sync=56.5kHz
#ModeLine "1024x768" 75 1024 1048 1184 1328 768 771 777 806
# 1024x768@76Hz Non-Interlaced mode
# Horizontal Sync=62.5kHz
#ModeLine "1024x768" 85 1024 1032 1152 1360 768 784 787 823
# 1152x900@60.14Hz, Non-Interlaced mode
# Horizontal Sync=57.4kHz

##ModeLine "1152x900" 85 1152 1192 1384 1480 900 905 923 955
# 1152x900@48.5Hz, Interlaced mode
# Horizontal Sync=45.6kHz
##ModeLine "1152x900" 62 1152 1184 1288 1360 900 898 929 939 Interlace
# 1152x900@48.5Hz, Non-Interlaced mode
# Horizontal Sync=76.1kHz
#ModeLine "1152x900" 110 1152 1284 1416 1536 900 902 905 941
# 1280x1024@44Hz, Interlaced mode
# Horizontal Sync=51kHz
##ModeLine "1280x1024" 80 1280 1296 1512 1568 1024 1025 1037 1165 Interlace
# 1280x1024@61Hz, Non-Interlaced mode
# Horizontal Sync=64.25kHz
##ModeLine "1280x1024" 110 1280 1328 1512 1712 1024 1025 1028 1054
# 1280x1024@70Hz, Non-Interlaced mode
# Horizontal Sync=74.4kHz
#ModeLine "1280x1024" 125 1280 1296 1552 1680 1024 1024 1032 1062
# 1280x1024@74Hz, Non-Interlaced mode
# Horizontal Sync=78.85kHz
#ModeLine "1280x1024" 135 1280 1312 1456 1712 1024 1027 1030 1064
EndSection
Section "Monitor"
Identifier "EIZO FlexScan T660"
VendorName "EIZO"
ModelName "FlexScan T660i-T/TCO"
    BandWidth    135.0
    HorizSync    30.0-82.0
VertRefresh 55.0-90.0
ModeLine "1024x768" 80 1024 1088 1152 1280 768 770 772 778
ModeLine "1280x1024" 135 1280 1328 1408 1688 1024 1025 1026 1060
ModeLine "1536x1152" 168 1536 1616 1760 2048 1152 1154 1158 1188
EndSection
```

Die Section Device

Grafikkarte In dieser Section werden die verfügbaren Grafikkarten spezifiziert. Sie kann ebenfalls mehrfach vorkommen. Für viele

Karten müssen weder der Chipsatz noch die Pixeltaktfrequenzen (clocks) angegeben werden, da der Server diese Daten beim Start selbst herausfindet. Für kompliziertere Karten ist dies jedoch nötig.

```
Section "Device"
Identifier  "Generic VGA 16 Color"
#Server     "XF86_VGA16"
VendorName  "GENERIC"
BoardName   "GENERIC"
EndSection
Section "Device"
Identifier  "Generic SVGA"
#Server     "XF86_SVGA"
VendorName  "GENERIC"
    BoardName   "GENERIC"
    VideoRam    1024
EndSection
Section "Device"
Identifier  "Generic SVGA, VideoRam limited to 1MB"
#Server     "XF86_SVGA"
VendorName  "GENERIC"
    BoardName   "GENERIC"
    VideoRam    1024
EndSection
Section "Device"
Identifier "Sigma Legend ET-4000"
#Server     "XF86_SVGA"
VendorName "Sigma"
BoardName "Sigma Legend ET-4000"
Option "legend"
EndSection
#From: koenig@tat.physik.uni-tuebingen.de (Harald Koenig)
#Date: Sun, 25 Sep 1994 18:55:42 +0100 (MET)
Section "Device"
Identifier "Miro 10SD GENDAC"
#Server     "XF86_S3"
VendorName "MIRO"
BoardName "10SD GENDAC"
#    Clocks  25.255 28.311 31.500  0     40.025 64.982 74.844
#    Clocks  25.255 28.311 31.500 36.093 40.025 64.982 74.844
    ClockChip "s3gendac"
    RamDac    "s3gendac"
EndSection
```

Manchmal ist es sinnvoll, die Pixeltaktfrequenzen anzugeben, auch wenn der Server sie selbst ermitteln kann, da die ermittelten Zahlenwerte als Bezeichner verwendet werden. Auf diese Bezeichner beziehen sich die Definitionen der Videomodi in den Modelines bei den Monitor-Definitionen. Falls nun bei der Ermittlung der verfügbaren Pixeltaktfrequenzen Schwankungen auftreten und ein Quarz zum Beispiel anstelle von 49.5 als 50 erkannt wird, so kann es vorkommen, daß der X-Server beim Starten den verwendeten Pixeltakt eines Videomodus nicht identifiziert und mit einer Fehlermeldung abbricht.

Pixeltakt

Hinzu kommt, daß die Ermittlung der Pixeltaktfrequenzen durch den Server bei mancher Hardware Probleme verursachen kann.

Durch die Angabe der Frequenzen bei der Kartendefinition wird diese automatische Ermittlung unterbunden.

Ermitteln der Pixeltakt-
frequenzen (Clocks)

Um die vorhandenen Frequenzen zu ermitteln, kann man die Clocks-Zeile aus der Definition der Karte entfernen und den X-Server mit der Option -probeonly starten. Dieser gibt dann die gefundenen Clock-Werte und andere Treiber-Informationen im Textmodus aus und beendet danach.

Die Section Screen

Jedem speziellen Server (SuperVGA-Server, Mono-Server, S3-Server etc.) können in dieser Section ein Monitor und eine Videokarte zugeordnet werden. Beim Starten des Servers wählt er den

Screen

zutreffenden Screen aus und kennt damit die Daten der Videokarte und des Monitors. Zusätzlich werden hier mögliche Videomodi aufgelistet, die auf Modelines aus der entsprechenden Monitor Section verweisen. Zwischen diesen Modes kann zur Laufzeit mit den Tasten **<Strg-Alt +>** und **<Strg-Alt ->** des Nummernblocks umgeschaltet werden.

```
Section "Screen"
Driver "vga256"
Device "Generic SVGA"
Monitor "IDEK VisionMaster 17 (1)"
Subsection "Display"
Modes "1280x1024" "1024x768" "800x600" "640x480"
EndSubsection
EndSection
Section "Screen"
Driver "accel"
Device "Miro 20SD"
Monitor "IDEK VisionMaster 17 (1)"
Subsection "Display"
Modes "1024x768" "800x600" "640x480"
EndSubsection
EndSection
```

Einstellen der Videomodi

Der schwierigste und gefährlichste Teil der Konfiguration ist das Einstellen der Videomodi, da hier direkt die Ablenkfrequenzen des Monitors definiert werden, und ein billiger Monitor, der keine

Ablenkfrequenz

Schutzschaltung gegen zu hohe Ablenkfrequenzen besitzt, durch falsche Werte zerstört werden kann. Um dies zu verhindern, sollte man die Grenzwerte des Monitors von Anfang an in der Konfigurationsdatei eintragen.

Der Vorteil dieser Art der Konfiguration des Videomodus ist, daß ein vorhandener Monitor optimal ausgenutzt werden kann. So ist es zum Beispiel möglich, einen 14" Monitor, dessen maximale horizontale Ablenkfrequenz zu gering ist, um 800 x 600 Bildpunkte flimmerfrei darzustellen, in einer Auflösung von 800 x 550 mit 72 Hz Bildwiederholfrequenz zu betreiben.

flimmerfrei

In der Konfigurationsdatei werden für jeden Modus der zu verwendende Clock sowie vier Werte für das horizontale Timing und vier Werte für das vertikale Timing angegeben. Die Angabe kann entweder in einer Zeile (als ModeLine) oder verteilt auf mehrere Zeilen erfolgen. Die beiden Definitionen im folgenden Beispiel sind identisch :

vertikales Timing

```
#          Mode     Clock  horizontal              vertical
ModeLine "800x600"  45    800   840 1030 1184    600   600   606   624

# Der selbe Modus in einer anderen Schreibweise :
Mode "800x600"
      DotClock        45
      HTimings        800 840 1030 1184
      VTimings        600 600 606 624
EndMode
```

Optional können am Ende einer Mode-Definition noch Flags angegeben werden. Dazu gehören `interlace`, `+hsync`, `+vsync` und `csync`. Mit diesen Flags können der Interlace-Modus und die Art der Synchronisation beeinflußt werden.

Interlace-Modus

```
Mode "1024x768i"
      DotClock        45
      HTimings        1024 1048 1208 1264
      VTimings        768 776 784 817
      Flags           "Interlace"
EndMode
```

Die Werte für das horizontale Timing bedeuten der Reihe nach:

- die maximale Anzahl der Pixel, nach denen kein Bild mehr angezeigt wird,
- die Anzahl der Pixelschritte bis zum Anfang des horizontalen Synchronisationsimpulses (Sync), wobei die Werte immer weitergezählt werden,

- die Anzahl der Pixelschritte, bis der Sync beendet ist und die zweite Beruhigungsphase des Strahls beginnt,
- die gesamte Anzahl der Pixelschritte, bis ein Zyklus beendet ist.

```
ModeLine "800x5"   45   800 840 1030 1120    540 540 546 558
```

In diesem Beispiel wird ein Modus mit einer Auflösung von 800 mal 540 Bildpunkten definiert. Er bekommt den Namen "800x5".

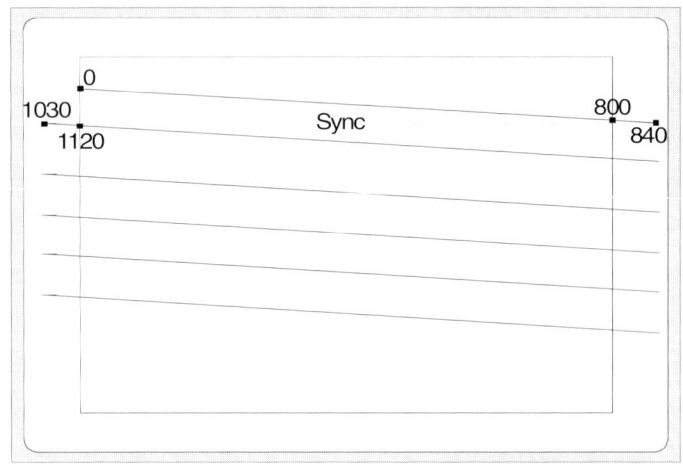

Abbildung 8.4 schematische Darstellung des Bildaufbaus

Die horizontale Auflösung beträgt 800 Pixel, und nach dem Ende der sichtbaren Zeile beginnt eine Pause, in der sich der Strahl beruhigen kann. Die Pause geht bis 840, danach beginnt der Synchronisationsimpuls. Dieser dauert 190 Pixelschritte, bis 1030. Anschließend folgt eine Pause bis 1120, nach der der nächste horizontale Zyklus beginnt.

Sync-Impuls

Nach 540 horizontalen Zyklen, also Zeilen, kommt ohne Pause die vertikale Synchronisierung, die 6 horizontale Zyklen dauert und nach der wieder eine Pause bis zum 558. Zyklus ist. Danach kommt das nächste Bild.

Ermittlung der Zahlenwerte

Die genauen Regeln zur Ermittlung der einzelnen Werte für einen solchen Videomodus werden ausführlich in den Dateien `video.tutorial` oder `VideoModes.doc` im Verzeichnis `/usr/lib/X11/doc` beschrieben.

Oft ist es jedoch einfacher, in den vielen Beispieldateien einen passenden Eintrag zu suchen und diesen abzuändern. Außerdem gibt es ein Rechenblatt für die Tabellenkalkulation `sc`, das die Berechnung der Werte vereinfacht. Man findet es zum Beispiel auf dem FTP-Server `sunsite.unc.edu` und seinen Spiegel-Servern im Verzeichnis `/pub/Linux/X11/install` in der Datei `modegen.taz`.

Tabellenkalkulation

Der begrenzende Faktor bei einfacheren Monitoren ist in der Regel die maximale horizontale Ablenkfrequenz. Darunter versteht man die Frequenz, mit der der Elektronenstrahl von links nach rechts und von Zeile zu Zeile bewegt wird. Man berechnet diese Frequenz durch Teilen des Pixeltakts, der in Mhz angegeben ist, durch die größte (rechte) Zahl des Blocks für das horizontale Timing:

horizontale
Ablenkfrequenz

$$f_{horizontal} = \frac{f_{pixel}}{N_{pixel}}$$

Am obigen Beispiel wäre die erforderliche horizontale Ablenkfrequenz 45 Mhz / 1120, also ca. 40 kHz. Das ist die obere Grenze für den im Beispiel verwendeten Monitor.

Bildwiederholfrequenz

Um daraus die Bildwiederholfrequenz zu ermitteln, teilt man die soeben ermittelte horizontale Ablenkfrequenz durch die Anzahl der Zeilen (also horizontalen Zyklen), die ein kompletter Durchlauf benötigt. Dies ist die rechte Zahl des Blocks für das vertikale Timing.

horizontale Zyklen

$$f_{vertikal} = \frac{f_{horizontal}}{N_{Zeilen}}$$

Am obigen Beispiel 40 kHz / 558, also 72 Hz.

Werden anstelle der 540 Zeilen 600 Zeilen dargestellt, so sinkt die Bildwiederholfrequenz deutlich unter 72 Hz, was man als leichtes Flimmern des Bildschirms bemerkt.

Bei einem besseren Monitor, dessen maximale horizontale Ablenkfrequenz zum Beispiel bei 60 kHz liegt, und einer neueren Grafikkarte, die einen schnelleren Clock anbietet, könnte man den Pixeltakt erhöhen und so eine höhere Bildwiederholfrequenz erreichen.

Um einen vorhandenen Videomodus abzuändern, empfiehlt es sich, den Modus mehrfach zu kopieren und abzuändern und die geänderten Modi jeweils mit einem anderen Namen in die Modes-Zeile der Screen-Section einzutragen. Dann kann man den X-Server starten und durch Umschalten mit **<Strg-Alt>** und der + oder - Taste des Nummernblocks die Auswirkungen der Änderungen vergleichen.

Falls der Monitor bei einem neuen Modus nicht mehr synchronisiert, also kein stabiles Bild mehr anzeigt, sollte man den Modus schnell wechseln oder den X-Server mit **<Strg-Alt-Backspace>** beenden, um eine Beschädigung des Monitors zu vermeiden.

Eine praktische Hilfe zur exakten Ausrichtung des Bildes ist das Programm `vgaset`. In einem `xterm` gestartet, erlaubt es die interaktive Veränderung der Bildposition. Auf Tastendruck lassen sich die Ränder vergrößern und verkleinern, sowie die Dauer des Synchronisationsimpulses verändern. Dabei werden ständig die acht Werte ausgegeben, die man für die aktuelle Einstellung in der Datei `Xconfig` eintragen müßte.

Tastaturanpassung

Die Verwaltung der Tastatur erfolgt unter X11 unabhängig vom Kernel. Standardmäßig wird eine amerikanische Tastatur initialisiert, mit dem Utility `xmodmap` können jedoch andere Tastaturtabellen geladen werden. Bei einer normalen Konfiguration wird beim Starten des X-Servers `xmodmap` mit der Datei `.Xmodmap` aufgerufen. Diese Datei wird zunächst im Home-Verzeichnis des Benutzers und dann im Verzeichnis `/usr/lib/X11/xinit` gesucht.

Um die Tastatur systemweit anzupassen, ändert man also die Datei .Xmodmap im Verzeichnis /usr/lib/X11/xinit. Fertig angepasste .Xmodmap-Dateien sind in manchen Distributionen schon enthalten oder können von den FTP-Servern wie sunsite.unc.edu im Verzeichnis /pub/Linux/X11/misc kopiert werden.

Da xmodmap normalerweise in einem xinitrc Script aufgerufen wird, kann es sein, daß der Aufruf geändert wurde und die Datei .Xmodmap in einem anderen Verzeichnis oder unter einem anderen Namen gesucht wird. Im Zweifelsfalle sollte man sich das Script startx ansehen, mit dem man den X-Server startet.

xinitrc

Eine sehr komfortable Lösung zum Editieren der .Xmodmap-Datei ist die Verwendung des xkeycaps-Utilities, das einigen Linux-Distributionen beiliegt und auf den üblichen FTP-Servern zu finden ist. Dieses Programm verfügt über eine X11-Oberfläche. Der Benutzer kann sich auf einfache Weise die aktuelle Tastaturbelegung anzeigen lassen und interaktiv mit der Maus verändern.

xkeycaps

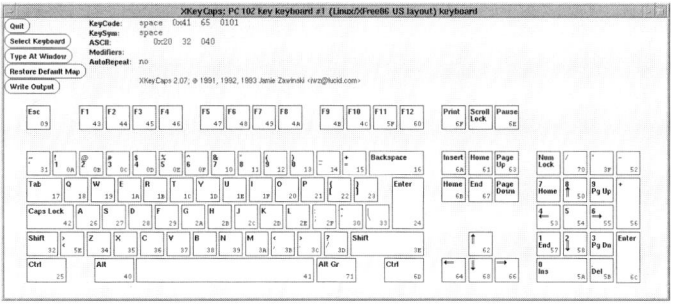

Abbildung 8.5 xkeycaps

In den amerikanischen Linux-Distributionen fehlen oftmals deutsche Tastaturanpassungen. Daher soll hier ein Beispiel für eine deutsche .Xmodmap gegeben werden. Dabei ist auf das Tastatursymbol Nummer 12 zu achten, das oft fälschlicherweise mit dem Symbol paragraph an Stelle von section belegt wird.

paragraph

```
keycode    8 =
keycode    9 = Escape
keycode   10 = 1 exclam
keycode   11 = 2 quotedbl twosuperior
keycode   12 = 3 section threesuperior
keycode   13 = 4 dollar
keycode   14 = 5 percent
keycode   15 = 6 ampersand
keycode   16 = 7 slash braceleft
keycode   17 = 8 parenleft bracketleft
keycode   18 = 9 parenright bracketright
keycode   19 = 0 equal braceright
keycode   20 = ssharp question backslash
keycode   21 = apostrophe grave
keycode   22 = BackSpace
keycode   23 = Tab
keycode   24 = q Q at
keycode   25 = W
keycode   26 = E
keycode   27 = R
keycode   28 = T
keycode   29 = Z
keycode   30 = U
keycode   32 = O
keycode   33 = P
keycode   34 = Udiaeresis
keycode   35 = plus asterisk asciitilde
keycode   36 = Return
keycode   37 = Control_L
keycode   38 = A
keycode   39 = S
keycode   40 = D
keycode   41 = F
keycode   42 = G
keycode   43 = H
keycode   44 = J
keycode   45 = k K Arabic_kaf
keycode   46 = l L Arabic_lam Greek_lambda
keycode   47 = Odiaeresis
keycode   48 = Adiaeresis
keycode   49 = asciicircum degree
keycode   50 = Shift_L
keycode   51 = numbersign apostrophe
keycode   52 = Y
keycode   53 = X
keycode   54 = C
keycode   55 = V
keycode   56 = B
keycode   57 = N
keycode   58 = m M mu
keycode   59 = comma semicolon
keycode   60 = period colon
keycode   61 = minus underscore
keycode   62 = Shift_R
keycode   63 = KP_Multiply
keycode   64 = Alt_L
keycode   65 = space
keycode   66 = Caps_Lock
keycode   67 = F1
keycode   68 = F2
keycode   69 = F3
keycode   70 = F4
keycode   71 = F5
keycode   72 = F6
keycode   73 = F7
keycode   74 = F8
keycode   75 = F9
keycode   76 = F10
keycode   77 = Num_Lock
keycode   78 = Scroll_Lock
keycode   79 = Home KP_7 KP_7 Home
keycode   80 = Up KP_8 KP_8 Up
keycode   81 = Prior KP_9 KP_9 Prior
keycode   82 = KP_Subtract
keycode   83 = Left KP_4 KP_4 Left
keycode   84 = Begin KP_5 KP_5 Begin
```

```
keycode  85 = Right KP_6 KP_6 Right
keycode  86 = KP_Add
keycode  87 = End KP_1 KP_1 End
keycode  88 = Down KP_2 KP_2 Down
keycode  89 = Next KP_3 KP_3 Next
keycode  90 = Insert KP_0 KP_0 Insert
keycode  91 = Delete KP_Decimal KP_Decimal Delete
keycode  92 = 0x1007ff00
keycode  93 =
keycode  94 = less greater bar
keycode  95 = F11
keycode  96 = F12
keycode  97 = Home
keycode  98 = Up
keycode  99 = Prior
keycode 100 = Left
keycode 101 = Begin
keycode 102 = Right
keycode 103 = End
keycode 104 = Down
keycode 105 = Next
keycode 106 = Insert
keycode 107 = Delete
keycode 108 = KP_Enter
keycode 109 = Control_R
keycode 110 = Pause
keycode 111 = Print
keycode 112 = KP_Divide
keycode 113 = Mode_switch
keycode 114 = Break
```

Deutsche X11-Tastaturanpassung

8.9   Konfiguration von X-Applikationen

Im allgemeinen wird zu den meisten X-Clients eine sogenannte *Application-Defaults*-Datei geliefert, die in den X11-Systembereich (`/usr/lib/X11/app-defaults`) kopiert wird. Diese enthält für die Anwendung wichtige Basiseinstellungen wie Größe, Position und Farbe der grafischen Objekte oder Fehlermeldungstexte in der jeweiligen Landessprache.

Application-Defaults

Jede Applikation hat vom Programmierer einen Klassennamen zugewiesen bekommen, dem der Name der Resource-Datei entspricht. Klassennamen beginnen immer mit einem Großbuchstaben. Will man also die Hintergrundfarbe von xterm (Klassenname ist XTerm) ändern, so kann dies in der Datei `/usr/lib/X11/app-defaults/XTerm` erfolgen.

Klassenname

Über diverse Environment-Variable (XFILESEARCHPATH, XAPPLERESDIR) kann der Suchpfad für Resource-Dateien beeinflußt werden. XFILESEARCHPATH erlaubt die Angabe mehrerer, durch Doppelpunkt getrennter Suchpfade und kennt einige Sonderzeichen, die speziell behandelt werden:

XFILESEARCHPATH

193

%C	Wert der Customization-Resource (*.customization)
%L	Sprache, Locale, Codeset
%l	Sprache
%N	Klassenname
%T	Dateityp (app-defaults)

Eine sinnvolle Definition dieser Variable könnte wie folgt aussehen:

```
XFILESEARCHPATH=/usr/lib/X11/%T:/usr/local/%T/%N:$HOME/%T/%N
```

Nun werden Resource-Dateien in drei Verzeichnissen gesucht:

1. `/usr/lib/X11/app-defaults/<Class>`
2. `/usr/local/app-defaults/<Class>`
3. `<Home-Verzeichnis>/app-defaults/<Class>`

xrdb   Eine weitere Möglichkeit zur Konfiguration von X11-Applikationen ist das Kommando `xrdb`. Es lädt die übergebene Resource-Datei in eine der *Properties* RESOURCE_MANAGER oder SCREEN_RESOURCES des X-Servers.

Property   Eine Property ist ein globaler Speicherbereich im X-Server, dem ein beliebiger Name zugeordnet werden kann. Bei Start einer X-Applikation werden vom Resource-Manager die in den oben genannten Properties vorhandenen Resource-Definitionen ausgewertet. Die Konfiguration von Applikationen über Resource-Properties ist vor allem dann sinnvoll, wenn Applikationen auf einer anderen Maschine gestartet werden und das Erscheinungsbild lokal beeinflußt werden soll.

`xrdb` kennt eine Reihe von Parametern:

`-all`	Operation bezieht sich auf beide Properties
`-screen`	Operation bezieht sich auf nur auf Property SCREEN_RESOURCES
`-global`	Operation bezieht sich auf nur auf Property RESOURCE_MANAGER

`-query`	Gibt den aktuellen Inhalt einer Property aus
`-merge <file>`	Mischt Inhalt einer Datei mit Property
`-edit <file>`	Sichert Inhalt einer Property in eine Datei
`-remove`	Entfert komplette Property
`-load <file>`	Überschreibt eine Property mit Inhalt einer Datei

xrdb Kommandos

Darüberhinaus kann sich jeder Anwender in seinem Home-Verzeichnis eine eigene, die sogenannte `.Xdefaults`-Datei erzeugen und die Default-Einstellungen nach Belieben überlagern.

.Xdefaults

Die folgende Aufstellung gibt eine Übersicht darüber, welche Dateien und Pfade der Reihe nach abgearbeitet werden, um die aktuellen Widget-Attribute beim Starten einer Anwendung zu ermitteln. Wird einer Resource an mehreren Stellen ein Wert zugewiesen, so gilt die jeweils zuletzt definierte Einstellung.

Widget-Attribut

- applikationsintern:
    1. Fallback-Resources

- anwendungsabhängig:
    1. `/usr/lib/$LANG/app-defaults/<class>`
    2. `/usr/lib/X11/app-defaults/<class>`

- neuer Suchpfad:
    1. `$XFILESEARCHPATH`

- benutzerabhängig:
    1. `$XUSERFILESEARCHPATH`
    2. `$XAPPLRESDIR/$LANG/<class>`
    3. `$XAPPLRESDIR/<class>`
    4. `$HOME/$LANG/<class>`
    5. `$HOME/<class>`

- screenabhängig:
    1. `SCREEN_RESOURCES`-Property (`xrdb`)

195

- displayabhängig:
    1. RESOURCE_MANAGER-Property (xrdb)
    2. $HOME/.Xdefaults-Datei

- hostabhängig:
    1. $XENVIRONMENT-Variable
    2. $HOME/.Xdefaults-<hostname>

- Kommandozeile:
    1. Kommandozeilen-Option

Widget-Attribute

Resource-Werte

Die Repräsentation dieser Resource-Werte findet im ASCII-Format statt. Zur Unterscheidung innerhalb einer Resource-Datei bekommt jede Applikation vom Programmierer einen Namen (Klasse) zugeordnet, der selten dem der Programmdatei (Instanz) entspricht.

Auch jedes Widget und Widgetattribut, das extern konfigurierbar ist, besitzt eine Bezeichnung und gehört einer Klasse an. Um ein Widget eindeutig referenzieren zu können, reicht die Angabe des Widget-Pfad Namens nicht aus. Es muß vielmehr, ähnlich wie bei einem Dateisystem, ein Pfad angegeben werden, der einen Ausschnitt aus der Widget-Hierarchie repräsentiert.

Um die Attribute mehrerer Widgets gleichzeitig manipulieren zu Wildcards können, sind innerhalb eines solchen Pfades auch Wildcards (?, *) erlaubt. Die genaue Syntax einer Resource-Angabe lautet:

```
object.subobject[.subobject...].attribute: value
```

Die einzelnen Elemente haben folgende Bedeutung:

object	Klasse bzw. Name des Programms
subobject	Klasse bzw. Name des Widgets
attribute	Resource-Name
value	Wert
.	Trennzeichen
*	Wildcard, beliebig viele oder keine Bezeichnung
?	Wildcard, beliebige, einzelne Bezeichnung

Die erste Spalte der Resource-Datei spezifiziert jeweils das zu
manipulierende Attribut. Dies entspricht meistens einer Widget-   Attribut
Resource. Der Programmierer kann allerdings auch neue,
applikationsspezifische Resourcen definieren. Die Hierarchie und
den Namen der vorhandenen Resourcen eines Programms kann
man der zugehörigen Manualpage entnehmen.

```
Xterm*background:       gray90
XTerm*ScrollBar:        true
XTerm*Foreground:       white
XTerm*Background:       gray20
XTerm*IconName:         XTerm
XTerm*WaitForMap:       true
XTerm*MarginBell:       false
XTerm*JumpScroll:       true
```

Ausschnitt aus einer Resource-Datei

Auch die einzelnen Widget-Attribute lassen sich zu Klassen
zusammmenfassen. Die Ausnutzung von Klassenbezeichnern
macht eine Resource-Datei unter Umständen erheblich
übersichtlicher und kürzer. Die Attribute cursorColor und
pointerColor des xterms gehören beide der Klasse
Foreground an. Daher kann

```
XTerm*foreground:       green
XTerm*cursorColor:      green
XTerm*pointerColor:     green
```

wie folgt abgekürzt werden:

```
xterm*Foreground:       green
```

Release 5 und 6 des X Window Systems enthalten einen interaktiven Resource-Manager (`editres`), der die komfortable Manipulation aller Resource-Werte eines laufenen Programms erlaubt und diese auf Wunsch in eine ASCII-Datei sichert. Bemerkenswert ist, daß dies zur Laufzeit eines Programms möglich ist. Auf diese Weise kann sich der Benutzer sofort ein Bild über die Auswirkungen seiner Änderungen machen. Leider

Protokoll

wird das für `editres` benötigte Protokoll noch nicht von allen Widget-Sets unterstützt, was die Einsetzbarkeit dieses Tools natürlich einschränkt. Die erzeugten ASCII-Dateien lassen sich leicht in vorhandene Ressource-Dateien integrieren oder an die `.Xdefaults`-Datei anhängen.

Konfiguration des Window-Managers

Nicht nur das Erscheinungbild der einzelnen Applikationen kann der Benutzer beeinflussen, auch die meisten Window-Manager lassen sich individuell konfigurieren. Da sehr viele Linux-

fvwm

Anwender wahrscheinlich den `fvwm` benutzen, wird hier nur auf diesen näher eingegangen. Die Parameter dieses Window-Managers werden über die Datei `system.fvwmrc` im Verzeichnis `/usr/lib/X11/fvwm` eingestellt. Alternativ können die einzelnen Benutzer in ihrem Home-Verzeichnis eine Datei namens `.fvwmrc` bereitstellen.

M4-Präprozessor

Zusätzliche Flexibilität erreicht man durch die Verwendung des M4-Präprozessors. Damit können beispielsweise weitere Konfigurationsdateien eingebunden oder Bedingungen geprüft werden. Die Hauptdatei (`system.fvwmrc`) wird dadurch relativ übersichtlich:

```
###############################################################
#
# system.fvwmrc - fvwm Konfiguration
#

###############################################################
# Pfade

ModulePath /usr/lib/X11/fvwm/modules
PixmapPath /usr/lib/X11/pixmaps:/usr/local/lib/pixmaps
IconPath   /usr/include/X11/bitmaps/


###############################################################
# Externe Konfigurationsdateien

include(/usr/lib/X11/fvwm/fvwm.options)

include(/usr/lib/X11/fvwm/fvwm.menus)

include(/usr/lib/X11/fvwm/fvwm.functions)

include(/usr/lib/X11/fvwm/fvwm.bindings)

include(/usr/lib/X11/fvwm/fvwm.styles)

include(/usr/lib/X11/fvwm/fvwm.goodstuff)

include(/usr/lib/X11/fvwm/fvwm.modules)

###############################################################
# Initialisierungs- und Restart-Funktion

Function "InitFunction"
        Module  "I"     GoodStuff
        Module  "I"     FvwmPager 0 1
        Exec    "I"     exec xterm -sb -sl 400 -geometry +75+390 &
        Exec    "I"     xsetroot -solid LightSlateGray
EndFunction

Function "RestartFunction"
        Module  "I"     GoodStuff
        Exec    "I"     xsetroot -solid LightSlateGray
        Module  "I"     FvwmPager 0 1
EndFunction
```

system.fvwmrc

Die Datei `fvwm.options` enthält neben den Farb- und
Zeichensatzdefinitionen eine Reihe weiterer Optionen, die das
optische Erscheinungsbild festlegen.

fvwm.options

```
##############################################################
#
# fvwm.options - allgemeine Optionen
#

DeskTopSize 2x2
DeskTopScale 32

# Standard-Farben
StdForeColor          Black
StdBackColor          #d3d3d3

# Fenster-Farben
HiForeColor           Black
HiBackColor           #5f9ea0
StickyForeColor       Black
StickyBackColor       #60c0a0

# Menü-Farben
MenuForeColor         Black
MenuBackColor         grey
MenuStippleColor      SlateGrey

# Zeichensätze
Font              -adobe-helvetica-medium-r-*-*-12-*-*-*-*-*-*-*
WindowFont        -adobe-helvetica-bold-r-*-*-12-*-*-*-*-*-*-*
IconFont          fixed

# Rechtecke, in die Icons positioniert werden
IconBox 5 -80 -140 -5
IconBox 5 -160 -140 -85
IconBox 5 -240 -140 -165
IconBox 5 -320 -140 -245

# Motif-ähnliches Look and Feel
MWMFunctionHints
MWMHintOverride
MWMDecorHints
MWMBorders
MWMButtons

# Bewegt alle Fenster mit Inhalt
OpaqueMove 100

# automatischen Desktop-Wechsel abstellen
EdgeScroll 0 0

# Verzögerung beim Wechsel des Desktop-Ausschnitts
EdgeResistance 250 50

NoPPosition

# Automatische Positionierung neuer Fenster
RandomPlacement

# Erzwingt Dekoration bei Transient-Shell
DecorateTransients
```

fvwm.options

fvwm.menus   Der Anwender hat die Möglichkeit, neue Menüs zu erstellen und
diese einer Benutzeraktion zuzuordnen.

```
##############################################################
#
# fvwm.menus - Menü-Konfiguration
#

Popup "Shells"
        Title   "Shells"
        Exec    "MXterm"          exec mxterm &
        Exec    "Color XTerm"     exec color_xterm &
        Exec    "Rxvt"            exec rxvt &
EndPopup

Popup "Editors"
        Title   "Editors"
        Exec    "GNU emacs"       exec emacs &
        Exec    "NEdit"           exec nedit &
        Exec    "Textedit"        exec textedit &
EndPopup

Popup "Graphics"
        Title   "Graphics / Viewer"
        Exec    "XPaint"          exec xpaint &
        Exec    "XV"              exec xv &
EndPopup

Popup "Modules"
        Title   "Modules"
        Module  "GoodStuff"       GoodStuff
        Module  "Identify"        FvwmIdent
        Module  "SaveDesktop"     FvwmSave
        Module  "Pager"           FvwmPager 0 1
        Module  "FvwmWinList"     FvwmWinList
        Module  "FvwmIconBox"     FvwmIconBox
EndPopup

Popup "Window Ops"
        Title    "Window Ops      "
        Move     "&Move  Alt+F7"
        Resize   "&Size  Alt+F8"
        Lower    "&Lower Alt+F3"
        Raise    "Raise "
        Stick    "(Un)Stick       "
        Iconify  "(Un)Mi&nimize  Alt+F9"
        Maximize "(Un)Ma&ximize Alt+F10"
        Maximize "(Un)Maximize Vertical "  0 100
        Nop      ""
        Destroy  "&Kill  Alt+F4"
        Delete   "Delete "
EndPopup

Popup "Window Ops2"
        Move     "&Move  Alt+F7"
        Resize   "&Size  Alt+F8"
        Iconify  "(Un)Mi&nimize  Alt+F9"
        Maximize "(Un)Ma&ximize Alt+F10"
        Lower    "&Lower Alt+F3"
        Nop      ""
        Destroy  "&Kill  Alt+F4"
        Delete   "Delete "
        Nop      ""
        Module            "ScrollBar"     FvwmScroll 2 2
EndPopup

##############################################################
#
# Hauptmenü

Popup "Programs"
        Title    "Programs"
        Exec     "Xterm"               exec xterm -sb -sl 400 &
        Popup    "Shells"              Shells
        Popup    "Editors"             Editors
        Popup    "Graphics"            Graphics
        Popup    "Modules"             Modules
        Exec     "Screen Lock"         exec xlock &
        Nop      ""
        Restart  "Restart Fvwm"        fvwm
        Quit     "Exit"
EndPopup
```

fvwm.menus

201

Innerhalb der Konfigurationsdatei des `fvwm` können neue Funktionen definiert werden, die dann meist einer Tastatur- oder Mausaktion zugeordnet werden.

```
###########################################################
#
# fvwm.functions - Funktions-Definition
#

Function "Move-or-Raise"
        Move        "Motion"
        Raise       "Motion"
        Raise       "Click"
        RaiseLower  "DoubleClick"
EndFunction

Function "maximize_func"
        Maximize    "Motion" 0 100
        Maximize    "Click" 0 80
        Maximize    "DoubleClick" 100 100
EndFunction

Function "window_ops_func"
        PopUp    "Click"              Window Ops2
        PopUp    "Motion"             Window Ops2
EndFunction

Function "Move-or-Lower"
        Move        "Motion"
        Lower       "Motion"
        Lower       "Click"
        RaiseLower  "DoubleClick"
EndFunction

Function "Move-or-Iconify"
        Move        "Motion"
        Iconify     "DoubleClick"
EndFunction

Function "Resize-or-Raise"
        Resize      "Motion"
        Raise       "Motion"
        Raise       "Click"
        RaiseLower  "DoubleClick"
EndFunction
```

fvwm.functions

Die Zuordnung zwischen Maus- bzw. Tastatureingaben und den zugehörigen Aktionen erfolgt in der Datei `fvwm.bindings`.

202

```
############################################################
#
# fvwm.bindungs - Tastatur- und Maus-Konfiguration
#
# Aufbau einer Konfigurationszeile:
#
#        <Taste>    <Kontext>   <Modifier>  <Funktion>
#
#        <Taste>    (Maus-)Taste
#        <Kontext>  R - Root-Fenster
#                   W - Applikations-Fenster
#                   T - Titelleiste
#                   S - Fensterseiten
#                   F - Fensterrahmen
#                   I - Icon
#                   A - alles außer Titelleiste
#                   0,1,2,... - Fenster-Bedienelemente
#        <Modifier> N - keine Modifier-Taste
#                   A - Alternate
#                   C - Control
#                   M - Meta
#                   S - Shift
#                   mod1-mod5 - X11-Modifiers
#        <Funktion> Fvwm-Funktion
#

# Mausklick auf Root-Fenster
Mouse 1   R          A          PopUp "Programs"
Mouse 2   R          A          PopUp "Window Ops"
Mouse 3   R          A          Module "FvwmWinList" FvwmWinList Transient

# Fenster-Bedienelemente
Mouse 0   1          A          Function "window_ops_func"
Mouse 0   2          A          Function "maximize_func"
Mouse 0   4          A          Iconify
Mouse 1   F          A          Function "Resize-or-Raise"
Mouse 1   TS         A          Function "Move-or-Raise"

# Icon-Aktionen
Mouse 1   I          A          Function "Move-or-Iconify"
Mouse 2   I          A          Iconify

# Fenster-Operationen
Mouse 2   FST        A          Function "window_ops_func"
Mouse 3   TSIF       A          RaiseLower

# Tastatur-Kürzel
Key F1    A          M          Popup "Window Ops"
Key F2    A          M          Popup "Programs"
Key F3    A          M          Lower
Key F4    A          M          Destroy
Key F5    A          M          CirculateUp
Key F6    A          M          CirculateDown
Key F7    A          M          Move
Key F8    A          M          Resize
Key F9    A          M          Iconify
Key F10   A          M          Maximize
```

fvwm.bindings

In der Datei `fvwm.styles` wird das Erscheinungsbild und   fvwm.styles
Verhalten einzelner Applikationen festgelegt.

```
############################################################
#
# fvwm.styles - Style-Konfiguration
#

Style "*"           BorderWidth 7, HandleWidth 5
Style "FvwmPager"   Sticky, NoTitle
Style "FvwmBanner"  StaysOnTop
Style "GoodStuff"   Sticky, WindowListSkip, NoTitle
Style "xterm"       Icon terminal.xpm
Style "xcalc"       Icon rcalc.xpm
Style "xman"        Icon xman.xpm
Style "xvgr"        Icon graphs.xpm
Style "Mail"        Icon sndmail.xpm
Style "emacs*"      Icon editor2.xpm
```

fvwm.styles

fvwm.modules   Jedes der fvwm-Module besitzt eigene Konfigurationsmöglichkei-
                ten, die in der Datei fvwm.modules zusammengefaßt sind.

```
############################################################
#
# fvwm.modules - Modul Konfiguration
#

#################### Window-Identifier #####################
*FvwmIdentBack MidnightBlue
*FvwmIdentFore Yellow
*FvwmIdentFont -adobe-helvetica-medium-r-*-*-12-*-*-*-*-*-*-*

#################### FvwmWinList #####################
*FvwmWinListBack #d3d3d3
*FvwmWinListFore Black
*FvwmWinListFont -adobe-helvetica-bold-r-*-*-10-*-*-*-*-*-*-*
*FvwmWinListAction Click1 Iconify -1,Focus
*FvwmWinListAction Click2 Iconify
*FvwmWinListAction Click3 Module "FvwmIdent" FvwmIdent *FvwmWinListUseSkipList
*FvwmWinListGeometry +0-1

#################### FvwmIconBox #####################
*FvwmIconBoxIconBack #cfcfcf
*FvwmIconBoxIconHiFore  black
*FvwmIconBoxIconHiBack  #5f9ea0
*FvwmIconBoxBack        #cfcfcf
*FvwmIconBoxFore        blue
*FvwmIconBoxGeometry 1x5+0+89
*FvwmIconBoxMaxIconSize 64x38
*FvwmIconBoxFont        -adobe-helvetica-medium-r-*-*-12-*-*-*-*-*-*-*
*FvwmIconBoxSortIcons
*FvwmIconBoxPadding  4
*FvwmIconBoxLines    10
*FvwmIconBoxPlacement          Top Left
#
# mouse bindings
#
*FvwmIconBoxMouse    1          Click        RaiseLower
*FvwmIconBoxMouse    1          DoubleClick  Iconify
*FvwmIconBoxMouse    2          Click        Iconify -1, Focus
*FvwmIconBoxMouse    3          Click        Module "FvwmIdent" ndings
#
# Key bindings
#
*FvwmIconBoxKey      r          RaiseLower
*FvwmIconBoxKey      space      Iconify
*FvwmIconBoxKey      d          Close
```

```
#
# FvwmIconBox built-in functions
#
*FvwmIconBoxKey        n             Next
*FvwmIconBoxKey        p             Prev
*FvwmIconBoxKey        h             Left
*FvwmIconBoxKey        j             Down
*FvwmIconBoxKey        k             Up
*FvwmIconBoxKey        l             Right
#
# Icon file spcifications
#
*FvwmIconBox           "*"           unknown1.xpm
*FvwmIconBox           "Mosaic"      www-shape.xpm
*FvwmIconBox           "xterm"       terminal.xpm
*FvwmIconBox           "GoodStuff"   toolbox.xpm
*FvwmIconBox           "*ircon*"     daffy.xpm
*FvwmIconBox           "*anual*"     xman.xpm

######################## Pager ############################
*FvwmPagerBack #908090
*FvwmPagerFore #484048
*FvwmPagerFont -adobe-helvetica-bold-r-*-*-10-*-*-*-*-*-*-*
*FvwmPagerHilight #cab3ca
*FvwmPagerGeometry 0+0
*FvwmPagerLabel 0 Strobel
*FvwmPagerLabel 1 Uhl
*FvwmPagerSmallFont 5x8
```

fvwm.modules

Die Konfiguration des Goodstuff-Moduls befindet sich in einer
eigenen Datei namens `fvwm.goodstuff`. Goodstuff erlaubt es,   fvwm.goodstuff
die wichtigsten Applikationen in einer Icon-Leiste darzustellen.
Beim Klick auf ein Icon wird dann das entsprechende Programm
gestartet.
Die `Swallow`-Option ermöglicht es, Programme wie `xload` oder
`xclock` innerhalb der Icon-Leiste darzustellen.

```
##############################################################
#
# fvwm.goodstuff - Goodstuff Konfiguration
#
*GoodStuffBack gray60
*GoodStuffGeometry 65x715-1+0
*GoodStuffColumns 1
*GoodStuffFont -adobe-helvetica-medium-r-*-*-12-*-*-*-*-*-*-*

#           Name      Icon          Aktion  Fenstertitel Kommando

*GoodStuff ""         ""            Swallow "xclock"     xclock -bg gray60 &
*GoodStuff ""         ""            Swallow "xload"      xload -bg gray60 &
*GoodStuff ""         ""            Swallow "xbiff"      xbiff -bg gray60 &
*GoodStuff XTerm      terminal.xpm  Exec "xterm"         xterm -sb -sl 400 &
*GoodStuff NetScape   www.xpm       Exec "Netscape"      netscape &
*GoodStuff Xman       xman.xpm      Exec "Manual Page"   xman -bothshow -notopbox &
*GoodStuff Mail       sndmail.xpm   Exec "Mail"          xterm -T Mail -e pine &
*GoodStuff Emacs      editor.xpm    Exec "emacs"         emacs &
*GoodStuff Exit       lbolt.xpm     Quit
```

fvwm.goodstuff

Die oben durchgeführte Aufteilung der `fvwm`-Konfiguration ist nicht unbedingt notwendig. Sie bringt jedoch einwenig Struktur system.fvwmrc in die sonst recht unübersichtliche Konfigurationsdatei `system.fvwmrc`.

Vernetzung

Ein wesentlicher Aspekt bei der Diskussion um heutige Workstations und deren Betriebssysteme ist die Netzwerkfähigkeit, also die Möglichkeite zur Integration der Systeme in bestehende Netze. Die gesamte Entwicklung von Linux wäre ohne das Internet nicht möglich gewesen. Daher existierte auch schon in sehr frühen Versionen des Kernels die Einbindung des TCP/IP-Protokolls mit entsprechenden Treibern für PC-Netzwerkkarten.

In diesem Kapitel werden die Grundlagen zur Netzwerkthematik und die Konfiguration der unteren Netzwerkschichten beschrieben. Alle Details von TCP/IP zu diskutieren würde den Rahmen dieses Buches sprengen. Deshalb werden die Sachverhalte an manchen Stellen etwas vereinfacht dargestellt. Für weitere Information sei auf die RFCs (siehe Seite 209) und die vielen Bücher über TCP/IP und Netzwerkadministration verwiesen, die sich ausschließlich diesem Thema widmen.

Grundlagen

RFC

9.1 Netzwerk-Hardware

Die Hardwareanforderungen für einen Netzanschluß sind recht gering. Schon mit zwei Rechnern, zwei einfachen Ethernetkarten, einem Stück Thin-Ethernet-Kabel, T-Stücken und Abschlußwiderständen kann man ein einfaches Netzwerk aufbauen, was die Vernetzung auch für den Privatanwender erschwinglich macht. Neben Treibern für fast alle bekannten Ethernet-Karten unterstützt Linux auch diverse Pocket-Adapter und Arcnet-Karten.

Ethernet

Noch preiswerter kann man Rechner über ein paralleles oder serielles Kabel sowie Modems verbinden. Dazu existieren spezielle Protokolle wie SLIP, CSLIP, PPP und PLIP (siehe Seite 220).

SLIP, PPP

9.2 TCP/IP und Internet

TCP/IP

Der de facto Standard für die Vernetzung von UNIX-Rechnern ist TCP/IP, ein Protokoll, das Anfang der 70er Jahre entwickelt wurde und inzwischen für fast alle Rechnerplattformen verfügbar ist. Die Geschichte von TCP/IP ist eng mit der des Internets verbunden, und die beiden Themen werden daher meist gemeinsam behandelt.

Geschichte

TCP/IP entstand als neues Protokoll für das ARPANET (später DARPANET und dann Internet), welches zunächst nur wenige amerikanische Universitäten untereinander verband. Dieses Netz wurde von der Advanced Research Project Agency (ARPA), einer Institution der amerikanischen Regierung, in Auftrag gegeben und finanziert. Da diese Institution vor allem militärische Projekte durchführte, ist es nicht verwunderlich, daß TCP/IP auch vom amerikanischen Verteidigungsministerium zum Standard erklärt wurde.

ARPA

Das Internet

Das Internet wuchs bald über die Grenzen der USA hinaus und besteht inzwischen aus vielen Teilnetzen weltweit. So sind die Hochschulen in Baden-Württemberg meist über das Landes-forschungsnetz BelWü am Internet angeschlossen. Für Interessenten außerhalb des universitären Bereiches besteht die Möglichkeit, von kommerziellen Internet-Anbietern wie *XLink* in Karlsruhe oder der *EUnet GmbH* in Dortmund Anschluß an das Internet zu bekommen.

Xlink und EUnet

RFCs

TCP/IP ist keine Norm wie die vielen Standards von ANSI, ISO oder IEEE, sondern eine herstellerunabhängige Definition, die in Form von sogenannten RFCs jedermann zugänglich ist.

ANSI, ISO, IEEE

RFC steht für *Request for Comment* und ist meist die Beschreibung eines Protokolls oder ein Vorschlag für ein neues Protokoll. Nicht jeder RFC ist jedoch auch ein Standard. Viele haben eher einen informellen Charakter. Die RFCs sind per FTP oder per E-Mail von einem RFC-Archiv oder vielen anderen FTP-Servern erhältlich. In Deutschland ist dies zum Beispiel `ftp.uni-stuttgart.de`, wo die RFCs im Verzeichnis `/pub/doc/standards/rfc` abgelegt sind. Per E-Mail können RFCs beispielsweise von dem offiziellen RFC-Archiv des InterNIC `ds.internic.net` bezogen werden. Dazu schickt man eine Mail mit dem Inhalt `help` an die Adresse `mailserv@ds.internic.net`. Der Server antwortet darauf meist innerhalb einer halben Stunde mit einer Beschreibung und ausführlichen Bedienungshinweisen.

Information

E-Mail

Aufbau

TCP/IP besteht im wesentlichen aus 4 Ebenen, die sich mit geringen Abweichungen dem für solche Vergleiche üblichen ISO/OSI- Referenzmodell zuordnen lassen.

Ebenen

Die unterste Ebene wird als Netzwerkebene bezeichnet und entspricht ungefähr den Ebenen eins und zwei des ISO/OSI-Referenzmodells. In der Regel wird auf dieser Ebene Ethernet verwendet.

Ethernet

Die zweite Ebene ist die Internet-Ebene mit dem *Internet Protocol* (IP). Sie entspricht annähernd der Ebene drei nach ISO/OSI. Hier können Datenpakete (Datagramme) unabhängig von dem eigentlichen Netzwerk, das die Verbindung ermöglicht, übermittelt werden. Die Adressierung eines Rechners erfolgt über die IP-Adressen, die jeweils für eine Netzwerkschnittstelle stehen.

IP

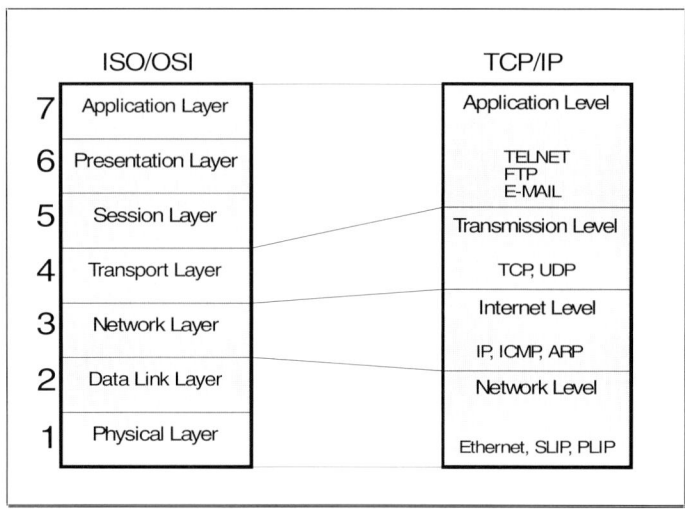

Abbildung 9.1 Gegenüberstellung der ISO/OSI- und TCP/IP-Schichten

TCP und UDP

Die dritte Ebene entspricht der Ebene vier nach ISO/OSI und bietet TCP und UDP als Protokolle. TCP steht für *Transmission Control Protocol* und stellt eine virtuelle Verbindung her, während UDP *User Datagram Protocol* bedeutet und einen einfachen Paketdienst bietet.

Applikationen

Die vierte Ebene von TCP/IP deckt die ISO/OSI-Schichten fünf bis sieben ab und wird als Applikationsebene bezeichnet. Während die Ebenen eins bis drei in der Regel vom Betriebssystem abgedeckt werden, bei Linux sind es Teile des Kernels, besteht die Ebene vier aus gewöhnlichen Programmen.

Telnet, FTP und E-Mail

Die einfachsten und am weitesten verbreiteten Dienste auf dieser Ebene sind *Telnet* für das virtuelle Terminal, *FTP*, um Dateien zu transferieren, und *E-Mail* zur Übertragung elektronischer Briefe.

FTP und Telnet existieren als gleichnamige Programme, die vom Benutzer direkt verwendet werden können. E-Mail wird dagegen von der TCP/IP-Seite nur durch einen einfachen Transportmechanismus unterstützt, der von verschiedenen anderen Programmen verwendet wird.

Im folgenden werden vor allem die unteren Schichten von TCP/IP genauer beschrieben. Das nächste Kapitel widmet sich dann den Applikationen und Internet-Anwendungen.

9.3 IP

Das Internet-Protokoll (IP) übernimmt den Transport von Datenpakete Datenpaketen zwischen den Netzwerkschnittstellen meist verschiedener Rechner. Die Daten, die ein höheres Protokoll, zum Beispiel TCP, verschickt, werden an die IP-Schicht weitergegeben und in IP-Pakete verpackt. Die IP-Schicht entscheidet dann anhand ihrer Routing-Tabelle (siehe Seite 214), Routing wohin die Pakete tatsächlich weitergeleitet werden sollen, und gibt sie an die entsprechende Netzwerkschicht weiter. Dieser Ablauf wird nach der nun folgenden Erläuterung der grundlegenden Konzepte an einem Beispiel gezeigt (siehe Seite 215).

Adressen

Bei einer Netzwerkverbindung mit IP bekommt jede Netzwerk-schnittstelle eines Rechners eine weltweit eindeutige IP-Adresse IP-Adresse zugewiesen. Sie besteht aus vier Zahlen zwischen 0 und 255, die durch Punkte getrennt sind, also zum Beispiel `141.7.11.10`. Die Adresse besteht aus einem Netzwerk-Anteil und einer Host- Netz- und Adresse. Sie muß beim Starten des Rechners eingestellt werden. Host-Adresse Für kleine private Netzwerke, die keine Verbindung zu anderen Netzen haben, ist die IP-Adresse relativ unerheblich. Man kann sie frei wählen oder die vom Installationsprogramm vorein-gestellte IP-Adresse beibehalten. Wichtig ist nur, daß sie unter den angeschlossenen Rechnern eindeutig ist.

Netzwerkklassen

Wenn man einen Anschluß ans Internet einrichtet, so sind die IP-Adressen wichtig. Sie müssen weltweit eindeutig sein. Für einen neuen Anschluß bekommt man vom Network Information Center (NIC) eine oder mehrere Netzwerkadressen zugewiesen. Diese gehören zu einer der Klassen A, B oder C. Je nach Klasse A, B und C bestehen diese Netzwerkadressen aus 1, 2 oder 3 Bytes. Zu welcher Klasse eine Adresse gehört, läßt sich an den ersten Bits der Adresse ablesen.

Die Netzwerkadresse bildet den Anfang der IP-Adressen. Die restlichen Bits dienen der Identifizierung der einzelnen Rechner im lokalen Netzwerk und können vom Netzwerkadministrator selbst vergeben werden.

Bei einem Netzwerk der Klasse C bestehen die IP-Adressen aus einer offiziell festgelegten Netzwerkadresse mit 3 Bytes und einem lokal festgelegten Rest von einem Byte. Da die Adressen, die auf 0 oder 255 enden, eine spezielle Bedeutung haben, kann man in einem Netz der Klasse C 254 IP-Adressen vergeben.

0 und 255

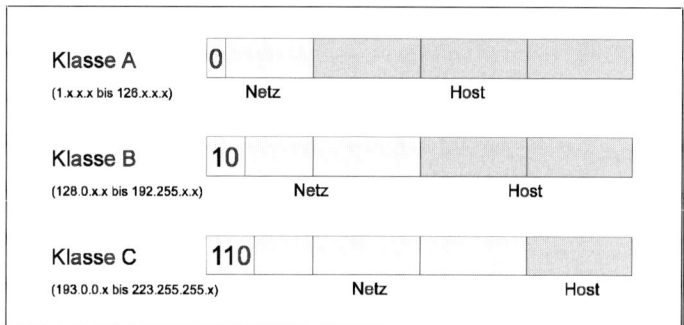

Abbildung 9.2 Netzwerkklassen

Multicasting

Neben den Klassen A,B und C gibt es noch Adressen der Klasse D und E, die für Multicast und Erweiterungen reserviert sind.

Den lokalen Teil der IP-Adressen kann man entweder direkt zur Adressierung der einzelnen Rechner verwenden, oder nochmals in eine Subnetzwerk-Adresse und eine Hostadresse aufteilen.

Subnetze

Dazu wird die sogenannte Netzwerkmaske verwendet. Details dazu findet man in rfc950.

Loopback

Auch bei Rechnern, die eigentlich keine Netzwerkschnittstelle besitzen, existiert eine virtuelle Schnittstelle mit dem Namen *Loopback*. Wie der Name schon andeutet, wird alles, was über diese Schnittstelle ausgegeben wird, direkt wieder eingelesen. Damit sind TCP/IP-Verbindungen des Rechners mit sich selbst möglich. Man kann also auch ohne Netzwerkschnittstelle die TCP/IP-Programme benutzen. Die IP-Adresse der Loopback-schnittstelle ist in der Regel 127.0.0.1.

virtuelle Schnittstelle

127.0.0.1

ARP

Für das Verständnis der folgenden Abschnitte ist es sinnvoll, sich kurz mit der Adressierung auf der Netzwerkschicht zu beschäftigen. Am Beispiel eines Ethernet soll gezeigt werden, wie ein IP-Paket von einem Rechner an den nächsten weitergeleitet wird.

Damit IP-Pakete auf einem Ethernet transportiert werden können, müssen sie in Ethernet-Pakete eingepackt und mit Ethernet-Adressen versehen werden. Ethernet Adressen sind direkt in der Hardware der Ethernet-Karten festgelegt und weltweit eindeutig.

Damit die IP-Schicht beim Verpacken des IP-Pakets in ein Ethernet-Paket weiß, an welche Ethernet-Adresse das Paket verschickt werden soll, verschickt sie ein *Adress Resolution Protokoll* (ARP) Paket als Broadcast an alle Rechner im gleichen Teilnetz. Dieses ARP-Paket könnte man als folgende Anfrage interpretieren : "Wer die Ethernet-Adresse des Interface mit der IP-Adresse a.b.c.d kennt, melde sich bitte." Ist die gesuchte IP-Adresse im selben Teilnetz, so wird der entsprechende Rechner auf die Anfrage mit einem ARP-Reply antworten und die Ethernet-Adresse mitteilen. Mit dieser Ethernet-Adresse kann der anfragende Rechner das IP-Paket in ein richtig adressiertes Ethernet-Paket verpacken und verschicken.

Ethernet

Ethernet-Adressen

ARP-Broadcast

ARP-Reply

Routing

Sowohl das Internet als auch größere Firmen- oder Universitäts-
netze bestehen nicht aus einem einzigen Ethernet, an dem alle
Rechner direkt angeschlossen sind. Vielmehr sind viele

Repeater, Bridges und Router heterogene Teilsegmente über Repeater, Bridges und Router
miteinander verbunden.

Da IP unabhängig von der darunter verwendeten Netzwerkschicht
sein soll, ist eine direkte Adressierung von Paketen, beispielsweise mit den Ethernetadressen, von einem Rechner A an einen
Rechner B nur dann möglich, wenn sich beide in einem gemeinsamen physikalischen Teilnetz befinden.

Sobald zwei Rechner durch einen oder mehrere Router getrennt

Kommunikation über Router sind, muß die Kommunikation über diese Router geschehen. Das
bedeutet, daß die Pakete auf der Netzwerkschicht an den Router
adressiert werden müssen. Jeder Rechner muß also beim
Verpacken eines IP-Pakets wissen, ob die Zieladresse im selben
Teilnetz liegt oder nicht. Ist sie im selben Teilnetz, so kann der

ARP Rechner die Ethernetadresse mit einem ARP-Request anfordern
und das Paket direkt verschicken. Ist die Adresse in einem
anderen Teilnetz, so muß er es an die Ethernet-Adresse des
richtigen Routers adressieren. Hinzu kommt, daß ein Rechner
mehrere Netzwerk-Schnittstellen enthalten und damit gleichzeitig an mehreren Teilnetzen angeschlossen sein kann. Deshalb
muß zusätzlich ermittelt werden, über welche Schnittstelle das
jeweilige Paket verschickt werden soll.

Routing Diese Entscheidung wird *Routing* genannt. Sie wird von jedem
Rechner selbst und von den dedizierten Routern vorgenommen.
Die IP-Schicht verfügt dazu über eine Tabelle mit Netzwerk-
oder Hostadressen und einem Interface bzw. der Adresse des
nächsten Routers. Ein besonderer Eintrag in dieser Tabelle, die
sogenannte *default-route*, legt fest, wohin Pakete weitergeleitet
werden, für die keine genaueren Einträge vorhanden sind.

Beispiel

In diesem Beispiel wird von einem Netz der Klasse B ausgegangen, das über eine Netzwerkmaske in weitere Subnetze aufgeteilt ist. Die offiziell zugewiesene Netzwerkadresse ist 141.7.0.0, und die verwendete Netzwerkmaske ist 255.255.255.0. Damit erhält man 3 Byte für die Netzwerkadressierung und 1 Byte für die Adressierung der einzelnen Rechner in den Subnetzen. Die Netzwerkmasken werden bei der Konfiguration der IP-Adressen beim Start der Rechner festgelegt. Ein Linux-PC, der auch als Router arbeitet, enthält zwei Netzwerkkarten und ist an den Subnetzen 141.7.1.0 und 141.7.11.0 angeschlossen. Er stellt die Verbindung zwischen diesen zwei Subnetzen her. Die eigenen Adressen der beiden Netzwerkinterfaces sind 141.7.11.1 und 141.7.1.41. Die folgende Abbildung verdeutlicht den Sachverhalt.

Netzdresse

Netzmaske

Router

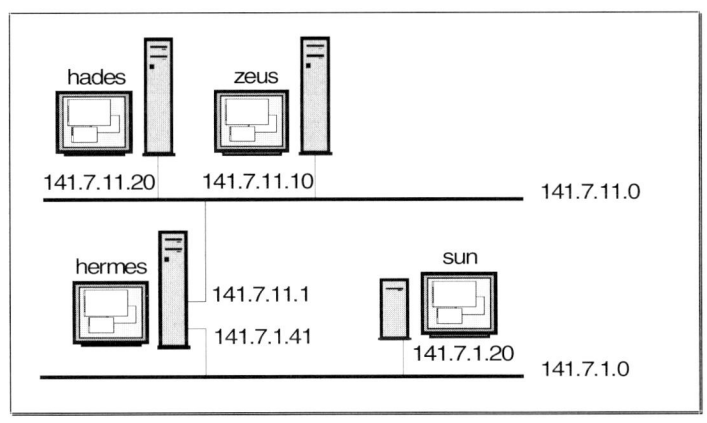

Abbildung 9.3 Beispiel-Netz

Die Routing-Tabelle des Linux-Routers enthält die folgenden Einträge :

Ziel Netz / Adresse	Gateway	Interface
141.7.11.0	*	eth0
141.7.1.0	*	eth1
default	FH-Router	eth0

default-route

Er hat eine direkte Verbindung zu den Subnetzen 141.7.11.0 und 141.7.1.0. Andere IP-Adressen kann er nicht direkt erreichen. Der default-route Eintrag legt fest, daß Pakete für andere Adressen an den zentralen FH-Router weitergeleitet werden. Die Netzwerkmaske für seine beiden Schnittstellen eth0 und eth1 ist 255.255.255.0.

Die Routing-Tabellen der anderen Rechner im 141.7.11.0 Subnetzwerk enthalten folgende Einträge :

Ziel Netz / Adresse	Gateway	Interface
141.7.11.0	*	eth0
default	141.7.11.1	eth0

Subnetz

Sie können nur Pakete an Rechner im selben Subnetz direkt verschicken. Andere Pakete werden an den Linux-Router mit der Adresse 141.7.11.1 geschickt.

Sendet der Rechner mit der Adresse 141.7.11.10 ein Paket an den Rechner mit der Adresse 141.7.11.20, so wird zunächst mit den Netzwerkmasken und den Routing-Einträgen ermittelt,

Schnittstelle

über welche Schnittstelle und an welche Adresse das Paket tatsächlich weitergeleitet werden soll. Bei der Netzmaske 255.255.255.0 werden nur die ersten drei Bytes der IP-Adresse mit den Einträgen in der Routing-Tabelle verglichen. 141.7.11.20 passt also zu 141.7.11.0.

Der gefundene Routing-Eintrag besagt, daß die Zieladresse direkt über die Schnittstelle eth0 erreicht werden kann. Falls die Ethernet-Adresse zu 141.7.11.20 noch nicht bekannt ist, sendet der Rechner einen ARP-Broadcast an alle anderen

Rechner in seinem Subnetzwerk und fragt nach der Ethernet-Adresse zu 141.7.11.20. Der Zielrechner selbst wird darauf mit einem ARP-Reply antworten und seine Ethernet-Adresse mitteilen.

Danach kann der Rechner mit der Adresse 141.7.11.10 sein IP-Paket in ein Ethernet-Paket einpacken und es direkt an den Empfänger verschicken.

Etwas komplizierter ist der Ablauf, wenn ein Paket in ein anderes Subnetzwerk verschickt werden soll. Der sendende Rechner findet hier in seiner Routing-Tabelle einen Eintrag, der eine Gateway-Adresse enthält. Er muß dann versuchen, die Ethernet-Adresse des Gateways zu ermitteln, um das Paket dorthin zu schicken. Das Gateway, in diesem Beispiel ist das der Linux-Router, empfängt das Ethernet-Paket und packt es aus. Dann stellt es fest, daß das enthaltene IP-Paket an eine andere Adresse gerichtet ist, und versucht es mit Hilfe seiner Routing-Tabelle weiterzuschicken.

Ethernet-Paket

Adresse des Gateways

Konfiguration

Wie im vorangegangenen Beispiel soll die Konfiguration für einen PC im Subnetz 141.7.11.0 beschrieben werden. Zunächst werden die Netzwerk-Schnittstellen mit dem Befehl ifconfig konfiguriert. Dabei werden die IP-Adresse, die Netzwerkmaske und die Broadcast-Adresse für jedes Interface festgelegt. Die Broadcast-Adresse wird verwendet, wenn Pakete an alle Rechner im gleichen Subnetz verschickt werden sollen. Im einfachsten Fall und in unserem Beispiel ist dies die Netzwerkadresse mit einer abschließenden 255 anstelle der 0, also 141.7.11.255. Details zu den Parametern und zum Aufruf von ifconfig findet man in der entsprechenden Manual page.

Die Namen der verfügbaren Netzwerkschnittstellen werden beim Bootvorgang von den Treibern ausgegeben. Üblich sind zum Beispiel eth0 für Ethernet, lo0 für Loopback oder sl0 für die erste serielle Schnittstelle bei SLIP.

Für normale Rechner in einem Subnetz sollte man als letztes Byte der Adresse nur Zahlen zwischen 2 und 253 verwenden, da

ifconfig

Namen der Schnittstellen

die 1 oder die 254 meist für Router reserviert sind und 0 oder 255 der Netzwerk- bzw. Broadcast-Adresse zugeordnet werden.

Sind die Schnittstellen konfiguriert, müssen noch Einträge in die interne Routing-Tabelle des Kernels gemacht werden, in der gespeichert wird, welche Adressen über welche Schnittstellen erreichbar sind. Dies wird mit dem Befehl route durchgeführt.

Routing-Tabelle

rc.inet1

Das folgende Beispiel zeigt das Script /etc/rc.d/rc.inet1, das die nötigen Einstellungen für einen Rechner mit der IP-Adresse 141.7.11.10 durchführt.

```
HOSTNAME=zeus

# Loopback aktivieren
/sbin/ifconfig lo 127.0.0.1
/sbin/route add -net 127.0.0.0

# Die Parameter für diesen Rechner :
IPADDR="141.7.11.10"
NETMASK="255.255.255.0"
NETWORK="141.7.11.0"
BROADCAST="141.7.11.255"
GATEWAY="141.7.11.1"

# Ethernet Schnittstelle aktivieren
/sbin/ifconfig eth0 ${IPADDR} broadcast ${BROADCAST} netmask
${NETMASK}

# Routing für das lokale Netzwerk
/sbin/route add -net ${NETWORK} netmask ${NETMASK}

# Routing für andere Adressen über den Router
/sbin/route add default gw ${GATEWAY} metric 1
```

Konfiguration der Netzwerkschnittstellen beim Booten

Fehlersuche

Nachdem die Netzwerkschnittstellen mittels ifconfig konfiguriert wurden und die notwendige Routing-Information eingetragen wurde, kann die Verbindung geprüft werden. Dazu verwendet man oft das Hilfsprogramm ping. Es sendet in regelmäßigen Abständen kleine Datenpakete an den Zielrechner, der diese beantwortet.

ping

```
zeus:/home/uhl> ping hades
PING hades.demo.de (141.7.11.20): 56 data bytes
64 bytes from 192.0.2.130: icmp_seq=0 ttl=119 time=2 ms
64 bytes from 192.0.2.130: icmp_seq=1 ttl=120 time=1 ms
64 bytes from 192.0.2.130: icmp_seq=2 ttl=121 time=1 ms
64 bytes from 192.0.2.130: icmp_seq=3 ttl=122 time=1 ms
64 bytes from 192.0.2.130: icmp_seq=4 ttl=123 time=1 ms

--- hades.demo.de ping statistics ---
5 packets transmitted, 5 packets received, 0% packet loss
round-trip min/avg/max = 1/1/2 ms
zeus:/home/uhl>
```

Das ping Kommando

Auf diese Weise ist auch eine Beurteilung der Übertragungsgeschwindigkeit möglich. Erst wenn die Verbindung mittels ping erfolgreich getestet wurde, sollte mit der weiteren Netzwerkkonfiguration fortgefahren werden. Treten schon bei ping Probleme auf, so können die eingestellten Parameter mit den Befehlen ifconfig und netstat abgefragt und kontrolliert werden. Wird ifconfig ohne Optionen aufgerufen, so gibt es den Status aller Netzwerkschnittstellen aus. Manche Linux-Distributionen verwenden hierfür einen netstat-Befehl, der die Option -i kennt.

Geschwindigkeit

netstat

```
zeus:/root# ifconfig
lo      IP ADDR 127.0.0.1  BCAST 127.255.255.255  NETMASK 255.0.0.0
        MTU 2000  METRIC 0  POINT-TO-POINT ADDR 0.0.0.0
        FLAGS: 0x004B ( UP BROADCAST LOOPBACK RUNNING )

eth0    IP ADDR 194.45.197.100  BCAST 194.45.197.255  NETMASK 255.255.255.0
        MTU 1500  METRIC 0  POINT-TO-POINT ADDR 0.0.0.0
        FLAGS: 0x0043 ( UP BROADCAST RUNNING )
```

Die Routing-Tabelle des Kernels kann durch Aufruf des Befehls route ohne Optionen angezeigt werden. Alternativ kann man auch den netstat-Befehl mit der Option -r aufrufen.

route

```
zeus:/root# netstat -r
Kernel routing table
Destination net/address   Gateway address        Flags RefCnt    Use
Iface
141.7.11.0                *                      UN      0    47854 eth0
127.0.0.0                 *                      UN      0        0 lo
default                   hermes                 UGN     0     4070 eth0
```

9.4   Serielle Verbindungen

SLIP

PPP

Zum Aufbau einer TCP/IP-Verbindung über eine Modem-Strecke verwendet man üblicherweise das SLIP (Serial Line Internet Protocol) oder das PPP (Point To Point Protocol). Der Vorteil einer solchen protokollbasierten Lösung gegenüber einer normalen Modem-Verbindung ist, daß diese von mehreren Anwendungen gleichzeitig genutzt werden kann.

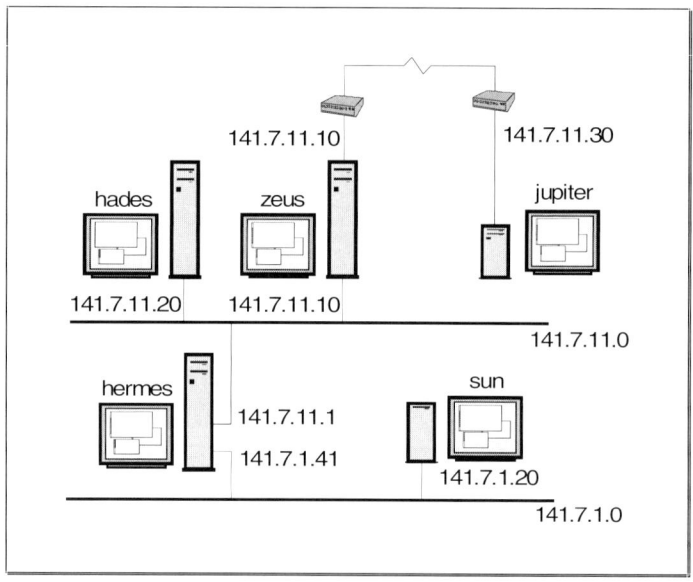

Abbildung 9.4 TCP/IP über ein Modem

Abbildung 9.4 zeigt das bekannte Beispielnetz mit einer zusätzlichen seriellen Modem-Verbindung. *Zeus* hat nun die Aufgabe des SLIP/PPP-Servers übernommen. Er besitzt zwei Interfaces mit derselben IP-Adresse, was bei einer Point-To-Point-Verbindung ohne Probleme möglich ist.

PPP-Server

Serielle Interfaces werden normalerweise nicht beim Systemstart konfiguriert, sondern erst dann, wenn sie benötigt werden. Zunächst muß überprüft werden, ob der benutzte Kernel überhaupt PPP oder SLIP bereitstellt. Eine Liste der vorhandenen Interfaces erhält man durch folgendes Kommando:

```
zeus:/home/uhl> cat /proc/net/dev
Inter-|   Receive                    |  Transmit
 face |packets errs drop fifo frame|packets errs drop fifo colls carrier
   lo:      0      0    0    0     0   18443     7    0    0     0     0
 ppp0:   1425      1    0    0     0    1406     0    0    0     4     0
 ppp1:      0      0    0    0     0       0     0    0    0     0     0
 ppp2:      0      0    0    0     0       0     0    0    0     0     0
 ppp3:      0      0    0    0     0       0     0    0    0     0     0
  sl0:      0      0    0    0     0       0     0    0    0     0     0
  sl1:      0      0    0    0     0       0     0    0    0     0     0
  sl2:      0      0    0    0     0       0     0    0    0     0     0
  sl3:      0      0    0    0     0       0     0    0    0     0     0
 eth0: 308413      0    0    0     0  287117     0    0    0    28     0
zeus:/home/uhl>
```

Wie man am obigen Beispiel erkennt, stehen neben einem Ethernet- (eth0) noch vier SLIP- (sl0-sl3) und vier PPP-Devices (ppp0-ppp3) zur Verfügung.

SLIP

Bei SLIP werden die einzelnen IP-Pakete unverändert über die Leitung geschickt, was aufgrund des großen Overheads zu relativ geringen Übertragungsgeschwindigkeiten führt. Daher kommt heute im allgemeinen eine verbesserte Protokollvariante namens CSLIP (Compressed Serial Internet Protocol) zur Anwendung. CSLIP führt vor der Übertragung eine Kompression des IP-Headers durch, was sich in der Übertragungsgeschwindigkeit spürbar positiv bemerkbar macht.

Zum Wählen der Telefonnummer und Aufbauen der Verbindung zu einem SLIP-Server (Router) gibt es ein Utility namens dip. Es kann interaktiv bedient oder von einem Script gesteuert werden. Das folgende Beispiel ist ein einfaches Script zum Anwählen des SLIP-Servers *Zeus*. Es wird mit dip <scriptname> gestartet.

```
# DIP - Login Script   (für dip 3.3.7)

main:
  # ermittle IP-Adresse
  get $local jupiter.demo.de
```

```
    get $remote zeus.demo.de

    # Konfiguriere seriellen Port
    port cua1
    speed 38400
    reset

    # Initialisie Modem
    send ATQ0V1E1X4\r

    # Warte auf OK
    wait OK 2
    if $errlvl != 0 goto modem_trouble

    # Wähle Telefonnummer
    dial 993322
    if $errlvl != 0 goto modem_trouble

    # Warte auf CONNECT
    wait CONNECT 60
    if $errlvl != 0 goto modem_trouble
login:
    sleep 2

    # Warte auf Login-Meldung
    wait ogin: 20
    if $errlvl != 0 goto login_error

    # Send Login-Name (slip)
    send slip\n

    # Warte auf Paßwort-Prompt
    wait ord: 20
    if $errlvl != 0 goto password_error

    # Sende Paßwort (linus)
    send linus\n
loggedin:

    get $mtu 296
    default

done:
    print CONNECTED $locip ---> $rmtip
    # Benutze CSLIP
    mode CSLIP
    goto exit
prompt_error:
    print TIME-OUT waiting for SLIPlogin to fire up...
    goto error

login_trouble:
    print Trouble waiting for the Login: prompt...
    goto error

password:error:
    print Trouble waiting for the Password: prompt...
    goto error

modem_trouble:
    print Trouble ocurred with the modem...
error:
    print CONNECT FAILED to $remote

exit:
```

Beispiel eines dip Scripts

Nachdem die Verbindung erfolgreich aufgebaut wurde, konfiguriert dip automatisch das SLIP-Interface und legt einen Standard-Routing-Eintrag an, der alle Pakete an *Zeus* weiterleitet.

9.5   PPP

Die zweite Möglichkeit der Schaffung einer TCP/IP-Verbindung über ein Modem stellt das *Point-to-Point Protocol* (PPP) dar. Im Gegensatz zu SLIP wurde PPP in mehreren RFCs standardisiert. Darüber hinaus erlaubt PPP auch die Übertragung anderer Protokolle wie beispielsweise Novell's IPX oder Appletalk. PPP sieht außerdem ein eigenes Authentifizierungsprotokoll vor, was bei einer Wählverbindung aus Sicherheitsgründen sinnvoll ist. Ein weiterer Vorteil von PPP ist die Möglichkeit der dynamischen IP-Adressenvergabe. Dies bedeutet, daß der Client beim Verbindungsaufbau vom Server eine geeignete Adresse zugewiesen bekommen kann. PPP unterstützt, wie CSLIP, die Kompression des IP-Headers, was zu einer erheblichen Steigerung der Übertragungsgeschwindigkeit führt.

PPP

IPX, Appletalk

dyn. IP-Adresse

Konfiguration

Die Konfiguration eines PPP-Clients unter Linux ist ähnlich einfach wie die einer SLIP-Verbindung. Dazu nötig sind der PPP-Daemon pppd und ein Programm namens chat. Beide sind in den PPP-Paketen für Linux enthalten. Bei der Installation des Daemons ist zu beachten, daß dieser mit Supcruser-Berechtigung laufen muß. Der Dateibesitzer muß also root sein, und das SUID-Bit muß gesetzt sein:

PPP-Client

PPP-Daemon

```
jupiter:/root> ls -l /sbin/pppd
-rwsr-xr-x  1 root    root      96301 Aug 29 20:02 /usr/sbin/pppd
jupiter:/root>
```

Der Verbindungsaufbau und die Steuerung der Übertragung von IP-Paketen werden komplett vom pppd übernommen. Die Kommandozeile mag bisweilen aufgrund der Vielzahl möglicher

PPP-Kommandozeile

223

Optionen etwas unübersichtlich erscheinen. Es empfiehlt sich daher, ein entsprechendes Shell-Script zu erstellen:

```
#!/bin/sh
# pppcall: Aufbau einer PPP-Verbindung

# Telefonnummer
NR=0815

# Login
PROMPT1=ogin:
LOGIN=ppp

# Paßwort
PROMPT2=word:
PASSWD=joshua

MODEM=/dev/ttyS0
SPEED=38400

DIAL=ATDT
PPPD=/usr/sbin/pppd

echo "Connecting to PPP server ($NR) ..."

$PPPD connect "chat -v ABORT BUSY ABORT 'NO CARRIER' ''\
        $DIAL$NR CONNECT '' $PROMPT1 $LOGIN $PROMPT2 $PASSWD"\
        $MODEM $SPEED -detach crtscts modem defaultroute
```

Optionen

Alternativ können dauerhaft benötigte Optionen auch in einer Datei namens /etc/ppp/options eingetragen werden. Diese muß übrigens in jedem Fall existieren, auch wenn man davon keinen Gebrauch macht.

```
#
# /etc/ppp/options: Globale Optionen des pppd
#
lock      # UUCP konforme Lock-Datei
modem     # Modem-Verbindung
crtscts   # Hardware-Fluß-Kontrolle
-detach   # kein fork
```

Chat-Script

Wie man dem obigen Script entnehmen kann, werden die Anwahl der Modem-Gegenseite und das Einloggen vom chat-Kommando übernommen. Ähnlich dem Chat-Script beim Aufbau einer UUCP-Verbindung können hier Zeichenketten an das Modem geschickt oder auf eine empfangene Sequenz gewartet werden.

Um bei einer belegten Leitung nicht ewig auf einen Abbruch des Verbindungsaufbaus warten zu müssen, sollten dem `chat`-Programm die beiden Abbruchstrings "`BUSY`" und "`NO CARRIER`" übergeben werden, wie dies im obigen Script der Fall ist. Im vorliegen Beispiel wählt `chat` die Nummer 0815, wartet zunächst auf eine `CONNECT`-Meldung und auf einen Login-Prompt. Nun werden "`ppp`" als Login-Name und "`joshua`" als Paßwort ausgegeben, ehe eine PPP-Verbindung aufgebaut wird. Da die vom PPP-Server übermittelten Login-Prompts von Fall zu Fall unterschiedlich sein dürften, müssen an dieser Stelle eventuell Änderungen durchgeführt werden.

BUSY, NO CARRIER

CONNECT

Sehr hilfreich beim Auffinden von Konfigurationsfehlern sind die Debug-Optionen von `chat` und `pppd`. Die Option `-v` führt bei `chat` dazu, daß sämtliche Aktivitäten über den `syslog`-Daemon protokolliert werden. Beim `pppd` läßt sich dies durch die Übergabe von `-debug` erreichen.

Debug-Option

Ohne weitere Angaben wird für die PPP-Verbindung auf der Client-Seite die lokale IP-Adresse benutzt. Soll eine vom Server dynamisch vergebene Adresse akzeptiert werden, so ist die Option `noipdefault` zu benutzen.

dyn. IP-Adresse

Im allgemeinen wird man darüberhinaus noch die Option `defaultroute` übergeben, so daß automatisch die Default-Route auf den angewählten PPP-Server gesetzt wird. Ist die Vergabe einer Default-Route unerwünscht, kann das Routing auch explizit definiert werden.

defaultroute

Dazu wird nach einem erfolgreichen Verbindungsaufbau vom `pppd` das Shell-Script `ip-up` im Verzeichnis `/etc/ppp` aufgerufen. Als Übergabeparameter werden der Name des Netzwerk-Interfaces, der Pfad der seriellen Schnittstelle, die Übertragungsgeschwindigkeit, die lokale und die IP-Adresse der Gegenseite übergeben. In einem solchen Script können nun, je nach Übergabeparameter, beliebige Routen gesetzt werden:

ip-up

```
#!/bin/sh
# IP-UP Script für PPP-Verbindungen
#
case $5 in                  # IP-Adresse der Gegenseite
        192.7.11.1)
          /sbin/route add -net 192.7.11.0 gw 192.7.11.1 ;;
        195.9.12.1)
          /sbin/route add -net 195.9.12.0 gw 195.9.12.1 ;;
esac
```

ip-down

Unterbrechung der
Verbindung

Analog zu `ip-up` existiert die Möglichkeit, über ein Script namens `ip-down` beliebige Aktionen nach der Beendigung einer PPP-Verbindung durchführen zu lassen.

Soll eine PPP-Verbindung unterbrochen werden, so genügt es, dem `pppd` mit dem Befehl `kill` oder `killall` ein Terminierungssignal (TERM) zu senden. Die Prozeß-Id des laufenden Daemons steht in `/var/run/pppN.pid`, wobei `N` der Nummer des jeweiligen Interfaces entspricht. Im allgemeinen kann das folgende Kommando eingegeben werden, um die Verbindung zu unterbrechen:

killall

```
zeus:/root# killall pppd
```

Laufen mehrere Daemons parallel, so darf natürlich nur der richtige `pppd` terminiert werden. Dies läßt sich beispielsweise durch

```
zeus:/root# kill `cat /var/run/ppp0.pid`
```

erreichen. Auf diese Weise wird nur der für das Interface `ppp0` zuständige `pppd` terminiert.

Authentifizierung

Für eine Wählverbindung ist es sinnvoll, zusätzliche Sicherheitsmechanismen zu aktivieren, um sich vor unerwünschten Eindringlingen zu schützen.

PPP sieht hier zwei unterschiedliche Authentifizierungsprotokolle vor. Das sogenannte *Password Authentication Protocol* (PAP) verhält sich prinzipiell wie ein einfacher Login-Mechanismus. Zu Beginn wird ein Benutzername und ein optional verschlüsseltes Paßwort überprüft. Erheblich sicherer ist das sogenannte *Challenge Handshake Authentication Protocol* (CHAP), das im folgenden näher betrachtet werden soll. Beim CHAP werden in regelmäßigen Intervallen spezielle Informationen ausgetauscht, mit denen die beiden Kommunikationspartner gegenseitig ihre Identität überprüfen können.

PAP

CHAP

Um eine derartige Authentifizierung der Gegenseite zu erzwingen, muß in der Datei /etc/ppp/options (oder in der pppd-Kommandozeile) das Schlüsselwort auth ergänzt werden. Für jede Verbindung lassen sich eigene Secrets definieren, die jeweils einem Host zugeordnet sind. Je nach Protokoll stehen diese in /etc/ppp/pap-secrets oder /etc/ppp/chap-secrets. Zunächst wird immer eine CHAP-, dann eine PAP-Authentifizierung versucht. Ist keine der beiden Dateien auffindbar, so wird die Verbindung unterbrochen.

Secrets

Eine solche Datei mit CHAP-Secrets kann wie folgt aussehen:

```
#
# CHAP Secrets für zeus.heilbronn.de
#
# Client            Server          Secret              Adresse
#-----------------------------------------------------------------------
zeus.demo.de        jupiter.demo.de "Katzenklo"         zeus.demo.de
jupiter.demo.de     zeus.demo.de    "Es gibt Reis, Baby" jupiter.demo.de
*                   zeus.demo.de    "00Schneider"       141.7.11.50
```

Die erste Spalte gibt den Namen der jeweiligen Gegenseite an. Die Serverspalte enthält den Namen der Maschinc, auf der die Authentifizierung stattfindet. Die dritte Spalte enthält das vereinbarte Secret. In der letzten Spalte kann optional noch ein Hostname bzw. eine IP-Adresse angegeben werden, unter dem bzw. der sich der Client anmelden muß. Dies ist vor allem dann interessant, wenn man beliebige Clients zulassen möchte.

Gegenseite

Um eine reibungslose Authentifizierung zu ermöglichen, muß die Client-Maschine so konfiguriert sein, daß sie beim Aufruf von hostname einen voll qualifizierenden Namen (einschließlich der Domain) zurückliefert. Liefert hostname nur einen einfachen

hostname

227

Namen, so kann die Domain über die `domain`-Option des `pppd` festgelegt werden.

PPP-Server

Erfreulicherweise kann der PPP-Daemon unter Linux auch zur Einrichtung eines PPP-Servers benutzt werden. Dazu muß in der Datei `/etc/passwd` ein Benutzer eingetragen werden, der beispielsweise `ppp` als User-Name benutzt:

Login

```
ppp:m3eNH3fgw:200:50:public PPP account:/tmp:/etc/ppp/ppplogin
```

ppplogin

Als Login-Shell wird hier ein Script namens `ppplogin` benutzt, das wie folgt aussehen kann:

```
#!/bin/sh
#
# ppplogin - Login shell für PPP-login
#
# verhindert Ternimalausgaben über write (1)
mesg n
# schaltet Echo ab
stty -echo
# startet pppd im Servermodus
exec /usr/sbin/pppd -detach silent modem proxyarp crtscts
```

Die Option `silent` veranlaßt den Daemon, auf eingehende Pakete zu warten, ehe ein Verbindungsaufbau versucht wird. `proxyarp` sorgt dafür, daß der Server auf ARP-Anfragen (siehe Seite 213) reagiert, die den Client auf der Gegenseite der Point-To-Point-Verbindung betreffen. Auf diese Weise läßt sich erreichen, daß der über die Modem-Verbindung angeschlossene Rechner wie eine Maschine im lokalen Ethernet angesprochen werden kann.

Proxy-ARP

9.6   Parallele Verbindung

PLIP

Auch über die parallele Schnittstelle und ein Protokoll namens PLIP (Parallel Line Internet Protocol) kann eine preiswerte TCP/IP-Verbindung aufgebaut werden

Zu diesem Zweck werden die beiden Rechner mit einem sogenannten *Null-Printer-Kabel* über eine freie parallele Schnitt-

Null-Printer-Kabel

stelle verbunden. Besonders interessant dürfte diese Art von Netzwerk für den Datentransfer zwischen einem Notebook und einer Workstation sein.

Die Konfiguration eines PLIP-Interfaces funktioniert prinzipiell genauso wie die eines seriellen Netzwerk-Interfaces (SLIP, PPP). Der Name des ersten Parallel-Interfaces ist plip0. Bei der   plip0 Compilation des Kernels muß darauf geachtet werden, daß die PLIP-Option angewählt wurde (siehe Seite 117). Bei der Konfiguration einer Point-To-Point-Verbindung muß beim Aufruf von ifconfig die Option pointopoint nebst der IP-Adresse   ifconfig der Gegenseite übergeben werden:

```
#!/bin/sh
# PLIPUP - init PLIP interface
#
IPADDR="141.7.11.30"       # IP-Adresse
NETMASK="255.255.255.0"    # Netzmaske
BROADCAST="141.7.11.255"   # Broadcast Adresse
POINTOPOINT="141.7.11.10"  # Point-to-Point Verbindung

echo "Setting up PLIP interface..."

/sbin/ifconfig plip0 ${IPADDR} \
               pointopoint ${POINTOPOINT} \
               netmask ${NETMASK} \
               broadcast ${BROADCAST}

/sbin/route add ${POINTOPOINT} dev plip0

/sbin/route add default hermes.demo.de

echo "PLIP is running."
```

9.7   TCP und UDP

Internet-Anwendungen benutzen nur sehr selten direkt die Routinen der IP-Schicht. Statt dessen verwenden sie das TCP-oder UDP-Protokoll, die eine erweiterte Adressierungsmöglichkeit und Abstraktion gegenüber IP bieten.

TCP baut eine virtuelle Verbindung auf. Das bedeutet, daß eine   virtuelle Verbindung Verbindung auf TCP-Ebene wie ein sicherer Datenkanal betrachtet werden kann. Was auf der einen Seite an den Kanal gesendet wird, kann auf der anderen Seite gelesen werden. TCP zerlegt die zu sendenden Daten selbst in einzelne Pakete und verwendet IP zum Verschicken. Treten bei der Übertragung

Fehler auf oder gehen IP-Pakete verloren, so ist es Aufgabe der TCP-Schicht, die Übertragung zu wiederholen.

einzelne Pakete UDP kann nur einzelne Pakete verschicken. Der Inhalt der Pakete wird über eine Checksumme gesichert. Stellt der Empfänger fest, daß bei der Übertragung ein Fehler aufgetreten ist, so wird das Paket jedoch nicht nochmals übertragen, sondern nur vernichtet. UDP ist also nicht so komfortabel wie TCP, dafür jedoch effizienter.

Ports

Portnummern Neben der Netzwerkadresse wird zum Aufbau einer Verbindung mit TCP oder UDP eine sogenannte Portnummer benötigt. Auf diese Weise sind mehrere voneinander unabhängige Verbindungen über eine einzige Netzwerkschnittstelle möglich. Von diesen Portnummern sind einige für die Standard-TCP/IP-Applikationen reserviert. Für `telnet` ist dies zum Beispiel der Port 23 und für `ftp` die Ports 20 und 21. Die Zuordnung dieser *well known ports* erfolgt in der Datei `/etc/services`.

Sockets

BSD-Unix Um eine einheitliche Schnittstelle zur Programmierung von Netzwerkapplikationen zur Verfügung zu stellen, führten die Entwickler des BSD-UNIX Anfang der Achtziger Jahre die sogenannten *Berkeley-Sockets* ein. Dabei handelt es sich um eine Reihe von Kernel-Routinen, die zum Aufbau einer Verbindung zwischen zwei Rechnern und zur Übertragung von Daten benötigt werden. Über Sockets können sowohl TCP- als auch UDP-Verbindungen realisiert werden.

LAN/WAN Bemerkenswert ist, daß es keine Rolle spielt, ob die Datenübertragung innerhalb eines lokalen Netzwerkes (LAN) oder über ein weltumspannendes Wide Area Network (WAN) erfolgt. Die Programmierschnittstelle ist immer dieselbe.

Auch der Linux-Kernel besitzt eine Socket-Schnittstelle, so daß die meisten bekannten UNIX-Netzwerkanwendungen zur Verfügung stehen.

9.8 Hostnamen

Die direkte Angabe der IP-Adresse ist für den Anwender meist nicht sehr komfortabel. Daher wurde eine Möglichkeit geschaffen, alternativ symbolische Bezeichner zu benutzen. Eine solche symbolische Adresse besteht aus dem Hostnamen und dem Namen der Domain.

Der Hostname zusammen mit dem Domainnamen identifiziert einen Rechner weltweit eindeutig. Statt der IP-Adresse `141.7.11.10` kann beispielsweise auch `zeus.demo.de` angegeben werden. In diesem Fall wäre `zeus` der Hostname und `demo.de` der Name der Domain.
Hostname

Die Zuordnung zwischen IP- und symbolischer Adresse kann lokal in der Datei `/etc/hosts` erfolgen. Hier können optional auch zusätzliche Namen für den Host definiert werden, die man als Alias bezeichnet. Häufig verwendet man sie, um kürzere Namen zu definieren und so die Eingabe zu erleichtern.
/etc/hosts

```
#IP Adresse     symbolische Adresse       Alias

141.7.11.10     zeus.demo.de              zeus

127.0.0.1       localhost

141.7.1.20      sun.demo.de               sunny   sun
```

Ausschnitt aus der Datei /etc/hosts

DNS und Nameserver

Da es nicht möglich ist, hunderte oder tausende von Einträgen in dieser Datei zu warten, wurde ein System von hierarchisch aufgebauten Nameservern eingerichtet, die diese Namen verwalten. Für jede Domain, also alle Rechner mit einem bestimmten Domainnamen, gibt es einen zuständigen Nameserver. Eine genaue Beschreibung des Konzepts der Domainnamen, Subdomains und Nameserver findet man in `rfc1034` und `rfc1035`.
Nameserver

Die UNIX TCP/IP-Programme wandeln den Hostnamen durch Aufruf einer C-Library-Routine in die IP-Adresse um. Diese Routine, die auch *Resolver* genannt wird, greift auf die Datei
Resolver

231

/etc/hosts zu und stellt eventuell eine Verbindung zum nächsten Nameserver her. In welcher Reihenfolge dies geschieht, kann in der Datei /etc/host.conf eingestellt werden.

```
# /etc/host.conf
order hosts, bind
multi on
```

Die Datei /etc/host.conf

/etc/hosts

Der Eintrag order hosts, bind gibt an, daß zunächst in der Datei /etc/hosts nachgesehen werden soll. Falls dort kein Eintrag zum gesuchten Hostnamen vorhanden ist, wird der Nameserver kontaktiert. multi on bedeutet, daß der Resolver alle gültigen Adressen zu einem Host zurückgeben soll, falls mehrere Adressen in der Datei /etc/hosts eingetragen sind. Diese und weitere Optionen werden in der Manualpage zu resolv+ ausführlich beschrieben.

/etc/resolv.conf

Die eigentliche Konfiguration des Resolvers wird in der Datei /etc/resolv.conf abgelegt. Hier stehen die Adressen der nächsten Nameserver, der Name der eigenen Domain sowie die möglichen Erweiterungen von Hostnamen für die Abfrage von Nameservern.

```
# /etc/resolv.conf
domain demo.de
nameserver 141.7.11.1
nameserver 141.7.1.25
search demo.de
search beispiel.de
```

search

Die Zeile mit search gibt an, daß bei der Abfrage eines Nameservers sowohl demo.de als auch beispiel.de als Erweiterung des Hostnamens versucht werden sollen. Dadurch reicht die Angabe des Hostnamens ohne den Domainnamen für Rechner aus den beiden Domains, falls dieser eindeutig ist.

Nameserver

In vielen Linux-Installationspaketen ist der Nameserver-Daemon
named enthalten. Seine Konfiguration ist jedoch nicht ganz
einfach, und für kleinere Netze ist ein Nameserver meist
überflüssig. Eine Beschreibung der Funktionsweise des Nameservers und seiner Konfiguration findet man zum Beispiel im
Linux Network Administration Guide (NAG). Eine sehr   NAG
ausführliche Beschreibung bietet das Buch *DNS and Bind* aus
dem O'Reilly Verlag. Der folgende Abschnitt bietet nur einen
groben Überblick über die verwendeten Dateien und Programme.
Die erste Konfigurationsdatei des Nameserver-Daemons named
ist /etc/named.boot. In dieser Datei wird festgelegt, für   /etc/named.boot
welche Domains der Server zuständig ist (primary), für welche
Domains er die Namen und Adressen regelmäßig übernehmen
soll (secondary) und in welchen Dateien die Tabellen jeweils
abgelegt sind.

```
;  boot file for primary nameserver
;  Domain demo.de
;

directory        /etc/bind

; ---  definition file for zone of authority
primary         demo.de                        db.demo
;
;  reverse mappings for local (.11) subnet..
primary         11.7.141.in-addr.arpa          db.141.7.11
;
; --- file defining localhost
primary         0.0.127.in-addr.arpa           db.127.0.0
;
; --- file to hold cached IN addresses
cache           .                              db.cache
```

Die Datei /etc/named.boot

Die einzelnen Tabellen selbst liegen in diesem Beispiel im
Verzeichnis /etc/bind. Dieses Verzeichnis wird ebenfalls in   /etc/bind
/etc/named.boot festgelegt. Die Tabellen kann man in zwei
Typen unterteilen. Die einen geben Adressen und weitere
Information zu einem Hostnamen an, die anderen geben zu einer
Adresse den Hostnamen an. Die folgenden Beispiele zeigen je
einen Ausschnitt aus einer solchen Tabelle.

```
; Address to hostname mappings for net 127.0.0.1

@          IN SOA  hermes.demo.de. dns.demo.de. (
                                1994120600 ; Serial
                                21600      ; Refresh
                                1800       ; Retry
                                3600000    ; Expire
                                86400 )    ; Minimum
           IN      NS      ns.demo.de.
1          IN      PTR     localhost.
```

Die Datei db.127.0.0

```
;  Address to host mappings for 141.7.11
;  local subnet demo.de

@               IN SOA  hermes.demo.de. dns.demo.de. (
                        1995010302    ; serial
                            43200     ; refresh : 12h
                             1800     ; retry   : 30 min
                          3600000     ; expire  : 41 Tage
                            86400 )   ; minimum : 24h
; nameservers
                IN      NS      ns.demo.de.

; Hosts
1               IN      PTR     hermes.demo.de.
10              IN      PTR     zeus.demo.de.
20              IN      PTR     hades.demo.de.
30              IN      PTR     jupiter.demo.de.
```

Die Datei db.141.7.11

```
;
;    demo.de
;    host to address mappings
;
@               IN SOA   hermes.demo.de. dns.demo.de. (
                         1994010402  ; serial
                              43200  ; refresh : 12h
                               1800  ; retry   : 30 min
                            3600000  ; expire  : 41 Tage
                              86400 ) ; minimum : 24h
; nameservers
                IN    NS     hermes.demo.de.
;
; mx record for demo.de
                IN    MX     10 hermes.demo.de.
;
;   Hosts
hermes          IN    A      141.7.11.1
                IN    HINFO  "i486" "Linux"
                IN    MX     10 hermes.demo.de.
news            IN    CNAME  hermes.demo.de.
ftp             IN    CNAME  hermes.demo.de.
www             IN    CNAME  hermes.demo.de.
ns              IN    CNAME  hermes.demo.de.
;
zeus            IN    A      141.7.11.10
                IN    HINFO  "i486" "Linux"
                IN    MX     10 hermes.demo.de.
;
hades           IN    A      141.7.11.20
                IN    HINFO  "i486" "Linux"
                IN    MX     10 hermes.demo.de.
;
jupiter         IN    A      141.7.11.30
                IN    HINFO  "i486" "Linux"
                IN    MX     10 hermes.demo.de.
;
```

Die Datei db.demo

Die Datei `db.cache` hat eine besondere Bedeutung. Sie speichert die Adressen der Root-Nameserver. Ihr Inhalt ändert sich nur selten.

db.cache

```
; Root Nameserver Cache

.                  99999999 IN   NS NS.INTERNIC.NET.
.                  99999999 IN   NS AOS.ARL.ARMY.MIL.
.                  99999999 IN   NS NS1.ISI.EDU.
.                  99999999 IN   NS C.PSI.NET.
.                  99999999 IN   NS TERP.UMD.EDU.
.                  99999999 IN   NS NS.NASA.GOV.
.                  99999999 IN   NS NIC.NORDU.NET.
.                  99999999 IN   NS NS.ISC.ORG.
NS.INTERNIC.NET.   99999999 IN   A  198.41.0.4
AOS.ARL.ARMY.MIL.  99999999 IN   A  128.63.4.82
AOS.ARL.ARMY.MIL.  99999999 IN   A  192.5.25.82
NS1.ISI.EDU.       99999999 IN   A  128.9.0.107
C.PSI.NET.         99999999 IN   A  192.33.4.12
TERP.UMD.EDU.      99999999 IN   A  128.8.10.90
NS.NASA.GOV.       99999999 IN   A  192.52.195.10
NS.NASA.GOV.       99999999 IN   A  128.102.16.10
NIC.NORDU.NET.     99999999 IN   A  192.36.148.17
NS.ISC.ORG.        99999999 IN   A  192.5.5.241
```

Die Datei db.cache

Fehlersuche

Zur Fehlersuche bei Nameservern verwendet man häufig das Programm `nslookup`. Damit kann ein Nameserver interaktiv abgefragt werden. Das Programm kann entweder mit einem Namen in der Kommandozeile oder ohne Argumente aufgerufen werden. In diesem Fall meldet sich `nslookup` mit einem Prompt, und der Benutzer kann spezielle Befehle und zu suchende Namen eingeben. Der Befehl `help` gibt die wichtigsten Befehle auf dem Bildschirm aus.

help

9.9   UUCP

Unix-to-Unix-Copy

UUCP steht für *Unix-to-Unix-Copy* und stellt die wohl älteste Möglichkeit dar, UNIX-Maschinen über ein Netzwerk miteinander zu verbinden. Im Normalfall erfolgt der Verbindungsaufbau zwischen den einzelnen Maschinen über eine serielle Leitung und ein Modem. Ein UUCP-Netz kann beliebige Daten und Kommandos transferieren. Im allgemeinen dient es jedoch der kostengünstigen Mail- und News-Anbindung.

Modem

Data-Forwarding

UUCP arbeitet nach dem Prinzip des *Data-Forwarding*. Das bedeutet, daß bei einer Sitzung zunächst ein Datenpaket und anschließend ein Kommando übertragen wird, welches auf der entfernten Maschine die übermittelten Daten bearbeitet. Um beispielsweise eine Mail zu transferieren, wird neben dem eigentlichen Inhalt der Nachricht noch der Befehl `rmail` übertragen. Die Übermittlung der anfallenden Daten erfolgt im allgemeinen nicht sofort, sondern nur zu bestimmten Zeiten (Batch-Betrieb). Auf diese Weise können die Telefongebühren durch die Nutzung der Billig-Tarife so gering wie möglich gehalten werden. Alle anfallenden Daten werden zunächst in ein spezielles Verzeichnis kopiert und nach einem erfolgreichen Transfer gelöscht.

rmail

store and forward

UUCP erlaubt nicht nur die Übertragung von Daten zwischen zwei direkt verbundenen Rechnern, diese kann vielmehr auch über mehrere Stationen nach dem Prinzip des "*store and forward*" (engl. "speichern und weiterleiten") erfolgen. Dazu muß allerdings die genaue Übertragungsroute bekannt sein. Heute wird von dieser Möglichkeit allerdings nicht mehr in dem Maße Gebrauch gemacht wie in der frühen Phase der UUCP-Nutzung. Die Verwaltung der Routen über sogenannte UUCP-Maps ist bei größeren Netzen recht aufwendig, so daß man heute eher eine IP-basierte Übertragung favorisiert. UUCP dient meist nur noch dazu, die Daten von einem über TCP/IP an das Internet angeschlossenen Server an kleinere Systeme weiterzuleiten, die über keine Online-Verbindung verfügen.

UUCP ordnet jedem Job eine Priorität (*Grade*) zu, die sich nach seiner Wichtigkeit richtet. Grades werden über ein Zeichen zwischen `0-9`, `A-Z` und `a-z` festgelegt, wobei `0` die höchste Prioritätsstufe besitzt. Mails erhalten normalerweise einen Grade von `B` oder `C`, News den Grade `N`. Bei den Kommandos `uux` und `uucp` kann die gewünschte Priorität mit der Option `-g` festgelegt werden.

Grade

Die Übertragung der Daten kann über verschiedene Protokolle erfolgen. Nicht jedes UUCP-Paket versteht alle Varianten. Das sogenannte g-Protokoll ist das älteste und am weitesten verbreitete. System V bevorzugt die G-Variante. Taylor-UUCP kennt darüberhinaus ein extrem schnelles, bidirektionales i-Protokoll, das allerdings nur zwischen Taylor-Systemen benutzt werden kann.

Protokolle

Das Taylor-UUCP-Paket besteht aus einer Reihe von Kommandos, deren Aufgabe im folgenden kurz aufgeführt werden soll:

- **uucico** - stellt eine Verbindung zu einem anderen UUCP - System her, sendet und empfängt die anstehenden Daten und veranlaßt im Anschluß daran die Abarbeitung der zugehörigen Befehle, wie `rmail` oder `rnews` über `uuxqt`.
- **uuxqt** - führt die über `uux` auf einem entfernten System angeforderten Kommandos aus.
- **uucp** - erlaubt das Kopieren von Dateien zwischen beliebigen UUCP-Systemen.
- **uux** - ermöglicht das Ausführen bestimmter Kommandos auf einem entfernten System. Dabei können neben dem

237

Kommandonamen noch Daten übergeben werden, die auf dem Zielsystem als Standardeingabe benutzt werden.

- **uustat** - listet die aktuellen UUCP-Jobs auf. Außerdem können noch nicht abgearbeitete Jobs aus der UUCP-Warteschlange entfernt werden.
- **uuname** - gibt alle lokal bekannten UUCP-Systeme aus.
- **uulog** - gibt den Inhalt der UUCP-Log-Datei aus. Die Ausgabe kann auf bestimmte Systeme oder Benutzer eingeschränkt werden.
- **cu** - stellt eine interaktive Verbindung zu einem entfernten UUCP-System her.

Konfiguration

Taylor-UUCP
V2, HDB

Im Laufe der Jahre etablierten sich eine Reihe verschiedener UUCP-Pakete, die sich vor allem in ihrer Konfiguration unterscheiden. Die wohl komfortabelste UUCP-Variante ist das kostenlos erhältliche Taylor-UUCP. Es unterstützt neben dem antiquierten V2- und dem HDB-Konfigurationsmodus auch eine eigene Variante, den sogenannten *Taylor-Modus*, die im allgemeinen benutzt werden sollte . Alte Konfigurationsdateien können mit einem Konverter in dieses Format transformiert werden. Im folgenden wird daher nur auf die Konfiguration im Taylor-Modus eingegangen. Es wird dabei angenommen, daß sich alle Konfigurationsdateien im Verzeichnis `/usr/lib/uucp` befinden. Dieser Pfad läßt sich bei der Compilation festlegen. Unter diesem Pfad befinden sich die folgenden Dateien:

Konfigurationsdateien

`config`, `sys`, `port`, `dialer`

config

In der Datei `config` wird der Name des lokalen Systems festgelegt:

```
# Name des lokalen UUCP-Systems
#
hostname          kirk
```

sys

Um zu einem benachbarten UUCP-System eine Verbindung aufbauen zu können, muß dieses dem lokalen Rechner bekannt

gemacht werden. Dies erfolgt über die `sys`-Datei, die neben dem
Namen des Systems, dessen Telefonnummer, Login-Name und
Paßwort noch eine Reihe von Optionen enthalten kann. Ein
Beispiel für eine derartige Datei sieht wie folgt aus:

```
#
# Globale Einstellungen für alle Systeme
# -------------------------------------
#
#
# Systeme können zu jeder Zeit kontaktiert werden
#
time                any
#
# Nach einer erfolgreichen Verbindung ist ein erneuter Aufbau
# erst nach 15 Minuten möglich (900 Sekunden)
#
success-wait       900
#
# ---------- gallien ----------
# 'gallien' ist der Name des UUCP-Feeds.
#
system gallien
#
#
#
call-login asterix
call-password obelix
#
# Telefonnummer
#
phone   0713566354
#
# 'gallien' unterstützt das bidirektionale i-Protokoll
#
protocol-parameter i packet size 1024
#
# serielle Schnittstelle
#
port    zyxel
```

Die Festlegung der Übertragungsparameter, wie Name und Übertragungsgeschwindigkeit der Schnittstelle, erfolgt in einer separaten `port`-Datei.

`port`

```
#
# ZyXEL modem
# -----------
#
# Name der Schnittelle
port zyxel
# Modem ist an Schnittstelle 'ttyS1' angeschlossen
device  /dev/ttyS1
# Übertragungsgeschwindigkeit zwischen Modem und Rechner
speed   38400
# Dialer
dialer  zyx-fast
```

dialer

Falls die Verbindung über ein Modem aufgebaut wird, benötigt man zusätzlich noch eine dialer-Datei, in der alle Modem-spezifischen Daten zusammengefaßt werden.

```
#
# Zyxel Modem
#
# Name des dialers aus port-Datei
dialer zyx-fast
#
# chat string
#
# \T -> Sende Telefon-Nummer
# \r -> Sende Carriage Return (CR)
# \c -> Unterdrücke Carriage Return am Ende des Strings
# \d -> Verzögerung von 1 Sekunde
# \s -> Sende Leerzeichen
#
chat "" AT&K4&N17 OK ATDP\T\r\c CONNECT
#
# Fehler-Strings. Chat wird abgebrochen, sobald einer der
Strings erkannt wird. #
chat-fail        BUSY
chat-fail        NO\sDIALTONE
chat-fail        NO\sCARRIER
#
# nach erfolgreicher Verbindung
#
complete         \d\d+++\d\dATH0Z\r\c
#
# nach Abbruch des Verbindungsaufbaus
#
abort            \d\d+++\d\dATH0Z\r\c
```

Log-Dateien

uulog

Alle Aktivitäten des UUCP-Systems werden in mehreren Log-Dateien festgehalten. Diese sind auch bei der Konfiguration eine große Hilfe. Die Datei /var/spool/uucp/Log enthält allgemeine Protokollinformationen, während in der Datei /var/spool/uucp/Stats eine Statistik der erreichten Übertragungsgeschwindigkeiten zu finden ist (siehe auch uulog). Wird uucico mit der Kommandozeilenoption -x im Debug-Modus gestartet, so wird unter /var/spool/uucp/Debug ein detailliertes Debug-Protokoll erstellt.

Automatische Verbindungen

Um den Verbindungsaufbau zu automatisieren, sollte für den Benutzer uucp eine eigene crontab (siehe auch Seite 40) angelegt werden. Mit Hilfe des cron-Daemons kann außerdem eine Wahlwiederholung im Falle einer besetzten Leitung durchgeführt werden. Dabei wird ausgenutzt, daß uucico nach einem erfolgreichen Verbindungsaufbau die mehrfache Ausführung innerhalb eines einstellbaren Intervalls nicht zuläßt. Soll beispielsweise täglich zwischen 19.00 Uhr und 19.15 Uhr eine Verbindung zum System gallien aufgebaut werden, so genügt die folgende crontab:

crontab

```
# (root.crontab installed on Wed Sep  7 18:23:50 1994)
# (Cron version -- $Header: crontab.c,v 2.2 90/07/18 00:23:56 vixie Exp $)
SHELL=/bin/sh
#
# mail any output to `uucp' no matter whose crontab this is
MAILTO=uucp
#
# Täglicher Anruf beim System 'gallien' ab 19.00 Uhr
0,3,6,9,12 19 * * *            /usr/lib/uucp/uucico -s gallien
#
# Kürzen der UUCP-Log-Dateien um 20.00
#
00 20 * * *      /var/lib/smail/savelog -m 300 -c 2 -t /var/spool/uucp/Log
00 20 * * *      /var/lib/smail/savelog -m 300 -c 2 -t /var/spool/uucp/Stats
```

Die Länge des Restart-Intervalls müßte in diesem Fall auf 15 Minuten eingestellt werden (success-wait 900). Die beiden weiteren crontab-Einträge dienen dem Kürzen der ständig anwachsenden UUCP-Log-Dateien.

Restart-Intervall

9.10 RPC

Einige Netzwerkdienste, unter anderem das Netzwerk-Dateisystem NFS, basieren auf den *Remote Procedure Calls* (RPC) von Sun. Hierbei handelt es sich um einen Mechanismus, mit dem einzelne Routinen auf einem anderen Rechner im Netzwerk ausgeführt werden können. Es gibt dabei einen RPC-Server, der Unterprogramme zur Verfügung stellt und Clients, die diese mit Parametern aufrufen. RPC ist also eine spezielle Art der Kommunikation zwischen Prozessen über ein Netzwerk, bei der im Gegensatz zur Netzwerkprogrammierung über Sockets von einem Kommunikationskanal abstrahiert wird.

Remote Procedure Call

Kommunikation

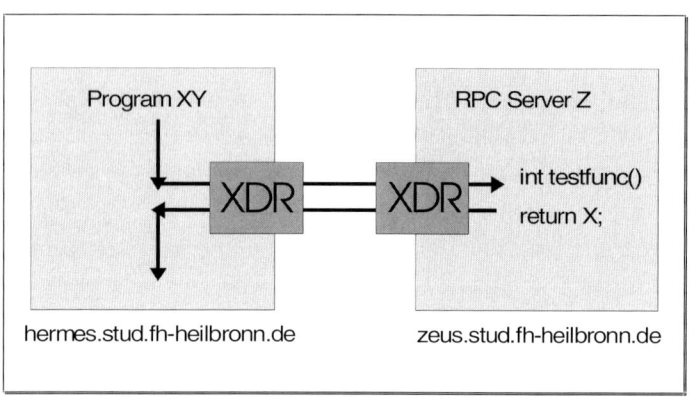

Abbildung 9.5 Ablauf eines RPC Aufrufs

XDR Zusammen mit RPC wird in der Regel die *eXternal Data Representation* (XDR) benutzt, eine rechnerunabhängige Art der Datendarstellung, die verwendet wird, um Daten zwischen Rechnern mit unterschiedlicher Prozessorarchitektur auszutauschen. Ein häufiger Unterschied zwischen zwei verschiedenen Prozessoren ist zum Beispiel die Darstellung von Integer-Zahlen.

Parameter Mit der XDR-Beschreibung können die Parameter einer RPC-Routine definiert werden und dann von entsprechenden Unterprogrammen zwischen dem maschinenunabhängigen und dem eigenen Format eines Rechners konvertiert werden.

Der Aufruf dieser Routinen und der Aufruf der internen RPC-
rpcgen Routinen kann automatisch mit dem Programm rpcgen erstellt werden. Es generiert C-Quellcode für den RPC-Server und den Client aus einer formalen Beschreibung der RPC-Routinen.

portmap Um eine Verbindung zu einem RPC-Server auf einer anderen Maschine aufbauen zu können, muß auf dieser der portmap-Daemon laufen. Diesem sind die zur Verfügung stehenden Dienste bekannt, und er leitet die RPC-Aufrufe aus dem Netz an den entsprechenden RPC-Server weiter.

Die Information, die der portmap-Daemon über registrierte Programme gespeichert hat, kann mit dem rpcinfo-Programm zu Diagnosezwecken abgefragt werden.

9.11 NIS

Da die konsistente Verwaltung von Accounts (Zugangsberech-
tigungen) und zugehörigen Paßworten innerhalb eines Netzwerkes recht mühsam sein kann, wurde von Sun das sogenannte
Network Information System (NIS) geschaffen.

Network Information System

Anstatt auf jeder einzelnen Maschine Informationen über die
zugangsberechtigten Benutzer, vorhandenen Netzwerkdienste
oder andere Systemkonfigurationen zu speichern, werden diese
auf einem zentralen NIS-Server verwaltet. Wird nun vom
Administrator ein neuer Benutzer eingetragen oder ändert ein
Anwender sein Paßwort, so sorgt das NIS für die entsprechende
Weitergabe dieser Information an alle beteiligten Maschinen.

Konfiguration

Die NIS-Software ist in vielen Distributionen enthalten und kann
von fast allen FTP-Servern bezogen werden. Auf dem FTP-Server
der Universität Paderborn `ftp.uni-paderborn.de` findet man
sie beispielsweise im Verzeichnis `/pub/linux/local/yp`.

Paderborn

9.12 NFS

Das *Network File System* (NFS) macht es möglich, Dateisysteme,
die von anderen Rechnern dazu freigegeben (exportiert) wurden,
als Teil des eigenen Filesystems zu benutzen (mounten). Damit
erhält man einen transparenten Zugriff auf Verzeichnisse eines
anderen Rechners.

Network File System

Das folgende Beispiel zeigt den Zugriff auf Dateien im `/home`-
Verzeichnis eines anderen Rechners (`stef1`) im Netzwerk. Zu-
nächst ist das Verzeichnis `/stef1` auf Maschine `dirk1` leer.
Nach dem Mount-Vorgang enthält dieses quasi alle Dateien des
Verzeichnisses `/home` des Rechners `stef1`.

Mounten

```
dirk1:/# ls
bin/        install/     lost+found/   stef1/       var@
dev/        lastlog@     mnt/          tmp/         vmlinux
etc/        lib/         proc/         user/        vmlinux.old
home/       linux@       root/         usr/
dirk1:/# ls stef1
dirk1:/# mount stef1:/home /stef1
dirk1:/# ls stef1
dirk/    fritz/    ftp/     peter/    root/    stefan/
dirk1:/#
```

Beispiel für einen NFS Mount-Vorgang

NFS wurde von Sun entwickelt, und da die Definitionen des Protokolls freigegeben wurden, konnte NFS von vielen anderen Herstellern in ihre Betriebssysteme integriert werden. So wurde es zu einem Standard, der zwar von keiner übergeordneten Instanz kontrolliert wird, sich aber dennoch auf fast allen Plattformen durchgesetzt hat. NFS existiert für fast alle UNIX-Versionen, MS-DOS und auch für andere Betriebssysteme.

stateless Server   Ein wesentliches Merkmal von NFS ist der sogenannte *stateless Server*. Das bedeutet, daß der NFS Server, der Verzeichnisse exportiert, keine Zustandsinformation der Clients speichert, sondern nur einfache Lese- und Schreiboperationen durchführt.

Wenn zum Beispiel ein NFS-Server aus irgendwelchen Gründen neu gestartet werden muß, während ein NFS-Client eine Datei von einem exportierten Verzeichnis des Servers kopiert, wird der Kopiervorgang des Clients nicht abgebrochen, sondern der Client wartet, bis der Server wieder antwortet und setzt dann den Kopiervorgang fort.

paralleler Zugriff   Dieses Verfahren wird jedoch problematisch, wenn man den Zugriff von mehreren Clients synchronisieren muß, die auf die gleiche Datei schreiben wollen.

Ein weiterer Nachteil von NFS liegt in der Sicherheit in Bezug auf Datenschutz und Zugriffskontrolle innerhalb des Protokolls.

AFS   Neuere verteilte Dateisysteme wie das *Andrew-Filesystem* (AFS) oder das *Distributed-Filesystem* (DFS) sind NFS hier überlegen. DFS ist ein Teil des Distributed Computing Environment (DCE) der Open Software Foundation (OSF). Sowohl AFS als auch DFS sind jedoch noch nicht so weit verbreitet wie NFS.

Auch unter Linux steht NFS zur Verfügung. Die entsprechenden

Kernel   Treiber müssen in den Kernel hineincompiliert worden sein. Zur Laufzeit müssen dann der `portmap`-Daemon sowie die Daemons

nfsd und mountd   `rpc.nfsd` und `rpc.mountd` laufen, damit NFS benutzt werden kann. Die Lese- und Schreibanfragen von NFS-Client-Rechnern werden vom NFS-Daemon `rpc.nfsd` beantwortet. Für die Mount-Information selbst ist der Daemon `rpc.mountd` zuständig. Er verwaltet Verzeichnisse und überprüft bei einer Mount-Anfrage, ob der Client dazu berechtigt ist.

Die wichtigste Konfigurationsdatei für NFS ist `/etc/exports`, in der alle Verzeichnisse, die von anderen Rechnern via NFS gemountet werden dürfen, zusammen mit ihren Zugriffs-Optionen aufgelistet sind. Damit Änderungen in dieser Datei wirksam werden, müssen sowohl der `rpc.nfsd` als auch der `rpc.mountd` neu gestartet werden.

```
#
# Exportierte Verzeichnisse
#
/home           *.demo.de(rw)
/usr            *.beispiel.de(ro)
/export/demo    141.7.1.47(rw) 141.7.11.120(ro,root_quash)
```

Beispiel einer Datei /etc/exports

9.13   Lanmanager

Ein in der PC-Welt häufig benutztes Netzwerkprotokoll ist das SMB-Protokoll des Lanmanagers. Sowohl IBM als auch Microsoft bieten entsprechende Server unter OS/2 bzw. Windows NT an. Nachteilig an diesen Lösungen ist vor allem der hohe Preis dieser Software. Um hier Abhilfe zu schaffen, wurde im Internet ein Projekt zur Entwickung eines UNIX-basierten Lanmanager-Serves namens *Samba* initiiert. Dieser frei erhältliche Server kann sowohl als Datei- als auch als Print-Server eingesetzt werden.

Da Samba als normaler Prozeß im Userspace abläuft, sind keinerlei Manipulationen im Kernel nötig. Da ein UNIX-Kernel normalerweise nur TCP/IP kennt, kann Samba auch nicht das eigentliche SMB-Protokoll unterstützen. Stattdessen werden die einzelnen SMB-Pakete in ein IP-Paket "eingepackt". Auf diese Weise lassen sich im Prinzip beliebige Netzwerkprotokolle über eine IP-Netzinfrastuktur versenden. Über diesen Trick wird das nicht-routingfähige Lanmanager-Protokoll auch in einem WAN nutzbar.

Auf der Client-Seite muß dazu allerdings ein TCP/IP-Stack installiert werden. Microsoft stellt glücklicherweise ent-sprechende Software für DOS und Windows auf einem ftp-Server (`ftp.microsoft.com`) kostenlos zur Verfügung. Die

SMB

Samba

SMB in IP

TCP/IP Stack

245

Integration des TCP/IP-Stacks in Windows 3.11 geschieht über das Netzwerk-Setup:

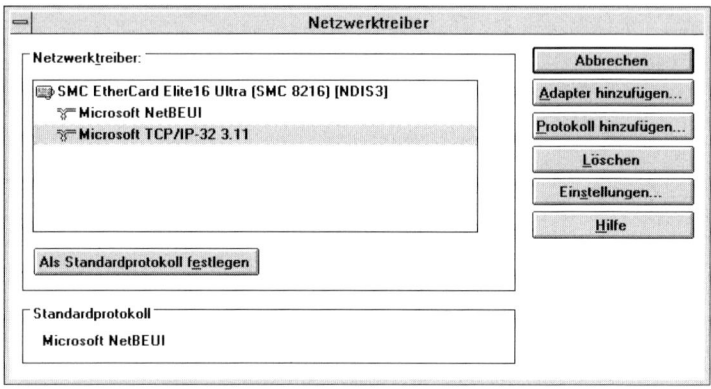

Abbildung 9.6 TCP/IP Stack unter WfW 3.11

Server-Installation

Liegt das Samba-Paket im Quelltext vor, so müssen die beiden Daemons `smbd` (Lanmanager-Server) und `nmbd` (Name-Server)

Compilation übersetzt werden. Vorher sind im Makefile die für Linux relevanten Stellen zu aktivieren. Die erzeugten Programme sollten in das Verzichnis `/usr/sbin` kopiert werden, wo sich auch die meisten anderen Netzwerk-Daemons befinden. Beide

inetd Daemons lassen sich über den Internet-Daemon (`inetd`) starten, daher muß ein entsprechender Eintrag in der Datei `/etc/inetd.conf` erfolgen:

```
#
# Samba Lanmanager-Server
#
netbios-ssn stream tcp nowait root /usr/sbin/smbd smbd -d 1
netbios-ns  dgram  udp wait   root /usr/sbin/nmbd nmbd -d 1
```

Eintrag in /etc/inetd.conf

Konfiguration Die Server-Konfiguration wird, wie unter UNIX üblich, über eine entsprechende ASCII-Datei durchgeführt. Der Suchpfad dieser

Datei wird bei der Compilation festgelegt. Als Grundlage für eigene Anpassungen sollte normalerweise die dem Samba-Paket beiliegende Beispiel-Konfiguration herangezogen werden. Ein darin enthaltener Public-Account ermöglicht den Zugriff auf das UNIX-seitige Home-Verzeichnis des jeweiligen Anwenders sowie die Nutzung der UNIX-Drucker-Dienste. Der folgende Ausschnitt aus der Konfigurationsdatei ist für diese Form des Serverzugriffs zuständig.

```
;
; Beispiel-Konfiguration des SMB-Servers
;
[global]
        print command = /usr/bin/lpr -r -P%p %s
        lpq command = /usr/bin/lpq -P
        printer name  = lp
        printcap name = /etc/printcap
        guest account = pcguest
        password level = 1

[homes]
        comment = Home Directories
        read only = no
        create mode = 0750
        print ok = yes

[printers]
        comment = All Printers
        path = /usr/spool/public
        printable = yes
        public = yes
        writable = no
        create mode = 0700
```

Einfache SMB-Server-Konfiguration

Eine Samba-Konfigurationsdatei gliedert sich in mehrere Bereiche (Sections), die jeweils einen Server-Dienst definieren. Die Abschnitte global, homes und printers besitzen eine Sonderfunktion. Die einzelnen Bereiche bestehen aus einer Reihe von Attributen mit Wertzuweisungen, die die Eigenschaften eines Dienstes definieren. In der global-Section wird eine Reihe globaler Parameter bzw. Default-Werte festgelegt.

Existiert eine home-Section, so wird ein Service erzeugt, der es sämtlichen dem Server bekannten Benutzern erlaubt, sich von einem Client einzuloggen und auf die Dateien des Home-Verzeichnisses zuzugreifen. Es ist also nicht notwendig, für jeden Benutzer einen eigenen Login-Service zu deklarieren. Das zum Einloggen notwendige Paßwort wird vom Server der Datei

Sections

Attribute

Home-Verzeichnisse

247

/etc/passwd entnommen. Die path-Variable wird auf das entsprechende Home-Verzeichnis des Benutzers gesetzt.

Die printer-Section ähnelt dem homes-Abschnitt, bezieht sich jedoch nicht auf Login- sondern auf Druckerdienste. Auf diese Weise können Clients auf alle dem System bekannten Drucker (/etc/printcap) zugreifen.

Drucker

Besonders interessant ist die Bereitstellung einer PostScript-Drucker-Warteschlange auf der Server-Maschine, was sich über einen entsprechenden lpr-Filter und Ghostscript realisieren läßt.

Auf diese Weise wird das Linux-System zum preiswerten *Raster-Image-Processor* (RIP), auch wenn kein PostScript-fähiger Drucker zur Verfügung steht. Bevor eine Datei gedruckt werden kann, wird diese auf den Server kopiert. Man findet sie im /var/spool/public-Verzeichnis.

PostScript

Die folgende Liste erläutert alle Attribute, die für einen Service modifiziert werden können. Es wird dabei zwischen globalen Attributen (G) und Service-Attributen (S) unterschieden. Die jeweiligen Default-Einstellungen sind in Klammern angegeben.

Attribute

allow hosts	GS	Liste von Clients, die einen Service benutzen dürfen, Wildcards sind erlaubt: `*.fh-heilbronn.de, 192.0.2.*`
available	S	Service kann von einem Client benutzt werden (ja)
copy	S	Kopie der Definition des vorherigen Services
create mask	GS	Maske bei der Erzeugung einer neuen Datei
create mask	G	Standardmaske bei der Erzeugung einer neuen Datei
dead time	G	Zeit in Minuten bis zur automatischen Unterbrechnug einer inaktiven Verbindung.
debug level	GS	Debug Level
default service	G	Standard-Service für Anforderung eines unbekannten Services
deny hosts	GS	Liste von Maschinen, denen der

		Serverzugriff verwehrt werden soll
`dfree command`	G	Script zur Ermittlung des freien Speicherplatzes
`dont descend`	S	Liste von Verzeichnissen, die von der Client-Seite leer erscheinen sollen (keine)
`getwd cache`	G	Cache des aktuellen Verzeichnisses (ja)
`guest account`	G	standardmäßiger Benutzername für Gast-Services
`guest ok`	S	Gast-Zugriffe beliebiger Benutzer sind gestattet (nein)
`guest only`	S	ausschließlich Gast-Zugriffe erlaubt (nein)
`keep alive`	G	Sende alle n Minuten ein keep-alive-Paket
`lock directory`	G	Pfad für Lock-Dateien
`locking`	G	Kontrolliert Locking (ja)
`lpq command`	GS	Zugriffspfad auf `lpq`
`mangled names`	G	ersetze UNIX-Dateinamen (ja)
`map hidden`	S	bei verborgenden Dateien (hidden files) soll das Execute-Bit gesetzt werden (nein)
`map system`	S	bei System-Dateien soll das Execute-Bit gesetzt werden (nein)
`max connections`	G	Anzahl der maximal gleichzeitig aktiven Verbindungen
`max xmit`	G	Maximale Größe der übertragenen Pakete
`only user`	GS	Kontrolliert, ob nur registrierte Benutzer Zugiff haben.
`password level`	G	Anzahl der max. großbuchstabigen Zeichen im Paßwort.
`path`	GS	Pfad des jeweiligen Services
`print command`	GS	Kommando zur Ausgabe übertragener Drucker-Dateien
`print ok`	S	Druckerzugriffe sind erlaubt (nein)

printcap name	G	Pfad der `printcap`-Datei
printer name	S	Name des Default-Druckers
protocol	G	benutzte Protokoll-Version
read only	S	Service erlaubt nur lesbaren Zugriff (ja)
read prediction	G	Ermöglicht vorausschauendes Lesen
read raw	G	Liest Daten in großen Paketen
root directory	G	Server führt `chroot` auf übergebenes Verzeichnis durch
set directory	S	Benutzer darf `setdir`-Kommando zum Verzeichniswechsel benutzen (nein)
username	S	Name des Service-Benutzers
wide links	G	Erlaubt die Verfolgung beliebiger Links
write raw	G	Schreibt in großen Paketen

Attribute eines SMB-Services

Über den Samba-Server können auch andere Server-Ressourcen
CD-ROM wie z.B. ein CD-ROM- oder eine zentrales Wechselplatten-
Laufwerk, problemlos von einem PC-Client genutzt werden.

Client-Konfiguration

Der Zugriff von einem PC-Client auf einen Samba-Lanmanger-
Server erfolgt im allgemeinen über Zugriffspfade der folgenden
Form:

```
\\<Server Name>\<service>
```

Will man also auf das Verzeichnis `/home/pcuser` auf dem
Zugriffspfad Server `master` zugreifen, so müßte der Zugriffspfad folgendermaßen aussehen:

```
\\master\pcuser
```

Der Drucker `ps` des Servers `phoenix` kann über

```
\\phoenix\ps
```

angesprochen werden. Unter Windows für Workgroups erfolgt die Konfiguration einer solchen Serververbindung im Datei- bzw. Druck-Manager:

Abbildung 9.7 Anbindung unter WfW

Beim ersten Server-Zugriff muß ein entsprechendes Paßwort eingegeben werden.

9.14 PC/NFS

NFS eignet sich nicht nur zur Vernetzung von UNIX-Rechnern, sondern kann auch zur Integration von DOS-PCs in ein UNIX-Netz benutzt werden. Neben den zahlreichen kommerziellen

xfs

Produkten kann auch ein Shareware-Paket (`xfs`/`xfs32`) benutzt werden. `xfs32` setzt, ebenfalls wie Samba, den TCP/IP-Stack von Microsoft voraus. Auf der Server-Seite muß, neben dem NFS- und Mount-Daemon, zusätzlich der PC/NFS-Daemon

pcnfsd

(`pcnfsd`) laufen. Er dient vor allem der Benutzer-authentifizierung und der Druckerverwaltung. Die meisten Linux-Distributionen enthalten diesen bereits. Die Aktivierung erfolgt normalerweise beim Systemstart in einem der `rc`-Startup-Scripts (siehe auch Seite 137). Als Parameter wird ein Spool-Verzeichnis für Drucker-Aufträge übergeben, in das anfallende Drucker-Jobs abgelegt werden.

```
/usr/sbin/rpc.pcnfsd /var/spool/xfs
```

Drucker

Auch mit PC/NFS können, neben dem Dateizugriff, die dem Server bekannten Drucker-Warteschlangen angesprochen werden. Die Konfiguration eines PC/NFS-Servers bezüglich der Zugriffs-rechte geschieht, wie unter NFS üblich, über die Datei `/etc/exports` (siehe Seite 245).

Menü

Nach der Installation auf einem PC-Client kann ein exportiertes Verzeichnis im Datei-Manager über den neuen Menüpunkt *Xfs32* gemountet werden:

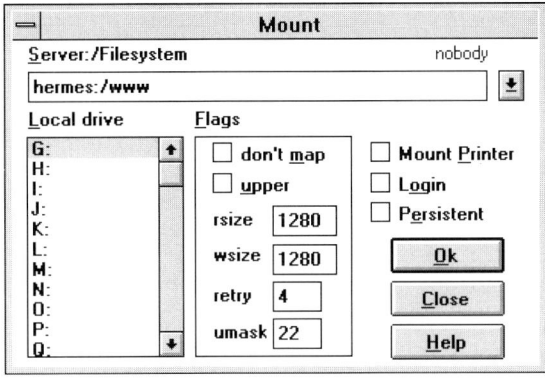

Abbildung 9.8 Mounten eines Verzeichnisses über NFS

Nach dem gleichem Prinzip erfolgt der Zugriff auf Linux-Druckerwarteschlangen:

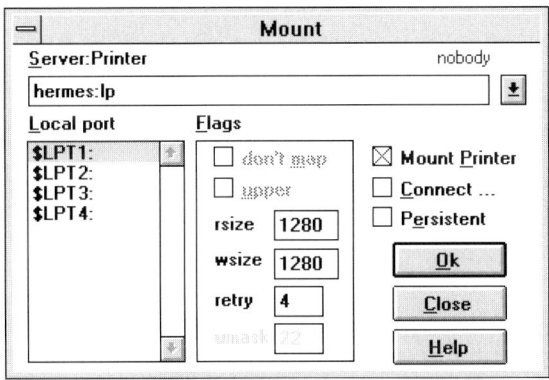

Abbildung 9.9 Zugriff auf Linux-Drucker

Die Authentifizierung kann schon während des Mountens oder später über einen eigenen Dialog im Datei-Manager durchgeführt werden:

Authentifizierung

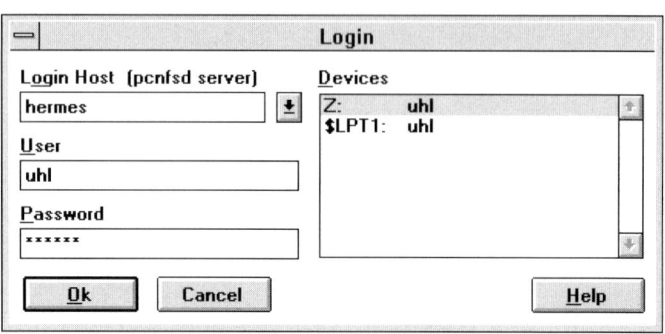

Abbildung 9.10 Authentifizierung

öffentliche
Verzeichnisse

Unterbleibt die Authentifizierung, so kann nur auf öffentliche Verzeichnisse zugegriffen werden, da dem Benutzer auf Server-Seite die User-ID -2 zugeordnet wird. Die Benutzerzuordnung kann auch nachträglich zu einem beliebigen Zeitpunkt geändert werden.

9.15 Columbia-Appletalk (CAP)

Die Linux-Serverdienste beschränken sich nicht auf die Integration gewöhnlicher PCs. Mit Hilfe des *Comlumbia-Appletalk-Paketes* (CAP) können auch Apple-Macintosh-Rechner bedient werden. CAP sieht mehrere Varianten der Integration vor. Die interessanteste dürfte jedoch die der direkten Ethershare-Unterstützung darstellen.

Drucker

CAP erlaubt neben dem Datei- und Printer-Serving auch den Zugriff auf Apple Ethershare-Drucker. Voraussetzung für die Installation ist die Verwendung eines Linux-Kernels mit einer Versionsnummer größer oder gleich 1.1.70.

9.16 ISODE

Wie eingangs bereits erwähnt wurde, existiert für den Aufbau und
die Implementierung von Netzwerken ein eigener ISO-Standard. **ISO/OSI**
Dieser Standard wurde definiert, als TCP/IP bereits existierte.
TCP/IP läßt sich zwar in das ISO/OSI-Modell einordnen, ist
jedoch nicht zu diesem Standard kompatibel. Will man auch
unter Linux OSI-konforme Applikationen entwickeln, so kann
man auf den frei erhältlichen ISO/OSI-Stack namens ISODE von **Marshall T. Rose**
Marshall T. Rose zurückgreifen, der für Linux portiert wurde. Er
befindet sich zum Beispiel auf dem Server `sunsite.unc.edu`
im Verzeichnis `/pub/Linux/system/Network/isode`.

9.17 Novell

Zur Anbindung an vorhandene Novell-Netzwerke (IPX-Protokoll) **IPX**
gibt es verschiedene Ansätze. Ein echtes Netware-Filesystem, mit
dem ein Novell-Server direkt unter Linux gemountet werden
kann, gibt es unter Linux noch nicht. Dennoch kann im DOS- **DOS-Emulator**
Emulator auf Novell-Server zugegriffen werden (siehe auch Seite
68). Eine andere Möglichkeit ist die Verwendung eines NFS-
Zusatz-Paketes für den Novell-Server, mit dem der Server seine
Verzeichnisse per NFS exportiert.

Netzanwendungen

I m vorangegangenen Kapitel wurden die theoretischen Grundlagen der Vernetzung sowie die unteren Protokollschichten
erläutert. Nun sollen die Programme und Server besprochen
werden, die diese unteren Schichten benutzen.

Programme

10.1   Netzwerk-Daemons

Wie bereits erwähnt, sind die meisten TCP/IP-Server-Dienste
nicht im Betriebssystemkern enthalten, sondern über separate
Daemons realisiert. Dazu gehören vor allem auch die Server für
Telnet, FTP und Mail. Die folgende Aufzählung gibt einen
Überblick über die wichtigsten unter Linux vorhandenen
Netzwerk-Daemons. Je nach Distribution haben die Namen
manchmal das Präfix `rpc.` oder `in.`. Diese wurden in der Liste
entfernt.

Server

Telnet, FTP, Mail

Daemons

- `bootpd` - wird zum Booten von Diskless-Workstations und X-
  Terminal benötigt.
- `fingerd` - ermöglicht die Anfrage (`finger`), welche
  Benutzer auf einem (anderen) System aktiv sind.
- `ftpd` - dient zur Dateiübertragung mit `ftp` von einem auf ein
  anderes System.
- `gated` - implementiert Routing-Protokolle für dynamisches
  Routing.
- `httpd` - WWW-Server Daemon.

- `identd` - User Identification Server. Er implementiert das in RFC 1413 definierte Protokoll zur Identifikation eines Benutzers zu einer Verbindung.
- `imapd` - `imap`-Server. Wird zum Zugriff auf Mailboxen mit `imap`-Clients wie `pine` verwendet.
- `ipop2d` und `ipop3d` - Server für das POP2 bzw. POP3 Protokoll zum Zugriff auf Mails.
- `lpd` - Drucker-Daemon. Ermöglicht unter anderem den Zugriff auf Drucker von entfernten Rechnern aus.
- `mountd` - erlaubt die Einbindung eines Dateisystems eines anderen Rechners in das lokale System.
- `nfsd` - stellt Daten als NFS-Server zur Verfügung.
- `nmbd` - Netbios Nameserver (siehe Seite 245). Hat nichts mit dem DNS Nameserver zu tun.
- `nntpd` - übermittelt News aus dem Usenet.
- `ntalkd` - Server für eine Variante von `talk`.
- `pcnfsd` - Server für PC-NFS zum Zugriff von PCs auf Dateien und Drucker des Systems.
- `pppd` - Daemon für das PPP-Protokoll (siehe Seite 220).
- `rlogind` - ermöglicht das Einloggen von einem anderen System aus mittels eines `rlogin`-Kommandos.
- `routed` - ist ebenfalls für dynamisches Routing zuständig. Er kann anstelle von `gated` verwendet werden.
- `rplayd` - Server für den `rplay`-Befehl zum Abspielen von Sounds.
- `rshd` - erlaubt die Ausführung eines Kommandos von einem anderen System aus.
- `rstatd` - Server für `rstat`. Liefert statistische Daten des Kernels.
- `rusersd` - Server für den `rusers`-Befehl. Liefert Information über die eingeloggten Benutzer.
- `rwalld` - Server für den `rwall`-Befehl. Gibt Meldungen an Benutzer aus.
- `rwhod` - Server für `rwho`. Liefert und sammelt Daten über eingeloggte Benutzer.
- `sendmail` - verschickt und empfängt Mails im Netz. Alternativ kann `smail` verwendet werden.

- `smail` - verschickt und empfängt Mails im Netz. Er ist jedoch auch ohne direkte IP-Verbindung von Bedeutung, zum Beispiel in einer UUCP-Konfiguration.
- `smbd` - Der SMB / Lanmanager-Server (siehe Seite 245).
- `talkd` - ermöglicht die interaktive Kommunikation mit anderen Benutzern über das Kommando `talk`.
- `tcpd` - TCP-Wrapper-Daemon. Er kann vor den eigentlichen Servern aufgerufen werden und überprüft die Adresse und Berechtigung der Clients.
- `telnetd` - ermöglicht, ähnlich wie `rlogind`, das Einloggen eines Benutzers von einem anderen Rechner aus.
- `tftpd` - wird wie `bootpd` zum Booten anderer Maschinen im Netz benutzt.
- `timed` - Zeit-Synchronisier-Daemon. Er synchronisiert die Zeit des lokalen Rechners mit der anderer Rechner im Netzwerk.
- `xntpd` - Ein anderer Zeit-Daemon. Er implementiert das NTP-Protokoll, wie es in RFC 135 definiert ist.

10.2 Internet-Daemon (inetd)

Die meisten TCP/IP-Daemons werden nur dann aktiviert, wenn tatsächlich eine Anforderung des entsprechenden Dienstes vorliegt. Wären sie wie andere Daemons ständig im Hintergrund aktiv, so würden sie unnötig Speicherplatz und Rechenzeit verbrauchen. Daher werden diese Daemons nicht gleich beim Booten des Systems gestartet. | Daemons

Ein UNIX-System verfügt normalerweise über einen sogenannten *Internet-Daemon* (Internet-Superserver), der auf eventuelle Anfragen aus dem Netz wartet und im Gegensatz zu den übrigen Netz-Daemons ständig läuft. Jeder Netzwerkdienst besitzt eine feste Portnummer. Über die Datei (`/etc/services`) erfolgt die Zuordnung zwischen einer Portnummer und dem jeweiligen Dienst. In einer weiteren Datei (`/etc/inetd.conf`) sind dann die entsprechenden Daemons verzeichnet, die den gewünschten Service bieten. Erst wenn tatsächlich ein Verbindungswunsch vorliegt, startet `inetd` den entsprechenden Daemon, der die | Internet-Daemon ... Portnummer ... inetd.conf

259

Verbindung übernimmt. Nach Beendigung der Verbindung wird der Daemon ebenfalls beendet, `inetd` hingegen läuft weiter.

```
tcpmux          1/tcp           # TCP Port Service Multiplexer
rje             5/tcp           # remote job entry
echo            7/tcp
echo            7/udp
discard         9/tcp           sink null
discard         9/udp           sink null
systat          11/udp          users
systat          11/tcp          users
daytime         13/udp
daytime         13/tcp
daytime         13/udp
netstat         15/udp
netstat         15/tcp
qotd            17/udp          quote
quote           17/tcp          # quote of the day
chargen         19/tcp          ttytst source
chargen         19/udp          ttytst source
ftp-data        20/tcp
ftp             21/tcp
telnet          23/tcp
smtp            25/tcp          mail #Simple Mail Transfer
nsw-fe          27/tcp          # NSW User System FE [24, RHT]
```

Ausschnitt aus einer Datei /etc/services

```
telnet    stream  tcp  nowait   root  /etc/telnetd    telnetd
ntalk     dgram   udp  wait     root  /etc/ntalkd     ntalkd
ftp       stream  tcp  nowait   root  /etc/ftpd       ftpd -l
finger    stream  tcp  nowait   root  /etc/fingerd    finger
shell     stream  tcp  nowait   root  /etc/rshd       rshd
login     stream  tcp  nowait   root  /etc/rlogind    rlogind
tftp      dgram   udp  wait     root  /etc/tftpd      tftpd /home/ftp
# Internal to inetd
echo      stream  tcp  nowait   root  internal
echo      dgram   udp  wait     root  internal
discard   stream  tcp  nowait   root  internal
discard   dgram   udp  wait     root  internal
daytime   stream  tcp  nowait   root  internal
daytime   dgram   udp  wait     root  internal
chargen   stream  tcp  nowait   root  internal
chargen   dgram   udp  wait     root  internal
```

Die Datei /etc/inetd.conf

Diese Dateien werden normalerweise nicht geändert. Sie müssen nur dann modifiziert werden, wenn neue Services hinzugefügt werden oder bei einem Update eines Daemon neue Optionen nötig sind.

10.3 Telnet

Das Telnet-Protokoll ist eines der ältesten Protokolle im Internet. Es ermöglicht das Einloggen auf anderen Rechnern im Netzwerk. Dazu werden alle Tastatureingaben vom Client an den Server und alle Bildschirmausgaben vom Server an den Client geschickt. Der Client simuliert dabei ein virtuelles Terminal.

Unter Linux und den meisten anderen UNIX-Varianten wird Telnet vom Server-Daemon `telnetd` und dem Client-Programm `telnet` implementiert. Telnet Client-Programme existieren auch für die meisten anderen Betriebssysteme, sogar für MS-DOS.

Um sich mit Telnet auf einem anderen Rechner einzuloggen, ruft man das Programm mit einem Rechnernamen oder einer IP-Adresse auf. Dabei wird eine TCP-Verbindung zu dem Telnet-Daemon des angegebenen Rechners aufgebaut.

Einloggen

Terminal

telnetd

Name oder IP-Adresse

```
linux2:/home/stefan>telnet sun1
Trying 141.7.1.20...
Connected to sun1.
Escape character is '^]'.

SunOS UNIX (sun1)

login:
```

Das `telnet`-Programm verwendet die Portnummer des Telnet-Daemons nur als Vorbelegung. Beim Aufruf von Telnet kann nach dem Hostnamen optional eine Portnummer angegeben werden.

So kann man zum Beispiel mit `telnet <Hostname> 25` eine Verbindung zum Port 25 eines Rechners aufbauen, der für SMTP, also das E-Mail-Protokoll, reserviert ist, oder mit der entsprechenden Portnummer eine Verbindung zum NNTP-Daemon eines Newsservers (Port 119) herstellen.

Diese Möglichkeit geht sogar so weit, daß man durch Eingabe von `help` von den Server-Daemons eine Beschreibung ihrer Protokollbefehle bekommt. Bei der Fehlersuche sind derartige Features eine wertvolle Hilfe.

Darüberhinaus gibt es Server, die auf bestimmten Ports Spiele wie Text-Adventures, sogenannte Multiuser-Dungeons (MUDs,

Portnummer

SMTP

NNTP

help

MUDs und Chess-Server

261

siehe Seite 338) oder Schach anbieten. Dazu muß man nur den Namen des Hosts und die Portnummer kennen.

ICS Einen Internet-Chess-Server (ICS) findet man zum Beispiel auf dem Host `anemone.daimi.aau.dk` unter der Portnummer

Port 5000 5000. Um diesen Server zu benutzen, reicht es aus, mit `telnet` `anemone.daimi.aau.dk 5000` eine Verbindung herzustellen.

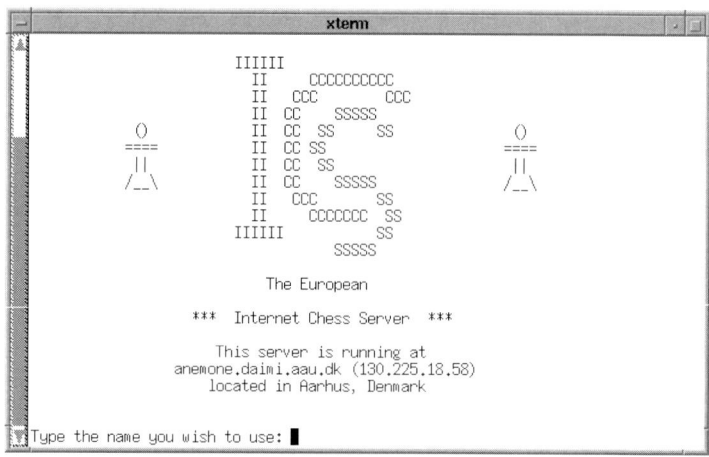

Abbildung 10.1 Der ICS-Server

xboard Das Programm `xboard`, das normalerweise als grafisches Frontend für das GNU-Schach-Programm verwendet wird, ist zum Beispiel in der Lage, eine solche Telnet-Verbindung aufzubauen und parallel eine Stellung grafisch darzustellen (siehe Seite 337).

Eine gute Quelle für derartige Internet-Dienste sind Listen, die

Internet Services meist unter dem Namen `internet.services` oder als `internet.ressources` auf verschiedenen FTP-Servern zu

FAQs finden sind. Genauso wie FAQs (Frequently asked Questions) werden diese Listen auch regelmäßig in der Newsgruppe

news.answers `news.answers` veröffentlicht. Es lohnt sich also gerade für Einsteiger, sich in die Bedienung eines Newsreaders einzuarbeiten, da dadurch der Zugang zu anderen Servern und Informationsquellen sehr viel einfacher wird. (Siehe auch Seite 287)

10.4 FTP

FTP ist ein Protokoll zum Übertragen von Dateien über das
Internet. Es steht für *File Transfer Protocol* und wird unter
Linux und anderen UNIX-Versionen meist durch den FTP-
Server-Daemon `ftpd` und das Client-Programm `ftp` implemen-
tiert. Als Alternativen zu dem einfachen `ftpd` wird auch häufig
der `wu-ftpd`-Daemon der Washington University verwendet. Er
bietet vor allem Erweiterungen im Bereich der Sicherheit und
Konfigurierbarkeit.

File Transfer Protocol

ftpd

wu-ftpd

Mit dem Begriff FTP-Server meint man in der Umgangssprache
nicht den Server-Daemon `ftpd`, sondern meist Rechner, die
einen anonymen Zugriff per FTP anbieten. Große FTP-Server
sind in der Regel mit mehreren Gigabytes an Festplattenkapazität
ausgerüstet und bieten Freeware-, Shareware- und Public-
Domain-Programme in großer Auswahl an.

FTP-Server

anonymous

Software

Um mit FTP eine Verbindung zum wichtigsten Linux-FTP-Server
in Finnland aufzubauen, gibt man `ftp nic.funet.fi` ein.
Damit wird das FTP-Programm gestartet, das dann versucht, über
die fest vereinbarte Portnummer 21 des FTP-Daemons eine TCP-
Verbindung zum anderen Rechner aufzubauen.

Linux FTP-Server

Port 21

Ist diese Verbindung aufgebaut, so wird man aufgefordert, seine
User-Id anzugeben. Bei FTP-Servern, die frei zugänglich sind,
kann man den Benutzernamen `ftp` oder `anonymous` verwenden
und sollte danach seine eigene E-Mail-Adresse als Paßwort
angeben. Nun kann man mit den Befehlen des `ftp`-Programms
wie `cd`, `dir`, `get` oder `put` Dateien suchen und übertragen.

E-Mail Adresse
als Paßwort

Diese Befehle entsprechen nicht den Kommandos, die intern vom
FTP-Protokoll verwendet werden, sondern sie werden vom FTP-
Programm erkannt und in entsprechende Protokollbefehle, zum
Beispiel `PORT` oder `RETR`, umgesetzt. Nur diese Protokollbefehle
werden übertragen. Für die Datenverbindung bei der Übertragung
von Dateien wird eine zweite TCP-Verbindung hergestellt.

Protokoll

Die einzelnen Kommandos entnimmt man am besten der
Manualpage zu `ftp` oder aus der Hilfe innerhalb des `ftp`-
Programms, die man durch Eingabe von `help` bekommt. Eine
Liste wichtiger FTP-Server für Linux findet man auf Seite 84.
Das folgende Beispiel zeigt eine FTP-Session:

help

```
linux2:/home/stefan>ftp sun1
Connected to sun1.
220 sun1 FTP server (SunOS 4.1) ready.
Name (sun1:stefan): ftp
331 Guest login ok, send ident as password.
Password (sun1:ftp): strobel@demo.de
230 Guest login ok, access restrictions apply.
ftp> ls
200 PORT command successful.
150 ASCII data connection for /bin/ls (141.7.1.41,1157) (0
bytes).
total 6
drwxrwxrwx  2 0         150           512 Jul 16 16:14 Incoming
-rw-r--r--  1 0         1             139 Aug 22 12:33 README
drwxr-xr-x  2 0         150           512 May 10 09:51 bin
drwxr-xr-x  2 0         150           512 May 10 09:54 dev
drwxr-xr-x  5 0         150           512 Jun 20 15:36 pub
drwxr-xr-x  3 0         150           512 May 10 09:52 usr
226 ASCII Transfer complete.
ftp> get README
200 PORT command successful.
150 ASCII data connection for README (141.7.1.41,1158) (139
bytes).
226 ASCII Transfer complete.
142 bytes received in 0 seconds (0.14 Kbytes/s)
ftp> bye
221 Goodbye.
```

Komfortabler als mit dem kommandozeilenorientierten `ftp`-Programm kann man Dateien mit einem der grafischen Frontends für FTP übertragen. Diese gibt es in vielen verschiedenen Varianten auf den üblichen Linux-FTP-Servern oder dem offiziellen Server für X11-Programme `ftp.x.org`. Recht beliebt ist das XView-basierte `ftptool`:

grafische Frontends

ftp.x.org

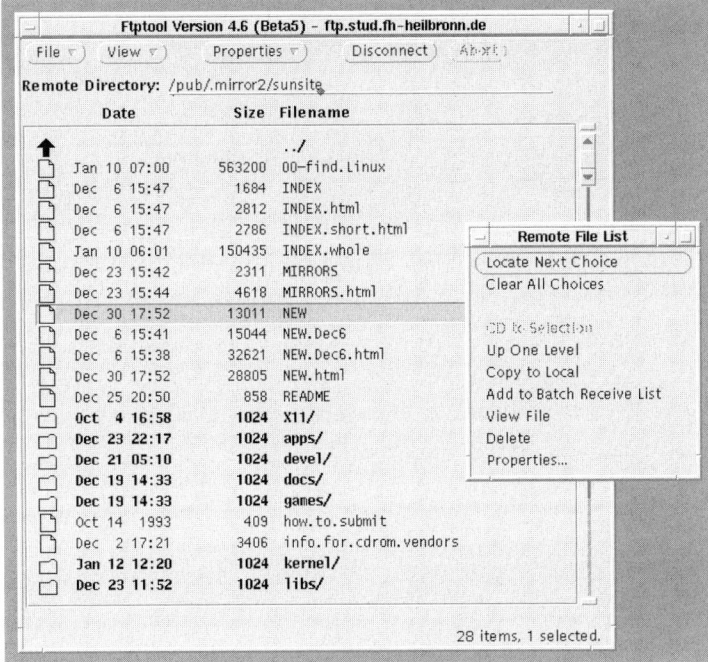

Abbildung 10.2 ftptool

10.5 Archie

Bei der großen Anzahl von FTP-Servern und der darauf verfügbaren Software ist es oft nicht einfach einen FTP-Server zu finden, auf dem das gesuchte Programm abgelegt ist. Eine wertvolle Hilfe leisten hier sogenannte *Archie-Server*.

Programme suchen

Ein Archie-Server erlaubt den Zugriff auf eine mehrere Gigabyte große Datenbank, die die Inhaltsverzeichnisse der wichtigsten FTP-Server im Internet enthält. Diese Datenbank wird automatisch in bestimmten Zeitintervallen auf den neuesten Stand gebracht. Einen Archie-Server findet man unter anderem unter folgenden Adressen:

große Datenbank

- `archie.th-darmstadt.de` (Deutschland)
- `archie.funet.fi` (Finnland)
- `archie.ans.net` (New York)

265

- `archie.au` (Australien)
- `archie.doc.ic.ac.uk` (England)

telnet Um einen Server abzufragen, kann man sich mit `telnet` und dem User-Namen `archie` auf dem entsprechenden Host einloggen und mit einer einfachen Abfragesprache nach Programmen suchen.

Weit komfortabler geht dies jedoch mit dem grafischen Frontend xarchie `xarchie`, welches ebenfalls unter Linux verfügbar ist. Hier gibt man nur den Suchbegriff ein, wählt einen Suchmodus, und `xarchie` stellt die Verbindung zum eingestellten Server her. Nach kurzer Zeit werden die gefundenen Dateien und deren Browser Server in einem Browser dargestellt.

Mit neueren Versionen von `xarchie` kann dann sogar direkt eine FTP-Übertragung gestartet werden und die gewünschte Datei vom ausgewählten FTP-Server geladen werden.

Neben der Suche nach Programmen mit einem bestimmten whatis Namen bietet ein Archie-Server auch eine sogenannte `whatis` Datenbank an, in der mit dem Kommando `whatis` eine kurze Beschreibung zu Programmen abgefragt werden kann. Wenn man beispielsweise den Namen einer gesuchten Datei überhaupt nicht oder nur bruchteilhaft kennt, so kann man sich mit `whatis` eine Beschreibung Liste aller registrierten Programme mit ihrer Beschreibung und deren Namen ausgeben lassen.

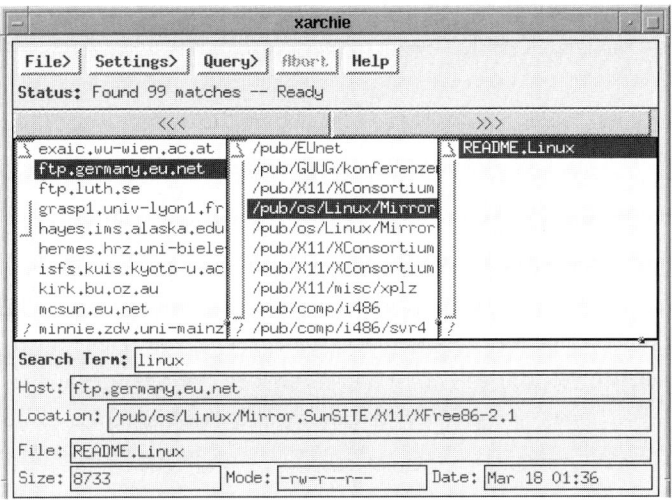

Abbildung 10.3 Dateisuche über xarchie

Wer keinen direkten Internet-Zugang besitzt, kann dennoch die Archie-Server per E-Mail abfragen. Dazu sendet man bestimmte Befehle an den Benutzer `archie` auf einem solchen Server. Eine genauere Beschreibung erhält man wie bei FTP-Mailservern durch Senden des Befehls `help` in der ersten Zeile der Mail.

Abfragen per E-Mail

10.6 Berkeley r-Utilities

Einen großen Einfluß auf die Netzwerkmöglichkeiten unter UNIX hatte das an der Universität von Berkeley entwickelte BSD-UNIX. Durch die gelungene Integration von TCP/IP in das UNIX-Betriebssystem trug diese Implementierung wesentlich zur weiteren Verbreitung von TCP/IP bei.

BSD-UNIX

Als Berkeley r-Utilities bezeichnet man heute eine Reihe von Programmen, deren Name jeweils mit einem r beginnt. Die wichtigsten sind `rlogin`, `rsh` und `rcp`, wobei das r für Remote steht.

rlogin, rsh, rcp

Die Berkeley r-Utilities gehören inzwischen zum Standard einer vernetzten UNIX-Workstation und sind im Laufe der Zeit um einige Programme wie zum Beispiel `rwho` oder `ruptime` erweitert worden.

267

Unter Linux wurden, wie auch in vielen kommerziellen UNIX-Varianten, die Utilities aus der Berkeley-Distribution portiert.

Portierung

Die Grundidee dieser Utilities ist es, einem Benutzer, der auf mehreren Rechnern im Netz einen Account (Zugang) besitzt, eine einfache Möglichkeit zu geben, sich auf einem anderen Rechner im Netzwerk einzuloggen, Programme ablaufen zu lassen oder Dateien zu kopieren, ohne daß er sich dazu jedesmal mit seinem Paßwort anmelden muß.

Damit dies möglich ist, und dennoch keine Sicherheitslücke entsteht, kann definiert werden, welchen Benutzern von anderen Rechnern vertraut wird. Nur diese Benutzer können sich dann auf dem Rechner anmelden und Dienste des Rechners verwenden, ohne ein Paßwort anzugeben. Diese Definition geschieht systemweit in der Datei `/etc/hosts.equiv` oder in der Datei `.rhosts` im Home-Verzeichnis des jeweiligen Benutzers für seinen eigenen Account:

```
#
# Zulässige Hosts und Benutzer
#
zeus.demo.de
hermes.demo.de strobel
sun.demo.de arnold
```

Die Datei `/etc/hosts.equiv` kann nur vom Systemadministrator modifiziert werden. Möchte ein einzelner Benutzer einem anderen Zugriffsrechte einräumen, so kann er dies über einen Eintrag in die Datei `.rhosts` in seinem Home-Verzeichnis erreichen. Eine solche Datei ist vor allem dann sinnvoll, wenn ein Anwender auf mehreren Maschinen im Netz unterschiedliche Benutzerkennungen besitzt. Durch entsprechend angepaßte `.rhosts`-Dateien wird der netzweite Zugriff auf die eigenen Verzeichnisse erheblich erleichtert.

Für einen weiteren Sicherheitsgewinn sorgt die Verwendung von sogenannten *reservierten Ports*. Dabei überprüft der Server die TCP-Portnummer des Clients. Ist diese kein reservierter Port, so wird die Verbindung verweigert.

Reservierte Ports stehen auf UNIX-Rechnern nur Benutzern mit Superuser-Berechtigung zur Verfügung. Dadurch wird verhindert, daß ein normaler Benutzer mit einem selbstgeschriebenen anderen Programm einen falschen Rechner- oder Benutzernamen vortäuscht, um sich so Zugang zu einem Rechner zu verschaffen. Dies bedeutet natürlich, daß die r-Utilities mit der User-Id *root* ablaufen müssen.

Neuere Implementationen der Berkeley r-Utilities unterstützen auch *Kerberos,* um eine weitere Steigerung der Sicherheit zu erreichen. Kerberos ist ein System zur Authentifizierung, das am *Massachusetts Institute of Technology* (MIT) entwickelt wurde.

Kerberos

rlogin

Das Programm rlogin funktioniert für den Benutzer sehr ähnlich wie das telnet-Programm, jedoch muß man bei entsprechender Konfiguration keine Benutzerkennung und kein Paßwort eingeben. Die Angabe einer abweichenden Portnummer ist bei rlogin nicht möglich.

telnet

```
hermes:/home/strobel> rlogin zeus
zeus:/home/strobel>
```

rcp

Mit rcp können Dateien zwischen verschiedenen Rechnern kopiert werden. Dazu muß jedoch der genaue Zugriffspfad angegeben werden. Daher wird in vielen Fällen das interaktive ftp Utility oder der Zugriff über ein *Network File System* (NFS) bevorzugt. Im Gegensatz zum normalen FTP können über rcp auch Dateihierarchien rekursiv kopiert werden.

Zugriffspfad

NFS

```
zeus:/home/strobel> ls
Amster.txt  README      hn-net.tki  lainel/      maurer.txt
Buch/       emacst.txt  kernel.txt  mail/        mib.txt
zeus:/home/strobel> rcp -r strobel@sun1:/home/prog/xprogs .
zeus:/home/strobel> ls
Amster.txt  README      hn-net.tki  lainel/      maurer.txt
Buch/       emacst.txt  kernel.txt  mail/        mib.txt
xprogs/
```

rsh

Programme

Die *Remote Shell* rsh wird dazu benutzt, Programme auf anderen Rechnern zu starten. Neben dem auszuführenden Kommando wird der Name eines Rechners und optional eine Benutzerkennung angegeben. Die Ausgabe des ausgeführten Befehls wird dann über das Netz auf die lokale Maschine umgelenkt.

Datenübertragung
mit rsh

Datensicherung

Dieses Programm eignet sich neben der Ausführung von Kommandos auf einem anderen Rechner auch dazu, schnell Daten zwischen verschiedenen Rechnern zu übertragen. Dabei nutzt man die Eigenschaft von rsh aus, die eigene Standardein- und -ausgabe mit dem Programm, das auf dem Zielrechner gestartet wird, zu verbinden. Auf diese Weise kann beispielsweise die Sicherung von Dateien einer lokalen Festplatte auf ein Bandlaufwerk (Streamer) eines anderen Rechners im Netz erfolgen.

```
stef1:/home/strobel> rsh lia "ls .em*"
.emacs
.emacs-bkmrks
.emacs-places
.emacs-places~
.emacs-skp
.emacs~
stef1:/home/strobel>
stef1:/home/strobel> rsh lia "tar cfz - .em*" | tar xvfz -
.emacs
.emacs-bkmrks
.emacs-places
.emacs-places~
.emacs-skp
.emacs~
stef1:/home/strobel>
```

10.7   Mail

Daemon

Frontend

Der TCP/IP E-Mail-Dienst besteht in der Regel aus einem Daemon, der die Übertragung der Nachrichten zu anderen Rechnern mit dem SMTP-Protokoll übernimmt, und Programmen, mit denen man Briefe lesen und schreiben kann. Diese werden auch Mail-Reader genannt.

Für die Übertragung ist unter Linux sowohl das weit verbreitete sendmail-Programm als auch die Alternative smail verfügbar, die neben dem Transport über ein TCP/IP-Netzwerk auch sehr gut für UUCP geeignet ist. Als Mail-Reader sind in den meisten Paketen pine und elm enthalten. Außerdem existieren grafische Programme, wie zum Beispiel mumail, mit dem Briefe komfortabel unter X11 verwaltet werden können.

sendmail und smail

pine, elm

elm

elm ist ein etwas älteres, aber weit verbreitetes Programm zum Lesen und Schreiben von E-Mail. Es existiert für die meisten UNIX-Plattformen. Beim ersten Starten von elm werden zwei Unterverzeichnisse im Home-Verzeichnis des Benutzers angelegt. Ein Konfigurationsverzeichnis und ein Verzeichnis, in dem empfangene Mails abgelegt werden.

älter aber
weit verbreitet

Neue Nachrichten werden in einer Liste mit dem Absender und dem Titel der Nachricht angezeigt. Sie können mit den Pfeiltasten ausgewählt, gelesen und in verschiedene Dateien abgelegt werden.

Liste

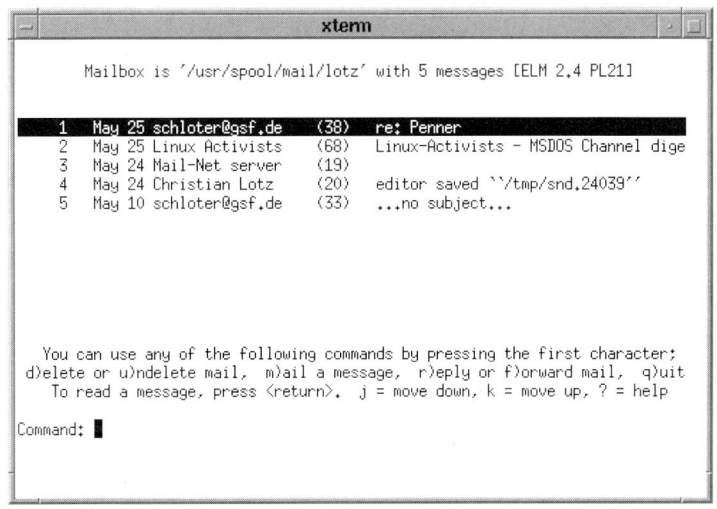

Abbildung 10.4 elm

Für das Schreiben von Mails wird ein externer Editor aufgerufen,
externer Editor   den man in den `elm`-Optionen definieren kann. Nachrichten im
MIME   *Multipurpose Internet Mail Extension* Format (MIME), die
beispielsweise Bilder, Sounds oder Programme enthalten können,
metamail   werden ebenfalls erkannt. Sie können mit dem `metamail`-
Programm und den jeweiligen Präsentationsprogrammen
ausgegeben werden.

Pine

Mehr Komfort als `elm` bietet `pine`. `Pine` steht für *Pine Is No-
longer Elm* oder *Program for Internet News & Email*. Einer der
wesentlichen Unterschiede zu elm ist die Möglichkeit, auch auf
News   Internet-News (siehe Seite 284) zugreifen zu können. `pine`
enthält einen eigenen Editor namens `pico`, der die Erstellung von
IMAP   Mails wesentlich erleichtert. Da `pine` das IMAP2-Protokoll
benutzt, können auch Mailboxen verwaltet werden, die sich nicht
auf der lokalen Maschine befinden. Dies ist vor allem dann
interessant, wenn man oft zwischen verschiedenen Maschinen
wechselt.

IMAP2 gewährleistet einen konsistenten Zugriff auf die Mails des
"Heimatrechners" und unterstützt auch Nachrichten nach dem
MIME-Standard.

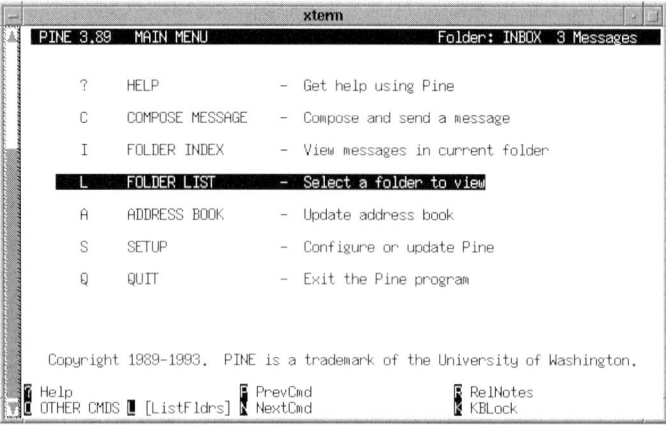

Abbildung 10.5 Der Mail-Reader Pine

Zur Konfiguration von Pine kann man die Datei `.pinerc` im Home-Verzeichnis des jeweiligen Benutzers ändern. Einstellungen für alle Benutzer können in der Datei `pine.conf` abgelegt werden. In der Regel steht sie im Verzeichnis `/usr/local/lib/`. Die interessantesten Einstellungen sind:

.pinerc

pine.conf

```
user-domain=demo.de
```

Damit wird der Domainname in ausgehenden Mails festgelegt. Schickt beispielsweise der Benutzer mit dem User-Namen `mueller` auf dem Rechner `hermes.demo.de` eine Mail ab, so wird bei der obigen Einstellung `mueller.demo.de` als Absenderadresse in den Mail-Header eingetragen.

Absenderadresse

```
inbox-path=mail/inbox
```

Die Einstellung `inbox-path` setzt den Pfad des Folders, in dem Mails ankommen. Normalerweise ist dies eine Datei mit dem Namen des Benutzers im Verzeichnis `/var/spool/mail`. Innerhalb von Pine wird der Folder mit dem Namen INBOX bezeichnet. Falls Mails in einem anderen Verzeichnis ankommen oder von einem Programm wie `deliver` automatisch in andere Dateien sortiert werden, so kann der Pfad der Datei hier geändert werden.

Pfad für INCOMING

/var/spool/mail

```
incoming-folders=Linux mail/linux,
        Projekt mail/project,
        Zeus {zeus.demo.de}
```

Weitere Mailboxen können in der `incoming-folders`-Zeile angegeben werden. Diese Folders können weitere lokale Dateien oder Mailboxen auf anderen Rechnern sein. Für jeden Folder werden ein Titel und ein Pfad festgelegt. Bei Mailboxen auf anderen Rechnern kommt vor dem Pfad der Name des Rechners in geschweiften Klammern. In diesem Fall erfolgt der Zugriff über das IMAP2-Protokoll.

zusätzliche Mailboxen

Titel und Pfad

IMAP

feature-list

old-growth

Das Verhalten von `pine` kann über die Variable `feature-list` beeinflußt werden. Die möglichen Einstellungen werden in den Kommentaren der Datei `.pinerc` beschrieben. Häufig verwendete Einstellungen sind `old-growth` und `auto-move-read-msgs`. Letztere sorgt dafür, daß gelesene Mails beim Beenden von `pine` automatisch in den Folder mit dem Namen `read-messages` übertragen werden.

```
feature-list=old-growth, auto-move-read-msgs
```

Grafiken Das Programm, das von `pine` zum Ansehen von Grafiken in MIME-Mails aufgerufen wird, kann ebenfalls definiert werden:

```
image-viewer=xv
```

MuMail

Ein Mail-Programm mit grafischer Oberfläche ist `mumail`. Es X11 verwendet X11 und läßt sich komfortabel mit der Maus bedienen. Der Funktionsumfang entspricht ungefähr dem von `elm`. Auch damit können Multimedia-Mails erzeugt und angezeigt werden.

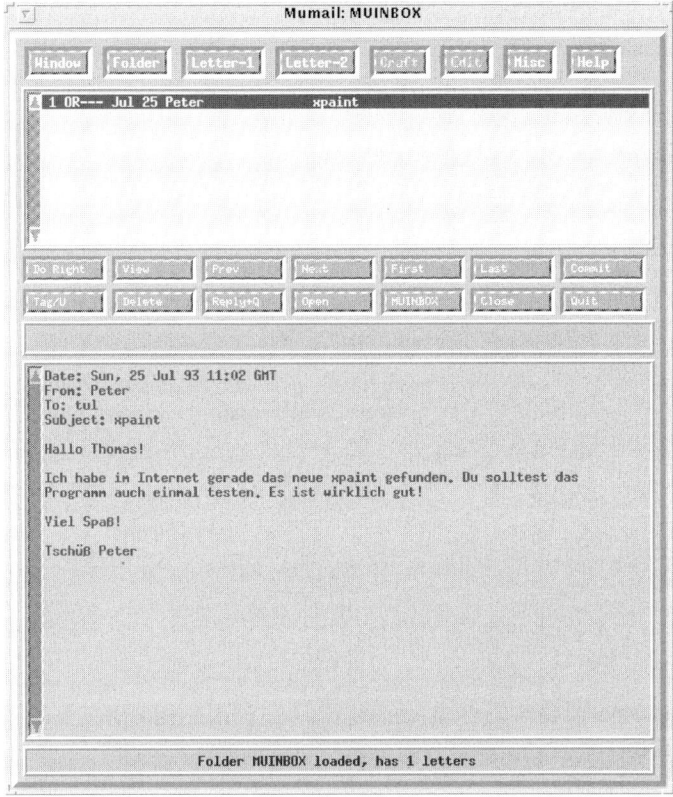

Abbildung 10.6 Der Mail-Reader MuMail

deliver

Zum automatischen Sortieren von Mails gibt es mehrere Programme. `deliver` und `procmail` gehören zu den bekanntesten. Am Beispiel von `deliver` soll nun gezeigt werden, wie ein solches Programm funktioniert und wie man es konfiguriert.

Sortieren von Mails

Zunächst muß dafür gesorgt werden, daß `deliver` die Kontrolle über eingehende Mails bekommt. Dazu kann der Benutzer, der eine Sortierung seiner Mails wünscht, die Mails über einen Eintrag in seiner Datei `.forward` an `deliver` weitergeben. Der entsprechende Inhalt dieser Datei sieht dann folgendermaßen aus:

eingehende Mails

275

```
|/usr/bin/deliver benutzername
```

Alternativ kann `deliver` direkt in der Konfiguration des Mail-Transport-Daemons eingebunden werden. Dies wird auf Seite 283

smail   bei der Konfiguration von `smail` beschrieben.

Mit jeder ankommenden Mail wird damit `deliver` aufgerufen und bekommt die Nachricht in der Standardeingabe übergeben. `deliver` schreibt den Header und den Inhalt der Mail in eine

.deliver   Temporärdatei und ruft ein Script mit dem Namen `.deliver` im Home-Verzeichnis des Empfängers auf. Dieses Script entscheidet

Benutzer   über das Ziel der Mail. Es muß vom jeweiligen Benutzer erstellt werden und den Inhalt der Mail analysieren. Meist wird dazu nach Stichwörtern in der Absenderadresse oder der Subject-Zeile gesucht.

Standardausgabe   Das Script gibt auf der Standardausgabe aus, was mit der Nachricht passieren soll. Die Syntax der wichtigsten Ausgabemöglichkeiten ist dabei:

- **:Mailbox** - Fügt die aktuelle Mail an die angegebene Datei an.
- **|Befehl** - Ruft den angegebenen Befehl auf und übergibt die Mail auf der Standardeingabe.

Das folgende Beispiel zeigt ein solches Script:

```
user="$1"
KENN=`/usr/bin/header -f To -f CC -f SENDER -f Reply-To $HEADER`
SUBJECT=`/usr/bin/header -f Subject $HEADER`

# Filter Mailinglisten
case "$KENN" in
*tkined@ibr.cs.tu-bs.de* )              echo :Mail/IN/tkined;   exit ;;
*samba@* )                              echo :Mail/IN/samba;    exit ;;
*-new-tty* )                            echo :Mail/IN/linux;    exit ;;
*linux* | *Linux* )                     echo :Mail/IN/linux;    exit ;;
*Firewalls-Digest* | *firewalls-digest*) echo :Mail/IN/firewall; exit ;;
esac

case "$SUBJECT" in
*Daily\ Usenet\ report*)                echo :Mail/IN/news;     exit ;;
*Quota\ usage\ on*)                     echo :Mail/IN/system;   exit ;;
esac

# Andere Mails
echo ":Mail/IN/default"
```

`deliver` kann vom Systemverwalter so installiert werden, daß

zentrale Scripts   vor den `.deliver`-Scripten ein zentrales Script aufgerufen wird, das Mails an verschiedene Benutzer verteilt. Näheres dazu findet man in der Manualpage zu `deliver`.

smail Konfiguration

Zum reinen Transport von Mails gibt es verschiedene Programme. Einige Distributionen verwenden das Programm `sendmail`, die meisten benutzen jedoch `smail`. Im folgenden wird zunächst die Konfiguration von `smail` für einen Rechner mit direktem Anschluß an das Internet beschrieben. Anschließend werden die Änderungen für eine UUCP-Verbindung erläutert. Die Konfiguration des `smail`-Daemons erfolgt über die Dateien im Verzeichnis `/var/lib/smail`. Manche Distributionen legen die Konfigurationsdateien auch zusammen mit den Hilfsprogrammen im Verzeichnis `/usr/lib/smail` ab. Grundsätzlich kann `smail` sowohl bei der Compilation als auch später in den Konfigurationsdateien angepaßt werden. Die Einstellungen in den Dateien überschreiben dabei die Werte, die bei der Compilation festgelegt wurden. Diese sind in der Regel unbrauchbar. Die wichtigsten Konfigurationsdateien sind:

Transport

smail

UUCP

/var/lib/smail

Compilation

* `config`
* `routers`
* `transports`
* `directors`

Die Datei `config` enthält globale Einstellungen wie den Namen des Rechners. Die Einträge haben normalerweise die Form Attribut=Wert. Das `#`-Zeichen leitet einen Kommentar ein.

globale Einstellungen

```
#
# smail Konfiguration fuer hermes (unser Mail-Server)
#

hostname=hermes.demo.de
more_hostnames=demo.de
```

Mit `hostname` wird der Name des lokalen Rechners festgelegt. Er wird im Kopf von ausgehenden Nachrichten verwendet und dient außerdem dazu, eingehende Nachrichten an den eigenen Rechner zu erkennen. `more_hostnames` gibt alternative Namen an. Im obigen Beispiel ist `hermes` der Mailserver für die Domain `demo.de`. Mit dem Eintrag `more_hostnames=demo.de` wird erreicht, daß der tatsächliche Rechnername in den Mail-Adressen weggelassen werden kann. Anstelle der langen Adresse `strobel@hermes.demo.de` reicht damit `strobel@demo.de`.

more_hostnames

Die Aufgabe der Dateien `routers`, `transports` und `directors` ist komplizierter. Sie legen fest, wie man anhand einer Adresse auf die Art und den Weg der Zustellung kommt. Eine Adresse wird zunächst in eine Zieladresse und einen Rest zerlegt. Bei der Adresse `strobel@demo.de` ist die Zieladresse `demo.de` und `strobel` der Rest. Anhand der Zieladresse wird dann entschieden, ob die Mail lokal ist oder an einen anderen Rechner weitergeleitet werden muß. Bei lokalen Mails wird mit Hilfe der Datei `directors` festgestellt, wie die Mail an den Adressaten zugestellt werden soll, und bei entfernten Adressen legt die Datei `routers` den Weg und das zu verwendende Protokoll fest. Die Optionen der verschiedenen Transportarten (SMTP über TCP/IP, UUCP etc.) werden in der Datei `transports` definiert.

routers, transports und directors

Zieladresse

lokal ?

directors

Weg

Die Datei `routers` enthält eine Liste von Router-Einträgen. Diese Router haben nichts mit IP-Routern zu tun. Sie definieren eine Instanz innerhalb des `smail`-Programms, der ein Treiber zugeordnet ist. `smail` übergibt die Mail-Adressen der Reihe nach an die definierten Router, die dann überprüfen, ob sie die Adresse verarbeiten können.

routers

Treiber

Für jeden Router sind in der Datei `routers` generische und treiberspezifische Attribute festgelegt. Die generischen Attribute können für jeden Router angegeben werden und legen den Treiber und den zu verwendenden Transport fest. Die spezifischen Attribute können einzelne Eigenschaften des angegebenen Treibers beeinflussen.

Attribute

Eigenschaften

Die im folgenden Beispiel gezeigte `routers`-Datei enthält Definitionen für einen Rechner, der sowohl am Internet angeschlossen ist als auch UUCP-Verbindungen besitzt. In vielen Distributionen fehlen die Einträge zum Auflösen von MX-Records, und `smail` ist damit im Internet nicht zu gebrauchen.

```
#
force_paths:
        driver=pathalias,
        transport=uux,              # Verwende den uux-Transport
        always;                     #
        file=forcepaths,            # Name der Datei
        proto=lsearch,              # direkter Zugriff (keine dbm-files)
        optional,                   # Die Datei ist optional

#
match-inet-addrs:
        driver=gethostbyaddr,       # verarbeitet IP-Adressen in []
        transport=smtp;             # Transport ist smtp
        fail_if_error,
        check_for_local

#
match_mx_hosts:
        driver=bind,                # Auflösen von MX-Records
        transport=smtp;             # TCP/IP SMTP
        defnames,
        defer_no_connect,           # weiterversuchen wenn nameserver down
        local_mx_okay,

#
match-inet-hosts:
        driver=gethostbyname,       # Hostnamen mit Resolver auflösen
        transport=smtp;
        domain = %domain%

#
smart_host:
        driver=smarthost,           # special-case driver
        transport=smtp;             # by default deliver over SMTP
```

Die Datei routers

Der erste angegebene Router ist nur nötig, wenn neben einem Internet-Anschluß auch UUCP-Verbindungen verwendet werden. Er ermöglicht es, eine Datei mit Namen `forcepaths` zu erstellen, die Domainnamen und Zieladressen für `uucp` enthält. Mails an Domains, die in dieser Datei eingetragen sind, werden per `uucp` an den angegebenen Zielrechner verschickt.

Internet und UUCP

Der Router `match-inet-addrs` ermöglicht es, IP-Adressen in einer Mail-Adresse zu verwenden. Falls aus irgendwelchen Gründen eine Auflösung symbolischer Namen nicht funktioniert, könnte man anstelle von `strobel@hermes.demo.de` die Adresse `strobel@[141.7.1.41]` verwenden.

IP-Adressen

`match_mx_hosts` ist der Router, der normalerweise für Mails im Internet verwendet wird. Er löst den MX-Eintrag für eine symbolische Adresse auf.

MX-Records

Der Eintrag `match-inet-hosts` kann Adressen mit Hilfe des Resolvers (siehe auch Seite 231) auflösen. Damit können Adressen in der Form Name@Rechneradresse symbolisch

Resolver

verwendet werden. MX-Records können dabei jedoch nicht aufgelöst werden. Die Zustellung einer Mail an strobel@hermes.demo.de wäre damit möglich, nicht jedoch an strobel@demo.de, da es keinen Rechner mit diesem Namen gibt, sondern nur ein MX-Record, das auf hermes verweist.

smarthost

Der smarthost-Router schickt alle Mails an einen anderen Rechner weiter. Er wird verwendet, wenn ein zentrales Mail-Gateway existiert, das sich um die Zustellung der Mails kümmert, und der lokale Rechner seine Mails nicht direkt zustellen soll

Gateway

oder kann. Die Adresse des Mail-Gateways, an das der smarthost-Treiber die Mails weiterleiten soll, wird üblicher-

smart_path

weise mit der Variablen smart_path im config-File festgelegt. In diesem Fall kann auch der Transport (siehe unten)

smart_transport

mit der Variablen smart_transport im config-File angegeben werden. Diese Einstellungen überschreiben die Attribute, die eventuell in der Datei routers eingetragen wurden.

Die Verwendung des smarthost-Routers wird später im Zusammenhang mit den Einstellungen für uucp nochmals aufgegriffen.

transports

Die Eigenschaften der einzelnen Transportmöglichkeiten werden in der Datei transports festgelegt. Sie hat den selben Aufbau wie die Datei routers. Für jeden Transport können generische und treiberspezifische Attribute angegeben werden.

```
#
local:   driver = appendfile,          # append message to a file
         return_path,                  # include a Return-Path: field
         local,                        # use local forms for delivery
         from,                         # supply a From_ envelope line
         unix_from_hack;               # insert > before From in body
         file = /usr/spool/mail/${lc:user},
         group = mail,                 # group to own file
         mode = 0660,                  # group can access
         suffix = "\n",                # append an extra newline
         append_as_user,

#
pipe:    driver = pipe,                # pipe message to another program
         return_path, local, from, unix_from_hack;
         cmd = "/bin/sh -c $user",     # send address to the Bourne Shell
         parent_env,                   # environment info from parent addr
         pipe_as_user,                 # use user-id associated with address
         umask = 0022,                 # umask for child process
         -log_output,                  # do not log stdout/stderr
         ignore_status,                # exit status may be bogus, ignore it
         ignore_write_errors,          # ignore broken pipes

#
file:    driver = appendfile,
         return_path, local, from, unix_from_hack;

         file = $user,                 # file is taken from address
         append_as_user,               # use user-id associated with address
         expand_user,                  # expand ~ and $ within address
         suffix = "\n",
         mode = 0644

#
uux:     driver = pipe,
         uucp,                         # use UUCP-style addressing forms
         from,                         # supply a From_ envelope line
         max_addrs = 5,                # at most 5 addresses per invocation
         max_chars = 200;              # at most 200 chars of addresses
         cmd = "/usr/bin/uux - -r -g$grade $host!rmail $((${strip:user})$)",
         umask = 0022,
         pipe_as_sender

#
smtp:    driver = smtp,
         -max_addrs,
         -max_chars
```

Der Transport `local` liefert Mail an lokale Benutzer aus. Er fügt   lokale Mails
den Text an das Mailbox-File des entsprechenden Benutzers im
Verzeichnis `/var/spool/mail` an. Der dazu verwendete   /var/spool/mail
Treiber hat den Namen `appendfile`. Seine spezifischen
Attribute legen den Benutzer, die Gruppe und die Zugriffsrechte   Attribute
fest, mit denen das Mailbox-File geschrieben werden soll.

Der Transport `pipe` wird verwendet, wenn bei der Zustellung auf   pipe
dem lokalen Rechner Mails mit einer Pipe an ein Programm
übergeben werden sollen. Dies kann vorkommen, wenn ein
Benutzer in seinem Home-Verzeichnis eine Datei `.forward`   .forward
erstellt hat, die als Adresse eine Pipe mit einem Programmnamen,
beispielsweise `|/usr/bin/deliver benutzer`, enthält (siehe
auch Seite 275).

`file` wird implizit von `smail` verwendet, wenn eine Adresse   `file`
einen Pfadnamen enthält. Wie bei `local` wird der `appendfile`-
Treiber benutzt.

Der Transport uux stellt Mails per uucp zu. Wie beim Transport pipe wird der Treiber pipe verwendet, um die Mail an die

-r Standardeingabe eines Programms zu übergeben. Das Flag -r im Aufruf von uux verhindert die unmittelbare Zustellung der Mails. Stattdessen werden sie im uucp-Spool-Verzeichnis gespeichert und erst beim nächsten Poll übertragen.

Der Ablauf der Zustellung lokaler Mails wird in der Datei
directors directors festgelegt. Die Einträge steuern vor allem interne Features wie die Expansion von Adressen aus der Datei
aliases /usr/lib/aliases oder das Weiterleiten von Mails über die Datei .forward. Das Format ist dasselbe wie das der Dateien routers und transports.

```
aliasinclude:
        driver = aliasinclude,
        nobody; copysecure,
        copyowners,

forwardinclude:
        driver = forwardinclude,          # use this special-case driver
        nobody;
        copysecure,                       # get perms from forwarding director
        copyowners,                       # get owners from forwarding director

aliases:
        driver = aliasfile,               # general-purpose aliasing director
        -nobody,
        owner = owner-$user;              # problems go to an owner address
        file = /usr/lib/aliases,
        modemask = 002,
        #proto = dbm,                     # use dbm(3X) library for access
        proto = lsearch,                  # use linear search through text file

forward:
        driver = aliasfile,               # general-purpose aliasing director
        -nobody,
        owner = real-$user;               # problems go to an owner address
        file = /var/lib/smail/forward,
        modemask = 002,
        proto = lsearch,

dotforward:
        driver = forwardfile,             # general-purpose forwarding director
        owner = Postmaster,               # problems go to the site mail admin
        nobody,
        sender_okay;                      # sender never removed from expansion
        file = ~/.forward,                # .forward file in home directories
        checkowner,                       # the user can own this file
        owners = root,                    # or root can own the file
        modemask = 002,                   # it should not be globally writable
        caution = daemon:root,            # don't run things as root or daemon
        unsecure = "~uucp:~nuucp:/tmp:/usr/tmp"
```

```
user:    driver = user;                  # driver to match usernames
         transport = local               # local transport goes to mailboxes

lists:   driver = forwardfile,
         caution,                        # flag all addresses with caution
         nobody,                         # and then associate the nobody user
         owner = owner-$user;
         file = lists/${lc:user}         # lists is under $smail_lib_dir

owners:  driver = forwardfile,
         caution,                        # flag all addresses with caution
         nobody,                         # and then associate the nobody user
         owner = postmaster;
         prefix = "owner-",
         file = lists/owner/${lc:user}   # lists is under $smail_lib_dir

request: driver = forwardfile,
         caution,                        # flag all addresses with caution
         nobody,                         # and then associate the nobody user
         owner = postmaster;
         suffix = "-request",
         file = lists/request/${lc:user} # lists is under $smail_lib_dir
```

Interessant sind vor allem die Einträge unter `lists`, `owners` und `requests`. Sie ermöglichen es, auf einfache Art und Weise Mailing-Listen zu erstellen. Dazu reicht es, im Verzeichnis `/var/lib/smail` eine Datei zu erstellen, die als Namen die Adresse der Liste verwendet. In dieser Datei werden die Adressen aller Empfänger der Liste eingetragen.

lists

Mailing-Listen

Adresse

smail und deliver

Falls viele Benutzer ihre Mails von einem Programm wie `procmail` oder `deliver` in verschiedene Mailboxen sortieren lassen wollen (siehe Seite 275), bietet es sich an, das Programm direkt in den Transport `local` einzubauen. Im folgenden wird am Beispiel von `deliver` gezeigt, wie die nötigen Änderungen aussehen.

deliver

Transport local

Anstelle des `appendfile`-Treibers wird im Transport `local` der Treiber `pipe` verwendet. Als Programm gibt man den kompletten Pfad von `deliver` an. In der Regel ist dies `/usr/bin/deliver`.

pipe

283

```
local:   driver = pipe,
         return_path,                  # include a Return-Path: field
         local,                        # use local forms for delivery
         from,                         # supply a From_ envelope line
         unix_from_hack;               # insert > before From in body
         cmd = "/usr/bin/deliver ${lc:user}",
         parent_env,                   # environment info from parent addr
         pipe_as_user,                 # use user-id associated with address
         umask = 0022,                 # umask for child process
         -ignore_status,
         -ignore_write_errors,
```

Ein Benutzer, der seine Mails automatisch in verschiedene Folder sortieren möchte, muß dann nur noch in seinem Home-Verzeichnis ein Script mit dem Namen .deliver anlegen.

.deliver

smail und UUCP

smarthost

smart_path und
smart_transport

Falls man keine direkte Internet-Verbindung besitzt oder aus anderen Gründen Mails nur über UUCP transportieren will, so ist es am einfachsten, nur den smarthost-Router zu verwenden und alle ausgehenden Mails an einen Rechner mit einer besseren Verbindung weiterzuleiten. Dazu entfernt man alle Einträge bis auf smarthost aus der Datei routers und setzt im config-File die Variable smart_path auf die Adresse des Mail-Gateways und die Variable smart_transport auf uux.

Genauere Information und alle Details zur Konfiguration findet man in der zu smail gehörigen Manualpage.

10.8   News

Information

News ist eines der wichtigsten Medien, um Informationen über neue Entwicklungen im Internet zu erhalten.

Struktur und Aufbau

Das Prinzip ist recht einfach. Es gibt an sehr vielen Stellen im Internet, beispielsweise an fast jeder Hochschule, sogenannte *Newsserver*. Auf einem Newsserver werden verschiedene Newsgruppen verwaltet, die man sich wie schwarze Bretter zu einem bestimmten Thema vorstellen kann. Diese Themen reichen von den verschiedenen Betriebssystemen und Programmen über Freizeitbeschäftigungen, Sport oder Computerspiele bis hin zu sozialen Themen. Insgesamt existieren mehrere Tausend solcher Newsgruppen weltweit.

Alle Newsserver tauschen ständig ihre Nachrichten mit den benachbarten Newsservern aus, so daß eine Nachricht, die auf einem Newsserver in eine bestimmte Gruppe geschickt wurde, sich recht schnell auf alle Newsserver verbreitet. Diese Nachrichten werden auf den Newsservern eine bestimmte Zeit, zum Beispiel zwei Wochen, gehalten und danach gelöscht.

Die Gesamtheit aller Rechner, die Nachrichten in Form von News austauschen, wird als *Usenet* bezeichnet. Die Kommunikation zwischen diesen Rechnern basierte ursprünglich auf Modems und UUCP (UNIX to UNIX copy) und war daher wesentlich langsamer als die Verbindungen im Internet, die inzwischen anstelle von UUCP ein spezielles Protokoll mit dem Namen NNTP verwenden.

Newsgruppen

Die Namen der Newsgruppen sind hierarchisch aufgebaut und bestehen aus Teilnamen, die jeweils durch Punkte getrennt sind. `comp.os.linux.announce` bedeutet zum Beispiel, daß diese Newsgruppe in der Hierarchie `comp` existiert, sich also mit Computern, Software oder Informatik im allgemeinen beschäftigt. `os` steht für Operating-Systems, und `comp.os.linux` ist der Beginn der Namen aller Newsgruppen zu Linux, die sich unterhalb der `comp`-Hierarchie befinden.

Marginalien:
Newsserver
viele Themen
mehrere Tausend Gruppen

Usenet
UUCP
NNTP

Namen
comp
Linux

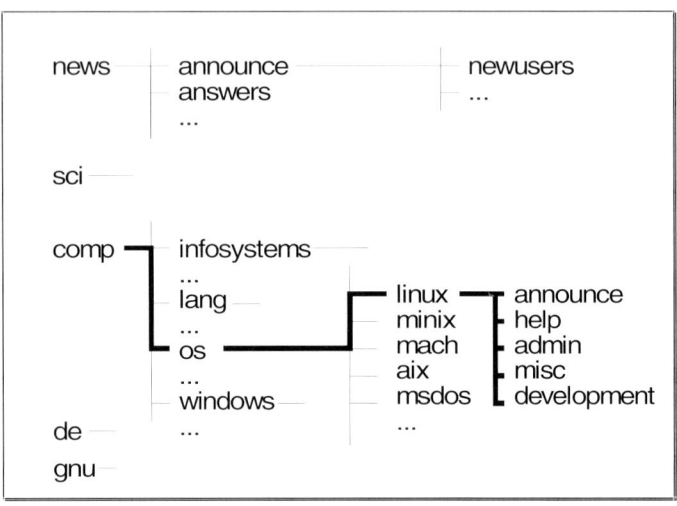

Abbildung 10.7 Ausschnitt aus der Hierarchie der Newsgruppen

Neben comp gibt es mehrere weitere Haupthierarchien wie sci

sci für Gruppen, die sich hauptsächlich mit wissenschaftlichen Themen beschäftigen oder de für deutschsprachige Gruppen.

Moderierte Gruppen

Gruppen können entweder offen für jedermann oder moderiert

Moderator sein. Moderiert bedeutet, daß es einen Moderator gibt, der entscheidet, welche Nachrichten für die Allgemeinheit interessant sind und erscheinen und welche nicht. Bei Linux ist dies zum Beispiel die Gruppe comp.os.linux.announce, in der nur

neue Programme Nachrichten über Ankündigungen neuer Programme oder Systemerweiterungen veröffentlicht werden. Dies ist vor allem dann nötig, wenn die Anzahl der Nachrichten in den anderen Gruppen so groß ist, daß man nur noch mit einem hohen Zeitaufwand auf dem Laufenden bleiben kann.

offene Gruppen Unmoderierte Gruppen sind offen, so daß jeder Nachrichten an die Gruppe schreiben kann.

Regeln und Nettiquette

Eine neue Gruppe wird erstellt, wenn dies von einem Usenet-Teilnehmer vorgeschlagen wird und der Vorschlag in einer Abstimmung angenommen wurde. Die Diskussionen über solche neuen Newsgruppen finden in der Regel in der Gruppe `news.groups` statt.

neue Gruppen

Diskussionen

Beim Senden von Nachrichten an eine Newsgruppe sollte man bestimmte Regeln beachten, die als *Nettiquette* bezeichnet werden. Beleidigende Kommentare oder persönliche Angriffe werden nicht geduldet. Eine Übersicht über die Verhaltensregeln findet man in der Newsgruppe `news.announce.newusers`.

Regeln

Newsreader

Um News lesen zu können, benötigt man einen Newsreader und einen über ein Netzwerk oder Modem erreichbaren Newsserver. An Universitäten ist dies in der Regel kein Problem, da diese meist einen eigenen Newsserver betreiben.

Newsreader gibt es inzwischen für fast alle Rechner und Betriebssysteme, sofern sie ein Netzwerk unterstützen. Bekannte Newsreader sind zum Beispiel `rn`, `trn`, `tin`, `xrn` oder `xvnews` für X11 oder `trumpet` für Pcs.

tin, xrn, xvnews

Unter Linux existieren fast alle dieser Programme. Die einzige Konfiguration, die für die meisten Newsreader benötigt wird, ist eine Environmentvariable mit dem Namen `NNTPSERVER`, die den Hostnamen des Newsservers enthalten muß (siehe auch Seite 27).

NNTPSERVER

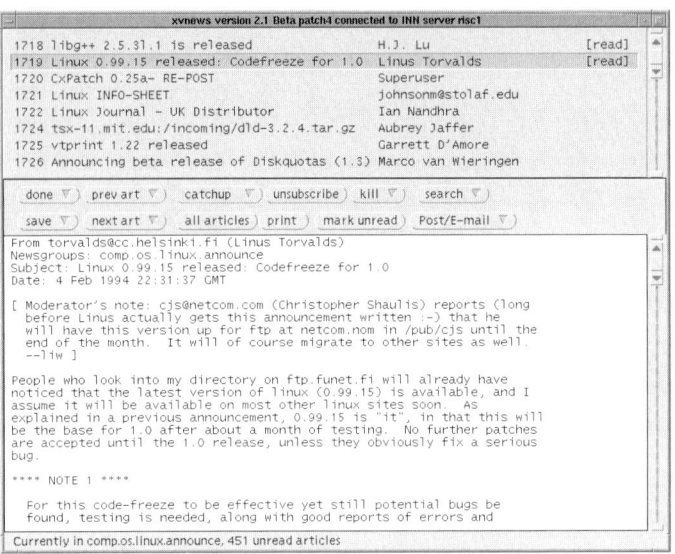

Abbildung 10.8 Der Newsreader xvnews

xrn Recht brauchbar ist xrn, der sowohl in einer Athena-Widget- als auch einer Motif-Variante (siehe Seite 174) erhältlich ist.

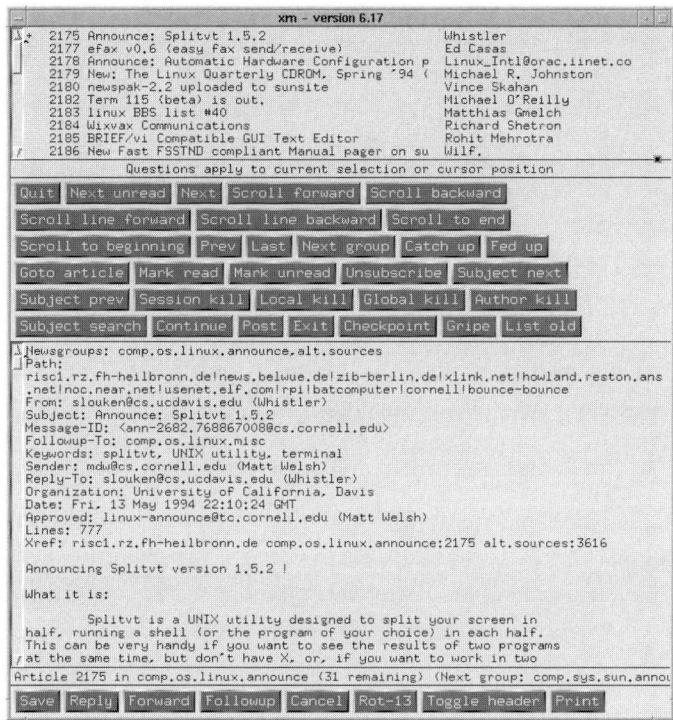

Abbildung 10.9 xrn unter OSF/Motif

Newsserver

Die Installation eines Newsservers ist etwas komplizierter als die eines Clients. Während es bei den Newsreadern reicht, das Programm auf den Rechner zu kopieren und eine Environment-Variable zu setzen, muß man bei einem Server mehrere Programme und Konfigurationsdateien installieren. Um News zu bekommen, benötigt man einen anderen Newsserver, von dem man die News weitergeleitet bekommt.

Installation

mehrere Programme und Konfig-Dateien

Neben dem älteren Server-Programm C-News wird im Internet meist der Server INN verwendet. Seine Konfiguration wird in einer Textdatei beschrieben, die in dem `tar`-File des Server-Quellcodes enthalten ist.

C-News

INN

10.9   IRC

Eine Möglichkeit, sich direkt mit mehreren Anwendern im Internet zu unterhalten, bietet IRC. IRC steht für *Internet Relay Chat* und ist, ähnlich wie News, ein System von vernetzten Servern, die Informationen untereinander austauschen. Wie bei News gibt es eine Gliederung nach Themen, die hier Channel (Kanal) genannt wird.

Channel

Der große Unterschied zu News ist, daß der Austausch ohne Verzögerung vor sich geht und man sich direkt mit den anderen Teilnehmern unterhalten kann. Dies ist vor allem dann interessant, wenn man ein akutes Problem hat, das man sofort mit anderen besprechen möchte.

direkte Unterhaltungen

Der Zugang erfolgt mit einem speziellen `irc`-Client-Programm, das die Verbindung zum nächsten IRC-Server herstellt. Innerhalb des IRC-Clients gibt es bestimmte Befehle, die alle mit einem / beginnen und es zum Beispiel ermöglichen, einen Channel zu betreten oder zu verlassen. Text, den man ohne Befehl eingibt, wird sofort übertragen und erscheint bei allen anderen IRC-Teilnehmern, die in diesem Moment im gleichen Channel sind.

irc-Client

/-Befehle

Auch in IRC gibt es einen Channel, in dem über Linux diskutiert wird. Um sich daran zu beteiligen, startet man das IRC-Programm und gibt dann `/join #linux` ein. `/join` ist der Befehl, um einen Channel zu betreten.

#linux

Danach erscheint jede Zeile, die in diesem Channel abgeschickt wird, mit dem vorangestellten Namen des Absenders.

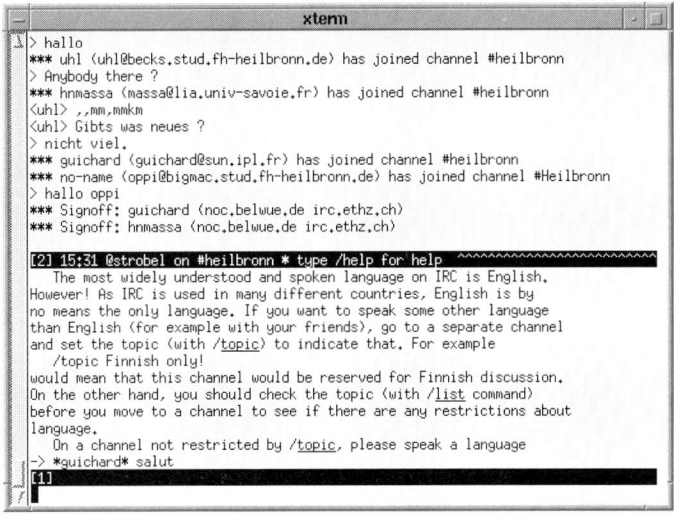

Abbildung 10.10 IRC

Die Anzahl der Channels ändert sich ständig, da jeder Benutzer eigene Kanäle eröffnen kann. Dies geschieht ebenfalls mittels `/join`. Ist der übergebene Channel noch nicht vorhanden, so wird er neu angelegt. In der Regel sind mehrere hundert Kanäle gleichzeitig aktiv, die man sich mit `/list` ausgeben lassen kann. Neben der Möglichkeit, Online-Diskussionen durchzuführen, sieht das IRC-Protokoll auch den Austausch von kleineren Dateien vor. Außerdem lassen sich auch private Mitteilungen übertragen.

Wesentlich komfortabler ist die Teilnahme an IRC mit dem grafischen Client `zircon` möglich. Zircon wird komplett mit der Maus bedient und stellt jeden offenen Kanal in einem eigenen Fenster dar.

eigene Kanäle

/list

Austausch von Dateien

zircon

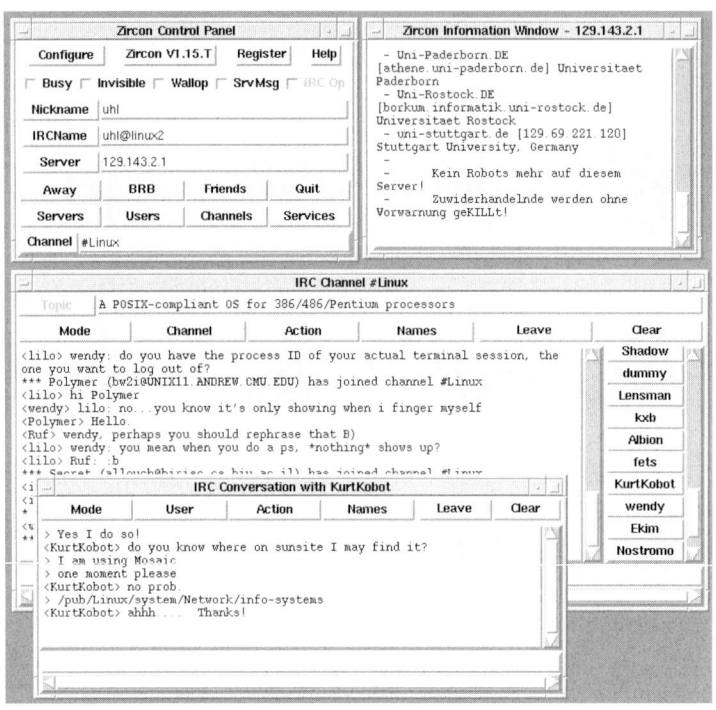

Abbildung 10.11 Das grafische IRC-Frontend zircon

tcl-dp

Zircon ist mit Tcl/Tk geschrieben und benötigt einen erweiterten Tcl-Interpreter namens tcl-dp zum Zugriff auf TCP/IP und Sockets (siehe Seite 395).

10.10 Gopher

Gopher ist ein Internet Service, der viele der Dienste, die von einzelnen Universitäten oder anderen Einrichtungen weltweit angeboten werden, unter einer gemeinsamen Oberfläche verfügbar macht.

gemeinsame
Oberfläche

Für den Anwender stellt sich Gopher wie ein einziges, großes hierarchisches Menü dar. Innerhalb dieser Struktur kann man sich auch von einem zum nächsten Server bewegen und auf die verschiedensten Dienste zugreifen. Angeboten werden zum Beispiel Literaturdatenbanken, Wetterdienste, Dokumente aller

Menü-Struktur

Datenbanken

Art (Text, Bilder, Ton), Mensaspeisepläne einiger Universitäten, Telnet-Sessions und Gateways zu anderen Diensten wie WAIS.

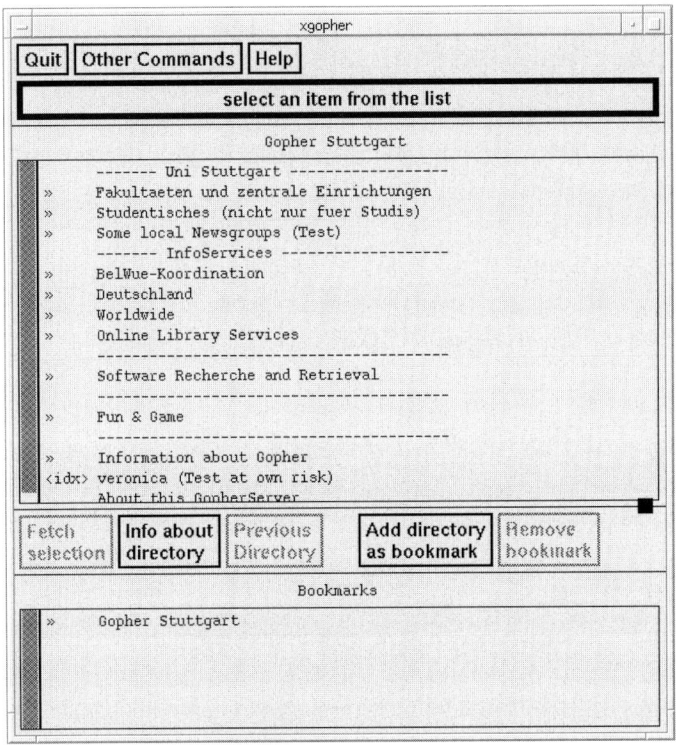

Abbildung 10.12 xgopher

Um Gopher zu benutzen, benötigt man einen Gopher-Client. Unter Linux bietet sich hierfür der unter X11 ablaufende xgopher an. Beim Start stellt er eine Verbindung zu einem ein- gestellten Gopher-Server her, und man kann sich dann frei im Internet bewegen.

Mit dem Erscheinen von *World Wide Web* ist die Bedeutung von Gopher in den letzten Jahren deutlich zurückgegangen. Fast alle Institutionen, die zunächst Information über Gopher angeboten haben, sind inzwischen zu WWW übergegangen.

xgopher

weniger Bedeutung

10.11 World Wide Web

World Wide Web (auch WWW oder W3 genannt) ist ein Internet-Service, bei dem auf verteilte Multimedia-Hypertext-Dokumente zugegriffen wird, die neben formatierten Texten, Bildern, Videos und Audio-Daten auch Verweise auf andere Dokumente enthalten können. Die Beschreibung dieser Dokumente erfolgt über die sogenannte *Hypertext Markup Language* (HTML) im ASCII-Format. Zur Übertragung wird ein spezielles Protokoll mit Namen *Hypertext Transfer Protocol* (HTTP) verwendet.

Verweise werden in HTML-Dokumenten mit sogenannten *Uniform Resource Locators* (URL) angegeben. Diese haben den Aufbau `Protokoll://Hostadresse:PortNummer/Pfad`. Die Angabe der Portnummer ist dabei optional. Ist kein Port angegeben, so wird der Standardport für das angegebene Protokoll verwendet. Mit solchen URLs kann man nicht nur Verweise auf andere HTML-Dateien ausdrücken, sondern fast alle Arten von Adressen von Diensten im Internet. Die URL für das Verzeichnis `/pub` auf dem FTP-Server `tsx-11.mit.edu` ist zum Beispiel `ftp://tsx-11.mit.edu/pub`.

Zum Zugriff auf WWW wird ein WWW-Client benötigt. Man spricht auch von WWW-Browsern. Der erste und bekannteste ist `Mosaic`. Er existiert für alle gängigen Betriebssysteme und ist für private Nutzung kostenlos. Neuere kommerzielle PC-Betriebssysteme wie Windows 95 oder OS/2 Warp enthalten bereits WWW-Clients.

Um `Mosaic` unter Linux zu übersetzen, wird OSF/Motif benötigt, das nicht kostenlos erhältlich ist. Es gibt jedoch auch eine fertig übersetzte Version dieses Programms, die statisch gelinkt ist und so kein OSF/Motif-Laufzeitsystem benötigt.

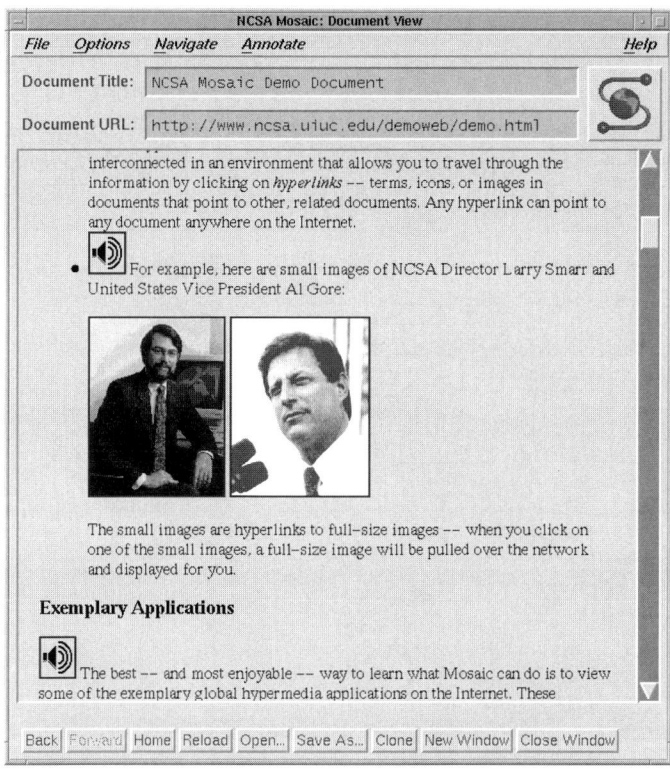

Abbildung 10.13 WWW-Zugriff über Mosaic

Neben dem "alten" Mosaic gibt es für Linux auch neuere WWW-
Browser wie Netscape und Arena. Netscape ist eigentlich ein   Netscape
kommerzielles Produkt, dessen Vorteil unter anderem in der
sicheren Verarbeitung liegt. Zusammen mit speziellen Servern
kann eine Übertragung RSA-verschlüsselt werden. Damit ist   RSA
Netscape auch für die kommerzielle Anwendung interessant, bei
der vertrauliche Daten wie Kreditkartendaten übertragen werden.   Kreditkartendaten

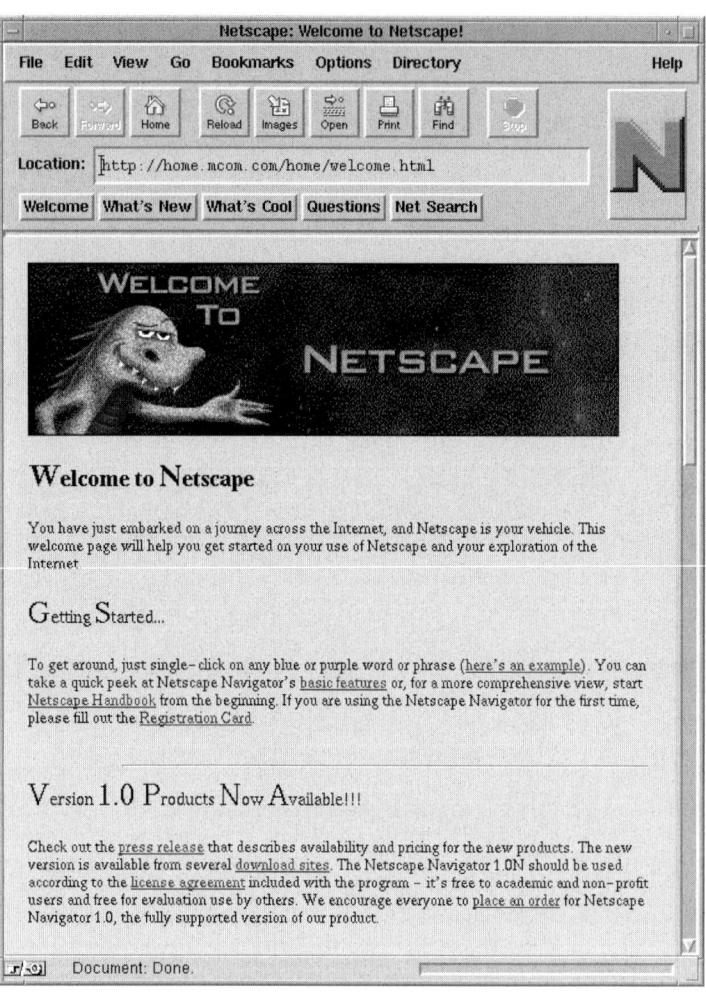

Abbildung 10.14 Der WWW-Client Netscape

HTML3

Arena ist die erste Implementation eines Browsers für den neuen HTML3-Standard, der das herkömmliche HTML zur Beschreibung der WWW-Seiten in Zukunft ablösen soll. Diese Entwicklung ist noch in vollem Gange, und Arena ist damit im Moment eher von akademischem Interesse.

HTTP Server

Mit Hilfe eines HTTP-Servers ist es auch unter Linux problemlos möglich, einen eigenen, verteilten Informationsdienst aufzu-

Daemon

bauen. Ein derartiger Server, der als Daemon im Hintergrund läuft, wartet auf eine Socket-Verbindung über einen definierten

Port und stellt nach erfolgreicher Kontaktaufnahme mit einem WWW-Client (z.B. Mosaic) die Dateien eines bestimmten Unterverzeichnisses zur Verfügung.

Falls ein direkter Internetzugriff möglich ist, können in den lokalen Dokumenten auch entsprechende Links auf andere HTTP-Server angeboten werden.

Links auf andere
Server

Für Linux-Anwender interessante Server findet man beispielsweise unter folgenden URLs:

- `http://mimosa.fokus.gmd.de/linux/` WWW-Server der GMD mit einer ausführlichen Liste von FAQs, HOWTOs, Handbüchern und anderen WWW-Servern
- `http://www-i2.informatik.rwth-aachen.de/Linux.html` WWW-Server des Linux Archivs an der RWTH Aachen. Er enthält Informationen zu Linux, Zugang zu FTP-Servern und anderen WWW-Servern.
- `http://callisto.rhein-main.de/` WWW-Server der FSAG
- `http://www.informatik.uni-dortmund.de/IRB/Linux/` Informationen und weitere Verweise

10.12 Netzwerk-Management

Ein recht interessantes Tool aus dem Bereich des Netzwerk-Management ist `tkined`. Es erlaubt die Überwachung und Verwaltung von lokalen TCP/IP-Netzen und WANs. Zu den Funktionen gehört das automatische Erkennen einer Netzwerkstruktur, eine ansprechende grafische Darstellung, das Monitoring von Verbindungen und einzelnen Komponenten, die Verwaltung von SNMP-fähigen Elementen und vieles mehr. Da `tkined` mit Tcl/Tk entwickelt wurde, ist es auch relativ einfach erweiterbar und an besondere Bedürfnisse anpaßbar. Es benutzt einen erweiterten Tcl-Interpreter namens `scotty`, der unter anderem den Zugriff auf die Protokolle TCP, UDP, ICMP, DNS und SNMP unter Tcl ermöglicht (siehe auch Seite 395).

TCP/IP-Netze

Monitoring

scotty

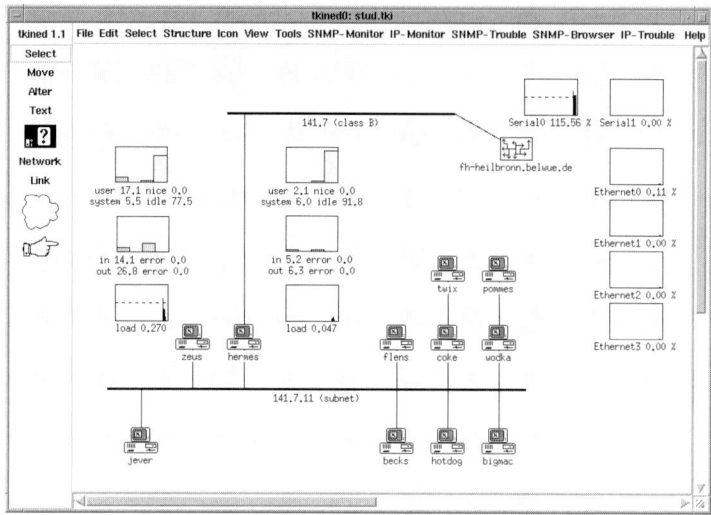

Abbildung 10.15 tkined

Support & Hilfe

Ein Argument, mit dem häufig speziell im kommerziellen Bereich Free- oder Public-Domain-Software abgelehnt wird, ist das Fehlen einer Herstellerfirma, die Support und eine Hotline bietet. In den USA gibt es inzwischen Firmen, die dies als Marktlücke erkannt haben und kommerziellen Support für Free-Software anbieten. Auch in Deutschland zeichnet sich mittlerweile eine ähnliche Entwicklung ab (siehe Anhang).

Unabhängig davon gibt es eine ganze Reihe von Möglichkeiten, über das Internet oder direkt aus dem System Informationen und Hilfe bei konkreten Problemen mit Linux zu bekommen. Dieses Kapitel soll einen Überblick über diese Möglichkeiten und über die verfügbaren Dokumente geben.

Hotline

Free Software

Internet

11.1 man, xman

Eine einfache Informationsquelle ist, wie bei jedem UNIX-System, die Online-Dokumentation. Dabei handelt es sich um Dateien, die jeweils einen Befehl, eine C-Bibliotheksroutine, ein Device oder den Inhalt einer Konfigurationsdatei beschreiben. Der Befehl zur Anzeige der Online-Dokumentation heißt `man`. Deshalb nennt man die Dateien meist Manualpages oder nur kurz Manpages.

Die Manualpages sind abhängig von ihrem Inhalt in verschiedene Abschnitte (sections) unterteilt. Diese Abschnitte werden von 1 bis 8 numeriert oder mit den Buchstaben n oder l benannt. Die folgende Tabelle listet die Sections auf:

Online-Dokumentation

man

sections

1 - Befehle für die Benutzer

2 - Systemaufrufe

3 - Routinen der C-Bibliothek

4 - Device-Files in /dev

5 - Dateiformate (meist Konfigurationsdateien)

6 - Spiele

7 - Verschiedenes

8 - Systemadministration

9 - Routinen des Kernels

n - Neue Manualpages

l - Lokale Manualpages

Verzeichnisse
Die Manualpages können sich in verschiedenen Verzeichnissen befinden. Unter diesen sind die einzelnen Dateien einer Section in Unterverzeichnissen abgelegt. Üblicherweise werden die

/usr/man
Verzeichnisse /usr/man und /usr/local/man verwendet. Das folgende Beispiel zeigt die Unterverzeichnisse für die Sections im Verzeichnis /usr/man:

```
hermes:/usr/man# ls
cat1/    cat6/    de/       lpman    man4/    man8/    mann/
cat2/    cat7/    doman*    man1/    man5/    man9/    nl/
cat4/    cat8/    fix.so*   man2/    man6/    manX/    whatis
cat5/    catX/    german/   man3/    man7/    manl/
hermes:/usr/man#
```

Je nach Version und Konfiguration des man-Befehls können auch andere Verzeichnisse oder Unterverzeichnisse benutzt werden. Diese Verzeichnisse werden beim Aufruf des man-Befehls nach der passenden Datei durchsucht.

Index
Aus den Kurzbeschreibungen in den Manualpages kann der Systemverwalter mit dem Befehl makewhatis eine Indexdatei der Manualpages aufbauen. Sie enthält nur den Namen der Befehle und eine Zeile Beschreibung. Bei den üblichen Linux-Distributionen existiert diese Datei bereits. Mit den Befehlen

whatis
whatis und apropos kann der Benutzer dann nach Stichwörtern suchen:

```
hermes:/usr/man# whatis gcc
gcc (1)              - GNU project C and C++ Compiler (v2.4)
hermes:/usr/man# whatis groff
groff (1)            - front end for the groff document formatting system
groff (1)            - formatiert Texte (z.B. Manualpages)
hermes:/usr/man# apropos gif
gif2tiff (1)         - create a file from a GIF87 format image file
giftopnm (1)         - convert a GIF file into a portable anymap
giftorle (1)         - Convert GIF images to RLE format
ppmtogif (1)         - convert a portable pixmap into a GIF file
rletogif (1)         - Convert RLE files to GIF format.
hermes:/usr/man#
```

Format der Manualpages

Die Manualpages liegen unter Umständen in zwei bis drei verschiedenen Formaten vor. Das Ausgangsformat sind meist Quelldateien für nroff. Sie stehen in den Verzeichnissen man1 bis man8. Diese Darstellung eignet sich nicht zur direkten Bildschirmausgabe, sondern muß mit dem Textformatierprogramm nroff bzw. groff übersetzt werden. (siehe auch Seite 323)

nroff

groff

Da dieser Vorgang bei komplizierteren Manualpages einige Zeit dauert, werden die Dateien, nachdem sie einmal umgewandelt worden sind, lesbar in den Verzeichnissen cat1 bis cat8 abgelegt. Dazu benötigt der Benutzer allerdings die nötigen Schreibrechte für diese Verzeichnisse. Auf Wunsch können die Dateien auch mit compress komprimiert werden, was den Zeitbedarf beim Ansehen nur unwesentlich erhöht, den Platzbedarf jedoch stark verringert.

cat1 bis catn

compress

Falls zusätzliche Manualpages unter einem anderen Verzeichnis als /usr/man, zum Beispiel /usr/local/man, installiert sind, kann der Suchpfad der Manualpages mit der Environmentvariablen MANPATH definiert werden. Bei einer Bourne-Shell geschieht dies mit dem Befehl export:

MANPATH

```
export MANPATH=/usr/man:/usr/openwin/man:/usr/local/man
```

Bei C-Shells verwendet man den Befehl setenv:

```
setenv MANPATH /usr/man:/usr/openwin/man:/usr/local/man
```

Natürlich sollte diese Einstellung in der jeweiligen Startup-Datei
(.profile bzw. .login) erfolgen.

xman

X11 Für X11 existiert das etwas komfortablere Utility xman, bei dem
der Benutzer zunächst einen Abschnitt des Manuals auswählen
kann und dann eine Übersicht aller Manualpages bekommt. Aus
dieser Übersicht kann mit der Maus eine einzelne Manualpage
zur Darstellung ausgewählt werden.

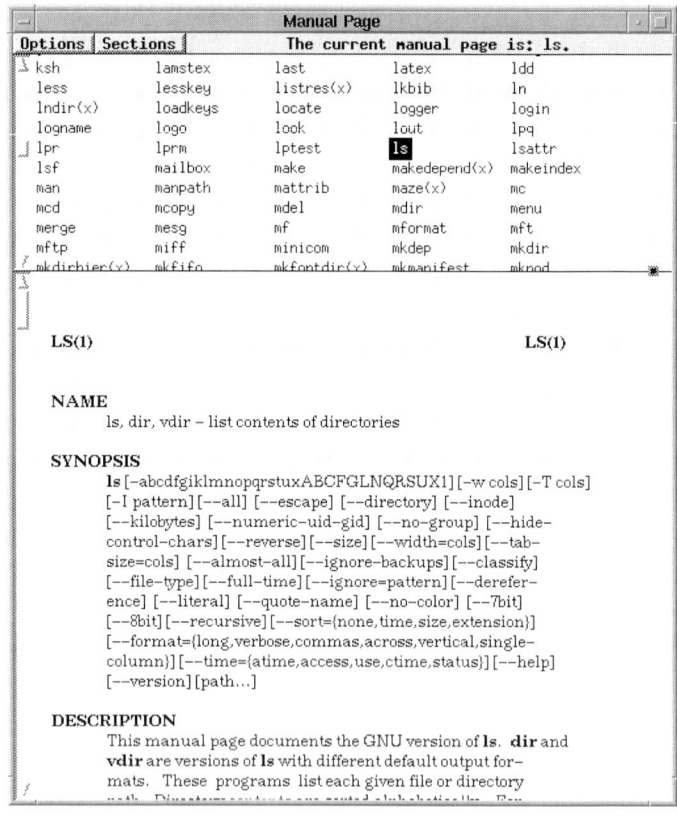

Abbildung 11.1 xman

Falls man ein Problem mit einem Befehl oder mit der Konfiguration eines Programms hat, so sollte man immer als erstes die entsprechenden Manualpages lesen.

Natürlich existiert auch für das `man`-Kommando eine entsprechende Manualpage, die der Benutzer durch Eingabe von `man` `man` angezeigt bekommt.

11.2 Info

Die Dokumentation vieler FSF-Programme liegt im sogenannten GNU-Info Format vor. Dieses Format wird von GNU-Emacs benutzt, um eine Hypertext-ähnliche Navigation durch diese Dokumente anzubieten.

GNU

Dazu ruft man innerhalb des Emacs Editors den Info-Modus auf (**\<Strg-H>\<I>**) und wählt dann im Menü der verfügbaren Info-Dokumente den gewünschten Text aus. In diesem Text kann man hierarchisch von Stichwort zu Stichwort navigieren (siehe auch Seite 353).

Emacs

Neuere Versionen des Emacs Editors, wie *Lucid Emacs* oder *Emacs 19*, bieten die Möglichkeit, dies unter der grafischen Oberfläche X11 mit der Maus zu steuern. Es gibt jedoch auch Programme wie `xinfo` oder das Tcl/Tk basierte `tkinfo`, die ausschließlich dazu konzipiert wurden, Info-Dateien anzuzeigen.

Emacs 19

tkinfo

Beispiele für Info-Dokumente sind die Dokumentation zum GNU C-Compiler, oder zum GNU-AWK Utility.

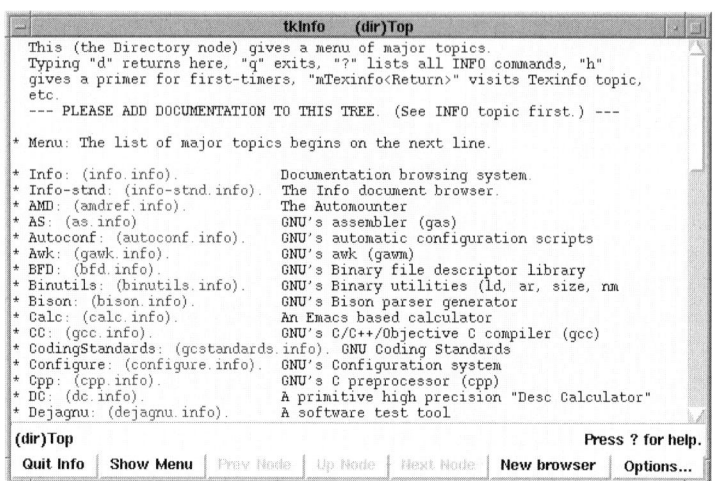

Abbildung 11.2 tkinfo

11.3 Newsgruppen

Da Linux im Internet entwickelt wird, werden selbstverständlich
die vielen Kommunikationsdienste des Internet ausgiebig genutzt.
Die für Einsteiger interessanteste Informationsquelle sind hier die
Newsgruppen (siehe auch Seite 284).

Linux Gruppen Für Linux existieren mehrere Newsgruppen, in denen Fragen zum
System, der Installation und andere Themen diskutiert werden.
Die wichtigsten sind :

- comp.os.linux.announce (kurz c.o.l.a)
- comp.os.linux.help
- comp.os.linux.misc
- comp.os.linux.admin
- comp.os.linux.development.apps
- comp.os.linux.development.system
- comp.os.linux.hardware
- comp.os.linux.networking
- comp.os.linux.setup
- comp.os.linux.x
- comp.os.linux.advocacy

Bei der Gruppe `comp.os.linux.announce` handelt es sich um
eine moderierte Gruppe, in der Ankündigungen neuer Programme
oder Portierungen veröffentlicht werden. Nachrichten, die in
einer moderierten Gruppe erscheinen sollen, werden nicht direkt,
sondern indirekt über einen Moderator eingespielt, der für die
Einhaltung der entsprechenden Regeln innerhalb der Gruppe
sorgt.

moderiert

Für die übrigen Gruppen existiert keine Einschränkung. Jeder
Teilnehmer kann hier Mitteilungen oder Anfragen ver-
öffentlichen. Man sollte sich jedoch immer bewußt sein, daß eine
Nachricht, die in einer Newsgruppe veröffentlicht wird, sich auf
der ganzen Welt verbreitet und auf jedem Newsserver Platz
benötigt.

Verbreitung auf der
ganzen Welt

Derzeit erscheinen täglich mehr als 100 neue Nachrichten in
diesen Newsgruppen. Es ist daher schwierig, ständig auf dem
Laufenden zu bleiben, wenn man sie nicht mehrmals pro Woche
liest.

Es existiert auch eine deutschsprachige Newsgruppe zu Linux
(`de.comp.os.linux`). Die dort diskutierten Themen sind
jedoch meist nicht so interessant wie die Diskussionen in den
englischsprachigen Gruppen.

deutsche Gruppen

Oft lassen sich Probleme schon dadurch lösen, daß man
regelmäßig die Newsgruppen liest und verfolgt, welche Probleme
andere Anwender haben.

11.4 FAQs und HOWTOs

Eine wichtige Informationsquelle, die eng mit den Newsgruppen
verbunden ist, sind die sogenannten FAQs. FAQ steht für
frequently asked questions und ist eine Liste mit häufig gestellten
Fragen und entsprechenden Antworten.

Frequently Asked
Questions

FAQs gibt es zu sehr vielen unterschiedlichen Themen. Sie
werden meistens von aktiven Teilnehmern einer Newsgruppe
verfaßt, um zu vermeiden, daß die gleichen Fragen immer wieder
gestellt werden. Der Inhalt einer FAQ ist daher häufig eine Folge
solcher Fragen mit den Antworten, die kompetente Leser darauf
gegeben haben.

Newsgruppen

305

HOWTO

Aus den ursprünglichen Linux-FAQs sind auch sogenannte HOWTOs entstanden. Diese Dokumente sind den FAQs sehr ähnlich, enthalten jedoch einen ausführlicheren Text.

Textdateien

Sowohl die FAQs als auch die HOWTOs sind als reine Textfiles verfügbar, so daß man sie mit jedem Texteditor, mit dem UNIX-Befehl `more` oder sogar unter DOS lesen und ausdrucken kann.

allgemeine UNIX-
Fragen

Die Linux-FAQs und HOWTOs enthalten in der Regel keine allgemeinen UNIX-Fragen, da es für derartige Fragen eine eigene Newsgruppe (`comp.unix.questions`) mit einer eigenen FAQ gibt. Für UNIX-Einsteiger lohnt es sich auf jeden Fall, auch einen Blick in die UNIX-FAQs zu werfen.

Bezugsquellen für FAQs

news.answers

Die beste Quelle für FAQs aller Art ist eine Newsgruppe mit dem Namen `news.answers`. Hier werden die FAQs sehr vieler Gruppen regelmäßig abgelegt. Neben FAQs zu Linux, UNIX oder Programmiersprachen findet man hier auch Reisetips und exotische Dinge wie Information zu den Startreck-Filmen.

Verzeichnis doc

Die speziellen Linux-FAQs werden darüberhinaus regelmäßig in der Newsgruppe `comp.os.linux.announce` abgelegt. Natürlich findet man sie auch auf den vielen FTP-Servern, die meistens ein Verzeichnis `doc` unterhalb von `Linux` haben. Auf dem FTP-Server `nic.funet.fi` liegen sie beispielsweise im Verzeichnis `/pub/OS/Linux/doc/FAQ`.

11.5   WWW

WWW-Server

World Wide Web (WWW) ist einer der attraktivsten und inzwischen womöglich der am häufigsten genutzte Dienst im Internet (siehe auch Seite 294). Auch für Linux gibt es viele WWW-Server, die FAQs, HOWTOs, Handbücher und andere Information anbieten.

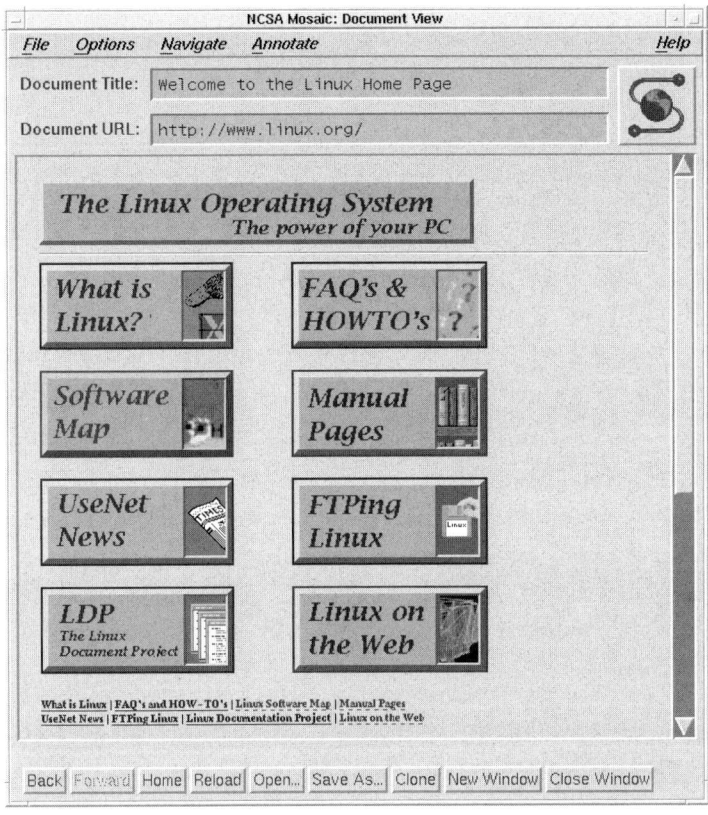

Abbildung 11.3 WWW-Seite mit Verweisen auf Linux-Information

11.6 Mailing-Listen

Für "Kernel-Hacker" und andere aktive Mitarbeiter des Linux-Systems existieren verschiedene Mailing-Listen, über die vor allem Nachrichten zu neuen Entwicklungen, Problemen, Ideen und Patches ausgetauscht werden. Nachrichten, die an die Adresse der Mailing-Liste geschickt werden, werden gesammelt und mehrmals täglich an alle Teilnehmer der Liste weitergeleitet. Um in die Liste zu einem bestimmten Thema, die hier auch *Channel* genannt wird, aufgenommen zu werden, sollte man eine Nachricht mit dem Wort `help` als Inhalt an die Adresse `Majordomo@vger.rutgers.edu` schicken, von der man dann

aktuelle Entwicklungen

Channels

307

automatisch eine detaillierte Anleitung für die Bedienung der Mailing-Liste zurückgesendet bekommt. Der Befehl dazu lautet im einfachsten Fall:

```
echo help | mail Majordomo@vger.rutgers.edu
```

Entwickler

Da diese Mailing-Listen hauptsächlich für die Entwickler gedacht sind, sollte man als Anfänger keine Fragen in den normalen Channels stellen.

11.7 Sonstige Dokumente

LDP

Innerhalb des Linux Documentation Project, kurz LDP, wurden von verschiedenen Autoren Handbücher zu Linux erstellt. Darunter sind neben einem Buch über die Installation und

Network Administration Guide

Bedienung auch komplexere Dokumente wie der *Network Administration Guide* (NAG), der fast alle Aspekte der Netzwerkinstallation unter Linux abdeckt.

Kernel Hackers Guide

Mit dem Aufbau des Kernels und der Entwicklung von Device-Treibern für Linux beschäftigt sich der *Kernel Hackers Guide* (KHG). Er gibt außerdem einen sehr guten Einblick in die internen Abläufe von Linux. Diese Handbücher kann man per FTP beziehen und ausdrucken. Es gibt auch Fachbuchhandlungen, die ausgedruckte und gebundene Exemplare dieser englischsprachigen Handbücher verkaufen. Die Dateien findet

sunsite.unc.edu

man beispielsweise auf dem FTP-Server `sunsite.unc.edu` im Verzeichnis `/pub/Linux/docs/LDP`.

11.8 Andere Quellen

Neben den oben genannten Quellen gibt es noch viele weitere Internet-Dienste und Organisationen, über die man Informationen bzw. Dokumente beziehen kann. Dieser Abschnitt beschreibt eine kleine Auswahl dieser Möglichkeiten.

WAIS

WAIS (Wide Area Information System) ist zum Beispiel ein Internet-Service, mit dem Dokumente aller Art von beliebigen WAIS-Servern nach Stichworten durchsucht werden können. WAIS bietet sich daher auch für Manuals und FAQs an. Clients, Adressen von Servern und eine genauere Beschreibung von WAIS findet man zum Beispiel per FTP auf dem Host `think.com` oder über die Newsgruppe `comp.infosystems.wais`.

Dokumente

FAQs

README-Dateien

Zu den meisten größeren Programmen, aber auch dem Kernel, gibt es sogenannte *Release Notes* und `README`-Dateien, in denen wichtige Hinweise zur Installation und Verwendung stehen. Diese Dateien stehen normalerweise in dem gleichen Verzeichnis wie das System oder der Quellcode des Systems.

Release Notes

So befinden sich zum Beispiel im Verzeichnis `/usr/src` viele Unterverzeichnisse mit Quellcodes zu Systemteilen oder Utilities. In fast jedem dieser Verzeichnisse gibt es eine solche `README`-Datei.

Quellcodes

Dementsprechend findet man meist im Verzeichnis `/usr/src/lilo` den Linux Loader (LILO) mit einer `README`-Datei, die sowohl Installation als auch Konfiguration im Detail beschreibt.

Applikationen

Ein Betriebssystem ohne Anwendungsprogramme ist nur für wenige Freaks interessant. Zu diesen Systemen gehört Linux schon lange nicht mehr. Neben einer unüberschaubaren Fülle an freien Anwendungsprogrammen aus dem Internet gibt es zahlreiche kommerzielle Applikationen. Außerdem stehen durch die iBCS2-Emulation viele Applikationen anderer PC-UNIX-Versionen zur Verfügung. An dieser Stelle kann nur eine kleine Auswahl vorgestellt werden.

Anwendungen

Internet

iBCS2

12.1 Desktop-Umgebung

Heutige Computersysteme bieten dem Anwender meist eine grafische Umgebung zur Verwaltung von Dateien und Programmen. Die für Linux frei erhältlichen Datei-Manager sind den kommerziellen Versionen meist unterlegen. Der auf allen bekannten UNIX-Plattformen lauffähige *Freedom Desktop* wurde auch auf Linux portiert und sollte auch gehobenen Ansprüchen gerecht werden.

Freedom Desktop

Der Programm-Manager erlaubt die Zusammenfassung von einzelnen Dateien, Programmen oder Shell-Scripts zu übersichtlichen Gruppen. Dateien lassen sich komfortabel über den Datei-Manager verwalten. Sowohl Programm- als auch Datei-Manager unterstützen Drag & Drop. Daneben enthält das Freedom-Paket noch einige Zusatz-Utilities, wie ein grafisches Frontend zum `find`-Kommando oder Druck-Manager.

Drag & Drop

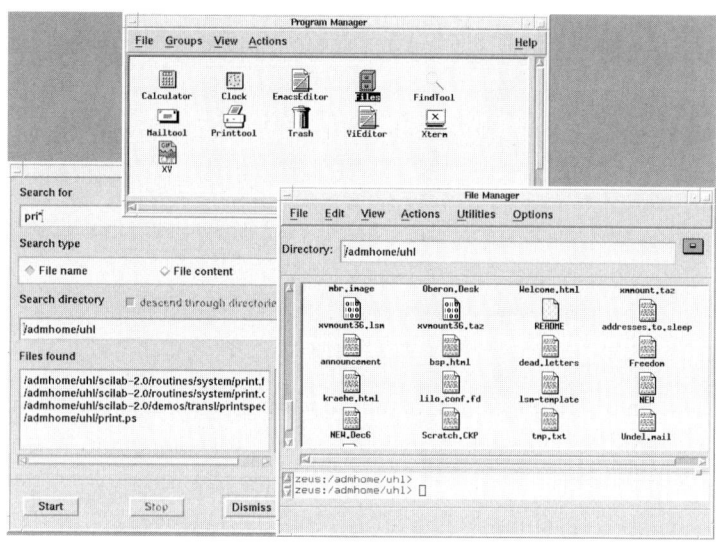

Abbildung 12.1 Freedom Desktop für Linux

12.2 Editoren

Texte

Eine der wichtigsten Komponenten eines Computersystems dürften Programme zur Bearbeitung von Texten sein. Unter Linux stehen beinahe ein Dutzend solcher Editoren zur Verfügung. Einige davon sind auf jedem UNIX-System vorhanden, andere müssen auf kommerziellen Systemen nachträglich erworben werden.

vi

Der Standardeditor eines jeden UNIX-Systems ist wohl der vi. Da es sich dabei um ein recht betagtes Programm handelt, ist es nicht weiter verwunderlich, daß der Benutzerkomfort an einigen Stellen zu wünschen übrig läßt. Die meisten Benutzer dürfte

Kommandomodus

stören, daß vi zwischen einem Kommando- und Eingabemodus unterscheidet. Dieser Ansatz bietet zweifelsohne auch einige Vorteile, an die man sich jedoch zunächst gewöhnen muß. So ist es beispielsweise möglich, die letzte Kommandokette zu wiederholen oder die nächsten drei Worte in einem Schritt durch ein neues zu ersetzen.

Da die Quelltexte des `vi`-Editors nicht frei erhältlich sind, kommt unter Linux ein `vi`-Clone zum Einsatz. Doch auch bei den Clones gibt es inzwischen schon wieder zwei Alternativen, nämlich `elvis` und `vim`. Beide bilden (fast) alle Kommandos des Originals nach und bieten einige Erweiterungen.

Clones

elvis und vim

sed

`sed` ist eigentlich kein Editor im gewöhnlichen Sinn, er wird vielmehr als Stream-Editor bezeichnet. Das bedeutet, daß man einen Datenstrom mittels Kommandos aus einer Steuerdatei modifizieren kann. Die Befehle des `sed` sind weitgehend kompatibel zu denen des `vi`, werden jedoch nicht interaktiv vom Benutzer eingegeben, sondern aus einer Datei oder der Kommandozeile gelesen. `sed` wird oft in UNIX-Shell-Scripten oder zur Bearbeitung sehr großer Dateien benutzt, die von normalen Editoren nicht geladen werden können.

Stream-Editor

vi-Befehle

Shell-Scripte

joe

`joe` ist die Abkürzung für "Joe's own Editor". Dieser Editor dürfte vor allem bei DOS-Umsteigern beliebt sein, da er sich bezüglich der Tastenbelegung stark an die bekannte PC-Textverarbeitung Wordstar bzw. den Turbo-Pascal-Editor anlehnt. Es gibt außerdem auch keinen getrennten Kommando- und Editiermodus. Markierte Textblöcke werden invers dargestellt, was unter UNIX nicht immer selbstverständlich ist. `Joe` kann den Bildschirm in mehrere Fenster aufteilen, Absätze formatieren und kennt einen Wortumbruch-Modus.

Wer auf die Wordstar-kompatible Tastenbelegung nicht verzichten möchte, aber dennoch einen mächtigeren Editor sucht, der sollte sich den Wordstar-Mode des GNU-Emacs Editors näher ansehen.

Umsteiger

Wordstar

Blöcke

Emacs

313

xedit

xedit wird mit dem X Window System ausgeliefert und läuft daher, im Gegensatz zu den bisherigen Editoren, auch nicht in einer ASCII-Umgebung. Obwohl xedit unter einer grafischen

wenig Komfort — Benutzeroberfläche läuft, bietet er nicht den Komfort den man erwarten könnte. Die zur Verfügung stehenden Kommandos

Athena-Widgets — beschränken sich im wesentlichen auf die durch das Athena-Text-Widget vorgegebenen Möglichkeiten. Daher wird auch dieser Editor nicht besonders viele Anwender haben. Für einfache Aufgaben dürfte er dennoch ausreichen.

axe

Auch axe (engl. für Axt) ist ein Editor, der nur unter dem X

Athena-Widgets — Window System läuft. Er benutzt ebenfalls das Athena-Text-Widget, bietet jedoch weit mehr Funktionalität als xedit. Der

mehrere Fenster — Benutzer kann beliebig viele Texte in verschiedenen Fenstern öffnen, Dateien interaktiv über einen Dateiauswahl-Dialog öffnen

suchen / ersetzen — und speichern, Textbereiche suchen oder ersetzen oder Absätze formatieren. Eine einfache Online-Hilfe gibt im Bedarfsfall schnell Auskunft über die vorhandenen Kommandos. Mit axe steht unter Linux ein vielseitiger und benutzerfreundlicher Editor für X11 zur Verfügung.

xcoral

Auch xcoral benötigt das X Window System. Obwohl kein Standard-Toolkit Verwendung findet, ist das Erscheinungsbild

Menüleiste — sehr ansprechend. Dieser Editor verfügt neben einer Menüleiste auch über einen Scrollbar. xcoral ist vor allem für C- und C++-

Browser — Programmierer interessant, da er auch einen Funktions- bzw. Klassen-Browser integriert hat.

C++ — Beim Start werden sämtliche C- bzw. C++-Dateien im aktuellen Verzeichnis gescannt und alle darin enthaltenen Bezeichner in einer alphabetisch sortierten Liste angezeigt. Von diesem Browser aus kann dann an die entsprechende Stelle im Quelltext weiterverzweigt werden. Auf diese Weise wird vor allem die Einarbeitung in schon vorhandene Quelltexte erleichtert.

Beim Schreiben neuer Programme steht optional ein entsprechender Modus zur Verfügung, der für eine einheitliche Formatierung sorgt und auf Wunsch Funktions- und Klassenschablonen erzeugt. Bezüglich der Tastaturkommandos lehnt sich xcoral sehr stark an den bekannten Emacs-Editor an.

Formatierung

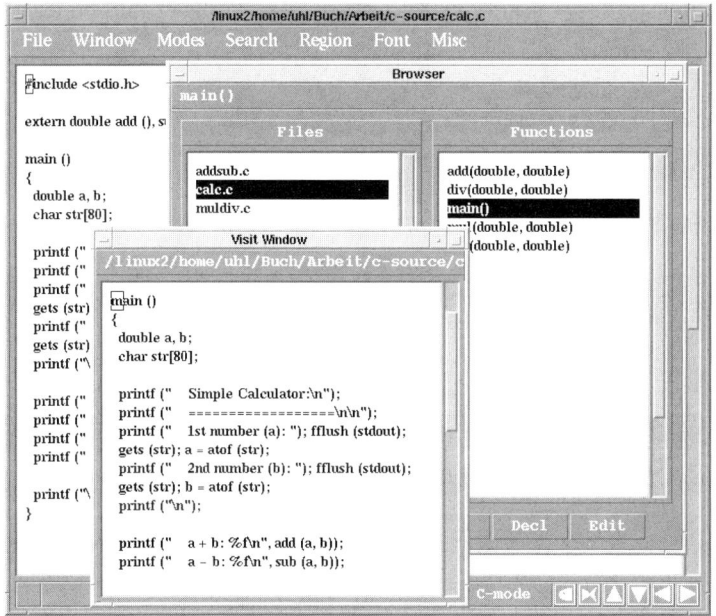

Abbildung 12.2 xcoral

asedit

asedit benutzt das Motif-Widget-Set, was sich vor allem in einer konsistenten Oberfläche bemerkbar macht. Dieser Editor bietet zwar die wichtigsten Basiskommandos, wie Texte Laden und Speichern oder Suchen und Ersetzen, ist sonst jedoch eher spartanisch. Besonders erwähnenswert ist noch die integrierte Hypertext-Hilfe.

Motif

wenige Funktionen

Emacs und Varianten

Der populärste Editor für UNIX dürfte wohl Emacs in all seinen Varianten sein. Dies liegt wohl nicht zuletzt daran, daß er sowohl auf reinen ASCII-Terminals als auch in einer grafischen X11-Umgebung läuft.

ASCII und X11

Eine populäre Emacs-Variante, die von der Firma Lucid entwickelt wurde und auf einer frühen Version des Emacs 19 basiert, ist der sogenannte `lemacs`. Er unterscheidet sich hauptsächlich im optischen Erscheinungsbild und der Syntax spezieller Lisp-Funktionen.

Lucid

lemacs

Mit dem Erscheinen von GNU-Emacs in der Version 19 verloren andere Emacs-Versionen wie `xemacs` oder `epoch` an Bedeutung. Daher soll auf diese hier nicht näher eingegangen werden. GNU-Emacs wird in einem eigenen Kapitel genauer beschrieben.

GNU-Emacs

12.3 Grafikprogramme

Für das X Window System gibt es sehr viele Grafikprogramme. Ihre Funktion reicht von vektororientierten Zeichenprogrammen bis zu Bildbearbeitung und Konvertierung. Nur wenige dieser Programme existieren in einer speziellen Linux-Version. In der Regel können sie direkt unter Linux übersetzt werden. Die wichtigsten sind in den Linux-Distributionen bereits enthalten.

Zeichnen, Malen

Bearbeiten und

Konvertieren

xv

Ein sehr leistungsfähiges und in der UNIX-Welt weit verbreitetes Programm zur Darstellung und Manipulation von Bildern aller Art ist `xv` von J. Bradley. Es ist auf den üblichen FTP-Servern verfügbar, jedoch nicht gratis, sondern als Shareware. Es verfügt über eine sehr ausgereifte Oberfläche und ist trotz seiner Mächtigkeit leicht bedienbar. `xv` lädt und speichert alle gängigen Grafikformate wie GIF, TIFF, PostScript, JPEG, PBM und andere.

Shareware

Grafikformate

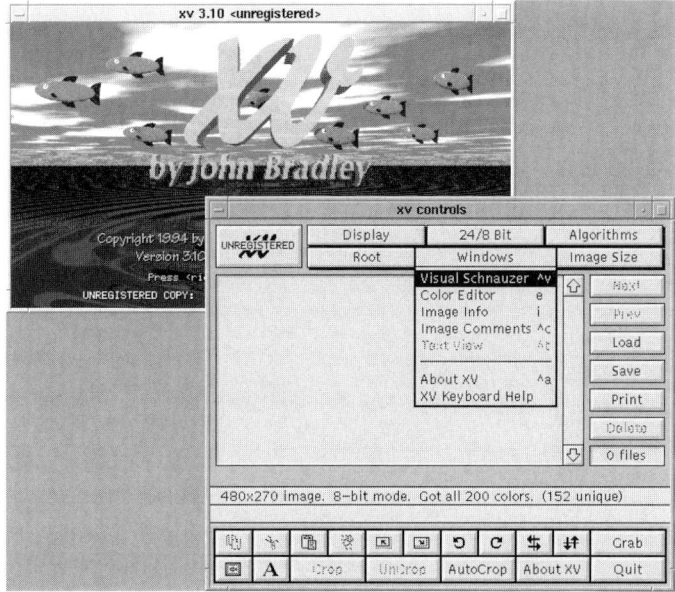

Abbildung 12.3 xv

Die Auswahl des zu ladenden Bildes erfolgt über ein
Dateiauswahlmenü oder, ab Version 3, über einen integrierten
Dateimanager, der die identifizierten Dateien auch als Minibilder
darstellen kann.

Dateimanager

Ein geladenes Bild kann in der Größe frei verändert werden. Ein
Modul zur Bildbearbeitung erlaubt die Veränderung zahlreicher
Parameter wie Helligkeit, Kontrast oder Farbverlauf. Dazu stehen
zahlreiche Buttons und Regler sowie mit der Maus modifizierbare
Kurvenzüge zur Verfügung.

Skalierung

Farben

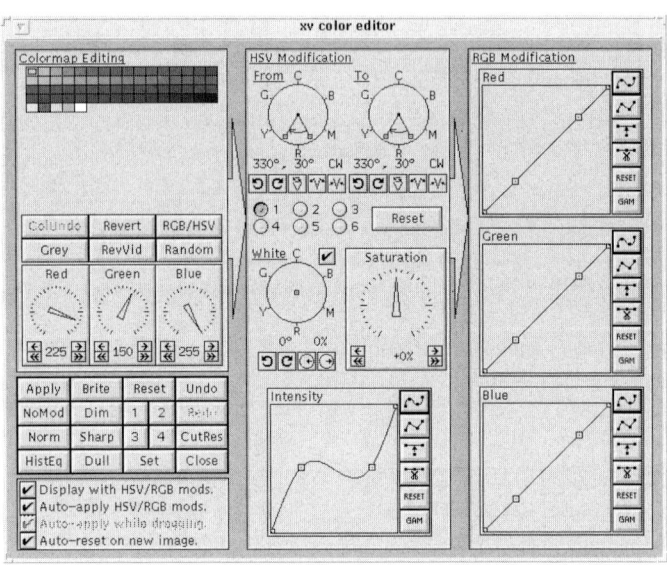

Abbildung 12.4 xv Color-Editor

Verfremdung

Hintergrund

Ein in den xv geladenes Bild kann auch auf unterschiedliche Weise verfremdet werden. Dazu können Algorithmen wie "Oil Painting" oder "Emboss" benutzt werden. Außerdem kann das Bild in verschiedenen Formen als Hintergrundbild angezeigt werden, das auch nach Verlassen des Programmes erhalten bleibt.

xfig

Vektorgrafiken

Mit xfig steht unter Linux auch ein Programm zur Gestaltung von Vektorgrafiken zur Verfügung. Es werden alle üblichen Zeichenwerkzeuge angeboten. Auch die Einbindung von Texten in unterschiedlichen Zeichensätzen ist möglich.

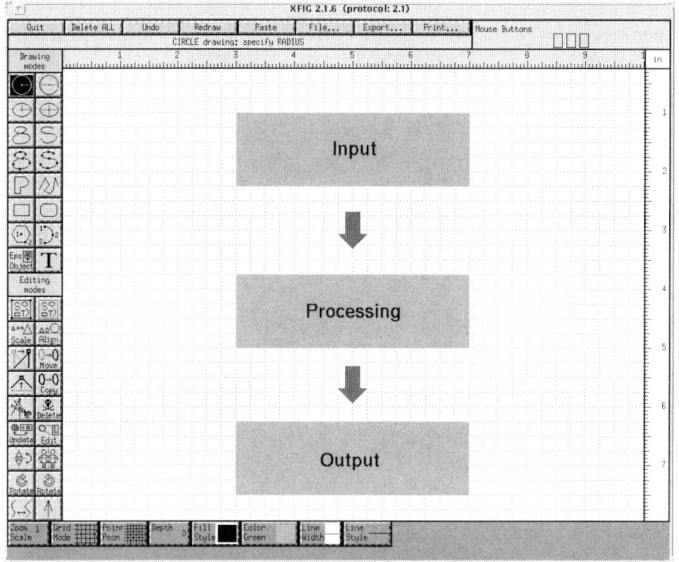

Abbildung 12.5 Das Zeichenprogramm xfig

Interessant ist vor allem die Möglichkeit, die erstellten Grafiken in unterschiedlichen Formaten zu exportieren. Dabei werden neben dem eigenen fig-Format auch Standardformate wie PostScript, HPGL und TeX in verschiedenen Varianten unterstützt.

Formate

PostScript, HPGL, TeX

idraw

Das InterViews-Paket der Stanford University enthält ein recht leistungsfähiges vektororientiertes Zeichenprogramm namens idraw. Neben den üblichen grafischen Elementen, wie Linien, Rechtecken, Kreisen und Bezier-Kurven, können auch beliebig rotierte Texte mit unterschiedlichen Zeichensätzen verwendet werden.

InterViews

Bezier-Kurven

319

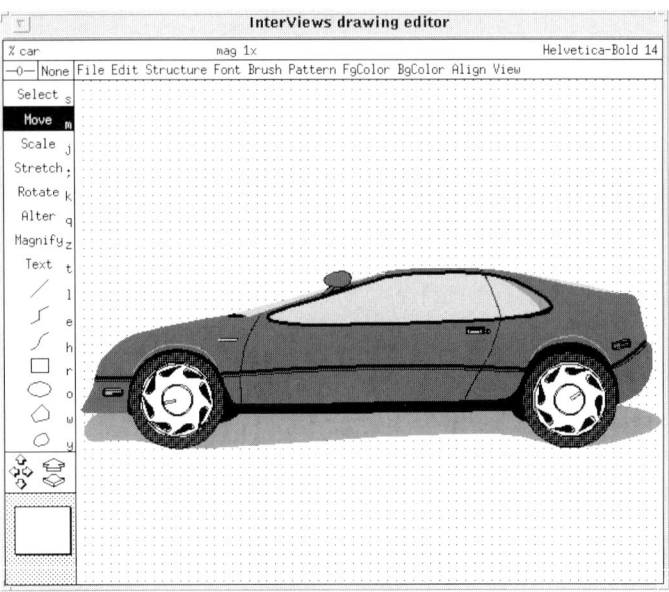

Abbildung 12.6 idraw

Das einzige Dateiformat, das von diesem Programm unterstützt wird ist PostScript. Leider werden relativ hohe Anforderungen an die Hardware gestellt, was das Programm für 386er Computer uninteressant macht.

xpaint

xpaint ist ein Programm zur Erstellung und Bearbeitung von Pixel-Grafiken. Es ist ein wenig dem vom Apple-Macintosh

MacDraw bekannten MacDraw nachempfunden. In unterschiedlichen Fenstern können mehrere Grafiken gleichzeitig bearbeitet werden. Verschiedene Werkzeuge ermöglichen das Zeichnen

grafische Elemente beliebiger Figuren. Dabei werden sowohl einfache Elemente wie Linien und Kreise als auch Freihand-Kurven unterstützt.

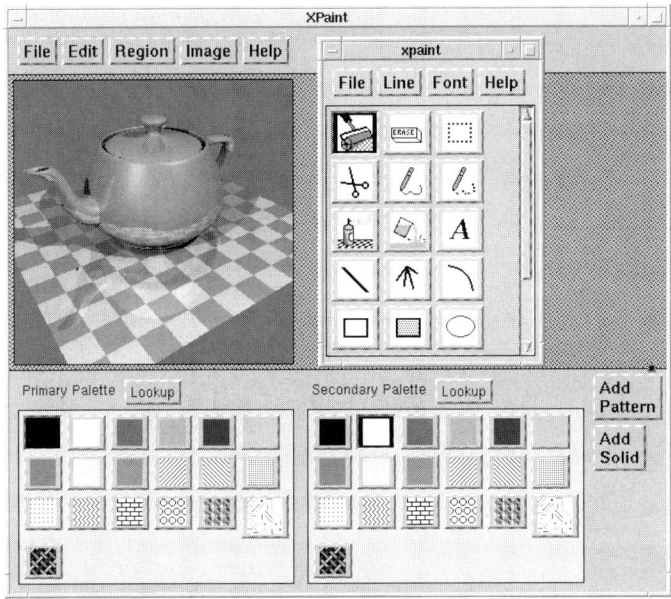

Abbildung 12.7 xpaint

Ein Füllmuster-Editor erlaubt die Erstellung zusätzlicher Muster. Sehr praktisch ist die in ihrer Vergrößerung einstellbare Lupenfunktion, die einen Bildausschnitt in einem separatem Fenster vergrößert darstellt. Bemerkenswert ist, daß sämtliche Zeichenoperationen auch in diesem Fenster anwendbar sind.

Eine übersichtliche Auswahl des aktuellen Zeichensatzes wird über einen Zeichensatz-Browser ermöglicht, der auch frei skalierbare Zeichensätze, wie sie unter X11 R5 und R6 verfügbar sind, verwalten kann. — Zeichensatz

Ghostscript/Ghostview

Ein wichtiger Bestandteil des Linux-Systems ist der PostScript-Interpreter *Ghostscript* (`gs`). Er erlaubt zusammen mit dem grafischen Frontend *Ghostview* die komfortable Anzeige von PostScript-Dateien. Doch Ghostscript realisiert nicht nur die Ausgabe auf den Bildschirm, sondern verwandelt auch einen gewöhnlichen Matrix- oder Tintenstrahldrucker in ein PostScript-Ausgabegerät. — Ghostscipt — PostScript

321

Farbbilder werden bei der Wiedergabe auf nicht farbtauglichen Geräten mit Hilfe eines Dithering-Verfahrens in vernünftiger Qualität präsentiert. In der aktuellen Version unterstützt Ghostscript sogar PostScript Level-2

Dithering

Abbildung 12.8 Ghostview mit PS-Grafik

Um auch Texte darstellen zu können, die einen der geschützten Adobe-Zeichensätze benutzen, wird zu Ghostscript ein Paket mit ähnlichen Zeichensätzen geliefert, die jedoch eine auffallend schlechte Qualität besitzen. Glücklicherweise arbeitet Ghostscript aber auch mit zusätzlich installierten Originalschriften zusammen.

Adobe

MPEG Video-Player

Will man sich eines der zahlreichen MPEG-Videos aus dem Internet unter Linux ansehen, so kann dies über den MPEG-Player der Universität von Berkeley erfolgen.

Interessant ist, daß dazu keinerlei Spezialhardware benötigt wird und die Ausgabe auch über ein Netzwerk auf andere Bildschirme umgelenkt werden kann. Leider ist die Ablaufgeschwindigkeit sehr stark von der Leistungsfähigkeit des Rechners und der Grafikkarte abhängig.

keine Spezialhardware

Einige Videos aus dem Internet liegen im Apple Quicktime-Format vor. Um diese abspielen zu können, benötigt man das Programm xanim.

Quicktime

xanim

Abbildung 12.9 der MPEG Video-Player

12.4 Textbearbeitung

Die meisten Textverarbeitungssysteme unter Linux sind keine WYSIWYG-Systeme. Meistens werden in den zu formatierenden ASCII-Text Steuersequenzen eingefügt, die das spätere Erscheinungsbild festlegen. Diese Vorgehensweise mag zunächst recht umständlich erscheinen, sie hat jedoch gerade bei umfangreichen Dokumenten durchaus ihre Vorteile.

WYSIWYG

groff

Die klassische Art auf einem UNIX-System formatierte Dokumente zu erstellen, ist die Bearbeitung eines ASCII-Textes über das Kommando nroff. Hierbei handelt es sich um ein Paket zur Formatierung von Texten, Tabellen, Formeln und einfachen Bildern. Die Eingabe erfolgt im ASCII-Format, und das Erscheinungsbild wird durch Angabe entsprechender Formatanwei-

nroff

323

sungen im Text beeinflußt. Die Ausgabe kann auf einem zeichenorientierten oder grafischen Gerät erfolgen.

Alle UNIX-Manualpages sind auf diese Weise erstellt worden.

Manualpages

Die Anzeige von Manualpages dürfte normalerweise auch der Hauptverwendungszweck für diese Utilities sein. nroff kann durch externe Makros in seiner Funktionalität erweitert werden. Dazu existieren für unterschiedliche Ausgaben verschiedene

Makro-Pakete

Makro-Pakete. Auch zur Formatierung einer Manualpage wird eine eigene Makro-Datei (an) benötigt.

```
zeus:/home/uhl> nroff -man /usr/man/man1/ls.1 | more
```

nroff

Unter Linux steht jedoch nicht das Original nroff, sondern das erweiterte groff-Kommando zur Verfügung. Der Befehl nroff ist nur ein Script, das groff mit den richtigen Parametern zur

groff

ASCII-Ausgabe aufruft. Ruft man groff ohne diese Parameter direkt auf, so wird der Text im PostScript-Format ausgegeben. Dies ist recht praktisch, wenn man Manualpages auf einem postscriptfähigen Drucker drucken möchte, da der Text auf diese Weise richtig formatiert und mit verschiedenen Schriften ausgegeben wird.

```
linux2:/> groff -man /usr/local/man/scotty.1 >scotty.ps
```

TeX

Eine Welt für sich ist wohl das Satzsystem TeX (sprich tech oder

D. E. Knuth

teck) von Donald E. Knuth. Der Benutzer einer modernen WYSIWYG-Textverarbeitung wird sich im ersten Moment vielleicht in die Computer-Steinzeit zurückversetzt fühlen; doch TeX bietet einige Features, die es einer normalen Textverarbeitung in einigen Punkten überlegen machen.

kostenlose

Ein Vorteil dieses Systems ist die kostenlose Verfügbarkeit auf

Verfügbarkeit

beinahe allen Computerplattformen und die damit verbundene Portabilität der erzeugten Texte. TeX verarbeitet Dateien im ASCII-Format, die spezielle Formatierungs-Anweisungen enthalten. Besonders geeignet ist es zum Satz mathematischer Abhandlungen. Aber auch die Qualität normaler Texte übertrifft die mit einer normalen Textverarbeitung erstellten Dokumente.

Die Eingabedatei wird von TeX in eine sogenannte DVI-Datei (device independent) übersetzt. Diese kann dann auf dem Bildschirm angezeigt oder auf einem Drucker ausgegeben werden. Das Format dieser DVI-Datei ist auf allen Computersystemen identisch, was einen völlig problemlosen Austausch erlaubt. Auch die direkte Ausgabe auf einem Satzbelichter ist kein Problem.
DVI-Datei

Für TeX existieren zahlreiche Makro-Pakete und Zusatz- programme, die auch unter Linux zur Verfügung stehen. Beispiele hierfür sind ein grafischer Previewer (`xdvi`) und Utilities zur Sortierung von Indexdateien oder zur automatischen Erzeugung fehlender Zeichensätze. Außerdem gibt es zahlreiche Treiber, welche die von TeX erzeugten DVI-Dateien nach PostScript (`dvips`) konvertieren oder auf gewöhnlichen Druckern (Matrix, Tintenstrahl, Laser) ausgeben. Die Einbindung von Grafiken kann über LaTeX-Befehle oder aber über eine extern erstellte PostScript-Datei erfolgen.
Previewer

Eines der bekanntesten Makro-Pakete ist LaTeX. Es stammt von Leslie Lamport und erleichtert den Umgang mit TeX erheblich. Natürlich existiert auch eine Variante für deutsche Texte. Mit Hilfe von LaTeX kann automatisch ein Inhaltsverzeichnis und ein Index erstellt werden. Auch die Formatierung von Tabellen und Aufzählungen wird durch LaTeX wesentlich einfacher.
LaTeX

Im folgenden soll eine LaTeX-Datei und deren Ausgabe gezeigt werden.

```
\documentstyle[german]{article}
\topmargin -15mm
\headsep 0mm
\textwidth 16cm
\textheight 26cm
\oddsidemargin 0cm
\parindent 0mm

\begin{document}
\thispagestyle{empty}
\centerline{{\Huge \TeX, das Satzprogramm}}
\vspace{1cm}

\TeX\footnote{sprich "`tech"'} und das dazu verfügbare Makropaket
  \LaTeX\/ ermöglichen die Erstellung von Schriftstücken in
Satzqualität. Es eignet sich vor allem für Artikel, Bücher, Briefe,
mathematische Abhandlungen oder Dokumentationen. Gerade \LaTeX\/
bietet zahlreiche Gestaltungsmöglichkeiten, wie Formelsatz, Tabellen
oder Aufzählungen.  Inhaltsverzeichnisse und wissenschaftliche
Kapitelnumerierung werden automatisch erzeugt. Auch die Verwaltung
von Fußnoten macht keine Schwierigkeiten.
Zur Texthervorhebung stehen verschiedene Schriftarten zur Verfügung:

\begin{center}
{\rm Roman}, {\bf Bold Face}, {\tt Typewriter}, {\it Italic},
{\sl Slanted}, {\sc Small Caps}, {\sf Sans Serif}
\end{center}

Außerdem läßt sich die Textgröße verändern:

\begin{center}
{\tiny winzig}, {\scriptsize sehr klein}, {\footnotesize kleiner},
{\small klein}, {\normalsize normal}, {\large groß}, {\Large größer}\\
{\LARGE noch größer}, {\huge riesig}, {\Huge gigantisch}
\end{center}

Mathematische Formeln können wie folgt aussehen:

\begin{displaymath}
\int_0^\infty f(x)\,dx \approx \sum_{i=1}^n w_i e^{x_i} g(x_i)
\end{displaymath}
\begin{displaymath}
\sqrt[n]{\frac{x^n - y^n}{1 + u^{2n}}}
\end{displaymath}

Eine Aufzählung könnte zum Beispiel so aussehen:
\begin{itemize}
  \item Hardware
  \begin{itemize}
    \item Computer \item Tastatur \item Monitor
  \end{itemize}
  \item Software
  \begin{itemize}
    \item Betriebssystem
    \item Benutzeroberfläche
    \item Anwenderprogramm
  \end{itemize}
\end{itemize}

Tabellen lassen sich besonders einfach unter \LaTeX\/ setzten:

\begin{center}
\begin{tabular}{|r|l||c|rrr|c|c|} \hline
Platz & Verein & Sp. & S  & U  & N  & Tore  & Punkte\\ \hline\hline 1.
& Bayern München  & 33  & 19 & 13 & 1  & 66:31 & 51:15\\ \hline
2.    & Hamburger SV     & 33  & 18 & 9  & 6  & 65:37 & 45:21\\ \hline
3.    & Bor. M'Gladbach & 33  & 17 & 7  & 9  & 70:44 & 41:25\\ \hline
4.    & Bor. Dortmund   & 33  & 14 & 10 & 9  & 66:50 & 38:28\\ \hline
5.    & Werder Bremen    & 33  & 16 & 6  & 11 & 63:53 & 38:28\\ \hline
6.    & Kaiserslautern   & 33  & 15 & 7  & 11 & 64:47 & 37:29\\ \hline
\end{tabular}
\end{center}

\newcommand{\absatz}{
\begin{minipage}[b]{7.5cm}
Ein Text kann auch in einer Text--Box umgebrochen werden. Übrigens
\TeX\/ verfügt selbstverständlich über eine automatische
Silbentrennung.
Außerdem werden die einzelnen Buchstaben an bestimmten Stellen
untereinander geschoben. Dieser Vorgang wird {\em Kerning} genannt.
\end{minipage}}
```

```
\absatz
\hfill
\absatz

\begin{center}
{\Huge W\/elt V\/or V\/A W\/o}
\end{center}
\begin{center}
{\Huge Welt Vor VA Wo}
\end{center}
\end{document}
```

Beispiel für eine TeX Eingabedatei

Nach einem Übersetzungslauf kann das Ergebnis mit dem Kommando xdvi auf dem Bildschirm ausgegeben werden.

TEX, das Satzprogramm

TEX[1] und das dazu verfügbare Makropaket LATEX ermöglichen die Erstellung von Schriftstücken in Satzqualität. Es eignet sich vor allem für Artikel, Bücher, Briefe, mathematische Abhandlungen oder Dokumentationen. Gerade LATEX bietet zahlreiche Gestaltungsmöglichkeiten, wie Formelsatz, Tabellen oder Aufzählungen. Inhaltsverzeichnisse und wissenschaftliche Kapitelnumerierung werden automatisch erzeugt. Auch die Verwaltung von Fußnoten macht keine Schwierigkeiten. Zur Texthervorhebung stehen verschiedene Schriftarten zur Verfügung:

Roman, **Bold Face**, `Typewriter`, *Italic*, Slanted, SMALL CAPS, Sans Serif

Außerdem läßt sich die Textgröße verändern:

winzig, sehr klein, kleiner, klein, normal, groß, größer

noch größer, riesig, gigantisch

Mathematische Formeln können wie folgt aussehen:

$$\int_0^\infty f(x)\,dx \approx \sum_{i=1}^n u_i e^{x_i} g(x_i)$$

$$\sqrt[z]{\frac{x^n - y^n}{1 + n^{2n}}}$$

Eine Aufzählung könnte zum Beispiel so aussehen:

- Hardware
  - Computer
  - Tastatur
  - Monitor
- Software
  - Betriebssystem
  - Benutzeroberfläche
  - Anwenderprogramm

Tabellen lassen sich besonders einfach unter LATEX setzten:

Platz	Verein	Sp.	S	U	N	Tore	Punkte
1.	Bayern München	33	19	13	1	66:31	51:15
2.	Hamburger SV	33	18	9	6	65:37	45:21
3.	Bor. M'Gladbach	33	17	7	9	70:44	41:25
4.	Bor. Dortmund	33	14	10	9	66:50	38:28
5.	Werder Bremen	33	16	6	11	63:53	38:28
6.	Kaiserslautern	33	15	7	11	64:47	37:29

Ein Text kann auch in einer Text-Box umgebrochen werden. Übrigens TEX verfügt selbstverständlich über eine automatische Silbentrennung. Außerdem werden die einzelnen Buchstaben an bestimmten Stellen untereinander geschoben. Dieser Vorgang wird *Kerning* genannt.

Ein Text kann auch in einer Text-Box umgebrochen werden. Übrigens TEX verfügt selbstverständlich über eine automatische Silbentrennung. Außerdem werden die einzelnen Buchstaben an bestimmten Stellen untereinander geschoben. Dieser Vorgang wird *Kerning* genannt.

Welt Vor VA Wo
Welt Vor VA Wo

[1] sprich „tech"

Abbildung 12.10 Beispiel für TeX-Ausgabe

12.5 Multimedia-Umgebung Andrew

In Zusammenarbeit mit IBM wird an der *Carnegie Mellon University* seit einigen Jahren eine recht umfangreiche, verteilte multimediale Benutzerumgebung namens AUIS (Andrew User Interface System) entwicklet. Dabei handelt es sich um eine

AUIS

Reihe einzelner Applikationen, die die Bearbeitung multimedialer Dokumente ermöglichen.

Darunter befinden sich eine einfache Textverarbeitung (ez), eine Tabellenkalkulation (table), eine Zeichenprogramm (figure) und ein Malprogramm (image). Eine Hypertext Online-Hilfe (help) dokumentiert die einzelnen Bestandteile.

ez, table

figure, image

Über ein multimedia-fähiges Mail-Programm können die erstellen Dokumente verschickt werden. Dabei ist es möglich, die einzelnen Komponenten (Text, Grafik, Tabellen, Animationen) beliebig in einem Dokument zu kombinieren. Dieser Vorgang wird auch oft *Object-Embedding* genannt. Die einzelnen Objekte heißen unter AUIS auch *insets*.

Mail

Embedding, inset

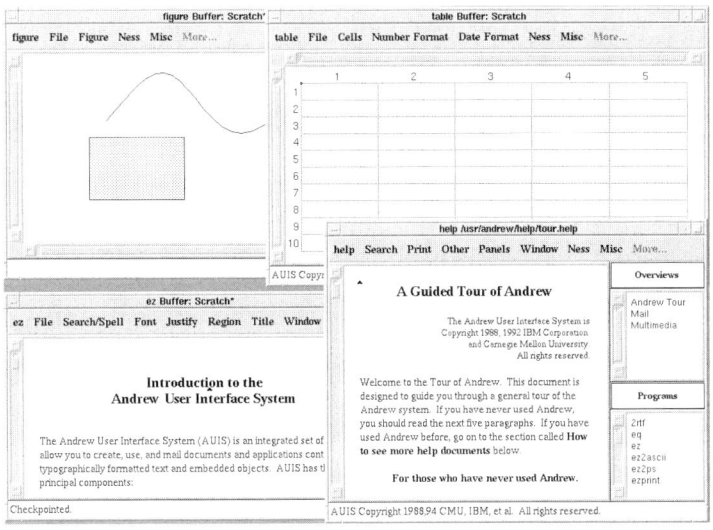

Abbildung 12.11 Andrew Paket

12.6 Datenbanken

Die folgende Auflistung von unter Linux lauffähigen Datenbanken ist ebenfalls nur ein kleiner Ausschnitt aus dem ständig wachsenden Angebot. Mit Hilfe des iBCS2-Emulators lassen sich auch Systeme für SCO UNIX, wie *Foxpro for UNIX* (Microsoft) oder eine kommerzielle Ingres-Version unter Linux benutzen. Natürlich gibt es auch eine Reihe von Produkten, die direkt auf Linux angepaßt wurden. Soll aus dem PC-Bereich vorhandene Software auf Linux portiert werden, so könnte die Clipper-kompatible Datenbank *Flagship* von Interesse sein.

iBCS2

Foxpro

Clipper

MSQL

MSQL (Mini SQL) ist eine Entwicklung von David J. Hughes von der Bond University in Australien. Es handelt sich dabei um einen minimalen Datenbank-Kern, der eine Untermenge des ANSI-SQL-Standards implementiert.

Die verfügbaren Datentypen sind momentan auf Zeichenketten, Ganz- bzw. Gleitkommazahlen beschränkt. Leider kennt MSQL auch noch keine Views. Dennoch dürfte das System zur Entwicklung einfacher Anwendungen ausreichen. Die Performance ist erheblich höher als die anderer freier Datenbanksysteme. Außerdem kann der MSQL-Server über eine TCP/IP-Verbindung angesprochen werden, was echte Client/Server-Architekturen ermöglicht. Eine Tcl/Tk-Anbindung existiert ebenfalls.

VIEW

Client/Server

OBST

Die objektorientierte Datenbank *OBST* wurde im Rahmen des STONE-Projektes (*A Structured and Open Environment*) am FZI (Forschungszentrum Informatik) in Karlsruhe entwickelt. Obwohl dieses System prinzipiell sprachunabhängig konzipiert wurde, lehnt sich die Datenbankbeschreibungsparche stark an C++ an. Die Anwendungsentwicklung kann allerdings sowohl in C, C++ als auch in Tcl erfolgen.

STONE

Neben einigen rudimentären Administrations-Tools steht dem Anwender auch ein einfacher grafischer Datenbankschema-Editor zur Verfügung.

Eine Karlsruher Software-Firma entwickelt im Augenblick eine kommerzielle OBST-Variante.

kommerzielle Version

Ingres und Postgres

Die Datenbanksysteme *Ingres* und der Nachfolger *Postgres* der Berkeley University sind auf Linux portiert worden. Diese Version von Ingres sollte jedoch nicht mit dem kommerziell vertriebenen SQL-Datenbanksystem verwechselt werden. Sie ist wesentlich älter und besitzt anstelle von SQL eine etwas andere Abfragesprache.

SQL

Postgres ist eine objektorientierte Datenbank, die jedoch nicht wie viele der kommerziellen Systeme auf C++ und persistenten Objekten basiert, sondern eine Erweiterung des klassischen, relationalen Ansatzes darstellt. Beide Systeme sind für Studienzwecke recht interessant, für die Anwendungsentwicklung jedoch nur bedingt verwendbar.

objektorinetiert

YARD

Wer eine vollwertige SQL-Datenbank unter Linux benötigt, sollte einen Blick auf die Produkte der Kölner Firma *Yard Software* werfen. YARD-SQL ist ein robustes Datenbanksystem nach ANSI-Standard. Es bietet neben einer ESQL-C-Schnittstelle sichere Transaktionen, referenzielle Integrität und den Datentyp BLOB (Binary Large Object).

SQL

ESQL

Zum Datenbankdesign kann der grafische Schema-Editor benutzt werden. Eine ODBC-Schnittstelle ermöglicht die Anbindung von PC-Clients unter MS-Windows.

ODBC

Just Logic SQL

Eine Client/Server-SQL-Datenbank im Low-Cost-Bereich wurde von der Firma *Just Logic Technologies* entwickelt. Der Server ist

Low-Cost-SQL

auf allen gänigen PC UNIX-Plattformen lauffähig. Clients existieren für DOS, Windows und OS/2. Eine ODBC-Schnittstelle und ein Apple-Client sind in Vorbereitung.

POET

C++

Client/Server

Ein weiteres kommerzielles Datenbanksystem für Linux ist POET. Dieses C++-basierte, objektorientierte Datenbanksystem wurde auf alle gängigen Betriebssystem-Plattformen (UNIX, OS/2, MS-Windows) portiert und eignet sich ebenfalls zur Implementierung von Client/Server-Lösungen. Da sich POET ausschließlich an C++-Programmierer wendet, ist nur eine sehr rudimentäre Benutzerschnittstelle vorhanden.

12.7 Mathematische Anwendungen

Für Linux sind inzwischen zahlreiche Software-Pakete zur Behandlung mathematischer Probleme verfügbar. Dabei handelt es sich oftmals um universitäre Entwicklungen, die kostenlos erhältlich sind.

MuPAD

Algebra

Debugger

OpenLook

Ein für Studenten sehr interessantes Programmpaket ist *MuPAD*. Dieses Computer-Algebra-System wurde an der Universität Paderborn entwickelt und wird kostenlos an nicht kommerzielle Institutionen abgegeben. Es erlaubt die Bearbeitung umfang-reicher mathematischer Problemstellungen. Eine integrierte Pro-grammiersprache ermöglicht die Implementierung eigener Algo-rithmen. Besonders interessant ist die Tatsache, daß MuPAD vor allem zur Verarbeitung paralleler Probleme konzipiert wurde. Zur Fehlersuche steht ein eigener Debugger mit grafischem Frontend zur Verfügung.

MuPAD verfügt zunächst über eine einfache Kommandozeilen-orientierte Benutzerschnittstelle. Ein eigenes OpenLook-basiertes Frontend erleichtert den Umgang jedoch erheblich. Recht ausgereift sind die grafischen Ausgabefunktionen, die z.B. die Darstellung dreidimensionaler Funktionen ermöglichen.

Eine Hypertext-Online-Hilfe ermöglicht den Zugriff auf alle wesentlichen Informationen und Funktionsbeschreibungen. Ein ausführliches Handbuch zu MuPAD ist im Birkhäuser Verlag Basel erschienen.

Online-Hilfe

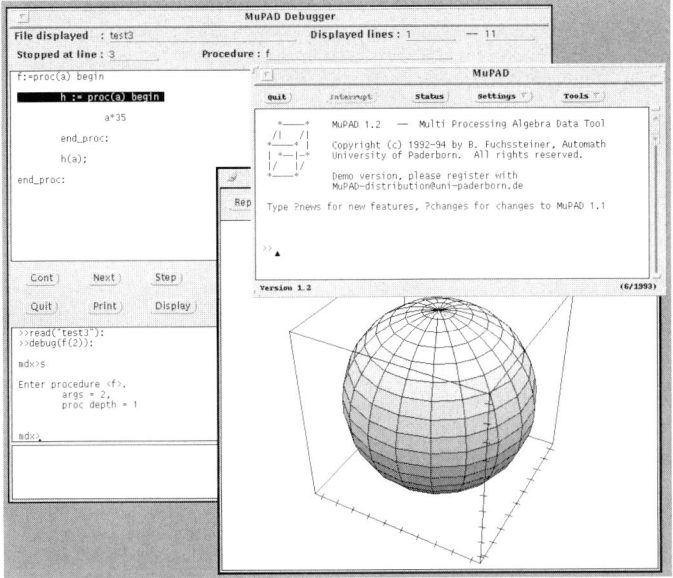

Abbildung 12.12 Computer-Algebra-System MuPAD

Maple V

Waterloo-Software hat das bekannte Maple V-Paket in der Version 3 auf Linux portiert. Diese System dürfte auch gehobenen Ansprüchen gerecht werden, ist allerdings in der Anschaffung recht teuer.

Waterloo-Software

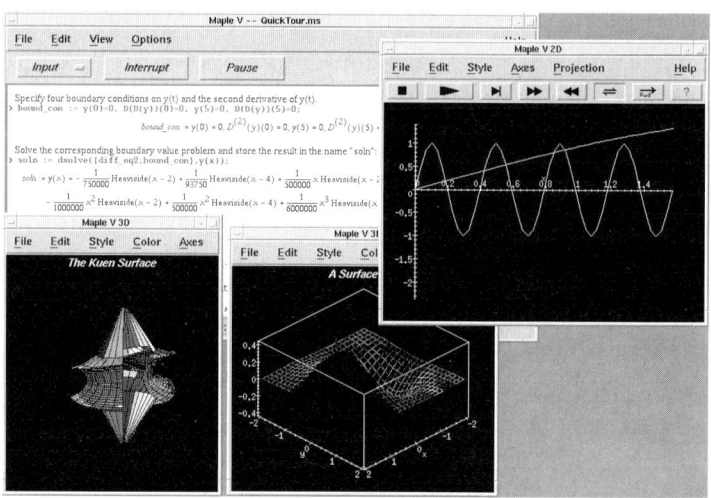

Abbildung 12.13 Maple V unter Linux

12.8   Simulationen

Neuronaler Netzwerk-Simulator (SNNS)

SNNS   Der von Informatikern der Universität Stuttgart entwickelte Simulator für neuronale Netze (SNNS) gehört zum besten was es auf diesem Sektor gibt. Das grafische Frontend erleichtert die Entwicklung und Analyse komplexerer Netze erheblich. SNNS eignet sich nicht nur hervorragend, um die Vorgänge innerhalb neuronaler Netze zu veranschaulichen, sondern auch zum Trainieren real einsetzbarer Netze.

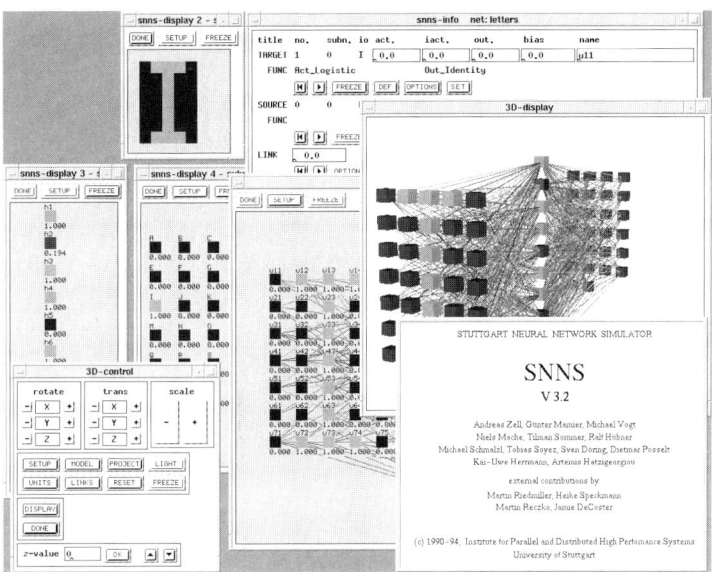

Abbildung 12.14 Simulation neuronaler Netze mit SNNS

Schaltungssimulation

Zur Simulation digitaler und analoger Schaltungen eignet sich die *Caltech Electronic CAD Distribution*. Mit `diglog` können digitale Schaltkreise aufgebaut und getestet werden. Dazu steht eine umfangreiche Bibliothek an Bauteilen und Schaltelementen zur Verfügung.

diglog

335

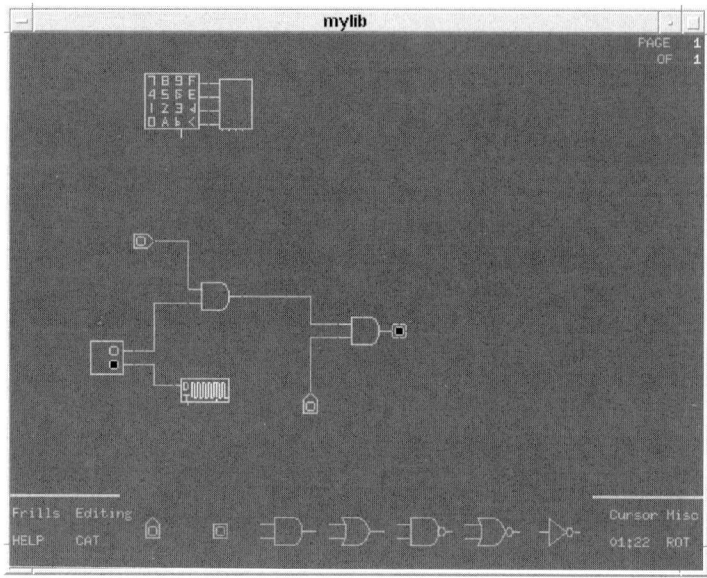

Abbildung 12.15 Simulation vom Digitalschaltungen

12.9 Spiele

Will man sich nach getaner Arbeit unter Linux ein wenig ent-
spannen, so kann man auf eines der vielen Spiele zurückgreifen.

XTeddy

XTeddy   Kein Spiel im eigentlichen Sinne, aber dennoch ein unverzicht-
bares Programm ist XTeddy. Besonders beliebt ist er bei nicht-
computerabhängigen Familienmitgliedern.

Abbildung 12.16 Elektronischer Teddy-Bär

Tetris

Ein sehr populäres Spiel, das auch unter Linux in einer ansprechenden Form zur Verfügung steht, ist Tetris. Der Spieler muß durch eine geschickte Verteilung der herunterfallenden Steine dafür sorgen, daß diese sich nicht zu hoch auftürmen. Dies wäre natürlich recht schnell der Fall, würden nicht vollständig aufgefüllte Zeilen automatisch verschwinden.

Spielsteine

GNU-Schach

Sucht man etwas anspruchsvollere Ablenkung, so sollte man sich xboard und GNU-Chess näher ansehen. Die spielerischen Fähigkeiten dieses Schachprogrammes sind recht beachtlich. Es hat auf einschlägigen Wettbewerben auch schon kommerzielle Schachprogramme geschlagen.

Schach-Wettbewerbe

GNU-Chess selbst ist nicht gerade benutzerfreundlich. Es bedarf vielmehr eines grafischen Frontends (xboard), um es vernünftig spielen zu können. xboard kann GNU-Chess auch zweimal starten und gegeneinander spielen lassen. Eine Option erlaubt auch Partien im Internet. So findet man wohl zu jeder Tages- und Nachtzeit einen adäquaten Partner irgendwo in der Welt (siehe auch Seite 262).

xboard

337

MUDs und Crossfire

Besonders interessant sind Spiele, die in einem Netzwerk von mehreren Spielern gemeinsam gespielt werden können. Weit verbreitet sind in diesem Bereich die sogenannten MUDs (Multi User Dungeons). Dabei loggt sich jeder Mitspieler mit Telnet auf einem gemeinsamen Server ein und kann dann mit Befehlen wie `say`, `get` und `go` handeln und sich bewegen. Die Ein- und Ausgabe dieser MUDs ist in der Regel jedoch nur Text.

Telnet

Einige Adressen solcher MUDs, auf die man mit Telnet zugreifen kann (siehe auch Seite 261) sind :

- `morgen.cs.tu-berlin.de`, Port 7680
- `padermud.uni-paderborn.de`, Port 3000
- `pascal.uni-muenster.de`, Port 4711
- `infosgi.rus.uni-stuttgart.de`, Port 3333
- `mud.uni-munester.de`, Port 4711

Newsgruppen

Weitere Information findet man zum Beispiel in einer der vielen Newsgruppen zu MUDs oder in der MUD-FAQ (siehe Seite 305).

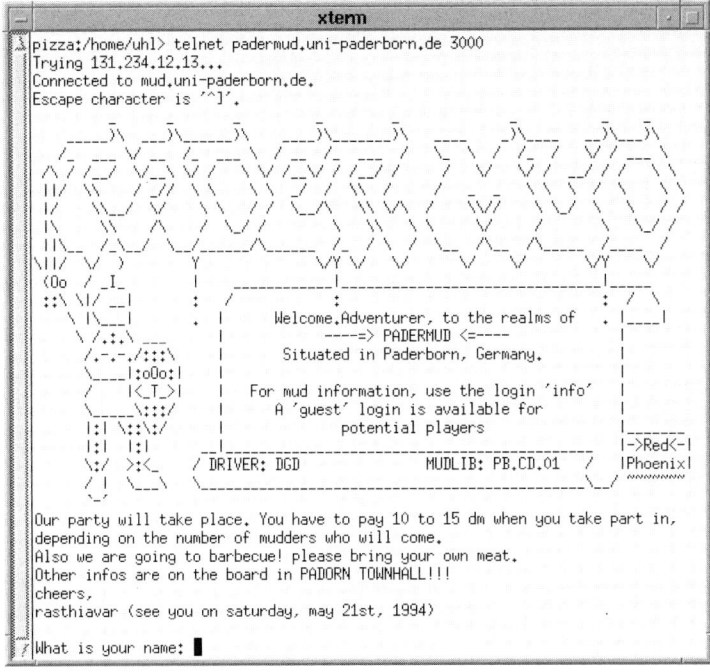

Abbildung 12.17 MUDs

Von den textorientierten MUDs hebt sich das Multiuser Rollen-
spiel Crossfire ab. Zum Spielen wird ein spezieller Client
benötigt, der die virtuelle Welt, in der sich der Spieler bewegt,
grafisch darstellt. Das Spiel kann im Quellcode von dem FTP-
Server `ftp.ifi.uio.no` im Verzeichnis `/pub/crossfire`
kopiert werden.

Crossfire

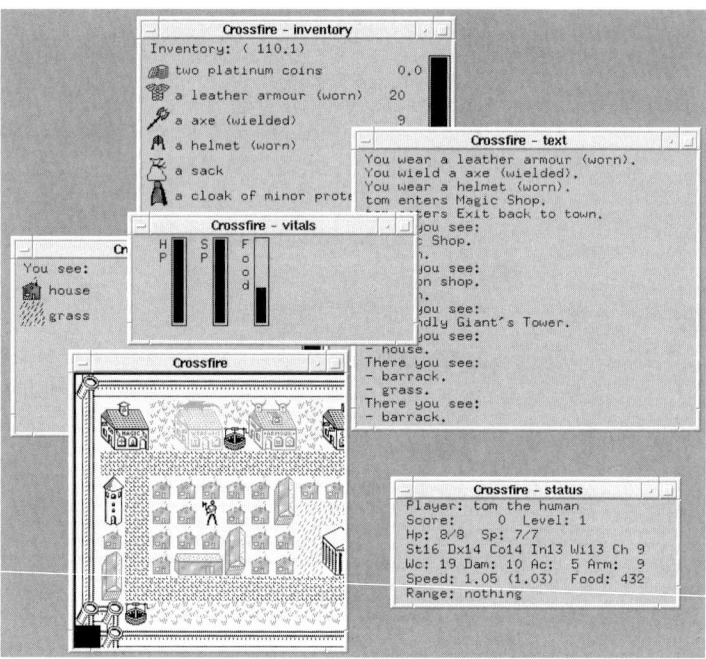

Abbildung 12.18 Crossfire

12.10 Sonstiges

Die folgenden Abschnitte stellen noch einige weitere Programme
vor, die sich nicht in eine der vorangegangenen Kategorien
einteilen lassen.

Xmcd

Zur Wiedergabe normaler Audio-CDs eignet sich xmcd, ein CD-
Player mit Motif-Oberfläche. Dieses Programm verfügt natürlich
über alle Features eines normalen CD-Gerätes. Darüberhinaus
besteht die Möglichkeit, eine Datenbank mit Titeln und
Interpreten zu erstellen. Beim Abspielen wird dann der aktuelle
Titel im Display angezeigt.

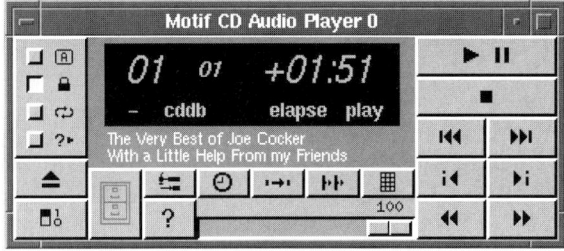

Abbildung 12.19 CD-Player

Xmmix

Wichtig zur Kontrolle der Audio-Ausgabe ist ein Mixer-Programm, wie z.B. xmmix. Für jede Sound-Quelle steht ein eigener Stereo-Regler zur Verfügung, der auf Wunsch für jeden Kanal getrennt verstellt werden kann. Auch der Aufnahmepegel beim Sampling läßt sich beliebig anpassen.

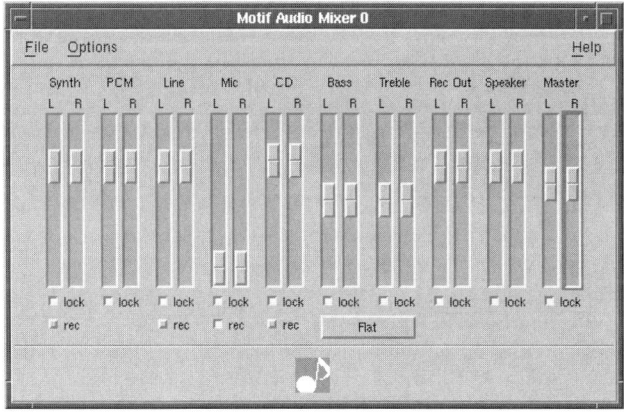

Abbildung 12.20 Audio-Mixer

XVMount

Ein praktisches Utility, das den täglichen Umgang mit Speicher-medien wie Disketten, Wechselplatten oder CD-ROMs   CD-ROM

341

erleichtert, ist xvmount. Will man unter UNIX ein neues Dateisystem ansprechen, so muß es bekanntlich vorher über den Befehl mount in das Filesystem eingebunden werden. xvmount erlaubt auch dem normalen Anwender, über eine grafische Oberfläche, bestimmte Filesysteme zu mounten.

Filesystem-Erkennung
Normalerweise muß beim Mounten auch der Typ des Filesystems angegeben werden. xvmount dagegen erkennt diesen selbständig, so daß sich der Anwender auch darum nicht kümmern muß.

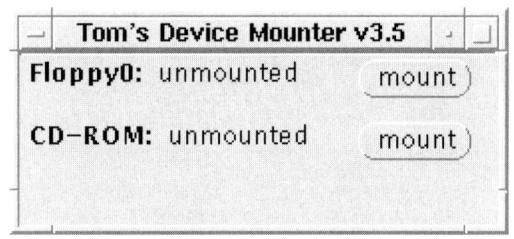

Abbildung 12.21 xvmount Utility

Seyon

Terminalprogramm
Zur Datenübertragung und zum Einloggen in ein anderes System über ein Modem wird ein Terminalprogramm benötigt. Seyon ist ein solches. Als Terminalemulator wird xterm herangezogen, so daß eine vollwertige VT100 Terminalemulation zur Verfügung steht. Da das Programm eine X11-Benutzeroberfläche besitzt, lassen sich die Schnittstellenparameter komfortabel mit der Maus einstellen. Neben einem Nummernverzeichnis verfügt das Programm über einen einfachen Kommandointerpreter.

rz, sz
Beim Empfang von Dateien über das Zmodem-Protokoll wird das entsprechende Empfangsprogramm (rz) automatisch gestartet. Optional können alle Bildschirmausgaben in einer Datei proto-kolliert werden.

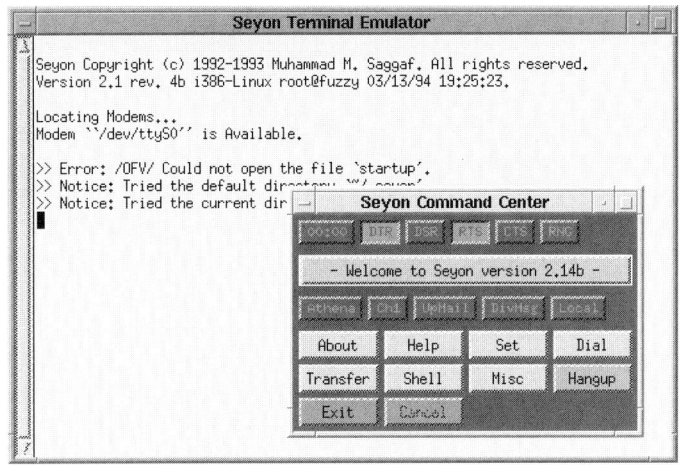

Abbildung 12.22 Terminalprogramm Seyon

X-Filemanager

Vielen UNIX-Anwendern ist die Kommandozeilen-Umgebung der üblichen Shells zur Dateiverwaltung nicht ausreichend. Sie bevorzugen, trotz des großen Leistungsumfangs der UNIX-Shells, grafische Oberflächen. **UNIX-Shell**

Ein relativ neues Programm zur grafischen Darstellung von Dateibäumen und zum Kopieren, Umbenennen und Verschieben von Dateien ist der X-Filemanager. Der Benutzer kann sich in **Drag & Drop** mehreren Fenstern einen Überblick über seine Dateistruktur verschaffen und über die Maus Dateien und Verzeichnisse kopieren. In einem separaten Fenster können Programme abgelegt werden, die besonders häufig benötigt werden. Auf Wunsch kann bei einem Doppelklick auf eine Datei ein passendes Programm zur Bearbeitung oder zur Ausgabe auf den Bildschirm gestartet werden.

Die Darstellung der einzelnen Dateien und Verzeichnisse erfolgt durch kleine Icons, die auch farbig sein können. Für den Benutzer ist es möglich, die Zuordnung zwischen den Dateitypen und Icons **Icons** individuell festzulegen.

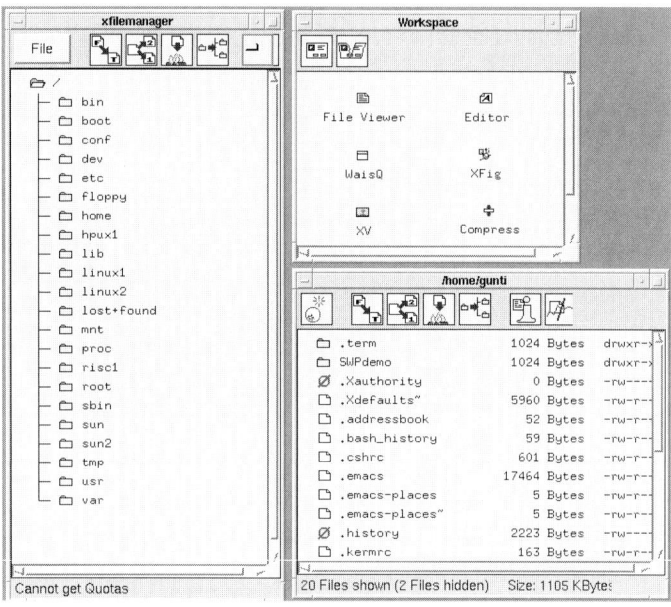

Abbildung 12.23 Dateimanager xfmgr

GNU Emacs

Befragt man mehrere erfahrene UNIX-Benutzer nach dem Editor den sie verwenden, so werden die meisten entweder vi oder Emacs antworten. Als Begründung ihrer Wahl geben die vi-Benutzer in der Regel an, daß sie diesen Editor schon seit 20 Jahren benutzen und er auf allen UNIX-Plattformen vorhanden ist. Die Emacs-Benutzer dagegen verweisen auf die ungewöhnlich hohe Flexibilität und Funktionalität ihres Editors.

Dieses Kapitel soll zunächst in die Bedienung von Emacs einführen und dann etwas detaillierter auf seine Konzepte und Features eingehen. Abschließend wird die Programmierung in Emacs-Lisp vorgestellt und die Konfiguration an einem Beispiel erläutert. Dieser Teil mag dem Leser ohne Vorkenntnisse in anderen Programmiersprachen unter Umständen schwer verständlich vorkommen. Eine ausführlichere Darstellung dieser Sachverhalte würde den Rahmen dieses Buches jedoch bei weitem sprengen. Der hintere Teil dieses Kapitels ist daher vor allem für diejenigen gedacht, die schon über Grundkenntnisse der Programmierung verfügen.

vi oder Emacs

Bedienung

Konfiguration

13.1 Überblick

Emacs wurde vom Gründer der FSF, Richard Stallman, entwickelt und steht auf nahezu allen UNIX-Plattformen, DOS und VMS zur Verfügung. Er kann sowohl im Textmodus auf einfachen ASCII-Terminals als auch unter dem X Window System benutzt werden. Dort stehen Pulldown-Menüs, Buttons und Scrollbars, sowie verschiedene Farben und Schriften zur

FSF

X11

Verfügung. Mit der Maus kann, wie unter X11 üblich, Text selektiert, kopiert und wieder eingefügt werden.

Für Einsteiger bietet Emacs ein Tutorial sowie Hilfe zu allen Kommandos, Tastenkombinationen und internen Variablen. Die gesamte Dokumentation ist ebenfalls on-line in einer Hypertext-ähnlichen Form abrufbar.

Der Benutzer kann mit Emacs verschiedene Texte gleichzeitig in getrennten oder geteilten Fenstern bearbeiten. In regelmäßigen

Abständen wird eine automatische Sicherungskopie der bearbeiteten Texte erstellt. Besonders bemerkenswert ist auch die nahezu unbeschränkte Undo-Funktion. So kann jede Änderung bis zu einer einstellbaren Grenze per Tastendruck rückgängig gemacht werden.

Im Gegensatz zu vi und vielen anderen bekannten Editoren ist Emacs weit mehr als nur ein Editor. Er enthält einen Interpreter für eine eigene, auf Lisp basierte Sprache, die auch dem

Anwender zur Verfügung steht. In diesem Emacs-Lisp oder kurz Elisp sind fast alle Funktionen geschrieben, die über die primitiven Editierfunktionen hinausgehen. Es existieren beispielsweise Emacs-Lisp-Programme, die aus Emacs ein Mail-Frontend, einen Newsreader oder eine komplette Entwicklungsumgebung machen.

Das Emacs-Paket ist aufgrund seiner Mächtigkeit relativ

umfangreich. Die Basisinstallation benötigt etwa 20 MB Speicher auf der Festplatte. Darin enthalten ist neben vielen Emacs-Lisp Programmen auch die komplette Dokumentation.

Emacs stellt zahlreiche sogenannte Major-Modes zur Verfügung, die den Editor optimal an die jeweilige Aufgabe anpassen. Sie unterstützen beispielsweise den Programmierer oder Autor bei

der Formatierung seines (Quell-)Textes. Im C- und Lisp-Mode werden Anweisungen entsprechend ihrer Schachtelungstiefe automatisch eingerückt. Bei der Eingabe einer schließenden

Klammer wird automatisch die entsprechende öffnende Klammer angezeigt. Schlüsselwörter, Kommentare oder andere Sprachelemente werden auf Wunsch in einer anderen Schrift und Farbe angezeigt. Derartige Modi existieren für alle verbreiteten Programmiersprachen und Dateitypen und sind einfach an individuelle Bedürfnisse anpaßbar.

13.2 Grundbegriffe

In der Dokumentation und bei den Funktionsnamen werden einige Begriffe verwendet, die bei anderen Editoren nicht existieren oder eine etwas abweichende Bedeutung besitzen. Sie werden hier kurz erläutert, um spätere Verwirrung zu vermeiden.

Die Stelle zwischen der aktuellen Position im Text (dem Cursor) und dem Zeichen davor wird *Point* genannt. Daneben gibt es eine weitere wichtige Position, die vom Benutzer explizit gesetzt werden kann und *Mark* genannt wird. Der Bereich zwischen Point und Mark wird als *Region* bezeichnet. Die Region entspricht einem markierten Block in anderen Editoren. Sie kann gelöscht, ausgeschnitten und kopiert werden. Im Gegensatz zu anderen Editoren ist die Region im Emacs jedoch immer an die aktuelle Cursorposition (Point) gebunden.

Point

Mark

Region

Eine Tastaturbelegung wird im Emacs *Key-Binding* genannt, da sie die Verbindung von einer Tastensequenz zu einer bestimmten Funktion festlegt. Mehrere Bindings werden zusammen in einer sogenannten *Keymap* abgelegt.

Key-Binding

Keymap

Wenn man eine Datei im Emacs bearbeitet, so geschieht dies in einem *Buffer*. Ein Buffer enthält meist den Inhalt einer Datei, kann jedoch auch etwas ganz anderes enthalten. Beispiele hierfür sind die Ein- und Ausgabe des GNU-Debuggers gdb, wenn er unter Emacs aufgerufen wird, oder der Inhalt eines Verzeichnisses wenn man sich im Dired-Mode befindet (siehe unten).

Buffer

Ist ein Buffer sichtbar, so wird er in einem Window dargestellt. Window entspricht dabei im Emacs-Jargon nicht einem Fenster unter X11, sondern bezeichnet einen im aktuellen Fenster abgetrennten Teil, in dem ein Buffer dargestellt wird. Ein eigenes Fenster unter X11 wird hier Frame genannt und kann mehrere Windows enthalten.

Window

Frame

347

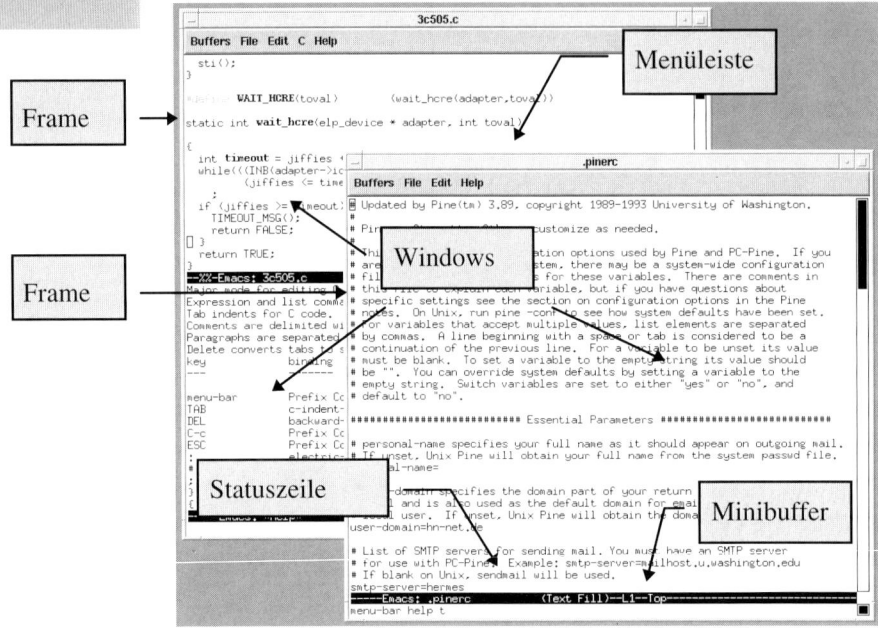

Abbildung 13.1 Emacs mit mehreren Frames und Windows

13.3   Bedienung

Aufruf

Wie man es von einem Editor erwartet, kann Emacs mit einem Dateinamen als Parameter oder ohne weitere Angaben aufgerufen werden. Um beispielsweise die Datei .cshrc im Home-Verzeichnis zu bearbeiten, ruft man Emacs wie folgt auf :

```
emacs ~/.cshrc
```

X11

Textmodus

Unter X11 öffnet Emacs beim Start ein neues Fenster mit einer grafischen Menüleiste. Befindet man sich nicht unter X11, sondern im Textmodus, so entfällt die Menüleiste, und Emacs benutzt den gesamten Bildschirm des Terminals.

Emacs kann sowohl mit den Pfeiltasten und Funktionstasten bedient werden, als auch mit speziellen **<Strg>**- oder **<Meta>**-Tastenkombinationen. Die Konfiguration der Funktionstasten wird ab Seite 387 erläutert.

Die **\<Meta\>**-Taste existiert auf den Tastaturen mancher Workstations, jedoch nicht auf den PC-üblichen MF2-Tastaturen und einfachen ASCII-Terminals. Anstelle von **\<Meta\>** kann jedoch auch die **\<Esc\>**-Taste verwendet werden. Für **\<Meta-x\>** drückt man auf Tastaturen ohne **\<Meta\>**-Taste die **\<Esc\>**-Taste gefolgt von **\<x\>**. Unter X11 wird häufig die **\<Alt\>**-Taste zu **\<Meta\>** umdefiniert (siehe Seite 181), so daß der Umweg über **\<Esc\>** hier nicht nötig ist.

Meta

Esc

Die wichtigsten Bindings der Standard Keymap (ohne Funktionstasten) sind :

Cursorbewegung :

Strg-f	Zeichen vorwärts (forward)
Strg-b	Zeichen rückwärts (backward)
Strg-n	Zeile vorwärts (next)
Strg-p	Zeile rückwärts (previous)
Strg-a	Anfang der Zeile
Strg-e	Ende der Zeile
Strg-v	Seite vorwärts scrollen
Meta-v	Seite rückwärts scrollen

Löschen

del	lösche das Zeichen vor dem Cursor (Backspace)
Strg-d	lösche das Zeichen unter dem Cursor
Strg-k	lösche zum Ende der Zeile oder eine leere Zeile. Der gelöschte Text wird dabei im sogenannten Kill-Ring gespeichert und kann wieder eingefügt werden.

Markieren, Löschen und Einfügen

Strg-Space	Setze die Markierung an die aktuelle Position des Point
Meta-w	Kopiere die Region (Text zwischen Markierung und Point) in den Kill-Ring
Strg-w	Kopiere den Inhalt der Region in den Kill-Ring und lösche ihn aus dem Text.

Strg-y	füge den Inhalt des Kill-Ring an der aktuellen Cursorposition ein.

Suchen

Strg-s	Suchen (inkrementell, siehe unten)
Strg-r	Suche rückwärts (inkrementell)
Strg-g	Abbruch der Suche oder des letzten Befehls

Verschiedenes

Strg-x f	Datei laden (find)
Strg-x Strg-c	Emacs beenden
Strg-x o	Gehe zum nächsten Window (other)
Strg-x b	Gehe zu einem anderen Buffer

Eine relativ wichtige Taste ist **<Strg-g>**. Als Anfänger fühlt man sich häufig in den aus mehreren Tasten bestehenden Kombinationen von Emacs verloren. Drückt man beispielsweise versehentlich **<Strg-x>**, so wartet Emacs auf eine zweite Eingabe, die zusammen mit **<Strg-x>** einen Befehl ergeben könnte. Um
Abbruch · · · dies abzubrechen, kann man **<Strg-g>** drücken.

Eine übersichtliche und relativ vollständige Liste aller Emacs-
Referenzkarte · · · Key-Bindings erhält man in der Emacs-Referenzkarte, die im Emacs-etc Verzeichnis abgelegt ist. Ist Emacs beispielsweise unter /usr/lib/emacs/19.28 installiert, so ist dies das Verzeichnis /usr/lib/emacs/19.28/etc. Sie hat den Namen refcard.ps oder als TeX-Datei refcard.tex.

Außerdem kann man sich jederzeit im Emacs mit **<Strg-h>b** (b
Tastaturbelegung · · · für Binding) eine Liste aller Tastenbelegungen, und mit **<Strg-h>k<fragliche Tastenkombination>** (k für Key) die Bedeutung einer speziellen Tastenkombination ausgeben lassen.

Suchen · · · Die inkrementelle Suche innerhalb von Emacs ist ein Feature, das viele andere Editoren nicht kennen. Dabei wird mit der Suche nicht gewartet, bis der Benutzer den zu suchenden Text vollständig eingegeben hat, sondern sobald er eine Taste gedrückt hat, beginnt Emacs mit der Suche nach dem nächsten
Vorkommen dieses Zeichens und positioniert den Cursor an die

entsprechende Selle. Gibt der Benutzer ein weiteres Zeichen ein, so wird nach dem ersten Vorkommen der beiden Zeichen weitergesucht. Auf diese Weise nähert man sich dem gesuchten Text inkrementell, und findet ihn eventuell schon mit wesentlich weniger Tastendrücken, als wenn man den kompletten Suchbegriff eingegeben hätte.

Unter X11 stehen für die wichtigsten Funktionen Pulldown-Menüs zur Verfügung. Außerdem können alle für die Benutzer bestimmten (interaktiven) Funktionen auch direkt aufgerufen werden, unabhängig davon, ob sie einer bestimmten Taste zugewiesen sind. Dazu gibt man **<Meta-x>** ein. Emacs fordert den Benutzer dann mit einem Prompt im Minibuffer auf, den Namen der aufzurufenden Funktion einzugeben (siehe Abbildung 13.1). Wie fast überall im Emacs steht dabei eine automatische Namens-Erweiterung mit **<Tab>** zur Verfügung. Benötigt die aufzurufende Funktion weitere Angaben, so werden diese im Minibuffer abgefragt. Der Direktaufruf mit **<Meta-x>** ist oft für weniger häufig verwendete Funktionen praktisch, von denen man gerade nicht weiß, ob für sie überhaupt ein Binding existiert.

Menüs

Meta-x

Tab

13.4 Dokumentation und Hilfe

Als schnelle Einführung in die Bedienung des Emacs bietet sich das Emacs-Tutorial an. Dabei handelt es sich um einen Text, der bei Eingabe von **<Strg-h><t>** automatisch geladen wird. Er enthält eine Anleitung, die schrittweise und interaktiv alle wichtigen Editier-Befehle präsentiert.

Tutorial

Die eigentliche Online-Hilfe besteht aus mehreren Teilfunktionen. Mit **<Strg-h><f>** kann man sich die Beschreibung einer Funktion anzeigen lassen, mit **<Strg-h a>** (a für apropos) wird die Liste aller Funktionsnamen nach einem Teilstring durchsucht. Sucht man beispielsweise eine Funktion, um direkt zu einer bestimmten Zeile zu gelangen, so könnte man mit **<Strg-h a>line** eine Liste aller Funktionen zusammen mit eventuell vorhandenen Bindings anzeigen, die `line` in ihrem Namen enthalten. In dieser Liste finden sich Funktionen wie `previous-`

Funktionen

line, next-line zusammen mit der gesuchten Funktion goto-line.

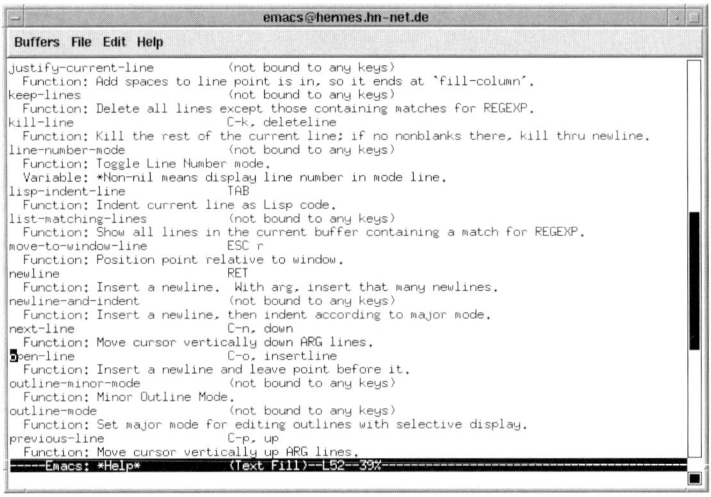

Abbildung 13.2 Die apropos-Funktion

Key-Bindings

Die Liste aller aktuellen Key-Bindings kann mit **\<Strg-h b\>** ausgegeben werden und eine Beschreibung der aktuellen Modes (siehe unten) erhält man durch Eingabe von **\<Strg-h m\>**. Alle diese Hilfefunktionen sind unter X11 auch im Help-Pulldown-Menü enthalten.

Strg-h a	Apropos - Liste aller Funktionen, deren Namen einen bestimmten Text enthält.
Strg-h c	Kurzbeschreibung einer Tastenkombination
Strg-h k	längere Beschreibung einer Tastenkombination
Strg-h Strg-k	gehe in den Info-Mode zur Seite auf der der Befehl beschrieben ist, der mit der Tastenkombination verbunden ist
Strg-h i	gehe in den Info-Mode
Strg-h m	Mode - Beschreibung der aktuellen Modes
Strg-h f	Beschreibung einer Emacs-Lisp-Funktion
Strg-h v	Beschreibung einer Emacs-Lisp-Variablen
Strg-h h	kurze Übersicht aller Strg-h Kommandos

Die ausführliche Dokumentation des Emacs-Editors liegt wie bei allen Programmen der FSF ursprünglich im Texinfo-Format vor. Aus diesem Format werden bei der Installation automatisch sogenannte Info-Dateien erzeugt. Neben Info-Dateien können auch TeX-Dateien aus einer Texinfo-Datei erzeugt werden. Damit kann die Dokumentation ausgedruckt werden. (siehe auch Seite 324)

Info-Dateien enthalten eine hierarchische Struktur mit Querverweisen. Sie können mit Emacs im Info-Mode oder mit einem anderen Info-Reader wie zum Beispiel `tkinfo` betrachtet werden.

Info-Modus

Im Info-Mode existiert eine neue Keymap, die es erlaubt, mit einfachen Tasten oder mit der Maus den Querverweisen zu folgen und so hierarchisch in einem Info-File zu navigieren. Unter X11 werden die Querverweise durch eine andere Schrift und Farbe hervorgehoben.

Querverweise

Die Information, die im Info-Mode zu Emacs angezeigt wird, entspricht dem gedruckten Emacs-Handbuch, das von der FSF bezogen werden kann. Die wichtigsten Tasten im info-mode sind:

Handbuch

mittlere Maustaste	Folge dem Querverweis unter dem Mauscursor
d	Gehe zum Inhaltsverzeichnis mit der Übersicht aller Info-Dateien (directory)
Enter	Folge dem Querverweis unter dem Cursor
l	Gehe zurück zur zuletzt gesehenen Seite (last)
n	Gehe zur nächsten Info-Seite (next)
p	Gehe zur vorhergehenden Info-Seite (previous)
u	Gehe zur Info-Seite, die in der Hierarchie über der aktuellen Seite steht (up)
s	Suche nach Text (search)

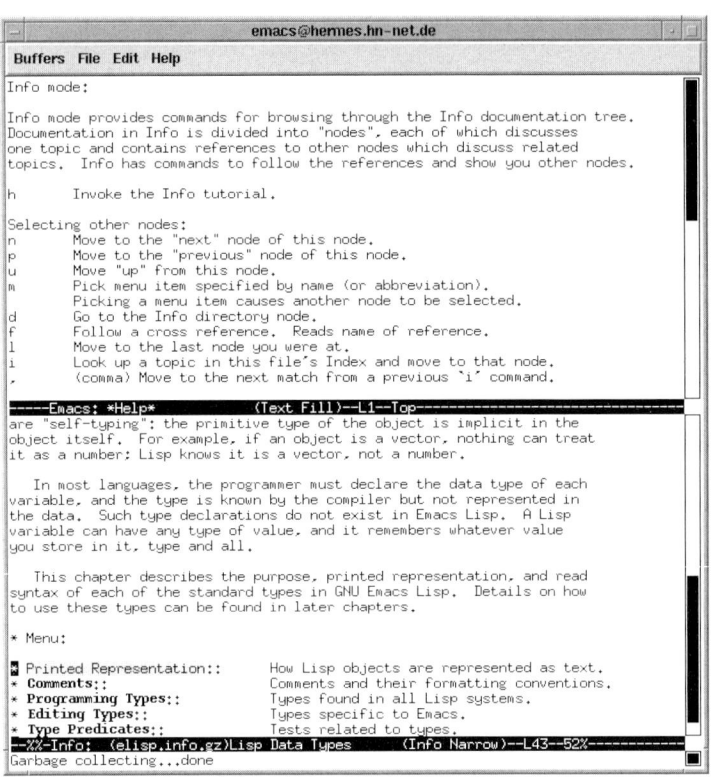

Abbildung 13.3 Der Info-Modus im Emacs

Emacs-Lisp

Neben dem normalen Emacs-Handbuch gibt es eine Dokumentation zu Emacs-Lisp, die ebenfalls im Texinfo-Format vorliegt. Sie ist ausgedruckt viele hundert Seiten dick und beschreibt ausführlich alle internen Details des Editors und seine Programmierung. Man kann dieses Handbuch zum Beispiel per FTP von jedem größeren FTP-Server beziehen. Das File ist normalerweise zusammen mit dem Emacs-Quellcode und den anderen GNU Utilities in einem Verzeichnis mit Namen gnu abgelegt.

13.5   Modes

Major-Mode und
Minor-Mode

Jedem Buffer sind ein Major- und eventuell ein oder mehrere Minor-Modes zugeordnet. Ein Major-Mode definiert in der Regel eine neue Keymap und stellt oft neue Funktionen zur Verfügung, die Emacs speziell an eine bestimmte Aufgabe anpassen. So gibt es Major-Modes für fast alle bekannten Programmiersprachen, aber auch zum Editieren von Konfigurationsdateien und normalem Text. Einige Modes sind nicht zum Editieren von Dateien gedacht, sondern benutzen Emacs für andere Funktionen. Beispiele hierfür sind die gnus-, rmail- und dired-Modes.

Ein Minor-Mode stellt bestimmte Features zur Verfügung, die zusätzlich zu einem gewählten Major-Mode aktiviert werden können. Ein Beispiel ist der Font-Lock-Mode, der bei Programmiersprachen Kommentare und Schlüsselwörter durch verschiedene Schriften und Farben hervorheben kann.

Die folgende Tabelle listet exemplarisch einige Major- und Minor-Modes zusammen mit einer kurzen Beschreibung ihrer wichtigsten Funktion auf.

Modes

Major-Modes

c, c++	Automatische Einrückung des Quelltextes.
lisp	Automatische Einrückung des Quelltextes,. on-line Hilfe, Auswerten von Ausdrücken.
tcl	Automatische Einrückung des Quelltextes, Auswerten von Bereichen unter Tcl

Minor-Modes

font-lock	Stellt Kommentare, Schlüsselwörter, Strings oder andere Textbereiche in verschiedenen Schriften und Farben dar.
outline	Blendet Text auf verschiedenen hierarchiestufen ein- oder aus.
auto-fill	Automatischer Wortumbruch

Beim Laden von Dateien wählt Emacs automatisch einen passenden Major-Mode aus. Der Name des Major-Modes wird in der Mode-Line des jeweiligen Windows angezeigt. Erkennungsmerkmal für die Auswahl des Modes sind Dateinamen bzw. -endungen wie .c, .cc, .tcl. Sie sind in einer Tabelle dem jeweiligen Mode zugeordnet. Darüberhinaus kann Emacs den

Laden

Datei-Erweiterungen

355

Mode anhand der ersten Zeilen des Inhalts festlegen. Erkannt werden hier spezielle Kommentare wie `#!//usr/bin/wish`, `# -*-Tcl-*-` oder `# -*-Mode: Tcl;-*-`.

Ein Mode kann auch manuell aktiviert werden. Dazu gibt man **<Meta-x>** gefolgt vom Namen des Modes, also beispielsweise **<Meta-x>tcl-mode** ein.

13.6 Packages und Erweiterungen

Lisp

Neben den Modes gibt es Emacs-Lisp-Programme, die allgemeine Zusatzfunktionen zur Verfügung stellen oder nur den Lisp-Interpreter verwenden, um relativ eigenständige Anwendungen auszuführen. Im folgenden werden einige dieser Erweiterungen vorgestellt.

saveplace

Position des Cursors

Saveplace speichert beim Beenden der Bearbeitung einer Datei die Position des Cursors. Wird diese Datei das nächste mal geladen, so setzt Emacs den Cursor automatisch an die Stelle, an der die Datei verlassen wurde. Diese Funktion kann generell für alle Dateien aktiviert werden, oder nur für bestimmte Dateien. Der entsprechende Eintrag in der Emacs-Konfigurationsdatei lautet:

```
(load "saveplace")
(define-key ctl-x-map "p"  'toggle-save-place)
```

dired

Dateien und
Verzeichnisse

Dired ist eigentlich ein Mode, hat jedoch nicht viel mit einem normalen Major-Mode zum Bearbeiten einer Datei gemeinsam. Wie der Name schon andeutet, können mit Dired Verzeichnisse bearbeitet werden. Dateien können kopiert, umbenannt oder gelöscht werden.

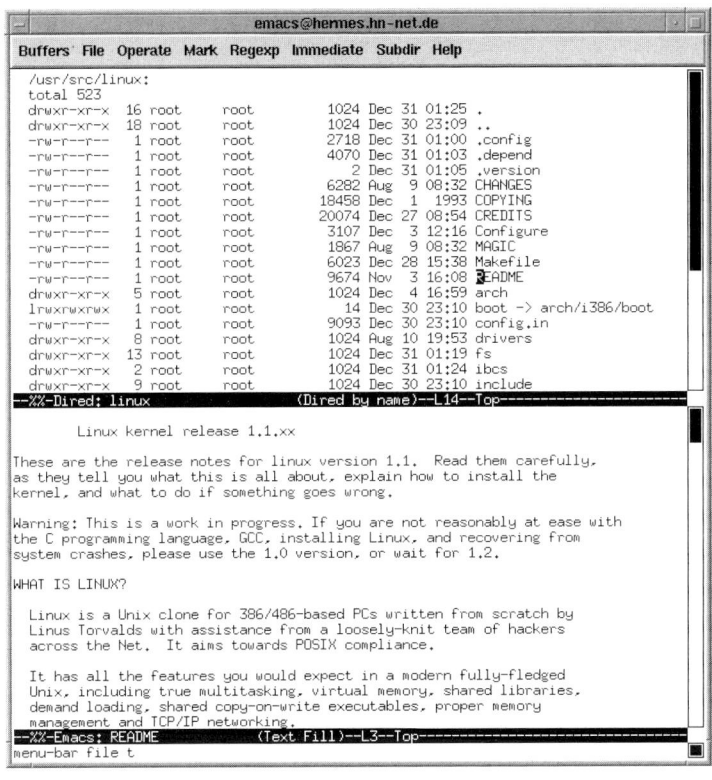

Abbildung 13.4 Der dired-mode im Emacs

Mit der Taste f (follow) kann in ein Unterverzeichnis verzweigt werden oder eine Datei in einen anderen Buffer geladen werden. Dired wird automatisch aufgerufen, wenn anstelle einer Datei ein Verzeichnis "geladen" wird. Man kann es auch direkt mit **<Meta-x>**dired aktivieren.

follow

ediff

Eine wertvolle Hilfe beim Zusammenführen verschiedener Versionen eines Textes ist ediff. Dieses Emacs-Lisp Programm öffnet zwei Dateien und stellt sie wahlweise nebeneinander oder untereinander dar. Unterschiede zwischen den beiden Dateien werden durch verschiedene Schriften und Farben hervorgehoben und können per Tastendruck von der einen in die andere Datei

Versionen

Unterschiede

übernommen werden. Ediff kann aus dem Menü oder mit **<Meta-x>ediff** aufgerufen werden.

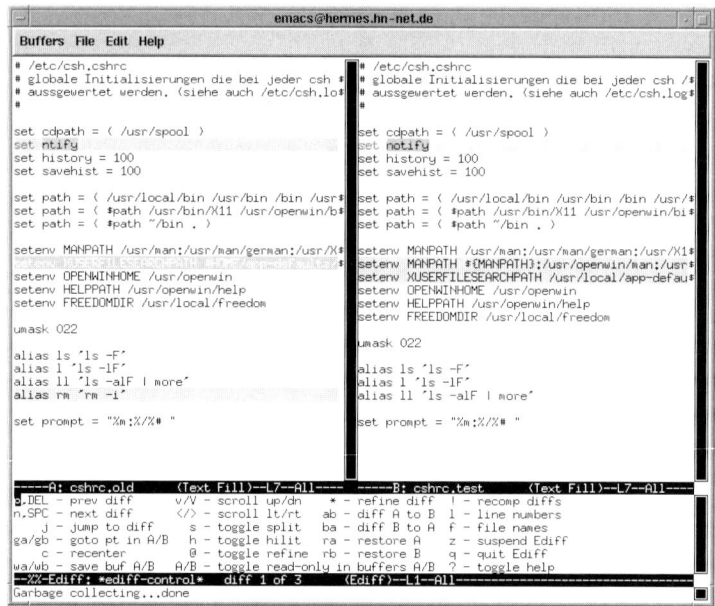

Abbildung 13.5 ediff im Emacs

finder und lispdir

Es ist nicht einfach, sich in all den Lisp-Programmen und Emacs-Modes zurecht zu finden. Eine kleine Hilfe bietet hier das Emacs

Programme   Finder-Programm. Es gruppiert die Lisp-Programme der Emacs-Distribution unter Schlüsselwörtern und bietet diese in einer

Auswahl   Auswahlliste an. Selektiert der Benutzer ein Schlüsselwort mit **<Space>**, so werden alle Pakete, die zu dem ausgewählten Schlüsselwort passen, mit einer kurzen Beschreibung angezeigt. Zum Starten des Finders muß man ihn zunächst mit **<Meta-x>**

load-library   `load-library` laden. Danach kann man ihn mit **<Meta-x>** `finder-by-keyword` starten.

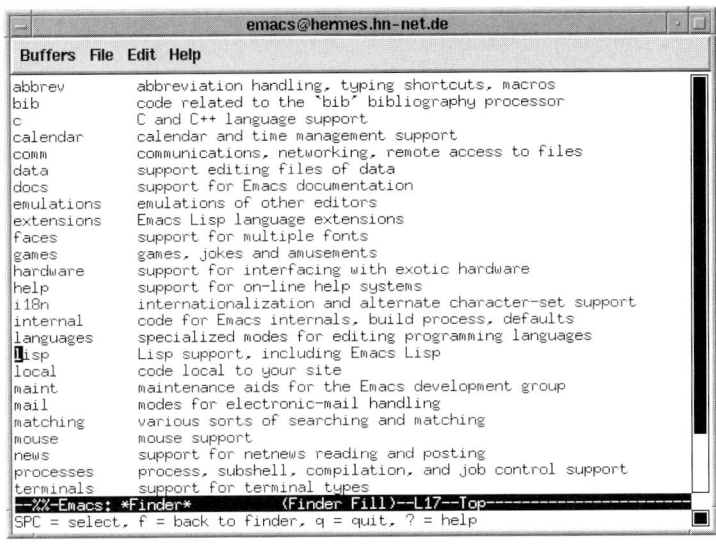

```
  emacs@hermes.hn-net.de

 Buffers  File  Edit  Help

abbrev       abbreviation handling, typing shortcuts, macros
bib          code related to the `bib' bibliography processor
c            C and C++ language support
calendar     calendar and time management support
comm         communications, networking, remote access to files
data         support editing files of data
docs         support for Emacs documentation
emulations   emulations of other editors
extensions   Emacs Lisp language extensions
faces        support for multiple fonts
games        games, jokes and amusements
hardware     support for interfacing with exotic hardware
help         support for on-line help systems
i18n         internationalization and alternate character-set support
internal     code for Emacs internals, build process, defaults
languages    specialized modes for editing programming languages
lisp         Lisp support, including Emacs Lisp
local        code local to your site
maint        maintenance aids for the Emacs development group
mail         modes for electronic-mail handling
matching     various sorts of searching and matching
mouse        mouse support
news         support for netnews reading and posting
processes    process, subshell, compilation, and job control support
terminals    support for terminal types
--%%-Emacs: *Finder*        (Finder Fill)--L17--Top-----------------
SPC = select, f = back to finder, q = quit, ? = help
```

Abbildung 13.6 Der Finder

Der Finder kennt nur die Lisp-Programme, die schon im Emacs-Paket enthalten sind. Um sich einen Überblick über weitere Emacs-Programme zu machen, kann man auf das GNU-Emacs-Lisp-Code-Directory zugreifen. Dies ist eine Liste mit über 800 verschiedenen Emacs-Lisp-Paketen, die mit einem speziellen Programm durchsucht werden kann. Die jeweils neueste Version dieser Liste kann vom Server `archive.cis.ohio-state.edu` aus dem Verzeichnis `/pub/gnu/emacs/elisp-archive` bezogen werden. Das Programm zum Durchsuchen des Archivs liegt im selben Verzeichnis wie `lispdir.el.Z`.

Lisp Code Directory

359

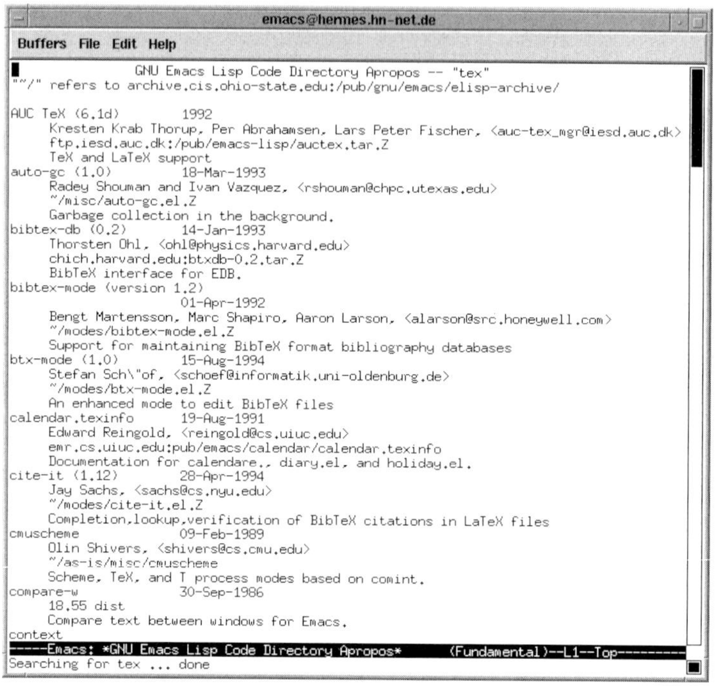

```
                                    emacs@hermes.hn-net.de
  Buffers  File  Edit  Help
                    GNU Emacs Lisp Code Directory Apropos -- "tex"
  ""/" refers to archive.cis.ohio-state.edu:/pub/gnu/emacs/elisp-archive/

  AUC TeX (6.1d)          1992
          Kresten Krab Thorup, Per Abrahamsen, Lars Peter Fischer, <auc-tex_mgr@iesd.auc.dk>
          ftp.iesd.auc.dk:/pub/emacs-lisp/auctex.tar.Z
          TeX and LaTeX support
  auto-gc (1.0)           18-Mar-1993
          Radey Shouman and Ivan Vazquez, <rshouman@chpc.utexas.edu>
          ~/misc/auto-gc.el.Z
          Garbage collection in the background.
  bibtex-db (0.2)         14-Jan-1993
          Thorsten Ohl, <ohl@physics.harvard.edu>
          chich.harvard.edu:btxdb-0.2.tar.Z
          BibTeX interface for EDB.
  bibtex-mode (version 1.2)
                          01-Apr-1992
          Bengt Martensson, Marc Shapiro, Aaron Larson, <alarson@src.honeywell.com>
          ~/modes/bibtex-mode.el.Z
          Support for maintaining BibTeX format bibliography databases
  btx-mode (1.0)          15-Aug-1994
          Stefan Sch\"of, <schoef@informatik.uni-oldenburg.de>
          ~/modes/btx-mode.el.Z
          An enhanced mode to edit BibTeX files
  calendar.texinfo        19-Aug-1991
          Edward Reingold, <reingold@cs.uiuc.edu>
          emr.cs.uiuc.edu:pub/emacs/calendar/calendar.texinfo
          Documentation for calendar., diary.el, and holiday.el.
  cite-it (1.12)          28-Apr-1994
          Jay Sachs, <sachs@cs.nyu.edu>
          ~/modes/cite-it.el.Z
          Completion,lookup,verification of BibTeX citations in LaTeX files
  cmuscheme               09-Feb-1989
          Olin Shivers, <shivers@cs.cmu.edu>
          ~/as-is/misc/cmuscheme
          Scheme, TeX, and T process modes based on comint.
  compare-w               30-Sep-1986
          18.55 dist
          Compare text between windows for Emacs.
  context
  -----Emacs: *GNU Emacs Lisp Code Directory Apropos*     (Fundamental)--L1--Top----
  Searching for tex ... done
```

Abbildung 13.7 Ergebnis einer lispdir-Abfrage zu "tex"

func-menu

Recht praktisch beim Programmieren von C-Programmen ist das func-menu-Programm. Es analysiert auf Mausklick den C-Quelltext im aktuellen Buffer und zeigt ein Popup-Menü mit allen definierten Funktionsnamen an. Wählt man aus diesem Popup einen Funktionsnamen aus, so springt Emacs an die Stelle im Buffer, an der die Funktion definiert wird.

Funktionsnamen

```
                        }
              }
              restore_flags(flags);

              /*
               *    Set the timer again.
               */

              del_timer(&arp_timer);
              arp_timer.expires = ARP_CHECK_INTERVAL    *Rescan*
              add_timer(&arp_timer);
      }                                                  arp_check_expire

                                                         arp_destroy
      /*
       *    Release all linked skb's and the memo       arp_device_down
       */
                                                         arp_expire_request
static void arp_release_entry(struct arp_table          arp_find
{
              struct sk_buff *skb;                       arp_get_info
              unsigned long flags;                       arp_init

              save_flags(flags);                         arp_ioctl
              cli();
              /* Release the list of 'skb' pointers      arp_lookup
              while ((skb = skb_dequeue(&entry->skb)
              {                                          arp_rcv
                    skb_device_lock(skb);                arp_release_entry
                    restore_flags(flags);
                    dev_kfree_skb(skb, FREE_WRITE)       arp_req_get
              }                                          arp_req_set
              restore_flags(flags);
              del_timer(&entry->timer);                  arp_send
              kfree_s(entry, sizeof(struct arp_table     arp_send_q
              return;
      }
--%%-Emacs: arp.c          (C Font)--L239--22%--------------
```

Abbildung 13.8 func-menu in einem C-Quelltext

Tags

Etwas weniger komfortabel, dafür jedoch funktional überlegen, ist die Verwaltung von tags. Dabei wird mit dem Befehl etags eine Datei aufgebaut, in der alle Funktionsnamen mit der Datei und Zeile, in der die Funktion definiert ist, aufgelistet sind. Danach kann mit Emacs-Lisp Funktionen wie tags-search und tags-apropos in dieser Liste gesucht werden.

etags

Suchen

13.7 Emacs-Lisp

Wie schon erwähnt, enthält der Emacs-Editor einen eigenen Lisp-Interpreter, und der größte Teil der Emacs-Funktionen ist nicht in

C, sondern schon in Emacs-Lisp geschrieben. Um Emacs zu bedienen oder eine einfache Tastaturanpassung durchzuführen, sind keine Lisp-Kenntnisse erforderlich. Um jedoch eigene Funktionen zu schreiben oder eine etwas ausgereiftere Konfiguration zu erstellen, sind Grundkenntnisse in Emacs-Lisp unumgänglich.

Einführung

Natürlich kann hier weder eine komplette Beschreibung von Emacs-Lisp noch eine vollständige Einführung in die Lisp-Programmierung gegeben werden. Das Emacs-Lisp Manual der FSF ist viele hundert Seiten dick, und Lisp-Lehrbücher enthalten meist auch mehr als 500 Seiten. Stattdessen sollen in diesem Kapitel die wichtigsten Elemente mit einigen Beispielen erläutert werden, um den Leser in die Lage zu versetzen, einfache Emacs-Lisp-Programme zu verstehen und kleinere Funktionen selbst zu schreiben.

Beispiele

Für eine vollständige Behandlung der Materie sei auf das original Manual der FSF, bzw. die Emacs-Lisp Info-Files sowie die vielen Lisp-Lehrbücher verwiesen.

Allgemeines zu Emacs-Lisp

Der Name Lisp steht eigentlich für LISt Processor. Manchmal wird diese Abkürzung jedoch auch mit Lots of Irritating Single Parentheses übersetzt. In der Tat ist die wichtigste Grundstruktur eines Lisp-Programms eine durch Klammern begrenzte Liste. Das führt dazu, daß Ausdrücke häufig aus fünf oder noch tiefer geschachtelten Klammern bestehen.

Listen

Davon sollte man sich jedoch nicht abschrecken lassen. Man gewöhnt sich sehr schnell an einen solchen Anblick, und durch die Unterstützung des Emacs-Lisp-Modes, der Ausdrücke automatisch richtig einrückt und die Zuordnung von öffnenden und schließenden Klammern anzeigt, kommt man eigentlich nie in die Verlegenheit, die Klammern zählen zu müssen.

Modes

Symbole

Eine besondere Rolle in LISP spielen die sogenannten Symbole. Ein Symbol repräsentiert einen eindeutigen Namen, der für den Zugriff auf Daten, Funktionen und property-lists benutzt wird. Auf property-lists wird hier jedoch nicht näher eingegangen.

Am einfachsten stellt man sich ein Symbol als einen kleinen Behälter vor, der mehrere Fächer besitzt. Ein Fach für den Namen, den Wert, die Funktionsdefinition und ein Fach für die property-list.

Fächer

Name
Wert
Funktion
property-list

Der Wert eines Symbols hat einen bestimmten Typ. Dieser Typ muß nicht wie in vielen Prozeduralen Sprachen (zum Beispiel Pascal) im voraus angegeben werden, sondern er ist implizit im Wert enthalten. Emacs-Lisp kennt zu jedem Wert den zugehörigen Typ. Dies führt natürlich dazu, daß die Verwendung eines falschen Typs erst zur Laufzeit des Programms festgestellt werden kann.

Typ

Die wichtigsten primitiven Datentypen in Emacs-Lisp sind :

primitive Typen

- Integer
- Floating-Point
- Character (einzelne Zeichen)
- Array
- String
- Vector (ein-dimensionales Array)
- Symbol
- Function
- Macro
- Primitive Function (eine in C geschriebene Funktion)
- Byte-Code Function (eine compilierte Funktion)

Neben diesen Datentypen, die auch in anderen Lisp-Dialekten

existieren, gibt es spezielle Datentypen in Emacs-Lisp, die für die Editor-Funktionen benutzt werden. Die wichtigsten sind :

- Buffer
- Window
- Frame
- Process
- Stream
- Keymap

Die Datentypen in Emacs-Lisp sind teilweise überlappend, ein Wert kann also gleichzeitig zu mehreren Typen gehören. Dies liegt daran, daß manche Typen eine Spezialisierung anderer Typen sind. Der Datentyp *string* zum Beispiel ist eine Spezialisierung des Typs *array*, der seinerseits eine Spezialisierung des Typs *sequence* ist.

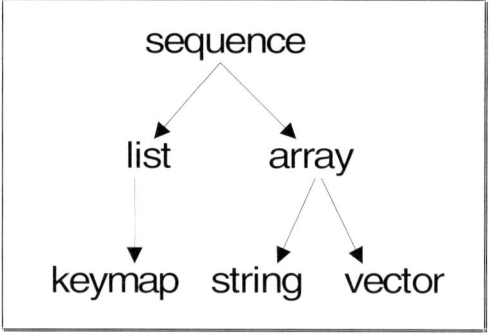

Abbildung 13.9 Ausschnitt aus der Typenhierarchie in Emacs-Lisp

Die Werte *wahr* und *falsch* als Ergebnis von Vergleichen oder Boolschen Ausdrücken werden in Lisp mit den speziellen Symbolen *t* und *nil* dargestellt. nil ist eine andere Schreibweise für die leere Liste *( )* und ist damit zugleich ein *Atom* (siehe unten) und eine Liste.

Der Interpreter

Der Lisp-Interpreter führt einen sogenannten Read-Eval-Print-Zyklus aus. Das bedeutet, er liest eine Eingabe, versucht sie auszuwerten und druckt danach das Ergebnis aus.

Read-Eval-Print

Die Ausdrücke, die der Interpreter auswerten kann, werden *forms* oder *s-expressions* genannt. Dies ist der Oberbegriff für einfache Elemente wie Zahlen, Strings oder Symbole, die als *Atome* bezeichnet werden, und *Listen*.

Trifft der Interpreter auf einen Wert wie einen String oder eine Zahl, so ist das Ergebnis dieser Auswertung der Wert selbst. Trifft er auf ein einzelnes Symbol, so gibt er den Inhalt des Faches mit dem Wert des Symbols aus. Das folgende Beispiel zeigt einige Eingaben mit der jeweiligen Ausgabe des Lisp-Interpreters.

Zahlen

Symbole

```
1
1
"test"
"test"
fill-column
78
```

Trifft der Interpreter auf eine Liste, so kommt es auf das erste Symbol in der Liste an. Es wird nicht ausgewertet und entscheidet über die Art der s-expression. Ist es der Name einer Funktion, so ist die Liste ein Funktionsaufruf. Der Interpreter versucht dann die restlichen Elemente (also alle außer dem ersten) auszuwerten und die Funktion mit den Ergebnissen dieser Auswertung aufzurufen.

Listen

Funktion

Außer den Listen, die als Funktionsaufrufe interpretiert werden, gibt es noch Macros und sogenannte Special-Forms. Bei diesen werden die weiteren Listenelemente nicht als erstes ausgewertet. Special-Forms sind beispielsweise die Bedingungen wie *if* oder *cond*.

Macros und Special-Forms

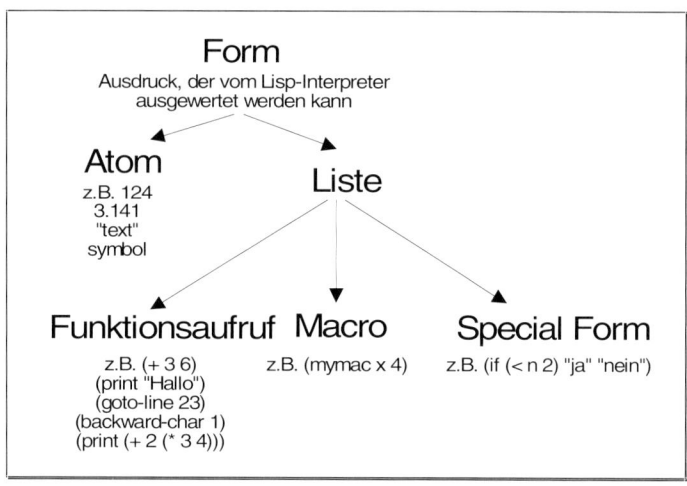

Abbildung 13.10 Ausdrücke in Emacs-Lisp

Funktionsaufruf

Ein Funktionsaufruf hat also die Form :

```
(Funktionsname Argument Argument ... )
```

Präfix-Schreibweise

Dies entspricht einer Präfix-Schreibweise, wie man sie zuweilen auch in der Mathematik verwendet. Das folgende Beispiel zeigt einige Funktionsaufrufe und die Ausgabe des Interpreters.

```
(+ 1 4)
5
(substring "abcdefg" 2 3)
"c"
(* (+ 2 3) 3)
15
```

Argumente

Die einzelnen Argumente des Funktionsaufrufs können wieder Symbole oder Listen sein, die dann wieder als Funktionsaufrufe interpretiert werden. Die Auswertung einer solchen Liste ist also ein rekursiver Vorgang.

Special-Forms

Bevor näher auf die existierenden Lisp-Funktionen eingegangen wird, sollte man einige der Special-Forms betrachten. Sie dienen unter anderem dazu, Bedingungen und Schleifen zu realisieren, aber auch um neue Funktionen zu definieren.

Special-Forms

`(defun fname (P1...Pn)`
   `Kommentar`
   `Form1 ...`
   `Formn)`
	Definition der Funktion `fname` mit den Parametern `P1` bis `Pn` und der Funktionsdefinition `Form1` bis `Formn`.

`(defvar symbol value` `Kommentar)`	Weist dem Symbol `symbol` einen Wert zu, falls es noch keinen besitzt. Wird meist wie die Definition globaler Variablen verwendet.

`(if exp`
   `wahr`
   `falsch1 ...`
   `falschn)`
	Wertet die Form `exp` aus. Wenn ihr Ergebnis nicht nil ist, wird die Form `wahr` ausgewertet und als Ergebnis zurückgegeben. Sonst werden die Formen `falsch1` bis `falschn` ausgewertet. Das Ergebnis ist in diesem Fall das Ergebnis der Form `falschn`.

`(cond (exp1 forms1)`
   `(exp2 forms2) ...`
   `(expn formsn))`
	Ähnlich einem CASE Statement in Pascal. Die Ausdrücke `exp1` bis `expn` werden der Reihe nach ausgewertet, bis einer nicht nil ist. In diesem Fall werden die zugehörigen Forms ausgewertet; bei `exp2` wären das die Forms `forms2`. Das Ergebnis der letzten zugehörigen Form wird als Ergebnis zurückgegeben.

`(while cond forms)`	Schleife. Die Forms `forms` werden solange der Reihe nach ausgewertet wie die Bedingung `cond` zu einem anderen Wert als nil ausgewertet wird.

`(quote liste)`
oder
`'liste`
	Gibt `liste` als Liste zurück, ohne zu versuchen, sie auszuwerten.

`(progn forms)`	Die Forms `forms` werden der Reihe nach ausgewertet und das Ergebnis der letzten als Ergebnis der Special-Form zurückgegeben.
`(setq sName nWert)`	Weist dem Wert-Fach des Symbols `sName` den neuen Wert `nWert` zu.
`(let (Var1 .. Varn) forms)`	Erstellt neue Bindings für Variablen `Var1` bis `Varn`, die dann innerhalb der forms wie lokale Variablen benutzt werden können. `Var1` bis `Varn` können entweder Symbole sein, in diesem Fall bekommen sie den Wert nil, oder Listen der Art `(Var Form)`, wobei das Symbol `Var` an das Ergebnis von `Form` gebunden wird.

(save-excursion	Die Forms `forms` werden
forms)	wie bei `progn` der Reihe
	nach ausgewertet, jedoch
	wird der aktuelle Zustand des
	Editors, d.h. der aktuelle
	Buffer, die Cursorposition
	und Position des Mark
	gespeichert und nach
	Auswertung der `forms`
	wiederhergestellt.

Weitere Special-Forms werden erläutert, wenn sie in einem Beispiel benutzt werden. Eine Übersicht aller Special-Forms in Emacs-Lisp findet sich im Info-Dokument zu Emacs-Lisp.

Beispiele zu den Special-Forms

```
(defvar TestVariable 123
   "Diese Variable ist nur zum Test da.")
(setq TestVariable (+ TestVariable 2))
```

Hier wird das Symbol `TestVariable` wie eine globale Variable verwendet. Zunächst wird ihm der Wert 123 zugewiesen. Danach erhöht die `setq`-Form den Wert um 2. Das Ergebnis dieser Form ist der neue Wert von `TestVariable`, also 125.

globale Variable

Es ist recht einfach, im Emacs diese kleinen Beispiele auszuprobieren. Dazu startet man Emacs ohne einen Dateinamen. Emacs meldet sich daraufhin mit seinem üblichen Hinweis auf die Version und die Hilfekommandos. Nach Druck einer beliebigen Taste verschwindet dieser Hinweis, und man befindet sich im Buffer mit dem Namen `*scratch*`.

ausprobieren

Der aktuelle Modus ist "Lisp Interaction", was schon darauf hinweist, daß man mit dem Lisp-Interpreter arbeiten kann. Der Mode enthält Key-Bindings für das Arbeiten mit Emacs-Lisp :

Lisp Interaction

Tab	richtiges Einrücken der aktuellen Zeile je nach Schachtelungstiefe
Meta-Tab	Komplettierung des aktuellen Symbols. Damit werden Funktionsnamen, Variablen und Special-Forms automatisch erweitert
Meta-Strg-x	Wertet die `defun` Special-Form vor dem Cursor aus
LFD (Linefeed Taste oder Strg-j)	Auswerten der Form vor dem Cursor und Ausgabe des Ergebnisses.

Linefeed

local-set-key

Funktion

Meta-Return

Leider existiert eine spezielle Linefeed-Taste nicht auf PC-Tastaturen. Man kann sich die entsprechende Funktion jedoch einfach auf eine andere Taste legen. Dazu ruft man **<Meta-x>** `local-set-key` auf. Emacs fragt daraufhin mit dem Prompt `"Set key locally: -"` nach der Tastenkombination, die belegt werden soll. Hier drückt man nun zum Beispiel **<Meta-Return>**.

Emacs fragt dann nach der Funktion, die an die eingegebene Tastenkombination gebunden werden soll. Hier gibt man `eval-print-last-sexp` an. Damit hat man der Tasten-kombination **<Meta-Return>** die Emacs-Lisp Funktion `eval-print-last-sexp` zugewiesen, die die Form vor dem Cursor auswertet und das Ergebnis ausgibt. Nach einer eingegebenen Form gibt man nun anstelle von **<Return>** einfach **<Meta-Return>** ein, und der Emacs-Lisp Interpreter wertet die Form aus. Das Ergebnis für das obige Beispiel sieht dann folgendermaßen aus :

```
(defvar TestVariable 123                      <Return>
   "Diese Variable ist nur zum Test da.")    <Meta-Return>
TestVariable
(setq TestVariable (+ TestVariable 2))        <Meta-Return>
125
```

Im folgenden Beispiel wird eine einfache Funktion definiert, die die Summe zweier Zahlen mit 2 multipliziert. Danach wird die neue Funktion in einem Aufruf von `print` verwendet :

```
(defun doppelsumme (a b)
  "einfache Testfunktion"
  (* 2 (+ a b)))
doppelsumme

(print (doppelsumme 2 3))
10
10
```

Der Lisp-Interpreter gibt das Ergebnis doppelt aus, einmal als **doppelte Ausgabe** Effekt der Funktion `print`, und das zweite mal als Ergebnis der gesamten Form, in der `print` aufgerufen wurde.

In den obigen beiden Beispielen wurde sowohl bei `defvar` als auch bei `defun` ein String als Kommentar angegeben. Dieser Kommentar, der auch als *Doc-string* bezeichnet wird, wird **Doc-String** zusammen mit der Definition gespeichert und kann später wieder abgefragt werden. Dazu dienen die vordefinierten Funktionen `describe-function` und `describe-variable`, die an **<Strg-** **describe-function** **h><Strg-f>** bzw. **<Strg-h><Strg-v>** gebunden sind. Man kann also die selbe Hilfefunktion, die man für vordefinierte Funktionen verwendet, auch für selbstgeschriebene Funktionen verwenden.

Beim Programmieren kommt es häufig vor, daß man ein Teilergebnis für mehrere folgende Verarbeitungen benötigt, und deshalb dieses Teilergebnis in einer lokalen Variablen speichern **lokale Variable** möchte. In Lisp kann man dies mit der Special-Form `let` erreichen. Das folgende Beispiel zeigt dies.

```
(defvar quadrat 0
  "der globale Wert von quadrat")
quadrat

(defun f (n)
  "Beispielfunktion fuer let"
  (let ((quadrat (* n n)))
    (print quadrat)
    (print (- quadrat 2))))
f
(f 3)

9

7
7

quadrat
0
```

Die `let`-Form erzeugt ein neues Binding für das Symbol **let** `quadrat`. Damit wird der globale Wert dieses Symbols verdeckt. Das neue Binding gilt nur lokal innerhalb der `let`-Form. Nach

dynamisches Binding

Verlassen der `let`-Form gilt wieder der globale Wert von `quadrat`, der sich nicht geändert hat.

Emacs-Lisp verwendet im Gegensatz zu Common-Lisp ein dynamisches Binding. Das bedeutet, daß man auch in Funktionen, die innerhalb eines "Let" aufgerufen werden, auf die Werte der neuen Variablen des "Let" zugreifen kann. Das folgende Beispiel verdeutlicht dies:

```
(defvar a 100)
a
(defvar b 200)
b
(defvar c 300)
c
a
100
(defun fkt1 ()
   "Testfunktion fuer let"
   (print "in fkt1")
   (print (format "a=%s, b=%s, c=%s" a b c))
   (let ((a 1) (b (+ 2 3)) c)
      (print "in fkt1 im let")
      (print (format "a=%s, b=%s, c=%s" a b c))
      (fkt2))
   (print "in fkt1 wieder ausserhalb des let")
   (print (format "a=%s, b=%s, c=%s" a b c)))
fkt1
(defun fkt2 ()
   "Testfunktion, wird von fkt1 aufgerufen und greift
   auf die Variablen"
   von fkt 1 zu")
   (print "in fkt2")
   (print (format "a=%s, b=%s, c=%s" a b c)))
fkt2
(fkt1)

"in fkt1"

"a=100, b=200, c=300"

"in fkt1 im let"

"a=1, b=5, c=nil"

"in fkt2"

"a=1, b=5, c=nil"

"in fkt1 wieder ausserhalb des let"

"a=100, b=200, c=300"
"a=100, b=200, c=300"
```

Funktionen, die den Typ überprüfen

Funktionen

Die vordefinierten Funktionen bilden einen wesentlichen Bestandteil von Emacs-Lisp. Von ihnen kann hier wegen ihrer großen Zahl leider nur ein Bruchteil erläutert werden. Mit den

Hilfefunktionen in Emacs und den Info-Files zu Emacs-Lisp hat man jedoch schon eine sehr praktische Referenz der verfügbaren Funktionen.

Da der Typ eines Symbol- oder Funktionsrückgabewertes in Lisp oft erst während der Laufzeit des Programms bestimmt werden kann, benötigt man Funktionen zum Testen der Typen. Die folgende Tabelle listet exemplarisch einige dieser Funktionen auf. Sie überprüfen, ob der übergebene Ausdruck einen bestimmten Typ hat, und geben t oder nil zurück. Ihr Name ist meist der Name des Typs mit der Erweiterung p. Diese Erweiterung steht für Predicate. Sie wird in Lisp häufig für Funktionen verwendet, die einen Test durchführen und dann t oder nil zurückgeben.

Typ

t oder nil

arrayp	Testet, ob der übergebene Wert ein Array ist.
bufferp	Prüft, ob der Wert für einen Buffer steht.
consp	Prüft ob der Wert eine cons-Zelle ist. Cons-Zellen sind in Lisp die Bausteine der Listen.
listp	Prüft, ob der Wert eine Liste ist
numberp	Prüft, ob der Wert eine Zahl ist.

Beispiel:

```
(setq a "das ist ein string")
"das ist ein string"
(arrayp a)
t
(stringp a)
t
(numberp a)
nil
```

Listen-Funktionen

Funktionen zum Bearbeiten von Listen gibt es in Lisp viele. Zu ihrem Verständnis ist es wichtig, die Darstellung von Listen bei Lisp zu kennen. Listen werden durch eine Verkettung von sogenannten cons-Zellen dargestellt. Das sind Zellen, die aus zwei Zeigern bestehen. Der erste Zeiger, der auch car genannt wird, zeigt auf einen Wert und der zweite Zeiger, den man cdr nennt, zeigt auf die cons-Zelle des nächsten Listenelements. Die

cons-Zellen

letzte cons-Zelle einer Liste enthält als cdr `nil`. Das folgende Beispiel zeigt die Darstellung der Liste (`Das ist eine Liste`) mit cons-Zellen.

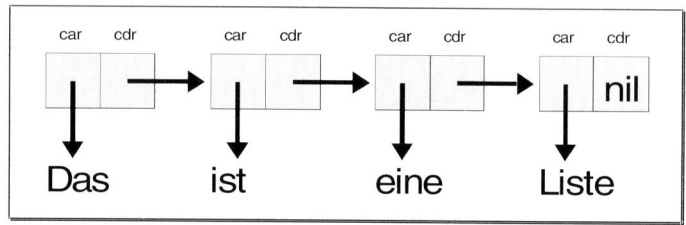

Abbildung 13.11 interne Struktur einer Liste

geschachtelte Listen

Zeigt der car eines Elements auf eine weitere cons-Zelle, so erhält man eine geschachtelte Liste. Die wichtigsten Listen-funktionen werden in der folgenden Tabelle vorgestellt.

car	liefert das erste Element (den car seiner ersten cons-Zelle) einer Liste
cdr	gibt den Rest einer Liste ohne das erste Element zurück (den cdr der ersten cons-Zelle)
cons	erzeugt eine neue cons-Zelle
nth	liefert ein Element einer Liste
list	erzeugt eine neue Liste
append	fügt zwei Listen aneinander
reverse	dreht eine Liste um
sort	sortiert eine Liste

Neben den normalen Emacs-Lisp-Funktionen können nach dem Laden einer speziellen Erweiterung auch Common-Lisp-Funktionen verwendet werden. Zur Verarbeitung von Listen gibt

push und pop

es dann auch die Macros `push` und `pop`, die ein Element vorne an eine Liste anhängen oder von ihr entfernen.

Beispiel:

```
(setq 11 '(Das ist eine Liste))
(Das ist eine Liste)
(car 11)
Das
(cdr 11)
(ist eine Liste)
(cons 'dies (cdr 11))
(dies ist eine Liste)
(append '(und auch dies) (cdr 11))
(und auch dies ist eine Liste)
(nth 2 11)
eine
```

String-Funktionen

Der Typ String ist bei Lisp eine Spezialisierung des Typs Array. Damit können alle Funktionen, die mit Arrays arbeiten, auch auf Strings angewendet werden. Die wichtigsten Funktionen werden wieder in einer Tabelle vorgestellt.

Array

make-string	erzeugt einen String
substring	liefert einen Teilstring
concat	fügt Strings zusammen
string=	vergleicht zwei Strings
format	formatiert einen String ähnlich sprintf in C.

Beispiel:

```
(setq a "das ist ein string")
"das ist ein string"
(stringp a)
t
(substring a 4 10)
"ist ei"
(make-string 10 32)
"          "
```

Cursor-Bewegung und Bearbeiten des Textes

Die wichtigsten Funktionen in Emacs-Lisp sind selbstverständlich die, die mit dem Text in einem Buffer arbeiten, den Cursor bewegen, Text einfügen oder löschen. Mit ihnen können Editorfunktionen automatisiert werden. Die Tabelle zeigt wieder exemplarisch einige dieser Funktionen.

einfügen und löschen

375

point	gibt die aktuelle Position des Cursors zurück
goto-char	setzt den Cursor auf eine absolute Position
forward-char	bewegt den Cursor ein Zeichen nach rechts
forward-word	bewegt den Cursor ein Wort nach rechts
search-forward	sucht einen String im Buffer
insert	fügt einen String an der aktuellen Cursor-position in den Buffer ein
delete-region	löscht die aktuelle Region im Buffer

interactive Funktionen

Damit eine Funktion vom Benutzer über ein Key-Binding oder mit **<Meta-x>** aufgerufen werden kann, muß sie den Funktionsaufruf interactive enthalten. Er verhält sich wie eine Deklaration, die festlegt, welche Argumente an die Funktion beim Aufruf übergeben werden sollen. Im einfachsten Fall bekommt die Funktion keine Argumente, und es reicht, (interactive) am Anfang der Funktion aufzurufen. Das folgende Beispiel zeigt eine solche einfache Funktion, die an die Tastenkombination **<Shift-Pfeilrechts>** gebunden werden könnte, um gleichzeitig den Cursor ein Zeichen nach rechts zu bewegen und dabei den Text zu markieren.

Meta-x

Argumente

```
(defun mark-move-right ()
  "move right and set the mark if it is not already active"
  (interactive)
  (if (not mark-active)
      (push-mark nil nil t))
  (forward-char))
```

Möchte man eine Funktion definieren, die ihre Parameter über den Minibuffer vom Benutzer abfragt, so kann dies ebenfalls mit der Funktion interactive erreicht werden. Dazu übergibt man ihr als Parameter einen String, der ein Codezeichen gefolgt von einem Prompt enthält. Im nächsten Beispiel wird eine interaktive Funktion definiert, die eine Linie aus "-" Zeichen in den Text einfügt, wobei die Länge abgefragt wird.

Codezeichen

```
(defun line (len)
  "draw a -- line with length len"
  (interactive "nLength")
  (insert (make-string len 45)))
```

Das hier verwendete Codezeichen ist "n". Es steht für die Eingabe einer Zahl. Sollen mehrere Parameter abgefragt werden, so gibt man diese im gleichen String, jedoch abgetrennt durch ein \n Zeichen an. Das folgende Beispiel zeigt eine kleine Erweiterung des vorhergehenden, in der auch das mehrfach einzufügende Zeichen abgefragt wird. Das Codezeichen für die Eingabe eines einzelnen Zeichens ist "c".

Eingabe einer Zahl

```
(defun line (len lchar)
  "draw a line of lchar characters with length len"
  (interactive "nLength \ncChar")
  (insert (make-string len lchar)))
```

Die vollständige Beschreibung aller Codezeichen erhält man aus der Online-Hilfe mit **<Strg-h f>**interactive oder aus den Emacs-Lisp Info-Dateien.

Hilfe

Hinweise zum Stil

Lisp ist eine funktionale Sprache. Das bedeutet, daß das wichtigste Strukturelement die Funktion ist. Prozeduren wie in Pascal, also Unterroutinen, die keinen Wert zurückliefern, gibt es in Lisp nicht. Funktional bedeutet aber auch, daß man beim Programmieren möglichst auf Variablenzuweisungen verzichten, und statt dessen direkt mit dem Rückgabewert einer Funktion bzw. dem Wert eines Ausdrucks arbeiten sollte.

funktionale Sprache

Variablenzuweisungen

13.8 Konfiguration

Um die Tastaturbelegung innerhalb des Emacs an die eigenen Bedürfnisse anzupassen oder zusätzliche Funktionen und Pakete zu laden, wird meist die Datei .emacs im Home-Verzeichnis des jeweiligen Benutzers angepaßt. Diese Datei wird beim Starten von Emacs geladen und vom Emacs-Lisp-Interpreter ausgewertet. Deshalb nennt man sie auch Init-File.

Konfigurations-Dateien

.emacs

Als Alternative können derartige Einstellungen auch für alle Benutzer global gesetzt werden. Dazu gibt es die Dateien `site-start.el` und `default.el`. Sie müssen in einem Verzeichnis stehen, das von Emacs automatisch nach Lisp-Dateien durchsucht

site-lisp wird. Dazu bietet sich das *site-lisp*-Verzeichnis an, das unter Linux meist `/usr/lib/emacs/site-lisp` ist. Unter anderen UNIX-Systemen ist Emacs eher unterhalb von `/usr/local` installiert. In diesem Fall wäre das site-lisp-Verzeichnis `/usr/local/lib/emacs/site-lisp`.

Falls die Datei `site-start.el` existiert, so wird sie vor dem benutzerspezifischen Init-File ausgewertet. Die Datei `default.el` ist ebenfalls optional und wird als default Init-File bezeichnet. Sie wird nach dem benutzerspezifischen Init-File geladen, es sei denn, ein Benutzer setzt in seinem Init-File die

inhibit-default-init Variable `inhibit-default-init` auf einen anderen Wert als nil. Damit gibt es drei Konfigurationsdateien, die alle optional sind, und in folgender Reihenfolge aufgerufen werden:

- **`site-start.el`** - für globale Einstellungen, die unabhängig vom benutzerspezifischen Init-File gesetzt werden sollen
- **`~/.emacs`** - für benutzerspezifische Einstellungen.
- **`default.el`** - für globale Einstellungen, die verwendet werden sollen, wenn der Benutzer sie nicht mit der Variablen `inhibit-default-init` unterbindet.

Emacs-Lisp Grundsätzlich wird die Konfiguration in diesen Dateien in Emacs-Lisp durchgeführt. Die Einträge sind also Emacs-Lisp Funktionsaufrufe. Wie auf Seite 366 genauer erläutert, sind dies Klammerausdrücke, in denen das erste Listenelement den Funktionsnamen und die anderen Elemente die Parameter darstellen. Sind die Parameter Symbole, so werden sie ausgewertet, es sei denn sie sind mit einem Apostroph (´) gequoted.

Pfade Die Pfade der Konfigurationsdateien enthalten teilweise die Versionsnummer des Emacs. Mit neueren Versionen ändern sich diese entsprechend. In diesem Kapitel wird die Version 19.28 beschrieben.

Neben dem Ändern der Tastaturbelegung werden häufig globale Konfigurations-Variablen verändert und zusätzliche Programme aktiviert. Eine etwas fortgeschrittenere Emacs-Konfigurationsdatei enthält meist folgende Abschnitte :

- Änderungen an globalen Variablen, die bestimmte Funktionen ein- und ausschalten oder verändern
- Einstellungen für Schriftarten und Farben, die von Emacs unter X11 verwendet werden
- Laden von zusätzlichen Funktionen und Paketen
- Definition von Befehlen, die bei ihrem Aufruf das zugehörige Paket bzw. Lisp-File automatisch laden
- Definition von sogenannten Hooks, die ausgeführt werden, wenn ein Modus oder ein Programm gestartet wird
- Tastaturbelegungen

Diese Abschnitte sollen nun der Reihe nach mit Beispielen erläutert werden.

Globale Variablen und Einstellungen

Im folgenden Ausschnitt aus einer `.emacs`-Datei wird zunächst die Common-Lisp Spracherweiterung (cl) geladen. Diese vereinfacht die Konfiguration. Außerdem wird ein kleines Lisp-Macro definiert, das als Kurzschreibweise für die Special-Form `condition-case` zum Ignorieren von Fehlern dient. Dieses Macro soll hier nicht weiter diskutiert werden. Detailliertere Information zu Lisp-Macros findet man in jedem Lisp-Lehrbuch, aber auch in den Info-Dateien zu Emacs-Lisp.

Common-Lisp

ignorieren von Fehlern

379

```
;; Lade die Common Lisp Sprach-Erweiterung
(require 'cl)

;; Macro zum Abkürzen von condition-case
;; Wenn nur alle Fehler ignoriert werden sollen
(defmacro ignore-errors (&rest forms)
  "short form for a condition case"
  (list 'condition-case 'nil
      (cons 'progn forms)
      '(error nil)))

;; Wo wird nach Lisp-Programmen gesucht ?
(push "/usr/lib/emacs/site-lisp/auctex" load-path)
(push "/usr/lib/emacs/site-lisp/swi" load-path)

;; Default mode für unbekannte Dateitypen
(setq default-major-mode 'text-mode)

;; Textbreite
(setq default-fill-column 78)

;; Mache die Region sichtbar
(setq transient-mark-mode t)

;; Eval mit Meta-Esc zulassen
(put 'eval-expression 'disabled nil)
```

load-path
Die Variable `load-path` enthält eine Liste von Pfadangaben als Strings. Diese Pfade werden beim Laden einer Emacs-Lisp-Datei durchsucht. Bei einer normalen Linux-Installation, bei der keine Änderungen am Emacs vorgenommen wurden, enthält diese Liste beim Starten zunächst einen Eintrag für das Verzeichnis `/usr/lib/emacs/19.28/lisp` der offiziellen Emacs-Lisp-

site-lisp
Dateien und einen Eintrag für das Emacs site-lisp-Verzeichnis `/usr/lib/emacs/site-lisp`.

Sind zusätzliche Lisp-Programmpakete in anderen Verzeichnissen installiert, wie im Beispiel das AUCTeX Paket, so muß diese Variable erweitert werden. Da es sich um eine Liste handelt, kann die Common-Lisp-Funktion `push` verwendet werden, die ein Element vorne an eine Liste anfügt.

default-major-mode
Die Variable `default-major-mode` enthält den Namen des Major-Modes, der verwendet werden soll, wenn für eine Datei kein anderer Mode automatisch gefunden wird. Die Vorbelegung ist `fundamental-mode`. Da man normale Textdateien im Gegensatz zu Programmdateien meist nicht an ihrem Namen oder ihrer Endung erkennen kann, ist `text-mode` hier eine sinnvolle Alternative.

default-fill-column
default-tab-width
Mit `default-fill-column` kann für Buffer, in denen der automatische Wortumbruch aktiviert ist, die Spalte angegeben werden, ab der ein Wort umgebrochen wird. Eine andere Variable

dieser Art ist zum Beispiel `default-tab-width`, mit der die Breite von Tab-Zeichen im Text beeinflußt werden kann.

Die Variable `transient-mark-mode` wirkt wie ein Schalter. Enthält diese Variable einen anderen Wert als `nil`, so wird die aktuelle Markierung und damit die Region deaktiviert, sowie der Buffer geändert wird. Ein Nebeneffekt ist, daß die aktuelle Region nicht hervorgehoben werden kann, wenn `transient-mark-mode` auf `nil` steht. Deshalb sollte man diese Variable grundsätzlich auf `t` setzen.

transient-mark-mode

Die letzte Zeile im obigen Ausschnitt weicht etwas von den anderen Zeilen ab. Hier wird keine globale Variable verändert, sondern auf die Property-Liste eines Symbols zugegriffen. Die Tastenkombination **<Meta-Esc>** oder zweimal **<Esc>**, steht eigentlich für die Funktion `eval-expression`, die es erlaubt, einen Lisp-Ausdruck direkt im Minibuffer auszuwerten. Anfänger oder ehemalige vi-Benutzer, die häufig mit der **<Esc>** Taste versuchen einen Modus zu verlassen, in den sie versehentlich geraten sind, würde diese Funktion zu sehr verwirren. Daher ist sie zunächst gesperrt, und bei **<Meta-Esc>** erscheint ein entsprechender Hinweis. Wer jedoch schon etwas mit Emacs vertraut ist und weiß, daß die Abbruch-Taste nicht **<Esc>** sondern **<Strg-g>** ist, den wird eher diese Meldung stören. Mit dem Setzen der Property `disabled` auf nil, wird die normale Funktion von **<Meta-Esc>** wieder zugelassen.

(put 'eval-expression 'disabled nil)

Die Beschreibung einer einzelnen Variablen erhält man am einfachsten durch Eingabe von **<Strg-h v>**. Nach dieser Eingabe wird im Minibuffer der Name der gefragten Variablen verlangt, und Emacs zeigt danach ihre Beschreibung in einem neuen Window an.

weitere globale Variablen / Optionen

Ein sehr gute Übersicht über alle globalen Variablen, die im Emacs als Option verwendet werden, bekommt man mit der Funktion `edit-options`. Sie zeigt eine Liste aller Optionsvariablen mit ihrem aktuellen Wert und ihrer Beschreibung in einem neuen Window an. Die Werte können mit einfachen Tasten direkt in diesem Window geändert werden. Abbildung 13.12 zeigt dies.

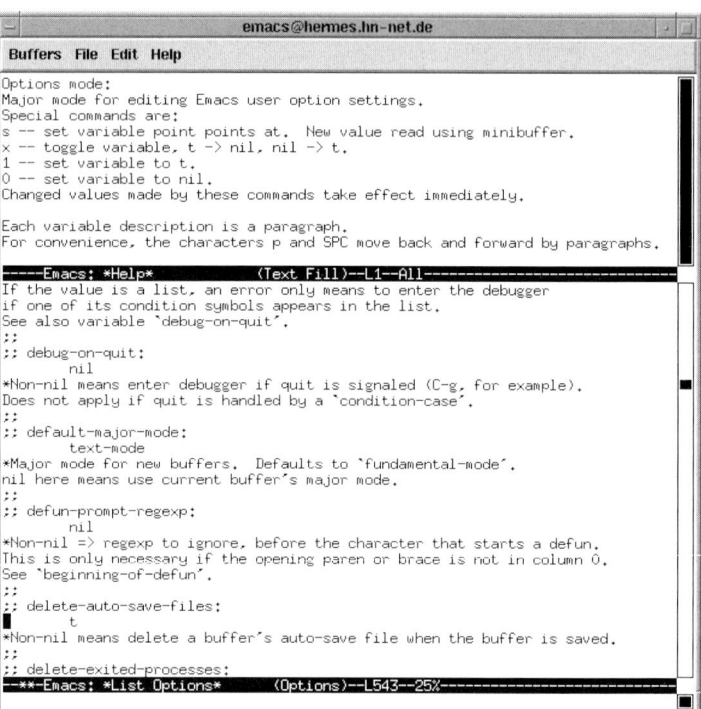

Abbildung 13.12 Die Funktion edit-options

Schriften und Farben

Version 19   Seit dem Erscheinen der Version 19 kann der GNU Emacs unter X11 ein eigenes Fenster mit einfachen Pulldown-Menüs öffnen, mit der Maus bedient werden und in einem Buffer verschiedene Schriften und Farben darstellen. Im folgenden wird die Konfiguration der Schriften und Farben erläutert, auf Mausbedienung und Pulldown-Menüs wird später im Zusammenhang mit der Tastaturbelegung genauer eingegangen.

Faces   GNU Emacs verwaltet verschiedene Farben und Schriften mit sogenannten Faces. Ein Face ist dabei eine Festlegung der Schriftart, der Vordergrundfarbe, der Hintergrundfarbe und ob die Schrift unterstrichen werden soll. So definierte Faces können dann einem Textbereich zugewiesen werden.

Ist der `transient-mark-mode` aktiviert, so benutzt Emacs das Face `region` zur Darstellung der aktuellen Region. Verschiedene Major-Modes benutzen ebenfalls Faces zur Darstellung von Text. Im Info-Mode werden zum Beispiel Verweise auf andere Seiten und die Optionen in Menüs mit speziellen Faces dargestellt. Zur Bearbeitung von Programmfiles kann der Font-Lock-Minor-Mode aktiviert werden, der unter anderem Schlüsselwörter, Funktionsnamen, Kommentare und Zeichenketten mit unterschiedlichen Faces darstellt.

Info-Mode

Faces werden in Emacs-Lisp meist mit den Funktionen `make-face` oder `copy-face` erstellt und dann mit den Funktionen `set-face-font`, `set-face-foreground`, `set-face-background` und `set-face-underline-p` verändert.

make-face

Eine Übersicht über das Aussehen aller definierten Faces erhält man mit der Funktion `list-faces-display`, deren Ausgabe in der folgenden Abbildung gezeigt ist.

Übersicht

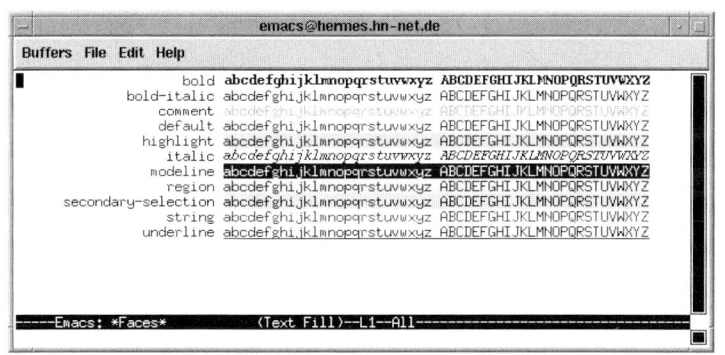

Abbildung 13.13 Die Ausgabe von list-faces-display

Im folgenden Ausschnitt werden einige Faces umdefiniert.

```
;;
;; fonts und faces
;; ===============

;; Setze fonts im Emacs
(when window-system
  (ignore-errors
    (set-face-font 'bold
      "-adobe-courier-bold-r-normal-*")
    (set-face-font 'italic
      "-adobe-courier-medium-o-normal-*")
    (set-face-font 'comment
      "-adobe-courier-medium-o-normal-*")
    (set-face-font 'bold-italic
      "-adobe-courier-bold-o-normal-*")))

;; Setze faces für den font-lock-mode
(when window-system
  (setq font-lock-function-name-face 'bold)
  (setq font-lock-comment-face       'italic)
  (setq font-lock-string-face        'default)
  (setq font-lock-doc-string-face    'default))

;; Setze Attribute für die faces
(when window-system
  (ignore-errors

    ;; Region
    (set-face-foreground 'region "black")
    (set-face-background 'region "grey90")
    (if (not (x-display-color-p))
        (set-face-underline-p 'region t))

    ;; bold face
    (set-face-foreground 'bold    "black")
    (set-face-background 'bold    "white")
    (set-face-underline-p 'bold    nil)))

;; Bei Farbbildschirmen sind weitere
;; faces sinnvoll
(when (and window-system (x-display-color-p))
  (ignore-errors
    (copy-face 'default   'comment)
    (set-face-foreground 'comment "grey60")
    (set-face-background 'comment "white")
    (setq font-lock-comment-face 'comment)

    (copy-face 'default    'string)
    (set-face-foreground 'string "gray10")
    (set-face-background 'string "white")
    (setq font-lock-string-face 'string)))
```

Laden / aktivieren von Erweiterungen

load

Erweiterungen werden mit der Lisp-Funktion load geladen.
Diese erzeugt jedoch einen Fehler, wenn die zu ladende Datei

ignore-errors nicht existiert. Deshalb wird hier das Macro ignore-errors
verwendet, das bei Fehlern die Verarbeitung fortsetzt.

Das Paket func-menu kann unter X11 und im C-Mode ein Menü
mit allen in der aktuellen Datei definierten Funktionen anzeigen.
Wählt man aus diesem Menü eine Funktion aus, so springt der

Cursor an die Stelle, an der die Funktion definiert ist. Damit erhält man einen einfachen, aber praktischen Source-Browser.

```
;; func-menu
(when window-system
  (ignore-errors
    (load "func-menu")
    (define-key global-map [S-down-mouse-3] 'function-menu)))
```

Zum Ändern von Optionen, die einzelne Modes betreffen, verwendet man meist sogenannte Hooks. Dabei handelt es sich um Variablen, die jeder Mode zur Verfügung stellt und in denen Lisp-Ausdrücke abgelegt werden können. Diese Ausdrücke werden dann je nach Art des Hooks zu bestimmten Zeitpunkten ausgeführt. Üblicherweise ist dies die Initialisierung des Modes für einen neuen Buffer. Damit kann man erreichen, daß bestimmte Funktionen jedesmal dann aufgerufen werden, wenn ein Buffer mit einem bestimmten Mode geöffnet wird.

Hooks

Initialisierung

Im folgenden Ausschnitt aus einer Emacs-Init-Datei wird dieser Mechanismus dazu verwendet, die Minor-Modes Line-Number und Font-Lock für Buffer im C-Mode und im Emacs-Lisp-Mode zu aktivieren.

Zeilennummern

```
;; line-numbers and font-lock for c
(add-hook 'c-mode-hook
          '(lambda ()
             (line-number-mode 1)
             (if window-system
                 (font-lock-mode t))))
;; line-numbers and font-lock for emacs-lisp
(add-hook 'emacs-lisp-mode-hook
          '(lambda ()
             (line-number-mode 1)
             (if window-system
                 (font-lock-mode 1))))
;; line-numbers and font-lock for tcl
(add-hook 'tcl-mode-hook
          '(lambda ()
             (line-number-mode 1)
             (if window-system
                 (font-lock-mode t))))
;; Auto fill in Text mode
(add-hook 'text-mode-hook
          '(lambda () (turn-on-auto-fill)))
```

Emacs kennt viele Modes, die ohne gezielte Konfiguration nie aktiviert würden. Damit sie verwendet werden können, müssen sie zuerst geladen werden. Man verwendet dazu den autoload-

Mechanismus von Emacs, mit dem man bestimmte Lisp-Dateien erst laden kann, wenn sie tatsächlich benötigt werden. Mit der Funktion `autoload` kann dies definiert werden. Sie bekommt einen Funktionsnamen und den Namen einer Datei übergeben. Wird die übergebene Funktion aufgerufen, so weiß Emacs, daß zunächst das angegebene File geladen werden muß.

Damit ein neuer Mode automatisch aktiviert wird, wenn man eine Datei mit einer bestimmten Erweiterung bearbeitet, muß ein

auto-mode-alist

Eintrag in die `auto-mode-alist` gemacht werden. Dies ist eine Liste, die jeweils zwei zusammengehörige Einträge enthält. Ein Muster und eine Funktion. Damit wird festgelegt, daß die Funktion aufgerufen wird, wenn eine Datei geladen wird, die zu

Ada

dem Muster paßt. Im folgenden Ausschnitt wird dies für Ada-Dateien vorgenommen. Wird mit diesen Einstellungen eine Datei geladen, deren Namen auf .ada endet, so wird die Funktion `ada-mode` aufgerufen. Dies löst seinerseits zunächst das Laden der Datei `ada.el` aus.

```
;; Ada mode
(autoload 'ada-mode "ada"
  "Ada major mode." t)
(pushnew '("\\.ada$" . ada-mode)
         auto-mode-alist)

;; Smalltalk-mode
(autoload 'smalltalk-mode "st.el" "" t)
(pushnew '("\\.st$" . smalltalk-mode)
         auto-mode-alist)

;; Modula-3-mode
(autoload 'modula-3-mode "modula3.el" "" t)
(pushnew '("\\.m3$" . modula-3-mode)
         auto-mode-alist)
(pushnew '("\\.i3$" . modula-3-mode)
         auto-mode-alist)

;; lispdir -- Search for/retrieve additional
;; packages in the Emacs-Lisp-Archive dir
(autoload 'lisp-dir-apropos "lispdir" nil t)
```

pushnew

Die Funktion `pushnew` ist ein Common-Lisp Macro, das ein Element vorne an eine Liste anhängt, falls es noch nicht in ihr enthalten ist.

Der autoload-Mechanismus wird im obigen Ausschnitt auch für

lisp-dir-apropos

die Funktion `lisp-dir-apropos` verwendet, die zum Suchen im Lisp Code-Repository verwendet wird (siehe Seite 358).

Im folgenden werden drei kleine Lisp-Funktionen definiert, an

die später Tasten gebunden werden können. Die Funktion `mark-`

`and-do` beispielsweise wird für die Pfeiltasten zusammen mit der Shift-Taste verwendet. **<Shift-Pfeilrechts>** soll beispielsweise den Cursor nach rechts bewegen und gleichzeitig die Markierung erweitern oder setzen, falls sie noch nicht aktiv ist.

Die Funktion versucht allgemein die Funktion der gedrückten Taste ohne die Shift-Taste zu ermitteln und diese nach der Verarbeitung der Markierung aufzurufen. Dazu verwendet sie die Funktion `this-command-keys`, die die Tastenkombination zurückgibt, mit der die Funktion ausgelöst wurde.

Funktion einer Taste

```
(defun S-Key (keysym)
  "return the keysym without S-"
  (let ((name (symbol-name keysym)))
    (vector
      (make-symbol
        (substring name 2 (length name))))))

(defun mark-and-do ()
  "set the mark if not active and
   do command without shift"
  (interactive)
  (if (not mark-active)
      (push-mark nil nil t))
  (let ((key (aref (this-command-keys) 0)))
    (call-interactively
      (key-binding (S-Key key)))))

(defun mouse-describe-function (event)
  "describe function under the mouse-cursor"
  (interactive "e")
  (save-excursion
    (mouse-set-point event)
    (let ((fn (function-called-at-point)))
      (describe-function fn)
      nil)))
```

Die Definition der Key-Bindings selbst ist relativ einfach. Man verwendet die Funktionen `define-key` und `global-set-key` und übergibt ihnen die Taste und die aufzurufende Funktion. `define-key` wird zusätzlich mit der Keymap aufgerufen, in die das Binding eingetragen werden soll.

Key-Bindings

Eine besondere Rolle spielt dabei die Keymap mit dem Namen `function-key-map`. Sie ersetzt Key-Sequenzen durch andere Keys oder Symbole, bevor sie von den anderen Keymaps verarbeitet werden können. Einträge in die `function-key-map` werden hauptsächlich zur Anpassung von Terminals gemacht, die Funktionstasten als ASCII-Sequenzen schicken. Die Codes für einfache Pfeiltasten sind jedoch meist schon in der termcap- oder

function-key-map

Funktionstasten

terminfo-Datenbank des Systems abgelegt und daher auch Emacs
bekannt.

```
;; Special Cursor Keys on Linux Console
(define-key function-key-map "\e[1~" [home])
(define-key function-key-map "\e[4~" [end])
(define-key function-key-map "\e[2~" [insert])

;; Control-Cursor
(global-set-key [C-right] 'forward-word)
(global-set-key [C-left]  'backward-word)
(global-set-key [C-prior] 'beginning-of-buffer)
(global-set-key [C-next]  'end-of-buffer)

;; Shift-Cursor
(global-set-key [S-right] 'mark-and-do)
(global-set-key [S-left]  'mark-and-do)
(global-set-key [S-up]    'mark-and-do)
(global-set-key [S-down]  'mark-and-do)
(global-set-key [S-end]   'mark-and-do)
(global-set-key [S-prior] 'mark-and-do)
(global-set-key [S-next]  'mark-and-do)

;; Function Keys
(global-set-key [f1]      'info)
(global-set-key [f2]      'save-buffer)
(global-set-key [f3]      'find-file)

(global-set-key [f5]      'goto-line)
(global-set-key [S-f5]    'what-line)
(global-set-key [f6]      'tags-search)
(global-set-key [S-f6]    'visit-tags-table)

(global-set-key [f9]      'compile)
(global-set-key [M-f8]    'next-error)
(global-set-key [f10]     'next-error)
(global-set-key [f12]     'advertised-undo)

;; Redefine home and end
(global-set-key [home] 'beginning-of-line)
(global-set-key [end]  'end-of-line)

;; Redefine Backspace and Delete
(define-key function-key-map [delete] [deletechar])
(define-key function-key-map [backspace] [DEL])
(global-set-key [DEL] 'delete-backward-char)

;; divers
(define-key ctl-x-map "p" 'toggle-save-place)
(define-key lisp-interaction-mode-map [M-return]
        'eval-print-last-sexp)

(define-key emacs-lisp-mode-map [S-mouse-1]
  'mouse-describe-function)
(define-key lisp-interaction-mode-map [S-mouse-1]
  'mouse-describe-function)
```

Menüs   Ein neues Menü wird wie ein Key-Binding definiert und auch
zusammen mit normalen Key-Bindings abgelegt. Das nächste
Beispiel definiert eine lokales Menü für den Emacs-Lisp-Mode.

```
(when window-system
  ;; Neues Menü im elisp mode
  (define-key emacs-lisp-mode-map [menu-bar elisp]
    (cons "Elisp" (make-sparse-keymap "elisp")))
  (define-key emacs-lisp-mode-map [menu-bar elisp debonenoff]
    '("Cancel Debug on Entry" . cancel-debug-on-entry))
  (define-key emacs-lisp-mode-map [menu-bar elisp debonen]
    '("Debug on Entry" . debug-on-entry))
  (define-key emacs-lisp-mode-map [menu-bar elisp debdefun]
    '("Debug Defun" . edebug-defun))
  (define-key emacs-lisp-mode-map [menu-bar elisp evalbuff]
    '("Eval Buffer" . eval-buffer))
  (define-key emacs-lisp-mode-map [menu-bar elisp evalreg]
    '("Eval Region" . eval-region))
  (define-key emacs-lisp-mode-map [menu-bar elisp evaldef]
    '("Eval Defun" . eval-defun)))
```

Der erste Parameter von `define-key` enthält hier die Keymap, der zweite die Position in der Menühierarchie. `[menu-bar elisp]` definiert ein neues Pulldown-Menü. Der dritte Parameter definiert den Text und die damit verbundene Aktion. Im ersten Aufruf von `define-key` wird mit dem letzten Parameter keine eigentliche Aktion definiert, sondern eine Keymap für das neue Pulldown-Menü. Die weiteren Aufrufe enthalten jeweils eine cons-Zelle, deren erstes Element den Text für das Menü und deren zweites Element den Namen der auszuführenden Funktion angibt.

define-key

Text und Aktion

Sprachen & Tools

Eine besondere Eigenschaft von Linux ist die große Anzahl von frei verfügbaren Programmiersprachen, die auf den verschiedenen FTP-Servern oder in Linux-Distributionen im Binärformat enthalten sind. Die meisten dieser Werkzeuge stehen kommerziellen Systemen in nichts nach. In diesem Kapitel sollen die verschiedenen Compiler, Interpreter und Tools zur Programmentwicklung unter Linux erläutert und ihre wichtigsten Merkmale genannt werden.

FTP-Server

14.1 Sprachen

Die wichtigste Sprache eines UNIX-Systems ist unbestritten C. Heutige UNIX-Systeme sind größtenteils in C geschrieben, und so ist es nicht verwunderlich, daß der C-Compiler das zentrale Element einer UNIX-Entwicklungsumgebung darstellt.

C

Bei kommerziellen UNIX-Systemen war bisher in der Regel ein C-Compiler im Lieferumfang enthalten. Dies hat sich jedoch inzwischen geändert. Gerade die neueren PC-UNIX-Implementationen werden mittlerweile in einer Anwenderversion ohne C-Compiler und ohne Netzwerkunterstützung angeboten. Die Vollversion ist dann natürlich erheblich teurer.

Die von Linux unterstützten Sprachen reichen von C, C++ und Objective-C über verschiedene Lisp- und Prolog-Systeme bis hin zu Smalltalk und Forth. Auch traditionellere Sprachen wie Fortran oder APL stehen unter Linux zur Verfügung. Selbst BASIC-Programme können mit zwei verschiedenen Interpretern entwickelt werden.

C++, Objective-C
Lisp, Prolog
Smalltalk, Forth
Fortran, APL
BASIC

391

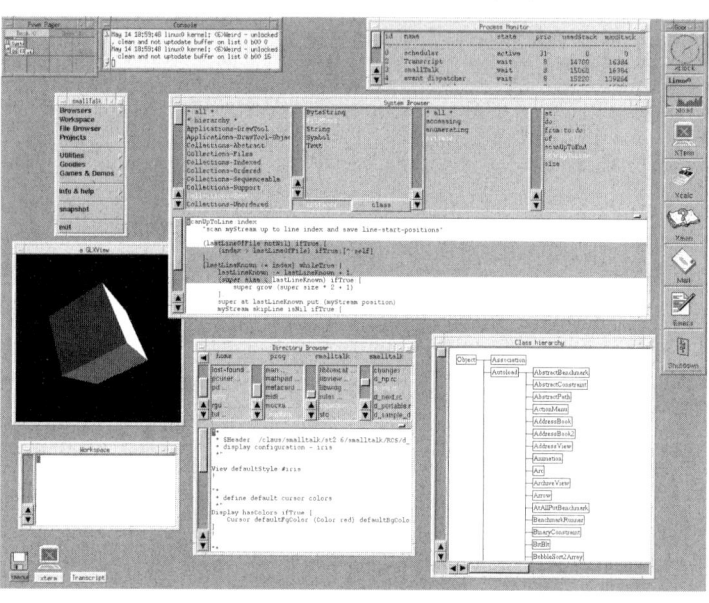

Abbildung 14.1 Smalltalk/X unter Linux

Modula-2, Modula-3 · Oberon — Compiler für Modula-2 und Modula-3 gibt es ebenso wie für Oberon. Einige dieser Compiler sind kommerzielle Systeme, die auch für andere UNIX-Systeme erhältlich sind.

GNAT · Ada9X — GNAT, den an der New York University erstellten Ada Translator für Ada9X, gibt es ebenfalls für Linux. Er ist ein vollständiger Compiler, der das gcc-Backend benutzt. Da er schon vor der offiziellen Vollendung der Ada9X-Norm verfügbar ist, wird er vorerst auch nicht validiert werden.

Betrachtet man die Entwicklung der letzten Jahre, so dürfte es in absehbarer Zeit wohl kaum noch eine Sprache geben, die nicht unter Linux verfügbar wäre.

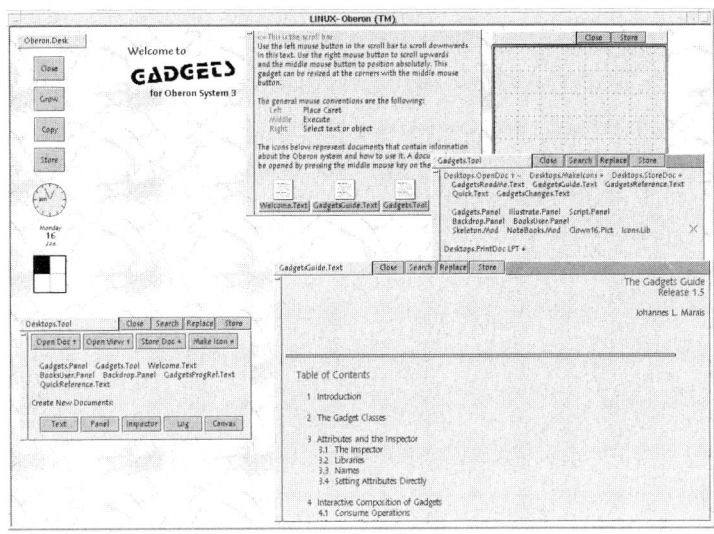

Abbildung 14.2 Oberon System 3 unter Linux

14.2 C-Compiler

Als C-Compiler wird unter Linux der GNU-C-Compiler `gcc` der
Free Software Foundation benutzt. `gcc` erzeugt auf Wunsch
optimierten Code und steht auf zahlreichen UNIX-Plattformen
zur Verfügung, wodurch die Portierung von Software erheblich
vereinfacht wird. Neben C nach dem ANSI- oder K&R-Standard
werden vom GNU-Compiler auch C++ und Objective-C
unterstützt. Besonders erwähnenswert sind die detaillierten
Fehlermeldungen dieses Compilers bei syntaktischen Fehlern.

gcc

Portierung

*detaillierte
Fehlermeldungen*

14.3 Pascal, Fortran, Simula, Modula-2

Auf dem GNU C-Compiler basieren auch die Pascal- und
Fortran-nach-C-Konverter. Diese lesen eine bestehende Pascal-
oder Fortran-Quelldatei ein und erzeugen daraus ein C-
Programm, das dann mit dem C-Compiler übersetzt wird. Durch
geschickte Integration in das Make-System kann dies so erfolgen,

Konverter

daß der Programmierer den Zwischenschritt über C gar nicht bemerkt.

Pascal Der Pascal-nach-C-Konverter ist sogar in der Lage, neben Standard-Pascal die Dialekte mehrerer Pascal-Varianten, wie Turbo-Pascal bis zur Version 5 oder Macintosh Pascal zu übersetzen. Auch der Simula-nach-C-Konverter arbeitet nach dem oben beschriebenen Prinzip.

Modula-2 Die *Gesellschaft für Mathematik und Datenverarbeitung* (GMD) hat ihre Modula-2-Entwicklungsumgebung MOCKA auf Linux portiert. Interessant ist, daß der Compiler selbst in Modula-2 implementiert wurde. Entsprechende Quelltexte liegen dem Paket bei. MOCKA erzeugt, im Gegensatz zu den oben genannten Tools, direkten Object-Code. Auch die Einbindung von C-Routinen über sogenannte *Foreign Modules* wird unterstützt.

14.4   Lisp/Prolog

KI Da die Sprachen, die im Bereich der wissensbasierten Systeme und der "Künstlichen Intelligenz" verwendet werden, an den Hochschulen eine wichtige Rolle spielen, existiert hier eine ganze Reihe von verfügbaren Implementationen. Lisp spielt hier eine besondere Rolle, da es nicht zuletzt als Programmiersprache des Emacs-Lisp GNU Emacs relativ weite Verbreitung gefunden hat.

clisp Eine Common Lisp Implementation mit objektorientierter Erweiterung (einem Subset von CLOS) namens *clisp* ist in fast allen Linux-Distributionen enthalten. Das umfangreichere GNU Common Lisp basiert auf dem ehemaligen akcl und orientiert sich am neuen ANSI-Standard für Common Lisp.

SWI-Prolog Auf dem niederländischen FTP-Server `swi.psy.uva.nl` existiert eine umfangreiche Prolog-Implementation der Universität von Amsterdam, die sich recht einfach unter Linux übersetzen läßt. Sie basiert auf der Warren Abstract Machine (WAM) und bietet eine praktische Online-Hilfe.

XPCE Interessant ist auch die Anbindung an XPCE, ein objektorientiertes System, das ebenfalls aus Amsterdam stammt. Mit diesem System erhält man eine grafische Programmierumgebung für Prolog.

14.5   Tcl

Ob Editor, Datenbank oder Modem-Programm, zu einer guten
Software gehört eine Erweiterungssprache, in der der Anwender   Erweiterungssprache
Scripte oder Makros schreiben kann. Diese sind zur Auto-
matisierung von Abläufen oder zur einfachen Erweiterung des
Systems gedacht. Bekannte Beispiele solcher Sprachen sind
Emacs-Lisp, elk, oder auch WordBasic bzw. VBA von Microsoft.   Emacs-Lisp, elk
Als solche Erweiterungssprache wurde Ende der 80er Jahre Tcl
(„Tool Command Language") von John Ousterhout konzipiert.
Tcl besitzt eine einfache Syntax und kennt als einzigen einfachen
Datentyp den String (Zeichenkette). Diese Strings können je nach   Strings
Bedarf und Kontext als Zahlen, Listen oder andere Datentypen
interpretiert werden.

Mächtig wird die Sprache vor allem durch viele High-level-
Funktionen und die Tatsache, daß ähnlich wie bei Lisp nicht   High-level-Funktionen
zwischen Daten und Programm unterschieden wird. Tcl-Code
wird selbst in Strings abgelegt und interpretiert. Dadurch wird
eine Erweiterung der Sprachkonstrukte oder selbst-modifi-
zierender Code elegant realisierbar.

Die Sprache ist als C-Library implementiert und kann einfach   C-Library
durch Hinzulinken und Aufrufen weniger Funktionen in
bestehende Programme eingebunden werden. Für selbständige
Programme gibt es auch direkt ausführbare Interpreter, die nur   Interpreter
eine Eingabe lesen, diese an den Tcl-Interpreter der Tcl-Library
weitergeben und danach das Ergebnis ausgeben. Im folgenden
werden einige der wichtigsten Sprachelemente von Tcl anhand
von kleinen Beispielen vorgestellt. Ein Tcl-Interpreter kann durch
Eingabe von `tcl` oder `tclsh` gestartet werden.

Die Sprache

Eine Liste in Tcl ist ein String, dessen Elemente durch   Listen
Leerzeichen, Tabs oder Zeilenumbrüche getrennt sind. Eine Tcl-
Anweisung ist eine Liste, also ebenfalls ein String, wobei das   Anweisungen
erste Element der Name einer aufzurufenden Funktion ist. Die
weiteren Elemente werden als Argumente an die Funktion
übergeben.

395

```
hermes:/home/strobel> tclsh
% set a 5
5
% puts $a
5
% puts "Der Wert von a ist $a"
Der Wert von a ist 5
```

Variable   In diesem Beispiel wertet der Tcl-Interpreter zunächst die Zeile `set a 5` aus. Die Funktion `set` weist einer Variablen, hier `a`, einen Wert zu. Eine Variable muß in Tcl nicht deklariert werden. Sie existiert, sobald ihr ein Wert zugewiesen wurde.

Die nächste Zeile gibt den aktuellen Wert von `a` aus. Bevor der Tcl-Interpreter eine Zeile als Tcl-Code auswertet, werden Ersetzungen durchgeführt, die mit speziellen Zeichen eingeleitet werden. Das `$`-Zeichen veranlaßt beispielsweise, daß der folgende Name als Variable betrachtet wird, die durch ihren Wert ersetzt wird. Existiert keine Variable mit dem angegebenen Namen, so kommt es zu einem Fehler.

Auswertung   Dieser Mechanismus der Variablenauswertung funktioniert an jeder Stelle einer Programmzeile, falls es nicht durch spezielles Quoting verhindert wird. Das folgende Beispiel zeigt, daß auch der Funktionsname hier keine Ausnahme darstellt.

```
% set fkt puts
puts
% set arg "hier wurde die Funktion $fkt aufgerufen"
hier wurde die Funktion puts aufgerufen
% $fkt $arg
hier wurde die Funktion puts aufgerufen
%
```

puts   In der letzten Zeile wird die Funktion `puts` aufgerufen. Sie bekommt als Argument den String `"hier wurde die Funktion puts aufgerufen"` übergeben.

Eine andere Art der Auswertung wird von den eckigen Klammern `[]` ausgelöst. Der Text zwischen den Klammern wird als Tcl-Funktionsaufruf ausgewertet und dann durch den Rückgabewert der Funktion ersetzt. Im folgenden Beispiel wird die Funktion `lindex` verwendet, die einen String als Liste interpretiert und ein bestimmtes Element zurückgibt. Die Zählung der Elemente bei Listen beginnt in Tcl mit 0.

Funktionsaufruf

```
% set l "Das ist eine Liste"
Das ist eine Liste
% puts "Das 2. Element ist : [lindex $l 1]"
Das 2. Element ist : ist
%
```

Ebenfalls interessant an Tcl sind die Arrays, deren Indizes nicht auf numerische Werte beschränkt sind. Es können beliebige Strings verwendet werden. Man spricht hier auch von assoziativen Arrays. Im nächsten Beispiel wird note als Array und die Namen fiktiver Studenten als Indizes verwendet.

assoziative Arrays

```
% set note(hugo) 2.3
2.3
% set note(fritz) 1
1
% set note(peter) 4
4
% puts $note(fritz)
1
% set name hugo
hugo
% puts "Die Note von $name ist $note($name)"
Die Note von hugo ist 2.3
%
```

Die üblichen Kontrollkonstrukte prozeduraler Sprachen findet man auch in Tcl wieder. Neben if, switch, for und while gibt es die foreach-Schleife, die einen Block für jedes Element einer Liste ausführt. Damit läßt sich auch über die Elemente eines assoziativen Arrays iterieren, wie das folgende Beispiel zeigt:

Kontrollkonstrukte

```
% set students [array names note]
peter fritz hugo
% foreach name $students {
    puts "Die Note von $name ist $note($name)"
}
Die Note von peter ist 4
Die Note von fritz ist 1
Die Note von hugo ist 2.3
%
```

Die Funktion array liefert Informationen über vorhandene Arrays. Mit dem Argument names werden alle Indizes zurückgegeben, für die dem Array Werte zugewiesen wurden.

Auch Tcl bietet Funktionen zum Arbeiten mit regulären Ausdrücken (siehe Seite 37). Die Funktion regexp vergleicht einen regulären Ausdruck mit einem String und liefert 1 zurück, wenn der Ausdruck gefunden wurde. Optional können die

reguläre Ausdrücke

397

Teilstrings, die zu dem angegebenen Ausdruck oder seinen Unterausdrücken passen, Variablen zugewiesen werden.

```
% set s "123abchallo6677pplist7zz"
123abchallo6677pplist7zz
% set muster {hallo.*7([a-z]+)7}
hallo.*7([a-z]+)7
% regexp $muster $s all sub1
1
% puts $all
hallo6677pplist7
% puts $sub1
pplist
%
```

geschweifte Klammern   Die geschweiften Klammern { } haben eine ähnliche Funktion wie die doppelten Hochkommas. Sie verhindern jedoch, daß innerhalb eine weitere Ersetzung stattfindet. Der reguläre Ausdruck mußte im obigen Beispiel in geschweiften Klammern angegeben werden, da sonst der Teilstring [a-z] als Funktionsaufruf interpretiert würde.

eigene Funktionen   Eigene Funktionen lassen sich in Tcl durch Aufruf der Funktion proc definieren. Die Argumente der neuen Funktion können dabei als einzelne Variablen oder als Listenvariable definiert werden. Im ersten Fall steht die Anzahl der Parameter fest, während sie im zweiten Fall beliebig ist.

```
% proc myFunction {arg1 arg2} {
    puts "Die übergebenen Argumente sind $arg1 und $arg2"
    return 1
}
% myFunction a b
Die übergebenen Argumente sind a und b
1
% proc funct2 args {
    puts "Die Argumente sind $args"
    return "bye"
}
% funct2 a b c d e
Die Argumente sind a b c d e
bye
```

lokale Variablen   Variable sind in einer Tcl-Funktion grundsätzlich lokal. Um auf globale Variablen zugreifen zu können, müssen sie zunächst ein einer global-Zeile angegeben werden:

```
% set name Hugo
Hugo
% proc Test {} {
    puts "name ist $name"
}
% Test
can't read "name": no such variable
.
% proc Test {} {
    global name
    puts "name ist $name"
}
% Test
name ist Hugo
%
```

Um Tcl-Scripte als ausführbare Dateien zu verwenden, kann man den Tcl-Interpreter wie eine Shell in der ersten Zeile nach #! angeben. Gibt man den Benutzern zudem die Ausführungsberechtigung auf die Scriptdatei, so kann das Script durch Eingabe seines Namens gestartet werden. Das folgende Beispiel zeigt den Anfang einer solchen Scriptdatei:

Tcl-Scripte

```
#!/usr/bin/tcl
puts "Hello world !"
...
```

Anwendungen und Erweiterungen

Beim Entwickeln einer Anwendung mit Tcl bieten sich grundsätzlich zwei Vorgehensweisen an: Zunächst kann eine in C entwickelte Applikation durch den Tcl-Interpreter um eine Script-Sprache erweitert werden. Die Anbindung an die Anwendung erfolgt dann durch Definition zusätzlicher Tcl-Befehle. Diese Vorgehensweise dürfte vor allem bei schon existierenden Programmen sinnvoll sein.

Bei einer Neuentwicklung könnte die Hauptapplikation auch in Tcl implementiert werden. Funktionen, die nicht verfügbar sind, lassen sich als Tcl-Erweiterungen in C realisieren und über Tcl ansprechen.

Tcl-Erweiterungen

Die Erweiterung von Tcl ist sehr einfach. Man definiert eine C-Funktion, die genauso wie eine main-Funktion in C ihre Parameter über argc und argv erhält. Dann ruft man in der Initialisierungsfunktion des Tcl-Interpreters die Funktion

argc, argv

Tcl_CreateCommand auf, die eine neue Funktion registriert und ihr einen Namen innerhalb von Tcl gibt.

Es existieren schon viele frei verfügbare Tcl-Spracherweiterungen. Diese ermöglichen beispielsweise den Zugriff auf SQL-Datenbanken oder UNIX-Systemaufrufe. *Tcl-dp* stellt Funktionen zur Netzwerkprogrammierung (Sockets und RPC) zur Verfügung, und *itcl* erweitert Tcl um Klassen und Methoden zur objektorientierten Programmierung. Auch Debugger und Klassen-Browser sind verfügbar. *scotty* bietet neben TCP/IP Sockets und Sun RPCs auch Funktionen zum Zugriff auf das DNS und zur Kommunikation über SNMP. Das folgende Beispiel zeigt einen einfachen Server, der mit scotty geschrieben wurde. Er öffnet einen TCP-Socket und wartet auf Verbindungen. Als Client kann beispielsweise das Programm Telnet verendet werden. Verbindet sich ein Client mit dem Server, so schickt der Server das aktuelle Datum und die Uhrzeit an den Client und wartet auf eine Zeile, die der Client zurücksendet.

SQL

Sockets

OOP

DNS und SNMP

```
#!/usr/local/bin/scotty -f

set port 1371

proc handleConnection {lsock} {
        set socket [tcp accept $lsock]
        # sende Datum und Zeit zum Client
        puts $socket [exec date]
        # Warte auf eine Zeile vom Client
        puts "Msg from Client : [gets $socket]"
        # Ende der Verbindung
        close $socket
}

set lsocket [tcp listen $port]
addinput -read $lsocket "handleConnection %F"
puts "waiting for connections on port $port ..."
```

Die Ausgabe des Clients könnte folgendermaßen aussehen:

```
hermes:/home/strobel> telnet hermes 1371
Trying 194.45.197.100...
Connected to hermes.stud.fh-heilbronn.de.
Escape character is '^]'.
Fri Jan  6 16:16:16 MET 1995
hallo
Connection closed by foreign host.
hermes:/home/strobel>
```

Tk

Tk ist ein Widget-Set, das neben einer C-Schnittstelle über eine Tcl-Schnittstelle verfügt. Es eignet sich daher besonders dazu, Tcl-Programme mit einer grafischen Oberfläche zu versehen. Wegen der zugrundeliegenden Interpretersprache lassen sich sehr einfach und schnell Prototypen aber auch komplette Applikationen entwickeln.

Prominente Beispiele für Tcl/Tk-Applikationen sind Zircon, tkined, Picasso, sowie viele weitere Systeme die Tcl als Erweiterungssprache verwenden.

Widget-Set

Prototypen

XF

Für Tcl/Tk gibt es ein Programm mit Namen xf, mit dem eine Tk-Oberfläche grafisch und interaktiv erstellt werden kann. Damit können Tk-Oberflächen nicht nur einfach realisiert werden, sondern man kann auch bestehende Tcl/Tk-Programme laden und nachträglich modifizieren oder erweitern. Da XF selbst in Tcl/Tk entwickelt wurde, kann die Oberfläche bereits im Verlauf der Entwicklung getestet werden, und die Darstellung während der Entwicklung entspricht exakt der des fertigen Programms.

Interface-Builder

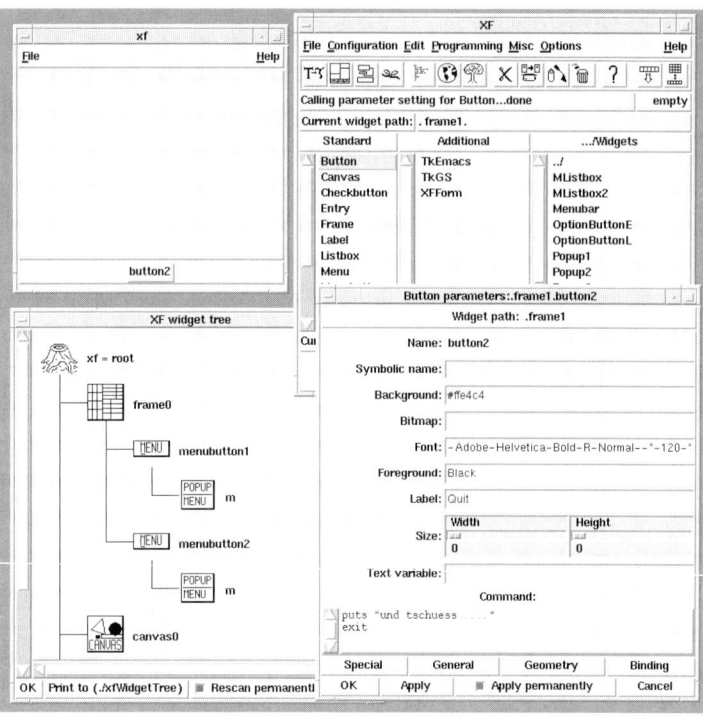

Abbildung 14.3 Der Tcl/Tk Interface-Builder xf

Tcl/Motif

OSF/Motif

Wer die Vorteile von Tcl mit dem Motif-Widget-Set verbinden möchte, sollte sich Tcl/Motif ansehen. Dieses Paket nutzt für die Erzeugung grafischer Oberflächen normale Motif-Widgets. Damit lassen sich Motif-Oberflächen auf einfache Weise in einer Interpreter-Umgebung erstellen. Der Programmierer kann dabei auf fast alle gewohnten Widget-Ressourcen zugreifen. Tcl/Motif unterstützt sogar den Drag & Drop-Mechanismus von Motif 1.2.

Ressourcen

Der FTP-Server, auf dem neben zahlreichen Tcl-Erweiterungen auch viele fertige Tcl/Tk-Applikationen zu finden sind, ist `ftp.aud.alcatel.com`. Auch über WWW kann man auf eine Übersicht über Tcl-Erweiterungen, Dokumente und Programme zugreifen. Die Adresse dieser Seite ist:

WWW

http://web.cs.ualberta.ca/~wade/Auto/Tcl.html

14.6   Interface-Builder

Die komfortabelste Möglichkeit, X11 basierte Applikationen zu
erstellen, bieten spezielle Programme zur interaktiven Gestaltung
grafischer Oberflächen. Diese Interface-Builder sind meistens in
der Lage, C-Quelltext zu erzeugen. Dieser kann dann vom
Programmierer beliebig erweitert werden.

interaktive Gestaltung

Die Firma ParcPlace aus Sunnyvale vertreibt einen solchen
Interface-Builder mit dem Namen *ObjectBuilder*. Er erlaubt die
direkte Manipulation der grafischen Objekte mittels Maus und
erzeugt C++ Quelltext. Zusammen mit der *ObjectLibrary* können
Oberflächen nach OpenLook oder Motif-Konvention generiert
werden. Die Auswahl des bevorzugten Look and Feels erfolgt
über eine Kommandozeilenoption. Die beiden Produkte sind für
alle gängigen UNIX-Plattformen verfügbar. Die Anschaffungs-
kosten belaufen sich im allgemeinen auf mehrere tausend D-
Mark. Nur die Linux-Version ist kostenlos erhältlich und darf frei
kopiert werden. Für den ernsthaften Einsatz sollten jedoch die
zugehörigen Handbücher greifbar sein. Diese sind direkt bei
ParcPlace erhältlich.

ObjectBuilder

ObjectLibrary

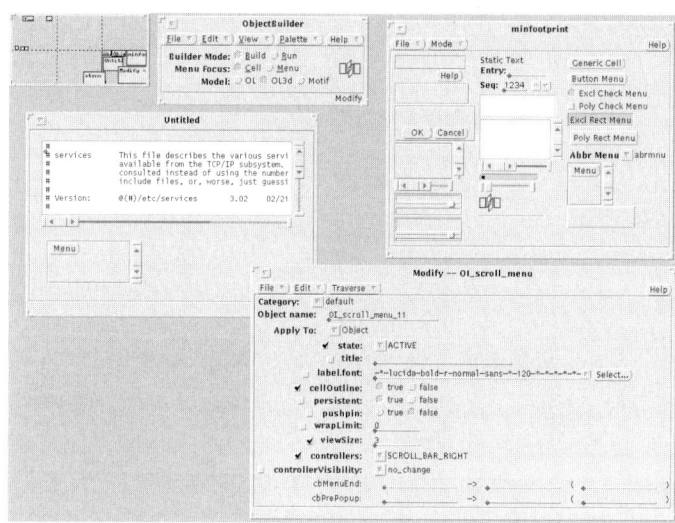

Abbildung 14.4 Der Interface-Builder von ParcPlace

VXP Interface-Builder

OSF/Motif

Makefiles

Der kostenlose VXP-Interface-Builder von *Young Chen* befindet sich zwar noch in der Entwicklungsphase, reicht jedoch zur Erstellung einfacher OSF/Motif-basierter Oberflächen bei weitem aus. Im Gegensatz zum Interface-Builder von ParcPlace erzeugt VXP reinen Motif-Quelltext. Sämtliche grafischen Objekte können mit der Maus positioniert und manipuliert werden. VXP erzeugt dann den zugehörigen C-Quelltext und ein passendes Makefile. Die Funktionalität der Applikation wird, wie unter Motif üblich, innerhalb von Callback-Routinen in C implementiert. VXP verwaltet auch den vom Entwickler hinzugefügten Quelltext. Außerdem kann per Mausklick gleich der C-Compiler gestartet werden, so daß die Entwicklungsumgebung nicht verlassen werden muß. Der von VXP erzeugte Quelltext benötigt außer der Motif-Library keine zusätzlichen Bibliotheksroutinen und kann daher leicht auf beliebige UNIX-Plattformen übertragen werden.

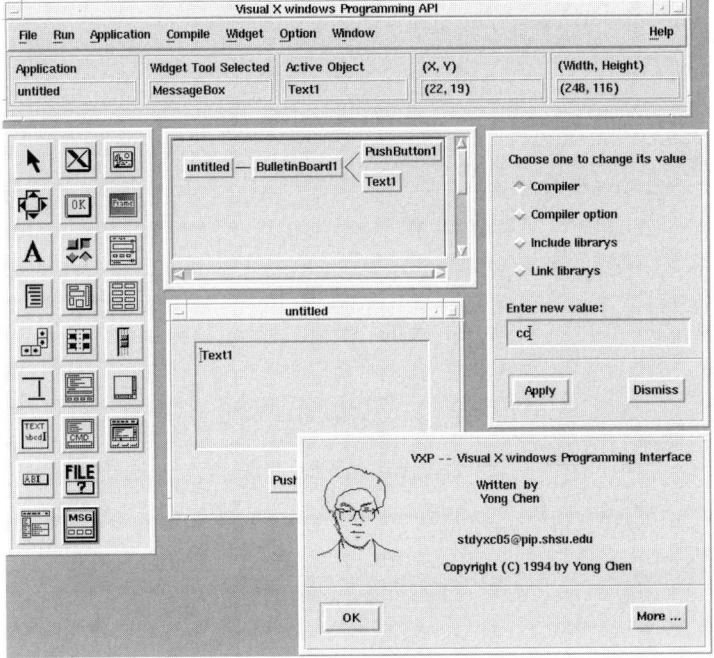

Abbildung 14.5 VXP Motif-Interface-Builder

14.7 Metacard

Metacard ist ein System zur Entwicklung von Hypercard-Anwendungen, wie sie beispielsweise vom Apple Macintosh her bekannt sind. Erfreulicherweise ist Metacard in der Lage, Apple Hypercard-Stacks zu laden und zu bearbeiten. Die integrierte Programmiersprache erlaubt es, auf einfache Weise kleinere Anwendungen oder Prototypen für grafische Oberflächen zu entwickeln. Metacard steht auf allen bekannten UNIX-Plattformen zur Verfügung, ist allerdings kommerzielle Software.

Apple

Hypercard

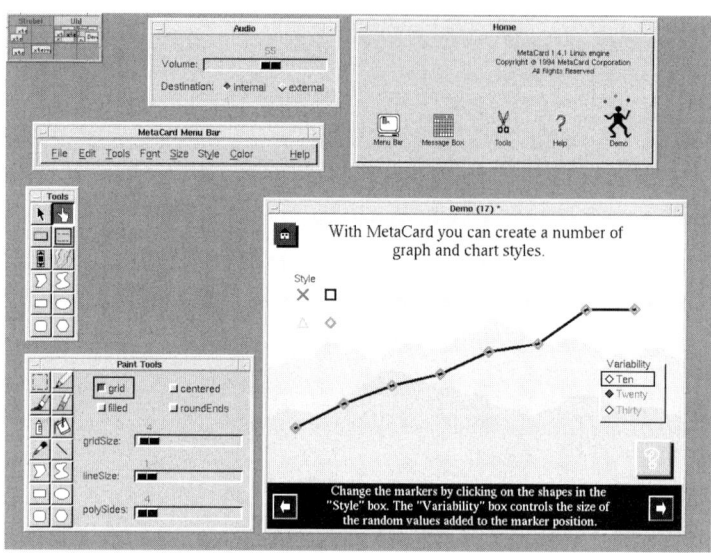

Abbildung 14.6 Metacard unter Linux

14.8 awk, gawk

Bei awk handelt es sich um ein traditionelles UNIX-Tool, das die
Verarbeitung von Erstellung kleinerer Scripts zur Verarbeitung von Strings und
Textdateien Textdateien erlaubt. Der Name des Programms setzt sich aus den
Anfangsbuchstaben der Autoren *Aho*, *Weinberger* und *Kernighan*
zusammen. Da sich die Interpretersprache von awk syntaktisch
sehr stark an C anlehnt, ist sie relativ leicht erlernbar.

awk kennt keinen Unterschied zwischen numerischen und String-
Variablen und verlangt auch keinerlei Variablendeklaration. Für
Prototyping kleinere Projekte kann awk auch als Prototyping-Tool eingesetzt
werden. Jedoch sollte die Größe eines awk-Programms die
Grenze von ca. 200 Zeilen nicht überschreiten.

Folgendes Script summiert die Größe aller im aktuellen
Verzeichnis enthaltenen Dateien auf und gibt auf dem Bildschirm
aus.

```
linux1:/> ls -l | awk '{sum += $5} END {print "Summe : " sum}'
```

Unter Linux steht jedoch nicht das Original-Utility zur Verfügung, sondern die Implementierung der Free Software Foundation namens GNU-AWK (gawk). Kommerzielle UNIX-Systeme enthalten neben awk meist auch noch eine erweiterte Version mit dem Namen nawk.

GNU

14.9 Perl

Auch Perl ist eine Interpretersprache. Sie vereint die wichtigsten Features von sed, awk und den üblichen UNIX-Shells und eignet sich ebenfalls besonders zur Bearbeitung von Textdateien. Ein Vorteil gegenüber den klassischen Werkzeugen ist die Möglichkeit, mehrere Dateien gleichzeitig zu öffnen.

sed, awk

Perl erlaubt die Verwendung von Listen und assoziative Arrays. Die Größe solcher Datenstrukturen ist nur durch den zur Verfügung stehenden Speicherplatz beschränkt. Daher können auch relativ große Datenmengen verarbeitet werden. Natürlich kennt Perl auch Schleifen, Abfragen, Unterroutinen, Rekursion und reguläre Ausdrücke. Zur Datenausgabe können verschiedene Formatanweisungen benutzt werden, was die Erstellung von übersichtlichen Reports und Tabellen ermöglicht.

Listen und Arrays

Schleifen

Die Fehlersuche wird durch einen integrierten Debugger erleichtert, mit dessen Hilfe beispielsweise Breakpoints gesetzt werden können oder das Programm Schritt für Schritt durchlaufen werden kann.

Debugger

Perl eignet sich auch zur Systemadministration, da sich Scripts erstellen lassen, die mit root-Berechtigung laufen. Bemerkenswert ist außerdem, daß beinahe alle Routinen der Standard C-Bibliothek und des UNIX-Kernels unter Perl direkt benutzt werden können. Dies schließt auch Funktionen zur Netzwerkprogrammierung über Sockets ein. Die neue Version 5 von Perl bietet auch objektorientierte Erweiterungen.

SUID Programme

14.10 Editoren

Ein Compiler alleine macht bekanntlich keine vollständige Entwicklungsumgebung aus. Dazu kommt noch ein passender Editor und ein symbolischer Debugger.

Emacs   Ein diese Komponenten integrierender Editor ist GNU Emacs. Er kann neben zahlreichen Utilities wie `grep` oder RCS sowohl den C-Compiler als auch den GNU Debugger aufrufen, so daß der komplette Entwicklungszyklus innerhalb des Editors durchlaufen werden kann. Emacs wird in Kapitel 13 im Detail beschrieben.

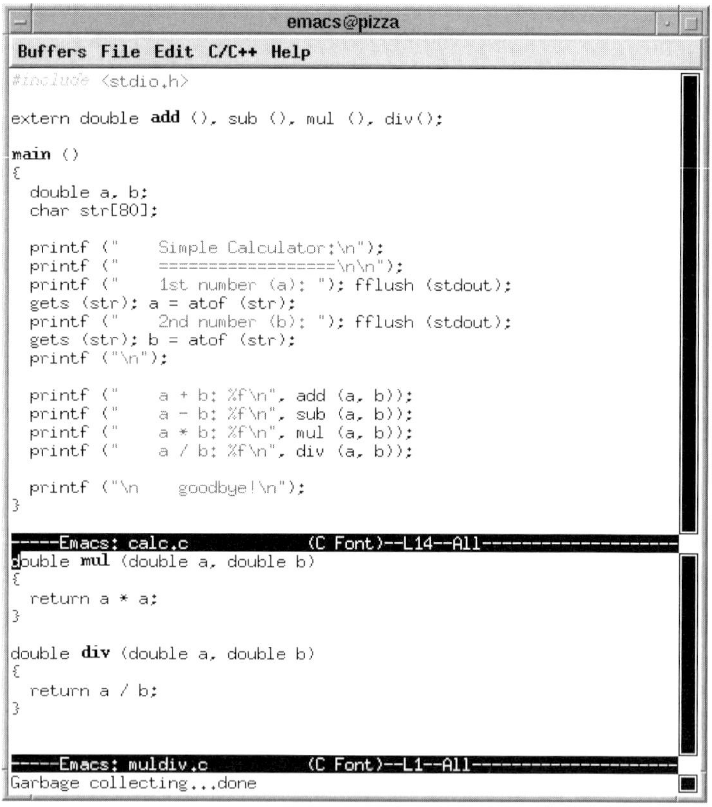

```
┌──────────────────────── emacs@pizza ────────────────────┐
  Buffers  File  Edit  C/C++  Help

 #include <stdio.h>

 extern double add (), sub (), mul (), div();

 main ()
 {
   double a, b;
   char str[80];

   printf ("     Simple Calculator;\n");
   printf ("     ==================\n\n");
   printf ("     1st number (a): "); fflush (stdout);
   gets (str); a = atof (str);
   printf ("     2nd number (b): "); fflush (stdout);
   gets (str); b = atof (str);
   printf ("\n");

   printf ("     a + b: %f\n", add (a, b));
   printf ("     a - b: %f\n", sub (a, b));
   printf ("     a * b: %f\n", mul (a, b));
   printf ("     a / b: %f\n", div (a, b));

   printf ("\n    goodbye!\n");
 }
 ----Emacs: calc.c          (C Font)--L14--All----------------
 double mul (double a, double b)
 {
   return a * a;
 }

 double div (double a, double b)
 {
   return a / b;
 }

 ----Emacs: muldiv.c        (C Font)--L1--All-----------------
 Garbage collecting...done
```

Abbildung 14.7 Programmentwicklung im Emacs

Neben dem GNU Emacs enthalten Linux-Distributionen meist zahlreiche weitere Editoren, die in Kapitel 12 vorgestellt werden.

14.11 GNU-Debugger (GDB)

Beim GNU Debugger handelt es sich um einen leistungsfähigen symbolischen Debugger, mit dem C-, C++- und Modula-2- Programme bearbeitet werden können. Er bietet sämtliche Funktionen, die von einem solchen Werkzeug erwartet werden. Programme können schrittweise abgearbeitet werden. Breakpoints ermöglichen die Unterbrechung des Ablaufs an definierten Stellen, und durch sogenannte Watchpoints wird das Programm bei Veränderung bestimmter Speicherbereiche unterbrochen. Auf Wunsch kann auch der Inhalt ausgewählter Variablen oder Objekte ständig ausgegeben werden.

mehrere Sprachen

Breakpoints

Watchpoints

Neuere Versionen des GDB erlauben darüber hinaus sogenanntes Remote-Debugging. Darunter versteht man die Möglichkeit, daß der Debugger auf einer anderen Maschine läuft als das zu debuggende Programm. Die Verbindung zwischen beiden Rechnern erfolgt entweder über eine serielle Schnittstelle oder ein Netzwerk. Unter Linux kann man sogar den Betriebssystemkern mittels GDB analysieren und laufende Prozesse mit dem Debugger bearbeiten.

Remote-Debugging

Der GNU Debugger verfügt zunächst nur über eine einfache kommandozeilenorientierte Benutzerschnittstelle. Es gibt jedoch grafische Frontends, die eine komfortable Mausbedienung des Debuggers ermöglichen. Diese starten den eigentlichen GDB als zweiten Prozeß und leiten dessen Ein- und Ausgabekanal um. Auf diese Weise werden Benutzereingaben simuliert und Debuggerausgaben in verschiedene Fenster umgelenkt. Ein Beispiel für ein solches Frontend ist `xxgdb`.

grafische Frontends

xxgdb

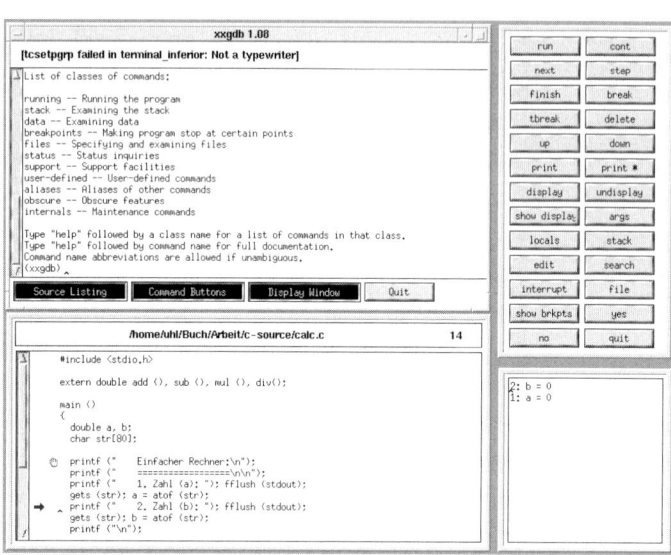

Abbildung 14.8 Das GDB-Frontend xxgdb

In einem Fenster wird die aktuelle Stelle im Quelltext angezeigt. Ein anderes enthält eine Reihe von Kommandobuttons, über die grundlegende Debuggerfunktionen aufgerufen werden können. **Textkommandos** Außerdem kann der Benutzer Textkommandos eingeben, falls die Eingabe über Tastatur einfacher erscheint.

GDB ermöglicht die kontinuierliche Ausgabe von Variablen- **separate Fenster** inhalten. Diese werden ebenfalls in einem separaten Fenster angezeigt. Die Auswertung eines Ausdrucks, der im C-Quelltext vorkommt, kann auf einfache Weise mittels Maus erfolgen. Dazu wird der Ausdruck im Quelltextfenster selektiert. Nun kann dieser über einen Mausklick auf den Print-Button ausgewertet und das Ergebnis ausgegeben werden.

Breakpoints Die Definition eines Breakpoints erfolgt in ähnlicher Weise. Man positioniert den Text-Cursor im Quelltextfenster auf die gewünschte Stelle und betätigt den entsprechenden Button. Breakpoints werden durch das Symbol einer flachen Hand angezeigt. Die Markierung der aktuellen Stelle im Quelltext erfolgt durch einen blauen Pfeil.

Eine weitere Möglichkeit, die Benutzung des GNU-Debuggers **Emacs** komfortabler zu gestalten, ist die Integration durch den Emacs-Editor. Ein spezieller Modus dieses Editors erlaubt das

Debugging von Programmen innerhalb eines normalen Editorfensters. Dazu wird dieses in zwei Bereiche aufgeteilt. Im oberen erfolgen die Ausgabe des Quelltextes und die Markierung der aktuellen Stelle durch einen Pfeil. Das untere Fenster dient zur Steuerung des Debuggers und zur Eingabe von Kommandos.

Abbildung 14.9 gdb im Emacs

Die Benutzung des GDB innerhalb von Emacs hat für den Emacs-Kenner zwar Vorteile, ist aber leider nicht so komfortabel wie die Benutzung spezieller X-basierter Frontends.

nur für Emacs-Kenner

14.12 make-Utility

Eine weitere wichtige Komponente der C-Entwicklungsumgebung ist das make-Utility. Mit Hilfe dieses Kommandos läßt sich die Übersetzung eines aus mehreren Modulen bestehenden Projektes erheblich vereinfachen.

411

Dazu werden die Abhängigkeiten zwischen den einzelnen Programmteilen vom Programmierer in einem sogenannten *Makefile* festgehalten. Ändert der Programmierer den Quelltext eines dieser Module, so werden nur die modifizierten Teile und die davon abhängigen Module neu übersetzt.

GNU-Make

Die unter Linux benutzte GNU-Variante von `make` enthält einige Optionen, die über das normale `make`-Utility hinausgehen. Sie unterstützt beispielsweise das Revision Control System (RCS), eine Sammlung von Kommandos, die eine Versionsverwaltung von Quelltexten ermöglichen. GNU-Make sucht, falls eine Datei nicht im aktuellen Verzeichnis gefunden werden kann, nach einem Unterverzeichnis namens RCS, aus dem die jeweils neueste Version eines Moduls automatisch "ausgecheckt" wird. Dies gilt sogar für das eigentliche Makefile.

RCS

Regeln

GNU-Make kennt auch mehr implizite Regeln als andere Versionen von Make. Ein Makefile für ein kleines C-Programm, das aus 3 Dateien besteht, könnte beispielsweise folgendermaßen aussehen:

```
CFLAGS = -g
LDLIBS = -lm

test: test.o sub1.o sub2.o
```

GNU-Make enthält bereits Regeln, um die `.o`-Files aus den entsprechenden `.c`-Files zu erstellen und um das Programm test aus allen Object-Dateien und mit den angegebenen Libraries zu linken. Eine Übersicht über alle Regeln und Variablen findet sich in der Dokumentation zu GNU-Make, die im Info-System vorhanden ist (siehe auch Seite 303).

Linken

14.13 Imake

plattformübergreifende
Entwicklung

Aufgrund der Unterschiede zwischen den einzelnen UNIX-Varianten ist eine plattformübergreifende Softwareentwicklung oftmals sehr mühsam. So kann es passieren, daß verschiedene Versionen von Makefiles erstellt werden müssen, die auf die jeweiligen Systeme zugeschnitten sind. Abhilfe schafft hier das vom X Window System bekannte Imake-Utility, das aus einem plattformunabhänigen `Imakefile` ein plattformabhängiges `Makefile` generiert.

Imake wird normalerweise über das Script `xmkmf` aufgerufen. Für die einwandfreie Funktion dieses Befehls sind sogenannte Template-Dateien notwendig, die die systemspezifischen Daten enthalten. Sie sind im Verzeichnis `/usr/lib/X11/config` installiert.

xmkmf

14.14 RCS

Bei der Entwicklung größerer Projekte, die aus einer Vielzahl unterschiedlicher Module bestehen und von denen immer wieder neue Versionen entstehen, ist eine Versionsverwaltung unverzichtbar. Ein derartiges System ist vor allem auch dann sinnvoll, wenn mehrere Programmierer gleichzeitig an einem Projekt arbeiten.

Da sämtliche Versionen eines im Entwicklungszyklus befindlichen Programms gespeichert werden, kann im Bedarfsfall auf die Quelltexte einer längst überholten Programmversion zurückgegriffen werden. Linux bietet neben dem von UNIX System V bekannten Source Code Control System (SCCS) das leistungsfähigere Revision Control System (RCS). Im Normalfall werden die Archivdateien in einem separaten Verzeichnis namens `RCS` bzw. `SCCS` abgelegt.

alle Versionen

SCCS
RCS

Das RCS stellt zahlreiche Kommandos zur Verfügung, von denen die wichtigsten kurz betrachtet werden sollen.

- **ci** (check in) übernimmt die angegebenen Dateien in das RCS-Verzeichnis und friert somit die vorliegende Version ein. Dabei wird jedoch nicht die komplette Datei gesichert, sondern nur die durch das Kommando `diff` ermittelte Differenz zur Vorgängerversion. Die Versionsnummer des Moduls wird dabei automatisch erhöht.
- **co** (check out) erzeugt eine nicht modifizierbare Kopie der aktuellen Version oder einer beliebigen Vorgängerversion eines Moduls. Soll ein Modul verändert werden, so muß dies mit der Option `-l` angezeigt werden. Dadurch wird die Datei vor einer Modifikation durch andere Programmierer

413

geschützt, denn sie kann nur einmal von einem Benutzer ausgecheckt werden.

- **rlog** zeigt verschiedene Informationen an, wie den Zustand eines Archivs und die Versionen der darin enthaltenen Module.

Weitere Kommandos erlauben beispielsweise das Zusammenführen verschiedener Versionen.

Um eine reibungslose Zusammenarbeit zwischen der Versionsverwaltung und der restlichen Entwicklungsumgebung Emacs zu ermöglichen, bieten neuere Versionen des Emacs-Editors spezielle Funktionen zur Integration des RCS.

14.15 xwpe

Eine interessante Alternative zu Emacs als Entwicklungsumgebung ist xwpe. Anwender, die bereits mit den Borland Turbo-Pascal Produkten für DOS (Turbo-C oder Turbo-Pascal) vertraut sind, werden sich schnell zurecht finden, da xwpe diesen sehr ähnlich ist. Obwohl es sich um eine zeichenorientierte Applikation handelt, ist eine komfortable Mausbedienung möglich. Der Autor entwickelte dazu eine eigene Terminalemulation mit Farbunterstützung für das X Window System. xwpe ist aber auch auf einem normalen Terminal lauffähig. Allerdings leidet dabei das Erscheinungsbild beträchtlich.

Der integrierte Editor erlaubt die Bearbeitung mehrerer Texte in gcc unterschiedlichen Fenstern. Der Compiler (gcc) wird über Tastendruck oder Mausklick gestartet. Eventuelle Fehlermeldungen erscheinen in einem separaten Fenster. Auch der Debugger (gdb) gdb läßt sich auf diese Weise aktivieren. Breakpoints können direkt im Editor definiert werden.

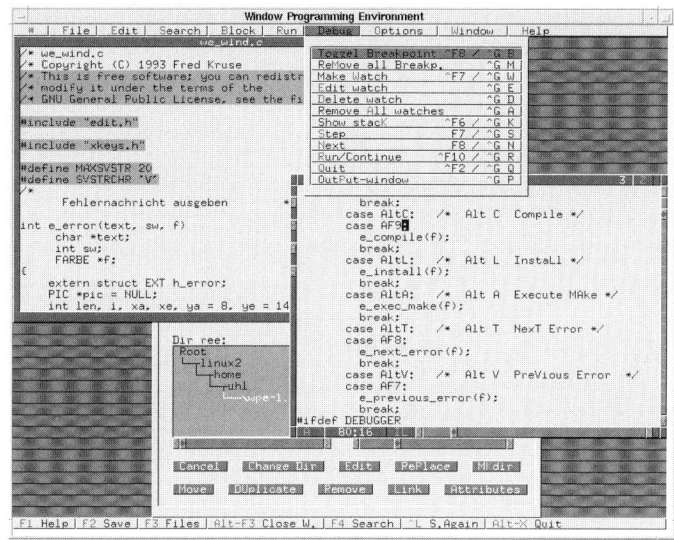

Abbildung 14.10 xwpe als Entwicklungsumgebung

xwpe kann vom FTP-Server `ftp.rrzn.uni-hannover.de` im
Verzeichnis `/pub/systems/unix/xwpe` bezogen werden.

14.16 Beispiel

Um einen besseren Eindruck vom Umgang mit den oben
vorgestellten Entwicklungswerkzeugen zu vermitteln, soll im   C-Programm
folgenden ein kleines C-Beispielprogramm vorgestellt werden.
Das Programm besteht aus mehreren Modulen. Nach Eingabe
zweier Zahlen sollen diese addiert, subtrahiert, multipliziert und   Rechnen
dividiert werden. Das Hauptprogramm enthält nur die beiden
Eingabeaufforderungen und die Ausgabe der Ergebnisse. Die
Berechnung erfolgt in separaten Modulen. Natürlich hätte dieses
Beispiel auch in einer einzigen Datei zusammengefaßt werden
können.
Zur Eingabe der ersten Datei ruft man am besten den Emacs   Emacs
Editor mit der Datei `main.c` als Argument auf. Da die Datei
noch nicht existiert, startet Emacs mit einem leeren Buffer, der
jedoch schon im C-Mode ist.

415

Nach der Eingabe des folgenden Quelltextes wird dieser über die Tastenkombination **\<Strg-x\> \<Strg-s\>** abgespeichert. Diese Funktion kann auch über das File-Menü aufgerufen werden.

```
#include <stdio.h>

extern double add (), sub (), mul (), div();

main ()
{
  double a, b;
  char str[80];

  printf ("    Einfacher Rechner:\n");
  printf ("    ==================\n\n");
  printf ("    1. Zahl (a): "); fflush (stdout);
  gets (str); a = atof (str);
  printf ("    2. Zahl (b): "); fflush (stdout);
  gets (str); b = atof (str);
  printf ("\n");

  printf ("    a + b: %f\n", add (a, b));
  printf ("    a - b: %f\n", sub (a, b));
  printf ("    a * b: %f\n", mul (a, b));
  printf ("    a / b: %f\n", div (a, b));

  printf ("\n    Auf Wiedersehen!\n");
}
```

Die Datei `calc.c`

Nun können auch die anderen Module eingegeben werden. Eine neue Datei wird über die Tastenkombination **\<Strg-x\> \<Strg-f\>** geöffnet.

neue Dateien

```
double add (double a, double b)
{
  return a + b;
}

double sub (double a, double b)
{
  return a - b;
}
```

Die Datei `addsub.c`

```
double mul (double a, double b)
{
  return a * a;
}

double div (double a, double b)
{
  return a / b
}
```

Die Datei `muldiv.c`

Das Projekt besteht also aus drei Dateien. Dies hat auch auf die Gestalt des Makefiles Auswirkungen.

```
CFLAGS = -g
OBJS = calc.o addsub.o muldiv.o

calc: $(OBJS)
        $(CC) -o $@ $(OBJS)
```

Das Makefile

Zunächst wird die Standardvariable CFLAGS mit der Option -g belegt, so daß der Compiler Debug-Code erzeugt. Die neu definierte Variable OBJS enthält nach ihrer Deklaration die Namen sämtlicher Objektdateien. Diese Vereinbarung dient nur der Erhöhung der Lesbarkeit und ist nicht unbedingt notwendig. Als Zieldatei (Target) ist das fertig übersetzte und gelinkte Programm calc definiert. Um dieses erzeugen zu können, werden die drei Objektdateien benötigt. Das Kommando

CFLAGS

OBJS

Target

```
$(CC) -o $@ $(OBJS)
```

linkt diese nach der Übersetzung zusammen. Wie man erkennen kann, muß keine separate Regel für die Übersetzung einer *.c in eine *.o-Datei angegeben werden. Diese ist dem make-Mechanismus implizit bekannt. Bei der Eingabe des Makefiles ist zu beachten, daß vor der Link-Anweisung ein **<TAB>**-Zeichen stehen muß.

Regeln

TAB

Wurde das Makefile gespeichert, so kann das komplette Projekt aus dem Editor heraus übersetzt und gelinkt werden. Dazu dient das Kommando **<Meta-x> compile**. Das Fenster des Editors teilt sich nun. Im unteren Bereich werden die ausgeführten Befehle protokolliert und eventuelle Fehlermeldungen ausgegeben. Im vorliegenden Fall wurde in der Funktion div des Moduls muldiv.c absichtlich ein Semikolon weggelassen. Bei der Übersetzung dieser Quelldatei wird der Compiler auf einen Fehler stoßen.

compile

417

Mit dem Kommando **<Meta-x>** **next-error** wird die Fehlerausgabe vom Editor analysiert und der Cursor auf die Zeile im Quelltext positioniert, in welcher der nächste Fehler aufgetreten ist. Nachdem der Fehler beseitigt wurde, kann dann mit **<Meta-x>** **compile** der Compiler erneut gestartet werden. Natürlich sollte sich der Programmierer die oben erwähnten Kommandos auf eine freie Tastenkombination seiner Wahl legen, um diese nicht immer komplett eingeben zu müssen. Derartige Definitionen werden am besten in der Datei .emacs im Home-Verzeichnis durchgeführt (siehe auch Kapitel 13).

Debugger

Haben sich logische Fehler in das Programm eingeschlichen, so kann der GNU-Debugger eine nützliche Hilfe bei die Fehlersuche darstellen. Da das Programm schon mit der Compileroption -g übersetzt wurde, kann der Debugger sofort gestartet werden.

```
linux2:home/tul> xxgdb calc
```

Breakpoints

Zunächst sollten die benötigten Breakpoints gesetzt werden. Dies kann einerseits über die Maus oder andererseits durch die Eingabe eines entsprechenden Kommandos bewirkt werden. Dazu wird der Cursor im Textfenster zunächst auf die entsprechende Zeile gebracht, in der ein Breakpoint gesetzt werden soll. Dieser wird dann über einen Klick auf den Break-Button des Debuggers eingerichtet.

Oft ist es jedoch einfacher einen Breakpoint über die Kommandozeile zu setzen, vor allem dann, wenn dieser gleich am Anfang einer Funktion stehen soll.

```
gdb> break main
```

run

stoppt das Programm gleich beim Eintritt in die Funktion main. Sind alle gewünschten Breakpoints spezifiziert, so kann das Programm mittels run-Kommando gestartet werden. Wurde der Ablauf an einem Breakpoint unterbrochen, dann ist es möglich, daß die Ausführung in Einzelschritten durchgeführt oder aber der Inhalt einer Variable ausgegeben wird.

```
gdb> print a
```

gibt beispielsweise den Inhalt der Variablen a aus, falls sich diese im aktuellen Sichtbarkeitsbereich befindet. Die dauerhafte Ausgabe von Variableninhalten erfolgt über das Kommando display.

```
gdb> display b
```

gibt nach jedem GDB-Kommando den Inhalt der Variablen b aus. Will man das nun fehlerbereinigte Programm starten, so kann dies auch aus Emacs erfolgen. Dazu muß jedoch zunächst eine Shell durch das Kommando **<Meta-x> shell** geöffnet werden. Nun können sämtliche UNIX-Kommandos innerhalb des Editors benutzt werden.

Shells im Emacs

Die Vorteile einer im Emacs ausgeführten Shell sind die Möglichkeit, die bereits bearbeiteten Kommandos einfach editieren zu können und sämtliche Editorkommandos, wie beispielsweise das Kopieren eines Blocks, auch auf die Shell-Ausgaben anwenden zu können.

14.17 Portierung

Nur ein kleiner Prozentsatz der Programme, die es auf den vielen FTP-Servern für UNIX-Systeme gibt, ist speziell für Linux angepaßt (portiert) worden. Da Linux sich jedoch an den wichtigsten Standards orientiert, ist das Compilieren von Programmen, die für andere UNIX-Systeme geschrieben wurden, unter Linux meist kein Problem.

Standards

Entpacken

Die Programme sind auf den FTP-Servern meist als komprimierte `tar`-Dateien abgelegt. Das sind Dateien, die mit dem `tar`-Programm erstellt wurden und mehrere Dateien und Verzeichnisse enthalten können. Dies erkennt man normalerweise auch am Namen der Datei. Endet sie auf `.tar.Z`, so bedeutet dies, daß es sich um ein `tar`-Archiv handelt, das mit dem UNIX-Befehl `compress` komprimiert wurde. Die Endung `.tar.gz`, `.tgz` oder `.taz` signalisiert, daß es sich um ein `tar`-Archiv handelt, das mit dem `gzip`-Programm komprimiert wurde.

Um eine solche Datei zu entpacken genügt unter Linux die Eingabe von:

```
linux1:/home/tul> tar xvfz <Datei.tar.Z>
```

Das `tar`-Programm ruft dabei selbständig das `gzip`-Programm auf. `gzip` entpackt Dateien, die mit `gzip` selbst oder mit `compress` komprimiert wurden.

Quelltexte, die als Mail verschickt wurden, befinden sich oft in sogenannten Shell-Archiven, deren Namen normalerweise auf `.shar` enden. Um ein solches Archiv zu entpacken, genügt eine normale Bourne-Shell:

```
linux1:/home/tul> sh <Datei.shar>
```

Dokumentation

Nach dem Entpacken sollten in jedem Fall zunächst eventuell beiliegende README- oder INSTALL-Dateien gelesen werden, die wichtige Hinweise für die Compilation enthalten. Meistens beziehen sich diese auf die unterstützten Plattformen und eventuell auftretende Probleme.

Oftmals liegt dem Paket auch eine ausführliche Benutzerdokumentation als PostScript- oder TeX-Datei bei. Zumindest eine UNIX Manualpage dürfte sich in allen Fällen finden lassen.

Makefile/Imakefile

Beim Quellcode eines Programms findet sich eigentlich immer
ein Makefile, in dem man wichtige Optionen einstellen kann.
Dazu gehören zum Beispiel Compilereinstellungen, die Pfade der
Libraries oder das Installationsverzeichnis.

Optionen im Makefile

Die Compilation und Installation erfolgt ebenfalls mit Hilfe des
Makefiles. Durch den Aufruf von `make` und `make install` wird
der C-Compiler bzw. der Linker gestartet und das Programm
anschließend installiert. Alle diese Befehle und Optionen werden
jedoch meist in den README-Dateien, die in fast jedem
Programmpaket enthalten sind, näher erläutert.

Noch einfacher ist die Konfiguration bei Software für das X
Window System. Diese Programme enthalten im allgemeinen
kein Makefile sondern ein *Imakefile* (siehe auch Seite XX). Aus
dem Imakefile wird mit dem Befehl `xmkmf` automatisch ein
Makefile erzeugt, das schon alle wichtigen Pfade und Optionen
des jeweiligen Systems enthält. Bei solchen Programmen reicht
es meist aus, `xmkmf`, `make` und `make install` einzugeben.

configure

Neuere Programmpakete der FSF enthalten oft ein Script mit dem
Namen `configure`. Dieses Script wird als erstes aufgerufen,
erkennt selbst das Betriebssystem und durchsucht dann das
System nach dem C-Compiler, anderen Tools und Libraries. Die
gefundenen Informationen werden gespeichert und beim
Compilicren verwendet, so daß keine weiteren Anpassungen
nötig sind.

FSF

Derartige `configure`-Scripte werden meist mit dem GNU-
`autoconf`-Paket erstellt. Es verwendet den m4 Makro-Prozessor,
um aus einer noch relativ gut lesbaren Definition in der Datei
`configure.in` das Shellscript `configure` zu erzeugen.

autoconf

Manuelle Nacharbeit

Bricht der Compiler im Make-Vorgang mit einer Fehlermeldung
ab, so muß man einige Anpassungen selbst durchführen. Bei

Fehler

Programmen, die kein `configure` Script benutzen, kommt dies häufig vor. Mit etwas Übung sind diese Anpassungen jedoch meist in kurzer Zeit durchgeführt. Eine typische Fehlermeldung lautet zum Beispiel:

```
linux2:/home/tul/tmp> gcc bsp.c
bsp.c: In function `main':
bsp.c:3: `errno' undeclared (first use this function)
bsp.c:3: (Each undeclared identifier is reported only once
bsp.c:3: for each function it appears in.)
linux2:/home/tul/tmp>
```

unbekannte Symbole Der Compiler kennt also die Definition eines Symbols nicht. Dies kann mehrere Ursachen haben. Wenn es sich bei dem Symbol um eine Konstante oder ein Makro handelt, so ist diese entweder unter Linux nicht vorhanden oder das Headerfile, in dem die Definition steht, wurde nicht mit `#include` eingebunden. Das gleiche gilt für C-Funktionen, deren Prototypen in Headerfiles stehen. Zunächst sollte man versuchen, sich mit Hilfe der Manualpages einen Überblick über die C-Funktionen und ihre Parameter zu verschaffen.

Um festzustellen, ob eine Funktion oder ein anderes Symbol **Suchen in den** unter Linux existiert, kann man auch die Systemincludes, also die **Header-Files** C-Headerfiles der Linux C-Library durchsuchen.

Diese Headerfiles befinden sich im Verzeichnis `/usr/include` und können zum Beispiel mit dem folgenden Kommando durchsucht werden:

```
find /usr/include -name "*.h" -exec grep "symbol" {} \; -print
```

Auf diese Weise werden mit dem `find`-Befehl alle Headerfiles **/usr/include** im Verzeichnis `/usr/include` und seinen Unterverzeichnissen ermittelt. Für jede gefundene Datei ruft `find` dann den Befehl `grep` auf, der innerhalb der Datei nach dem angegebenen Symbol sucht.

Wenn es sich bei dem undefinierten Symbol um eine Funktion handelt, die auf vielen UNIX-Systemen verschieden ist, so sind **Alternativen für** häufig schon im Quellcode Alternativen enthalten, die über eine **System-V und BSD** Compileroption wie `-DSYSV` oder `-DBSD` aktiviert werden

können. Im Quellcode sieht dies dann beispielsweise folgendermaßen aus :

```
#ifdef SYSV
        funktion_a (x, y, z);
#else
        funktion_b (x, y, z);
#endif
```

Muß man dennoch selbst Änderungen im Quellcode durchführen,
so sollte man die Änderungen in `#ifdef` beziehungsweise   #ifdef
`#ifndef linux` Anweisungen einbetten. `linux` ist dabei ein
Symbol, das automatisch vom Compiler definiert wird, wenn er
unter Linux aufgerufen wird.

```
#ifdef linux
        eigene Änderungen
#else
        alter code
#endif
```

Falls der Compiler keine Fehlermeldungen anzeigt, jedoch der
Linker Fehlermeldungen über undefinierte Symbole ausgibt, so
ist das Programm `nm` eine wertvolle Hilfe. Es gibt eine Liste der   nm
definierten und verwendeten Symbole von Objektdateien und
Libraries aus. Zusammen mit `grep`, zum Durchsuchen der Liste   grep
der undefinierten Symbole, kann so festgestellt werden, wo das
Symbol verwendet wird und in welcher Library es enthalten ist.

```
linux1:/home/tul>nm prog1.o | grep "symbol"
```

Mit etwas Übung wird man kleinere Programme in wenigen
Minuten so anpassen können, daß sie sich unter Linux compilieren lassen.

Archivierung

Hat man eine Reihe von Änderungen an dem Quellcode eines
Programms gemacht, so sollte man diese Änderungen mit dem
`diff`-Befehl in eine Datei sichern. Dann kann man jederzeit mit   diff
Hilfe des `patch`-Programms die Änderungen auf das ungeänderte   patch

Programm anwenden und diese Änderungen auch anderen Benutzern zugänglich machen. Das folgende Beispiel zeigt die Verwendung von `diff`:

```
hermes:/usr/src# diff -Nrc tcsh-6.05 tcsh-6.05.patched > tcsh.patch
hermes:/usr/src#
```

Um das so erzeugte `patch/diff`-File auf den ungeänderten Quellcode anzuwenden ruft man `patch` wie folgt auf:

```
hermes:/usr/src# patch < tcsh.patch
Hmm...  Looks like a new-style context diff to me...
The text leading up to this was:
--------------------------
|diff -Nrc tcsh-6.05/Makefile tcsh-6.05.patched/Makefile
|*** tcsh-6.05/Makefile Thu Jan  1 01:00:00 1970
|--- tcsh-6.05.patched/Makefile Thu Dec 15 13:10:57 1994
--------------------------
(Creating file tcsh-6.05/Makefile...)
Patching file tcsh-6.05/Makefile using Plan A...
Hunk #1 succeeded at 1.
Hmm...  The next patch looks like a new-style context diff to me...
The text leading up to this was:
--------------------------
|diff -Nrc tcsh-6.05/tc.func.c tcsh-6.05.patched/tc.func.c
|*** tcsh-6.05/tc.func.c      Sun Jun 26 00:02:54 1994
|--- tcsh-6.05.patched/tc.func.c      Wed Dec 14 00:03:25 1994
--------------------------
Patching file tcsh-6.05/tc.func.c using Plan A...
Hunk #1 succeeded at 1858.
Hunk #2 succeeded at 1872.
Hmm...  The next patch looks like a new-style context diff to me...
The text leading up to this was:
--------------------------
|diff -Nrc tcsh-6.05/tc.who.c tcsh-6.05.patched/tc.who.c
|*** tcsh-6.05/tc.who.c Sun Jun 26 00:02:55 1994
|--- tcsh-6.05.patched/tc.who.c Thu Dec 15 13:10:47 1994
--------------------------
Patching file tcsh-6.05/tc.who.c using Plan A...
Hunk #1 succeeded at 250.
Hunk #2 succeeded at 589.
done
hermes:/usr/src#
```

Referenz

apropos Begriffe

Sucht in den Befehlskurzbeschreibungen der Manualpages nach den übergebenen Begriffen und gibt die Beschreibungen der passenden Kommandos auf dem Bildschirm aus. Entspricht dem Kommando man -k.

Siehe auch whatis.

---

ar [-]Operation [Argumente] [Positionsname] Archivdatei [Dateien]

Bearbeitet Archivdateien. Meist sind dies Libraries des C-Compilers. Mit diesem Kommando können beliebige Binärdateien zu einer Library zusammengefaßt oder aus ihr extrahiert werden. Es darf nur eine Operation angegeben werden, jedoch mehrere Argumente.

Mögliche Operationen:

d	Löscht die Dateien aus dem Archiv
m	Bewegt die Dateien in das Archiv (Position ist abhängig von zusätzlichen Argumenten)
p	Listet die Dateien des Archivs
q	Hängt die übergebenen Dateien an das Ende des Archivs
r	Ersetzt die angegebenen Dateien im Archiv durch die neuen Dateien
t	Listet den Inhalt eines Archivs (mit Argument v ausführlichere Listenausgabe)

425

x	Extrahiert alle oder nur die angegebenen Dateien aus dem Archiv

Mögliche Argumente

a	(kann bei r oder m angegeben werden) Stellt die Dateien nach Positionsname in das Archiv
b	(kann bei r oder m angegeben werden) Stellt die Dateien vor Positionsname in das Archiv
c	Erstellt das Archiv
i	Siehe Argument b
o	Behält das ursprüngliche Dateidatum beim Extrahieren bei
s	Die Symboltabelle des Archivs wird neu erstellt.
u	(kann zusammen mit r verwendet werden) Ersetzt nur Dateien, die geändert wurden.
v	Gibt bei jeder Operation ausführliche Meldungen aus

---

at [Optionen] Zeitpunkt

at

Führt Kommandos zu einem bestimmten Zeitpunkt aus. Die Kommandos werden auf der Standardeingabe eingegeben und mit EOF (Strg-D) beendet. Die Option f erlaubt alternativ die Übergabe eines Shell-Scripts. Zur Ausführung wird eine Bourne-Shell (/bin/sh) benutzt.

Über die Option q lassen sich die einzelnen Jobs verschiedenen Warteschlangen (a-z, A-Z) zuordnen. Je größer der Buchstabe, desto geringer ist die Priorität des Jobs.

Die Zeit kann durch Zahlen (SSMM, SS:MM) oder mit englischen Schlüsselwörtern wie noon, teatime (16.00 Uhr) oder midnight angegeben werden. Alternativ kann die Zeit auch mit einer Differenz wie now +3 hours versehen werden. Als Einheiten sind minutes, hours, days, weeks, months oder years zulässig. Soll der Job an einem bestimmten Tag ablaufen, so kann zusätzlich noch der Monat (Jan, Feb, Mar, ...) und das Jahr (95, 96, ...) angegeben werden.

Mögliche Optionen:

-b	Entspricht dem Kommando batch.

-d   Entfernt die angegebenen Jobs aus der Warteschlange (`atrm`)

-f Datei Führt die Kommandos aus, die in Datei stehen.

-l   Listet Jobs des aktuellen Benutzers auf (`atq`)

-m   Sendet ein E-Mail an den Benutzer wenn die Kommandos beendet sind.

-q WS   Ordnet den Job einer bestimmten Warteschlange zu (a-z, A-Z)

-V   Gibt die Versionsnummer aus

`atq` [Optionen]

Gibt die noch auszuführenden Jobs der at-Befehle des Benutzers aus.

atq

Mögliche Optionen :

-q WS   schränkt die Ausgabe auf eine bestimmte Warteschlange ein.

-V   Gibt die Versionsnummer des Kommandos aus.

-v   Gibt eine Liste der bereits ausgeführten, aber noch nicht gelöschten Jobs aus.

`atrm` [Optionen] Jobs

Entfernt die angegebenen at-Jobs. Ein Job wird durch die beim at- oder atq-Kommando ausgegebene Jobkennung identifiziert.

atrm

Mögliche Optionen:

-V   Gibt die Versionsnummer aus

`awk` [Optionen] [Programm] [-v Var=Wert ...] [Dateien]

AWK ist ein einfacher Interpreter, der Funktionalität von `grep` und `sed` in sich vereint. Es enthält eine eigene C-ähnliche Sprache. AWK eignet sich vor allem zur Auswertung von ASCII-Dateien und zur Erstellung von Scripten für die Systemadministration.

awk

Mögliche Optionen :

427

-f *Datei*   Liest das Programm aus der angegebenen Datei anstelle der Kommandozeile

-F *c*   stellt das Trennzeichen der Felder auf *c*.

-v *Var=Wert* weist der Variablen *Var* einen Wert zu

---

basename `Pfadname [Suffix]`

basename

Entfernt den Pfad und optional eine angegebene Dateierweiterung und gibt den verbleibenden Dateinamen auf der Standardausgabe aus. Wird meist in Shellscripten verwendet.

---

bash `[Optionen] [Argumente]`

bash

Bourne-, Korn-Shell-ähnlicher Kommandointerpreter. (Siehe Kapitel XX).

---

batch `[Optionen] [Zeitpunkt]`

batch

Verhält sich ähnlich wie das at-Kommando. Führt die eingegebenen Kommandos allerdings nur dann aus, wenn die Systembelastung gering ist.

Mögliche Optionen:

-f *Datei*   Führt die Kommandos aus, die in *Datei* stehen.

-m   Sendet ein E-Mail an den Benutzer wenn die Kommandos beendet sind.

-q *WS*   Ordnet den Job einer bestimmten Warteschlange zu (a-z, A-Z)

-V   Gibt die Versionsnummer aus

Siehe auch at.

---

bc `[Optionen] [Dateien]`

bc

Programm zum Rechnen oder Umwandeln von Zahlen in andere Zahlensysteme. Auch bc verfügt über eine eigene Sprache, die beispielsweise die Definition neuer Funktionen erlaubt.

Mögliche Optionen:

-l   Macht die Funktionen aus der Mathematikbibliothek verfügbar

-s   Bewirkt POSIX-konformes Verhalten

-w   Gibt POSIX-konforme Warnungen aus.

Beispiel:

```
zeus:/home/uhl> bc
bc 1.02 (Mar3, 92) Copyright © 1991, 1992 Free Software
Foundation, Inc.
This is free software with ABSOLUTLY NO WARRANTY.
For detals type 'warranty'.
a=5
b=3
a*b
15
quit
zeus:/home/uhl>
```

---

cal [Optionen] [[Monat] Jahr]

Gibt einen Kalender des aktuellen Monats oder eines bestimmten Monats oder Jahres aus. Die Jahreszahl muß dabei in der ausführlichen Form (z.B. 1995), der Monat als Zahl (1-12) angegeben werden.

Mögliche Optionen:

-j   Gibt einen julianischen Kalender aus (Tage fortlaufend durchnumeriert)

-y   Gibt den Kalender des aktuellen Jahres aus

---

cat [Optionen] [Dateien]

Liest mehrere Dateien und gibt sie auf der Standardausgabe aus. Falls keine Dateien angegeben sind, wird von der Standardeingabe gelesen. Bei diesem Befehl wird häufig die Ausgabe mit > umgeleitet.

Mögliche Optionen:

-b   Versieht alle nicht leeren Zeilen mit einer fortlaufenden Nummer.

-e   Kann zusammen mit -v angegeben werden und gibt "$" für Zeilenende aus.

-n   Versieht alle Zeilen mit einer fortlaufenden Nummer.

-s   Entfernt mehrfache aufeinanderfolgende Leerzeilen

-u   Gibt ungepuffert aus.

-v   Gibt Controlzeichen und andere nicht druckbare Zeichen aus.

-t   Kann zusammen mit -v angegeben werden und gibt "^I" anstelle von Tabs und "^L" anstelle von Seitenvorschüben aus.

Beispiel:

```
zeus:/home/uhl> cat >datei.txt
Das ist der Inhalt der Datei!
<Ctrl-d>
zeus:/home/uhl> cat datei.txt
Das ist der Inhalt der Datei!
zeus:/home/uhl>
```

cc [Optionen] Dateien

cc

C-Compiler

siehe gcc.

cd [Verzeichnis]

cd

Wechselt das aktuelle Verzeichnis. Dieser Befehl ist meist in die Shell eingebaut. Wird er ohne Angabe eines Verzeichnisses verwendet, so wird in das Home-Verzeichnis des aktuellen Benutzers gewechselt. Mit "-" landet man wieder im vorherigen Verzeichnis..

chgrp [Optionen] Gruppe Dateien

chgrp

Ändert die Gruppenzugehörigkeit von Dateien. Dieser Befehl kann vom Systemverwalter oder vom Besitzer der angegebenen Dateien verwendet werden. Die Gruppe kann als numerische Group-Id oder als Name einer Gruppe übergeben werden.

Mögliche Optionen:

-c   Gibt den Namen der Dateien aus, deren Zugriffsgruppe sich tatsächlich geändert hat.

-f   Unterdrückt die Ausgabe von Fehlermeldungen.

-R   Ändert auch die Gruppenzugehörigkeit von Dateien in Unterverzeichnissen (rekursiv)

-v   Beschreibt jeden Änderungsvorgang ausführlich.

---

chmod [Optionen] Zugriffsrechte Dateien

Ändert die Zugriffsberechtigungen der angegebenen Dateien. Dieser Befehl kann vom Systemverwalter oder vom Besitzer der übergebenen Dateien verwendet werden. Die Rechte können entweder numerisch (oktal) oder mit einem Befehlsstring übergeben werden. Der Befehlsstring besteht aus einer Kennung für den Besitzer (u), die Gruppe (g) oder Andere (o), dem Befehl zum Hinzufügen (+), Entfernen(-) oder setzen(=) und dem Recht zum Lesen (r), Schreiben (w), Ausführen (x) oder den speziellen Flags Set User ID (s) und Sticky (t).

Mögliche Optionen:

-c   Gibt den Namen der Dateien aus, deren Zugriffsrechte sich tatsächlich geändert haben.

-f   Unterdrückt die Ausgabe von Fehlermeldungen.

-R   Ändert auch die Zugriffsrechte von Dateien in Unterverzeichnissen (rekursiv)

-v   Beschreibt jeden Änderungsvorgang ausführlich.

Beispiele

chmod u+x Datei

> Fügt die Ausführungsberechtigung für den Besitzer der Datei hinzu.

chmod go-wx Dateien

> Entfernt sowohl die Lese- als auch die Ausführungsberechtigung der angegebenen Dateien für die Gruppe und die anderen Benutzer.

chmod g+s Datei

> Setzt das Set Group ID Flag der angegebenen Datei

chmod =r Datei

> Setzt die Datei für alle auf read-only.

chmod 644 Datei

> Datei ist schreib-/lesbar für den Besitzer und lesbar für alle anderen.

431

chown [Optionen] Besitzer[:|.Gruppe] Dateien

Ändert den Besitzer und optional auch die Gruppe der angegebenen Dateien. Der Besitzer und die Gruppe können entweder als numerische Ids oder als Namen übergeben werden.

Mögliche Optionen:

-c	Gibt den Namen der Dateien aus, deren Besitzer sich tatsächlich geändert hat.
-f	Unterdrückt die Ausgabe von Fehlermeldungen.
-R	Ändert auch die Besitzer von Dateien in Unterverzeichnissen (rekursiv)
-v	Beschreibt jeden Änderungsvorgang ausführlich.

cksum [Dateien]

Berechnet für die übergebenen Dateien jeweils eine CRC-Prüfsumme und gibt diese neben der Dateigröße und dem Dateinamen auf dem Bildschirm aus.

clear

Löscht den Bildschirm.

cmp [Optionen] Datei1 [Datei2]

Vergleicht den Inhalt zweier Dateien byteweise. Sind die Dateien identisch wird 0, andernfalls 1 zurückgegeben. Wird "-" als Dateiname angegeben, so wird von der Standardeingabe gelesen. Gleiches gilt für den Fall, daß keine Datei2 übergeben wird.

Mögliche Optionen:

-c	Gibt die voneinander abweichenden Zeichen aus.
-l	Gibt den Offset und den oktalen Wert der abweichenden Bytes aus.
-s	Unterdrückt sämtliche Bildschirmausgaben.

comm [Optionen] Datei1 Datei2

Vergleicht zwei zeilenweise vorsortierte Dateien. Ohne zusätzliche Optionen erfolgt die Ausgabe dreispaltig: Die erste Spalte enthält die Zeilen, die nur in Datei1 zu finden sind. Spalte 2 zeigt alle Zeilen, die sich ausschließlich in Datei2 befinden, während die dritte Spalte alle gemeinsamen Zeilen enthält.

Mögliche Optionen:

-1	Unterdrückt die Ausgabe von Spalte 1
-2	Unterdrückt die Ausgabe von Spalte 2
-3	Unterdrückt die Ausgabe von Spalte 3

compress [Optionen] [Dateien]

komprimiert die angegebenen Dateien nach dem Lempel-Ziv-Verfahren. Die Kompression wird durch Anhängen von .Z an den Dateinamen kenntlich gemacht. Alle anderen Dateiattribute bleiben erhalten.

Mögliche Optionen:

-b*n*	Beschränkt die Anzahl der Bits, die für die Kodierung verwendet werden auf *n*.
-c	Gibt das Ergebnis auf der Standardausgabe aus und ändert keine Dateien.
-f	Komprimiert ohne nachzufragen, falls die Zieldatei schon existiert.
-r	Komprimiert auch den Inhalt von Unterverzeichnissen (rekursiv).
-v	Gibt ausführliche Statusmeldungen aus.
-V	Gibt Versionsnummer des Programms aus.

cp [Optionen] Datei1 Datei2
cp [Optionen] Dateien Verzeichnis

Kopiert die angegebene Datei auf Datei2 oder die angegebenen Dateien in das Verzeichnis. Existiert die Zieldatei bereits, so wird sie überschrieben (mit Option -i erfolgt eine Nachfrage).

Mögliche Optionen:

-a	Kombination von -d, -p und -r.
-b	Erzeugt ein Backup von Dateien, bevor diese überschrieben werden.
-d	Behält symbolische und Hard-Links beim Kopieren bei.
-f	Erzwingt eine Kopie und überschribet bereits existierende Dateien.
-i	Fragt vor dem Überschreiben einer existierenden Datei nach
-l	Erzeugt statt einer Kopie einer Datei einen Hard-Link
-P	Kopiert Dateien in eine (möglicherweise zu erzeugende) Zielverzeichnis-Hierarchie.
-p	Kopiert auch die Zugriffsberechtigungen und Änderungszeiten der Dateien.
-r	Kopiert rekursiv Unterverzeichnisse mit ihrem Inhalt.
-R	siehe -r.
-s	Erzeugt statt einer Kopie einer Datei einen symbolischen Link.
-S *Suffix*	Ändert die Extension für Backup-Dateien auf *Suffix*.
-u	Verhindert das Überschreiben gleichnamiger Dateien neueren Datums
-v	Gibt beim Kopieren den Namen der jeweiligen Datei aus.
-x	Ignoriert Verzeichnisse, die sich auf einem anderen Dateisystem als die Quelldateien befinden.

-V{numbered, existing, simple}

Legt die Art der Versionskontrolle fest:

numbered	erzeuge immer ein numeriertes Backup
existing	erzeuge nur von solchen Dateien ein numeriertes Backup, zu denen ein solches bereits existiert, in allen anderen Fällen ein einfaches.
simple	erzeuge immer ein einfaches Backup

---

cpio Optionen [Argumente]

cpio

Kopiert Dateien in ein Archiv, zeigt den Archivinhalt an oder extrahiert Dateien aus einem solchen. Die Archive können sich auf Magnetbändern, Festplatten oder Disketten befinden. cpio kennt drei Betriebsmodi, die durch die Optionen -i (*copy-in* =

auspacken) , -o (*copy-out* = einpacken) und -p (*copy-pass* = kopieren von Verzeichnissen) festgelegt werden. cpio wurde darauf ausgelegt, mit dem find-Kommando zusammen-zuarbeiten.

Mögliche Optionen:

-0   Akzeptiere Null- statt Newline-terminierte Dateinamen (copy-out, copy-pass Modus)

-a   Setzt die Access-Time der gelesenen Dateien zurück, so daß der Lesevorgang am Dateidatum nicht erkannt werden kann.

-A   Fügt neue Dateien an ein vorhandenes Archiv an (mit Option -O oder -F)

-b   Tauscht beim Extrahieren (copy-in) Worte und Halb-worte (litte/big endian)

-B   Erhöht die Größe des Ein-/Ausgabepuffers von 512 auf 5120 Bytes

-c   Benutzt das (alte) portable ASCII-Format für die Datei-Header.

-C *n*   Setzt die Größe des Ein-/Ausgabepuffers auf *n* Bytes.

-d   Erzeugt beim Extrahieren benötigte Unterverzeichnisse automatisch.

-E *Datei*   Extrahiert die Dateien deren Namen in *Datei* enthalten sind (copy-in).

-f   Kopiere nur die Dateien auf die das übergebene Such-muster nicht paßt.

-F *Datei*   Benutzt die angegebene Datei als Archiv, anstelle der Standardein- bzw. -Ausgabe. Datei kann auch einen Rechnernamen enthalten, um das Archiv auf ein entferntes Magnetband zu schreiben (-F zeus:/dev/tape).

-H *Format*   Liest/schreibt Header-Information im angegebenen Format:

    bin   veraltetes Binärformat

    odc   altes, portable format (POSIX.1)

    newc   neues, portable format (SVR4)

    crc   neues SVR4-Format mit CRC-Prüfsumme

    tar   altes tar-kompatibles Format

ustar	POSIX.1-konformes tar-Format
hpbin	altes HP-UNIX Binärformat
hpodc	portable HP-UNIX Format

-i Versetzt cpio in den copy-in Modus (Extrahieren eines Archivs).

-I *Datei* Benutzt die angegebene Datei anstelle der Standardeingabe. Hier kann auch ein Rechnername (zeus:/dev/tape) angegeben werden, um beispielsweise auf ein Archiv auf einem entfernten Bandlaufwerk zuzugreifen.

-L Dereferenziert symbolische Links. Dies bedeutet, daß nicht der Link sondern die Datei, auf die der Link verweist, kopiert wird.

-m Das ursprüngliche Modifikationsdatum einer Datei bleibt beim Erzeugen einer Datei erhalten.

-M *msg* Ermöglicht sogenannte Multi-Volume-Archive. Ist ein Sicherungsmedium voll, wird die Meldung msg auf dem Bildschirm ausgegeben. Die Variable %d kann innerhalb der Mitteilung benutzt werden, um die aktuelle Nummer des Mediums auszugeben.

-n Bei der Ausgabe des Inhaltsverzeichnisses werden UID und GID als numerische Wert angezeigt.

-o Versetzt cpio in den copy-out Modus (Erzeugen eines Archivs).

-O *Datei* Benutzt angegebene Datei anstelle der Standardausgabe. Hier kann auch ein Rechnername (`zeus:/dev/tape`) mit angegeben werden, um beispielsweise auf ein Archiv auf einem entfernten Bandlaufwerk zuzugreifen.

-p Versetzt cpio in den copy-pass Modus (Verzeichnisse lokal kopieren)

-r [Benutzer][;.][Gruppe] Ändert im copy-out und copy-pass Modus den Eigentümer der Datei. Kann nur vom Administrator benutzt werden.

-s Tausche Bytes im copy-in Modus.

-S Tausche Halbworte im copy-in Modus.

-t *Liste* den Inhalt eines Archivs auf.

-u Ermöglicht das Überschreiben von gleichnamigen Dateien mit einer älteren Version.

-v   Gibt eine Liste der Dateinamen aus. Eine ausführliche Version erhält man durch die Kombination mit der Option -t.

-V   Gibt für jede bearbeitete Datei einen Punkt (".") aus.

Beispiele

```
find . -name "*.txt" -print | cpio -ocv > /dev/tape
```
Sichert alle Dateien, die auf `"txt"` enden in ein Archiv auf einem Magnetband.

```
cpio -icdv < /dev/tape
```
Extrahiert alle Dateien vom Magnetband auf die Festplatte zurück.

```
find . -print | cpio -pdv /tmp
```
Kopiert alle Dateien aus aktuellen Verzeichnis nach `/tmp`.

---

crontab [-u Benutzer] Datei
crontab [-u Benutzer] Operationen

Ersetzt, editiert, listet oder löscht die `crontab`-Datei eines Benutzers. Der Administrator kann durch Angabe der Option -u die crontab-Datei eines beliebigen Benutzers bearbeiten.

Mögliche Operationen

-e   Editiert die crontab im Default-Editor (Environment-Variable `EDITOR`).

-l   Liste die `crontab` eines Benutzers.

-r   Löscht die `crontab`.

---

csh [Optionen] [Argumente]

Kommandointerpreter mit einer an C angelehnten Syntax.

---

csplit [Optionen] Datei [Ausdruck]

Zerlegt die übergebene Datei in mehrere kleinere Dateien und gibt die Größe der erzeugten Dateien auf dem Bildschirm aus.

Lautet der übergebene Dateiname "-", so werden die Daten von der Standardeingabe gelesen. Die Trennstellen für die Zerlegung werden durch einen optionalen Ausdruck der folgenden Form festgelegt:

Zahl
Gibt die Anzahl der Zeilen an, nach denen eine neue Ausgabedatei erzeugt werden soll.

/regexp/[offset]
Regulärer Ausdruck, der die Trennstelle spezifiziert. Optional kann noch ein positiver (+) oder negativer (-) Zeilenoffset definiert werden.

%regexp%[offset]
Wie obige Option, nur wird in diesem Fall der spezifizierte Abschnitt nicht in eine Datei geschrieben, sondern übersprungen.

{Anzahl}
Diese Option kann an die obigen Ausdrücke angehängt werden und hat die wiederholte Anwendung des vorausgehenden Ausdrucks zur Folge. Wird anstelle einer Zahl ein Stern (*) übergeben, so der Ausdruck solange angewandt, bis das Ende der Eingabedatei erreicht ist.

Mögliche Optionen:

-f *Prefix* Legt den Präfix für die erzeugten Ausgabedateien fest.

-b *Suffix* Ändert den Suffix der erzeugten Dateien. Das Format von Suffix ist dem der Formatanweisung von printf angelehnt. %d gibt die Nummer der Ausgabedatei in Dezimalform an, %x ergibt eine Hexadezimal-Darstellung.

-k Bereits erzeugte Dateien bleiben erhalten, auch wenn das Kommando abgebrochen wird.

-n *n* Länge der fortlaufenden Nummer im Namen der Ausgabedateien (Default 2).

-q Unterdrücke Bildschirmausgaben.

-s Siehe -q.

-z Unterdrückt die Erzeugung von Dateien der Länge 0.

Beispiele:

```
csplit -k linux.txt '%Abschnitt%' {30}
```

Zerlegt die Datei `linux.txt` an den Stellen "Abschnitt" in maximal 30 Einzeldateien.

```
csplit -k liste.txt 10 {100}
```
Zerlegt die Datei `liste.txt` maximal 100 Dateien mit jeweils 10 Zeilen.

---

ctags [Optionen] Dateien

Liest die angegebenen C-, Fortran-, Pascal-, LaTeX- oder Lisp-Quelldateien und erzeugt eine Liste der in ihnen definierten Funktionen und Makros. Diese Liste kann vom `vi`- oder `emacs`-Editor verarbeitet werden. Die Schlüsselwortliste (tag-Datei) wird im aktuellen Verzeichnis unter dem Namen tags erzeugt.

Mögliche Optionen:

-a	Fügt die gefundenen Namen an eine vorhandene Liste an.
-B	Erzeugt Suchmuster, die im vi Rückwärtssuche bedeuten.
-C	Aktiviert C++ Modus, .c- und .h-Dateien werden als C++-Code betrachtet.
-d	Erzeuge Einträge auch für Präprozessor-Definitionen.
-f *Datei*	schreibt die gefundenen Namen in die Datei. Wird -f nicht angegeben, so wird die Datei tags verwendet.
-F	Erzeugt Suchmuster für die Vorwärtssuche im vi (Default).
-H	Gibt einen Hilfstext aus.
-i *Datei*	Setzt die Suche nach einem Tag in der angegebenen Datei fort.
-o *Datei*	Ändert den Namen der Ausgabedatei.
-S	Ignoriert Einrückungen.
-t	Erzeugt auch für Typ-Definitionen einen Tag.
-T	Erzeugt auch für Typ-Definitionen, Strukturen, Aufzählungen und C++ Member-Functions einen Tag.
-u	Die Liste der Tags wird aktualisiert.
-v	Erzeugt eine Indexdatei im vgrind-Format und gibt diese auf der Standardausgabe aus.
-V	Gibt die Versionsnummer aus.

439

-w   Unterdrückt Warnungen bezüglich doppelter Einträge.

-x   Erzeugt eine Crossreferenz-Liste im cxref-Format und gibt diese auf der Standardausgabe aus.

---

cut Optionen [Dateien]

cut

Schneidet eine Reihe von Feldern oder Spalten aus einer Zeile der Eingabedatei aus. Eine der Optionen -b, -c oder -f muß zwingend angegeben werden. Jede dieser Optionen erwartet eine Liste, die durch Kommas getrennte Zahlen oder durch Bindestrich definierte Bereiche enthalten kann.

Mögliche Optionen:

-b *Liste*   Wählt die Zeichen an den in der Liste definierten Positionen aus.

-c *Liste*   Wählt die Spalten aus, die in der Liste angegeben sind.

-d*c*   Wird zusammen mit -f angegeben, um das Feldtrennzeichen (*c*)festzulegen.

-f *Liste*   Wählt die durch TAB bzw. das Trennzeichen getrennten Felder aus der *Liste* aus.

-s   Beschränkt die Ausgabe auf solche Zeilen, die den Feldtrenner enthalten.

Beispiel:

```
cut -d: -f1,3 /etc/passwd
```
Gibt den Login-Namen und die jeweilige User-Id aller Benutzer aus.

---

date [Optionen] [+Format]
date [Optionen] [String]

date

In der ersten Form wird das aktuelle Datum und die aktuelle Zeit im optional angegebenen Format ausgegeben. Mit der zweiten Form kann der Systemverwalter die Systemzeit setzen.

Ausgabeformat:

%%   Prozentzeichen

%n   neue Zeile

%t   Tabulator

%H   Stunde (00..23)

%I   Stunde (01-12)

%k   Stunde (0..23)

%l   Stunde (1..12)

%M   Minute (00..59)

%p   AM bzw. PM

%r   Zeit im 12-Stunden-Format (hh:mm:ss[AM|PM]

%s   Sekunden seit dem 1. Januar 1970, 0:00 Uhr

%S   Sekunden (00..59)

%T   Zeit im 24-Stunden-Format

%X   Zeit im lokalen Format

%Z   Zeitzone, falls definiert, sonst leer

%a   lokale Abkürzung der Wochentage

%A   lokale Bezeichnung Wochentage

%b   lokale Abkürzung des Monats (Jan...Dec)

%B   lokaler Monat (January...December)

%c   lokales Datum mit Uhrzeit und Zeitzone

%d   Monatstag (01..31)

%D   Datum (mm/tt/jj)

%h   identisch mit %b

%j   Tag des Jahres (001..366)

%m   Monat als Zahl (01..12)

%U   Woche als Zahl (00..53) mit Sonntag als ersten Tag

%w   Wochentag als Zahl (0..6)

%W   Woche als Zahl (00..53) mit Montag als ersten Tag

%x   lokale Repräsentation des Datums (tt/mm/jj)

%y   letzte zwei Zahlen des Jahres (00..99)

%Y   Jahreszahl (1995...)

Format des Strings zum Setzen der Zeit:

DD   Tag mit Monat

hh   Stunde

mm   Minute

CC   erste beiden Ziffern der Jahreszahl

YY   letzte beiden Ziffern der Jahreszahl

ss   Sekunden

Mögliche Optionen:

-d Datum Gibt das übergebene Datum aus (kann Monatsnamen, Zeitzonen,... enthalten)

-s Datum Setzt Datum in beliebigem Format (kann Monatsnamen, Zeitzonen,... enthalten)

-u Ignoriert Zeitzone und benutzt UTC (Universal Coordinated Time)

---

dd [Option=Wert ...]

dd

Kopiert von der Standardeingabe oder einer angegebenen Datei auf die Standardausgabe oder eine weitere Datei. Die häufigsten Optionen sind if zur Angabe der Quelldatei und of zur Angabe der Zieldatei. dd kann beispielsweise verwendet werden um ein Kernel-Image File direkt auf eine Diskette zu schreiben, oder um eine Bootdiskette aus einem Disk-Image zu erstellen.

Mögliche Optionen:

bs=n Setzt die Blockgröße für Eingabe und Ausgabe auf n Bytes. Optional kann n auch mit einer Einheit angegeben werden, z.B. 8k für 8 Kilobytes.

cbs=n Legt die Größe eines Felder bei der Konvertierung in Bytes fest.

conv=flags Konvertiert die Eingabe gemäß den folgenden Argumenten:

    ascii EBCDIC nach ASCII Konversion

    ebcdic ASCII nach EBCDIC Konversion

    ibm ASCII nach IBM-EBCDIC Konversion

    block Konvertiert Felder variabler Größe in Felder der Länge cbs und füllt die Lücke mit Leerzeichen.

    unblock Konvertiert Felder fester Länge (cbs) in Felder variabler Länge.

    lcase Konvertiert Groß- in Kleinbuchstaben.

    ucase Konvertiert Klein- in Großbuchstaben.

    swab Tauscht je zwei Bytes der Eingabe.

    noerror Fehler beim Lesen werden ignoriert

    notrunc Schneidet die Ausgabedatei nicht ab.

    sync Füllt Lücken in den Eingabeblöcken der Größe ibs mit Null.

count=n Kopiert nur n Blöcke

if=Datei	Legt die Eingabedatei fest
of=Datei	Legt die Ausgabedatei fest
ibs=n	Setzt die Größe des Eingabepuffers
obs=n	Setzt die Größe des Ausgabepuffers
skip=n	Überspringt n Blöcke beim der Eingabe.

`df` [Optionen] [Pfade]

Gibt die Anzahl der belegten und freien Blöcke von Dateisystemen aus. Wird kein Pfad angegeben, so wird eine Liste aller bekannten Dateisysteme ausgegeben. Bei der Übergabe von Pfaden erhält man eine Übersicht über die zugehörigen Dateisysteme. Alternativ kann auch direkt der Pfad eines Devices (`/dev/hda1`) übergeben werden, auf dem sich das Dateisystem befindet. Normalerweise werden nur echte Dateisysteme mit einem Speichervolumen größer Null angezeigt.

Mögliche Optionen:

- **-a** Zeigt alle bekannten Dateisystem an, auch die der Größe Null.
- **-i** Zeigt anstelle der Blockinformationen eine i-Node-Statistik.
- **-k** Verwendet eine Blockgröße von einem Kilobyte (Default).
- **-P** Verwendet das POSIX-Ausgabeformat.
- **-t** *Typ* Schränkt die Ausgabe auf Dateisysteme eines bestimmten Typs ein.
- **-x** *Typ* Ignoriert Dateisysteme eines bestimmten Types bei der Ausgabe.

`diff` [Optionen] Pfad1 Pfad2

Vergleicht zwei Dateien oder alle Dateien in zwei Verzeichnissen. Wird für einen der beiden Pfade "-" übergeben, so werden die Daten von der Standardeingabe erwartet. Die Ausgabe von diff listet alle Zeilen, die nur in einer Datei vorkommen oder sich unterscheiden. Sie kann von patch verwendet werden um Änderungen an Dateien durchzuführen.

443

Zum Vergleichen oder Zusammenführen von Dateien bietet sich auch das Emacs-Lisp Programm ediff an (siehe Kapitel 13).

Mögliche Optionen:

-a	Behandelt alle Eingabedateien als Textdateien und führt einen zeilenweisen Vergleich durch.
-b	Ignoriert Unterschiede in der Anzahl der Leerstellen (auch am Ende einer Zeile).
-B	Ignoriert Leerzeilen.
-c	Erzeugt die Ausgabe mit 3 Zeilen Kontext um jeden Unterschied.
-C*n*	Wie -c, jedoch werden *n* Zeilen um jede Änderung ausgegeben.
-d	Benutzt einen bessern, aber zugleich langsameren Algorithmus zum Dateivergleich.
-D *Name*	Mischt die beiden Dateien und fügt entsprechende Präprozessor-Anweisungen (#ifdef *Name*) ein, um die beiden Versionen unterscheidbar zu machen. Ist bei der Übersetzung Name definiert, so erhält man die Version in Datei1 andernfalls die aus Datei2.
-e	Generiert als Ausgabe Anweisungen für den ed-Editor, um *Datei2* aus *Datei1* erzeugen zu können.
-f	Wie Option -e nur umgekehrt, kann aber nicht als ed-Script benutz werden.
-h	Wird ignoriert.
-H	Benutzt Heuristiken zur Steigerung der Geschwindigkeit.
-i	Ignoriert Unterschiede in der Groß- und Kleinschreibung.
-l	(nur wenn ganze Verzeichnisse verglichen werden) Die Ausgabe wird mit dem Befehl pr bearbeitet so daß jede Datei auf einer neuen Seite beginnt.
-n	Erzeugt Ausgabe im RCS-Format.
-N	Beim Vergleich zweier Verzeichnisse werden fehlende Dateien als existent, aber leer betrachtet.
-q	Meldet nur, ob sich die Dateien unterscheiden oder nicht.

-r	(nur wenn ganze Verzeichnisse verglichen werden) Unterverzeichnisse werden rekursiv durchlaufen und alle Dateien verglichen.
-s	Meldet, ob zwei Dateien identisch sind.
-S *Datei*	Startet beim Vergleich von Verzeichnissen mit einer bestimmten Datei.
-t	Erweitert Tabulatoren zu Leerzeichen.
-T	Gibt vor jeder Ausgabezeile einen Tabulator anstelle eines Leerzeichens aus.
-u	Erzeuge Ausgabe im GNU-spezifischen "unified" Format.
-v	Gibt die Versionsnummer aus.
-w	Ignoriert Leerzeichen und Tabulatoren beim Zeilenvergleich.
-x *Muster*	Ignoriert Dateien und Unterverzeichnisse, die auf das übergebene *Muster* passen. (nur wenn ganze Verzeichnisse verglichen werden)
-y	Wählt ein leicht lesbares, zweispaltiges Format für die Ausgabe.

diff3 [Optionen] Datei1 Datei2 Datei3

Vergleicht 3 Dateien zeilenweise.

Mögliche Optionen:

-a	Behandelt alle Eingabedateien als Textdateien und führt einen zeilenweisen Vergleich durch.
-A	Fügt alle Änderungen zwischen *Datei2* und *Datei3* in Datei1 ein. Konfliktfälle werden markiert.
-e	Erzeugt ein Script für den ed-Editor, um alle Änderungen von *Datei2* zu *Datei3* in Datei1 zu integrieren.
-E	Wie Option -e, die Ausgabe ist jedoch nicht so ausführlich.
-i	Erzeuge 'w'- und 'q'-Kommandos am Ende eines erzeugten ed-Scripts.
-m	Wendet das Editier-Script auf Datei1 an und gibt es auf dem Bildschirm aus.
-T	Gibt vor jeder Ausgabezeile einen Tabulator anstelle eines Leerzeichens aus.

-v   Gibt die Versionsnummer des Kommandos aus.

-x   Wie Option -e, es werden jedoch nur überlappende Änderungen ausgegeben.

-X   Wie Option -E, es werden jedoch nur überlappende Änderungen ausgegeben.

-3   Wie Option -e, es werden jedoch nur die nicht überlappende Änderungen ausgegeben.

---

dirname Pfadname

> dirname

Extrahiert den Verzeichnisanteil aus einer kompletten Pfadangabe (Gegenstück zu basename). Enthält der Pfad keine Datei am Ende, so wird "." zurückgeliefert.

---

du [Optionen] [Dateien | Verzeichnisse]

> du

Gibt die Größe der angegebenen Dateien oder Verzeichnisse aus.

Mögliche Optionen:

-a   Gibt die Größe aller Dateien, nicht nur der Verzeichnisse aus.

-b   Gibt die Dateigröße in Bytes an.

-k   Gibt die Dateigröße in Kilobytes an.

-l   Gibt die Größe von (hart) gelinkten Dateien an, auch wenn sie dadurch doppelt gezählt werden.

-s   Gibt nur die Summe aller Dateien und Unterverzeichnisse aus.

-x   Ignoriert Verzeichnisse auf unterschiedlichen Dateisystemen.

---

echo [-n] [Text]

> echo

Dieser Befehl ist meist in die Shells eingebaut. Er gibt den Text auf der Standardausgabe aus. Die Option -n unterdrückt die Ausgabe des Newline-Zeichens.

---

ed [Optionen][Datei

Antiquierter Standardeditor. Besitzt außer im Zusammenhang mit dem diff-Kommando keine Bedeutung mehr.

---

egrep

siehe grep.

---

env [Optionen] [Variable=Wert] [Kommando]

Ohne Angabe von Parametern wird eine Liste aller Umgebungs-variablen ausgegeben. Mit diesem Kommando lassen sich außerdem Kommandos in einer modifizierten Umgebung starten. In der Kommandozeile können neue Variable definiert oder vorhandene entfernt werden.

Mögliche Optionen:

-i　　　Ignoriert die geerbte Umgebung.
-u Name Entfernt die übergebene Umgebungsvariable.

---

expr Arg1 Operator Arg2 [Operator Arg3 ...]

Wertet einen Ausdruck aus und schreibt das ergebnis auf die Standardausgabe. Ausdrücke können numerisch, logisch und vergleichend sein. Dieser Befehl wird meist in Shellscripten verwendet.

Arithmetische Operatoren:

+, -, *, /, % (Restbildung)

Vergleichsoperatoren:

=, !=, >, >=, <, <=

Logische Operatoren:

| (oder), & (und),
: (Arg2 wird als regulärere Ausdruck in Arg1 gesucht)

Beispiele:

```
expr 7 + 8 / 2
```
> ergibt 7 (Ganzzahlarithmetik!)
```
expr $s = "hallo"
```
> ergibt 1, falls s den String "hallo" enthält, sont 0.

---

false

false

Dieses Kommando macht nichts und gibt falsch (nicht 0) als Returncode zurück.

siehe auch true

---

fdformat `[-n] Device`

fdformat

Führt eine Low-level-Formatierung einer Diskette durch. Als Parameter wird der Pfad des entsprechenden Devices erwartet. Das erste Laufwerk wird über /dev/fd0XXX, das zweite über /dev/fd1XXX angesprochen. Die -n Option unterdrückt eine anschließende Überprüfung der Diskette.

Device	Sektoren	Spuren	Größe	Speicher-kapazität
/dev/fd0h1200	15	80	5 ¼	1200
/dev/fd0D720	9	80	3 ½	720
/dev/fd0H1440	18	80	3 ½	1440
/dev/fd0E2880	36	80	3 ½	2880

---

fgrep

fgrep

siehe grep

---

file `[Optionen] Dateien`

file

Gibt den Typ einer übergebenen Datei aus. Dieser wird unter anderem aufgrund einer erweiterbaren Regeldatei erkannt (`/etc/magic`).

Mögliche Optionen:

-c	Dient der Überprüfung der Regeldatei.
-f *Datei*	Untersucht die in der *Datei* aufgelisteten Dateien.
-m *Datei*	Benutzt statt `/etc/magic` die übergebene Regeldatei.
-L	Verfolgt auch symbolische Links.
-z	Ermöglicht die Bearbeitung komprimierter Dateien.

---

find `Pfadnamen Bedingungen`

Dieses Kommando sucht rekursiv in Verzeichnissen nach Dateien, für die die angegebenen Bedingungen alle wahr sind. Die Liste der Bedingungen wird von links nach rechts ausgewertet. Einzelne Bedingungen können durch Voranstellen eines Ausrufezeichens (!) negiert werden. Eine oder-Verknüpfung zwischen zwei Ausdrücken läßt sich durch `-o` definieren. `find` ist vor allem in Kombination mit anderen Befehlen (z.B. `cpio`) sehr nützlich.

Numerische Angaben lassen sich in drei Varianten darstellen:

+n	Wert größer als *n*
n	Wert gleich *n*
-n	Wert kleiner *n*

Mögliche Optionen (immer wahr):

-depth	Die in einem Verzeichnis enthaltenen Dateien werden vor dem Verzeichnis bearbeitet.
-follow	Verzweigt auch in Verzeichnisse, auf die mit symbolischen Links verwiesen wird.

Mögliche Bedingungen:

-amin *n*	Auf die Datei wurde in den letzten *n* Minuten zugegriffen.
-anewer *Datei*	Auf die Datei wurde später zugegriffen als auf die übergebene *Vergleichsdatei*.
-atime *n*	Dateien, auf die zuletzt vor *n* Tagen zugegriffen wurde.
-ctime *n*	Dateien, die zuletzt vor *n* Tagen geändert wurden. (bezieht sich auf Änderungen der Datei, der Zugriffsrechte oder des Besitzers)

-fstype *Typ*	Dateien, die in einem Dateisystem eines bestimmten Typs (z.B. `ext2`, `msdos`, `proc`) liegen.
-group *Gruppe*	Dateien, die einer bestimmten *Gruppe* gehören (Name oder ID).
-inum *n*	Dateien, deren i-Node-Nummer *n* ist.
-links *n*	Dateien die eine Anzahl von *n* Links besitzen.
-local	Dateien, die physisch auf dem lokalen System gespeichert sind.
-mtime *n*	Dateien, die zuletzt vor *n* Tagen geändert wurden. (bezieht sich nur auf Änderungen der Datei selbst)
-name *Muster*	Der Name der Datei muß dem angegebenen Wildcard-*Muster* entsprechen.
-newer *Datei*	Die letzte Änderung der Datei muß neuer sein, als die der angegebenen *Datei*. (siehe auch `mtime`)
-nogroup	Dateien, deren Gruppe nicht in `/etc/groups` existiert.
-nouser	Dateien, deren Besitzer nicht in `/etc/passwd` existiert.
-perm *nnn*	Die Zugriffsrechte der Datei müssen der oktalen Darstellung nnn entsprechen.
-size *n*[*c,k*]	Dateien die *n* Blöcke, *n* Bytes bzw. *n* Kilobytes groß sind.
-type *c*	Die Datei hat den Typ *c*, wobei *c* aus folgender Tabelle kommen muß :

    b   block special file

    c   character special file

    d   Directory

    p   FIFO oder named Pipe

    l   Symbolischer Link

    f   normale Datei

-user *Benutzer*	Datei gehört einem bestimmten *Benutzer* (Name oder ID).

Mögliche Aktionen

-exec *Kommando* {} \;	Führt für jede Datei das *Kommando* aus und prüft ob der Returncode 0 ist. Bei der Ausführung wird {} durch den Namen der aktuellen Datei ersetzt.
-ok *Kommando* {} \;	Wie exec, nur daß der Benutzer die Ausführung des *Kommandos* vorher mit 'y' bestätigen muß.
-print	Gefundene Dateien oder Verzeichnisse werden ausgegeben.
-printf *Format*	Wie -print, allerdings kann die Form Ausgabe durch einen Formatstring beeinflußt werden.

Beispiele:

```
find . -type f -print
```
Gibt alle normalen Dateien im aktuellen Verzeichnis und seinen Unterverzeichnissen aus.

```
find . /usr/include -type f \
  -exec grep "read" {} \; -print
```
Durchsucht alle normalen Dateien unterhalb /usr/include nach der Zeichenkette read.

---

finger [Optionen] [Benutzer]

Gibt Information über Benutzer aus. Benutzer kann die Form Name, Name@Host oder @Host haben. In den ersten beiden Formen wird der Name des Benutzers, die Zeit, wann er zuletzt eingeloggt war sowie weitere Information ausgegeben. Existiert die Datei .plan oder .project im Home-Verzeichnis des Benutzers, so wird sie ebenfalls angezeigt. Wird nur ein Rechnername mit @Host angegeben, so werden alle Benutzer, die gerade in diesem System eingeloggt sind, aufgelistet.

Mögliche Optionen:

-l	Erzwingt ausführliche Ausgabe (bei @Host).
-m	Der angegebene Benutzer muß exakt mit dem Benutzernamen übereinstimmen. Ohne diese Option wird der angegebene Name auch mit dem vollen Namen

des Benutzers verglichen, wie er in der Datei /etc/passwd abgelegt ist.

-p   Die Dateien .plan, und .project des jeweiligen Benutzers wird nicht angezeigt.

-s   Erzwingt kurzes Ausgabeformat.

---

ftp [Optionen] [Host]

ftp

Programm zum Übertragen von Dateien mit dem FTP Protokoll (siehe auch Seite 263). Der Host kann als Name oder IP-Adresse angegeben werden. Wird kein Host spezifiziert, so meldet sich das Programm mit einem Prompt und es können FTP-Kommandos eingegeben werden. Durch Eingabe von help erhält man einen Hilfetext.

Mögliche Optionen:

-d   Debug-Modus

-g   Schaltet die Möglichkeit der Benutzung von Wildcards für Dateinamen ab.

-i   Schaltet Abfragen aus (mget, mput)

-n   Unterbindet das automatische Einloggen auf Rechnern, die in der Datei .netrc eingetragen sind.

-v   Gibt alle Meldungen des FTP-Servers aus.

---

gcc[Optionen][Dateien]

gcc

Der GNU-C-Compiler unterstützt neben C, C++ und Objective C auch Backends für anderen Sparchen wie Ada oder Pascal. Eine genaue Beschreibung der Features kann den GNU-Info-Dokumenten entnommen werden.

---

grep [Optionen] Regexp [Dateien]

grep

Durchsucht Dateien oder Daten von der Standardeingabe zeilenweise nach einem regulären Ausdruck (regular expression, siehe auch Seite 37) und gibt die gefundenen Zeilen auf der Standardausgabe aus.

Mögliche Optionen:

-b	Gibt zusätzlich die Byteposition aus, an der der Ausdruck gefunden wurde.
-c	Gibt nur die Anzahl der Zeilen aus, in denen der Ausdruck gefunden wurde.
-h	Unterdrückt die Ausgabe von Dateinamen
-i	Ignoriert Unterschiede in der Groß- und Kleinschreibung.
-l	Gibt nur die Namen der Dateien aus, in denen der Ausdruck gefunden wurde, aber nicht die Zeile.
-n	Gibt zu den gefundenen Zeilen die Zeilennummer aus.
-s	Unterdrückt Fehlermeldungen, falls eine Datei nicht existiert, oder nicht geöffnet werden kann.
-v	Sucht nach Zeilen, die den regulären Ausdruck nicht enthalten.

groff [Optionen] [Dateien]

Bei groff handelt es sich um die GNU-Variante von nroff und troff. Das Kommando dient zur Formatierung von Manualpages und anderen Dokumenten, die im entsprechenden Format vorliegen. Zusätzliche Präprozessoren wie eqn oder tbl sind in groff bereits integriert und lassen sich durch eine Option aktivieren. Das Ergebnis kann wahlweise im ASCII-, DVI- oder PostScript-Format abgelegt werden. Wichtig bei der Formatierung von Dokumenten ist die Angabe des jeweils benutzen Makropakets. Beim Manualpages wäre beispielsweise die Option -man anzugeben. Die formatierte Datei wird auf die Standardausgabe geschrieben.

Mögliche Optionen:

-a	gibt reines ASCII-Format aus.
-e	aktiviert eqn-Präprozessor.
-E	Unterdrückt Fehlermeldungen.
-h	Gibt Hilfetext aus.
-m*Makro*	Benutzt zur Formatierung spezielles Makropaket.
	-man Makros für Manualpages
	-ms ms-Makropaket
-p	aktiviert pic-Präprozessor
-s	aktiviert soelim-Präprozessor.

453

-t aktiviert `tab`-Präprozessor.

-T*Format* Gibt das Ausgabeformat (`ascii`, `ps`, `dvi`) an.

-v Gibt Versionsnummer aus.

Beispiel

```
zeus:/home/uhl> groff -man -Tps ls.1 > ls.ps
```

Formatiert die Manualpage `ls.1` mit dem zugehörigen Makropaket und gibt das Ergebnis im PostScript-Format in die Datei `ls.ps` aus.

`groups` [Benutzer]

groups

Gibt die Gruppen aus, zu denen der Benutzer gehört. Ohne Parameter werden alle eigenen, mit Parameter die Gruppen des jeweiligen Benutzers aufgelistet. Das Kommando wertet dazu die Dateien `/etc/passwd` und `/etc/groups` aus.

`gzip` [Optionen] [Dateien]

gzip

Komprimiert bzw. dekomprimiert Dateien nach dem LZ77-Verfahren und versieht die Datei mit der Endung `.gz`. Wird keine Datei (oder '-') übergeben, so wird von der Standardeingabe gelesen und auf die Standardausgabe geschrieben. `gzip` kann auch mit `compress` gepackte Dateien dekomprimieren (Endung ist .Z).

Mögliche Optionen:

-a Paßt die Zeilenenden in ASCII-Texten an das jeweilige System an (CRLF oder LF).

-c Schreibt das Ergebnis auf die Standardausgabe, ohne die Eingabedatei zu überschreiben.

-d Dekomprimierung von gepackten Dateien.

-f erzwingt das Überschreiben bereits vorhandener Dateien.

-l Gibt für eine komprimierte Datei die Größe in gepackter und ungepackter Form, die Kompressionsrate und den Namen der Originaldatei aus.

-q	Unterdrückt die Ausgabe von Warnungen.
-r	Durchläuft übergebene Unterverzeichnisse rekursiv.
-S *.Suffix*	Ändert den Dateisuffix für komprimierte Dateien.
-v	Gibt den Namen und die Kompressionsrate für jede Datei aus.
-#	Legt die Kompressionsgüte von 1 (schlecht) bis 9 (gut) fest. Die Standardkompression ist 6.

---

head [Optionen] [Dateien]

Gibt die ersten 10 Zeilen der angegebenen (Text-)Dateien auf dem Bildschirm aus. Bei der Übergabe mehrerer Dateien, wird dem Dateiinhalt noch der jeweilige Dateiname vorangestellt.

head

Mögliche Optionen:

-#	Ändert die Anzahl der auszugebenden Zeilen auf den übergebenen Wert.
-c *n[b\k\m]*	Gibt die ersten *n* Bytes aus. Angabe kann in Blöcken (*b*), Kilo- (*k*), oder Megabytes (*m*) erfolgen.
-q	Unterdrückt die Ausgabe von Dateinamen.

---

hostname [Name]

Ohne Parameter wird der Name des Rechners ausgegeben, andernfalls der übergebene Name gesetzt. Das Festlegen des Rechnernamens geschieht normalerweise beim Starten des Systems und kann nur mit Superuser-Berechtigung ausgeführt werden.

hostname

---

id [Optionen]

Gibt die reale und effektive Benutzerkennung (UID) und alle Gruppen (GID) des aktuellen Benutzers aus.

id

Mögliche Optionen:

-g	Gibt nur GID aus.
-G	Gibt nur die zusätzlichen Gruppen aus, in denen sich ein Benutzer befindet.

-n	Gibt die GID bzw. UID als Name aus (nur zusammen mit Optionen `-g`, `-u`, `-G`).
-r	Gibt anstelle der effektiven die echte GID aus (nur zusammen mit Optionen `-g`, `-u`, `-G`).
-u	Gibt nur UID aus.

`join` [Optionen] Datei1 Datei2

join

Verknüpft zwei alphabetisch sortierte ASCII-Dateien über ein Schlüsselfeld. Zeilen mit übereinstimmenden Schlüsselfeldern werden miteinander verbunden und auf die Standardausgabe geschrieben. Schlüsselfelder sind durch Leerzeichen oder TAB voneinander zu trennen. Ohne die Angabe weiterer Optionen wird jeweils die erste Spalte als Schlüssel benutzt.

Mögliche Optionen:

-a[*n*]	Ergänzt die Ausgabe mit einer Leerzeile, falls eine Zeile der Datei *n* (1 oder 2) kein entsprechendes Schlüsselfeld in der anderen Datei besitzt.
-e *String*	Leere Ausgabefelder werden durch die übergebene Zeichenkette ersetzt.
-j*n* *m*	Benutzt die *m*-te Spalte der *n*-ten (1 oder 2) Datei als Schlüsselfeld.
-o *n.m*	Bei der Ausgabe wird nur Spalte *m* der Datei *n* dargestellt.
-t*z*	Benutzt das Zeichen *z* als Feldtrenner (Ein-/Ausgabe).

`kill` [Optionen] Prozesse

kill

Dieser Befehl ist meist in die Shell eingebaut. Er sendet ein Signal an einen oder mehrere Prozesse. Ohne weitere Optionen wird ein TERM-Signal verschickt, das den Prozeß auffordert, sich zu beenden. Nur der Systemverwalter kann Prozessen Signale schicken, die ihm nicht gehören. Die Prozesse werden über ihre Prozeßnummer (PID) spezifiziert. Die Signale können als Zahl oder symbolisch angegeben werden

Mögliche Optionen:

-l	Listet alle Signalnamen auf.

-Signal Sendet ein bestimmtes *Signal* an die angegebenen Prozesse. Folgende Signale sind in diesem Zusammenhang sinnvoll:

Nr.	Bezeichnung	Erläuterung
1	SIGHUP	Wird bei der Unterbrechung einer Terminalverbindung erzeugt. Dient bei vielen Daemons zum Neueinlesen der Konfigurationsdateien.
2	SIGINT	Entspricht der Eingabe von <Ctrl-C>
3	SIGQUIT	Terminiert einen Prozeß und veranlaßt einen Core-Dump.
9	SIGKILL	Terminiert einen Prozeß. Dieses Signal kann nicht abgefangen werden.
15	SIGTERM	Terminiert einen Prozeß (default).
10	SIGUSR1	Benutzerspezifisches Signal, dessen Bedeutung sich in den einzelnen Applikationen unterscheidet.
12	SIGUSR2	Siehe SIGUSR1.

---

ksh `[Optionen] [Argumente]`

Siehe bash und Kapitel 2.

ksh

---

last `[Optionen] [Attribut]`

Liefert Informationen aus der Login-Statistik (`/etc/wtmp`). Ohne zusätzliche Argumente wird eine Liste aller Login-, Logout-, Shutdown-, und Reboot-Vorgänge ausgegeben. Diese beinhaltet den Namen des Benutzers bzw. des Ereignisses, das Login-Terminal, den Login-Rechner und den Zeitpunkt. Eine Selektion bestimmter Einträge kann durch die Übergabe eines Suchattributes (Name, Login-Terminal) bewirkt werden.

last

Mögliche Optionen:

-#   Limitiert die Ausgabe auf eine bestimmte Anzahl von Zeilen

-f *Datei*   Benutzt statt `/etc/wtmp` die übergebene Datei als Datenbasis.

-t *Terminal* Listet nur Logins, die von einem bestimmten *Terminal* aus erfolgten.

-h *Rechner* Liste nur Logins, die von einem bestimmten *Rechner* erfolgten.

Beispiel:

```
hermes:/root# last uhl
uhl        ttyp4        mobby          Sun Jan 29 17:24    still logged in
uhl        ttyp2        tonne          Sun Jan 29 16:32 - 16:47  (00:15)

wtmp begins Sun Jan 29 15:18
hermes:/root#
```

`ld` [Optionen] Objektdateien

ld

Der Linker bindet einzelne Objektdateien zu einem lauffähigen Programm. Er wird nur selten direkt aufgerufen. Normalerweise aktiviert der C-Compiler oder das make-Kommando den Linker automatisch.

`ldd` [Optionen] [Programme]

ldd

Listet die dynamischen Libraries, die von einem Programm benötigt werden.

Mögliche Optionen:

-d   Führt Relokation durch und listet fehlende Funktionen (nur ELF-Format)

-r   Führt Relokation für Daten und Programmcode durch und listet fehlende Objekte (nur ELF-Format)

-v   Gibt die Versionsnummer des Kommandos aus.

-V   Gibt die Versionsnummer des dynamischen Linkers (ld.so) aus.

`lex` [Optionen] [Dateien]

lex

Der Scanner-Generator. Er erzeugt aus einer Scanner-Grammatik als Eingabedatei die Ausgabedatei lex.yy.c.

ln [Optionen] Pfade Zielpfad

Erzeugt einen Link. Ohne Optionen wird ein Hard-Link auf eine Datei angelegt. Mit der Option -s wird ein symbolischer Link erzeugt, der auch auf ein Verzeichnis verweisen kann. Wenn Zielpfad bereits existiert und eine Datei ist, wird eine Fehlermeldung ausgegeben. Nur mit der Option -f wird sie überschrieben. Ist Zielpfad ein Verzeichnis, so werden die Links in diesem Verzeichnis angelegt.

Mögliche Optionen:

-f   Eventuell existierende Dateien werden ohne nachzu-
        fragen überschrieben.
-s   Es werden symbolische Links erzeugt.

lpc [Kommando [Argument]]

Dient der Kontrolle des Druckerspoolers. Ermöglicht das Aktivieren und Deaktivieren einzelner Drucker und deren Warteschlangen, das Verschieben von Druckerjobs innerhalb der Warteschlange und die Ausgabe von Statusinformationen. Wird lpc ohne Argument gestartet, so gelangt der Benutzer in einen interaktiven Kommandomodus. Alternativ können die einzelnen Kommandos auch beim Start übergeben werden.

Mögliche Kommandos

help	Gibt eine Liste der erlaubten Kommandos aus.
abort {all | Drucker}	Terminiert aktive Spooler und deaktiviert den entsprechenden Drucker.
clean {all | Drucker}	Entfernt alle unvollständigen Dateien aus den übergebenen Druckerwarteschlangen.
disable {all | Drucker}	Deaktiviert die entsprechenden Drucker.
down {all | Drucker} *Nachricht*	Schaltet die übergebene Warteschlange ab, deaktiviert den Drucker und schreibt die angegebene *Nachricht* in die Druckerstatusdatei. Diese Meldung wird beim Aufruf von lpq ausgegeben.

enable {all |Drucker}	Aktiviert die angegebene Druckerwarteschlangen und erlaubt die Annahme neuer Jobs.
exit, quit	Beendet das Programm.
restart {all | Drucker}	Versucht, einen Drucker-Daemon (neu) zu starten.
start {all | Drucker}	Aktiviert Drucker und startet einen Drucker-Daemon für den angegebenen Drucker.
status {all | Drucker}	Gibt Status-Informationen über die momentan aktiven Drucker-Daemons und Warteschlangen aus.
stop { all | Drucker}	Stoppt Drucker-Daemon, nachdem der aktuelle Job abgearbeitet wurde und deaktiviert den Drucker.
topq Drucker [Job-Nr] [Benutzer]	
	Plaziert die angegebenen Jobs an die erste Stelle der Warteschlange.
up {all | Drucker}	Aktiviert eine Warteschlange und startet einen Drucker-Daemon.

`lpq` [Optionen] [Jobnummern] [Benutzer]

lpq

Gibt Information über aktuellen Zustand von Druckerwarteschlangen aus.

Mögliche Optionen:

-l   Ausführliche Statusmeldung für jeden Job.
-P *Name* Wählt Druckerwarteschlange aus.

`lpr` [Optionen] [Dateien]

lpr

Schickt Dateien an eine Druckerwarteschlange. Alternativ können die Daten auch über die Standardeingabe gedruckt werden. Ohne Optionen wird auf die lp-Warteschlange ausgegeben.

Mögliche Optionen:

-#*n*   Erzeuge *n* Kopien der übergebenen Dokumente.

-C *Text*	Druckt eine Jobklassifikation auf die Titelseite.
-h	Unterbindet die Ausgabe eines Headers vor einem Druckerjob.
-J *Job*	Druckt einen Jobnamen auf die Titelseite.
-m	Schickt dem Benutzer eine Mail, nachdem der Job abgearbeitet wurde.
-P *Name*	Wählt die angegebene Druckerwarteschlange aus.
-r	Löscht Datei nach erfolgreichem Ausdruck (mit Option -s).
-s	Datei wird nicht in den Spoolbereich kopiert, sonder gelinkt. Daher darf die Druckerdatei während des Ausdrucks nicht gelöscht werden.
-U *Benutzer*	Druckt den Benutzernamen auf die Titelseite.

lprm [Optionen] [Jobnummern] [Benutzer]

lprm

Entfernt Einträge aus einer Druckerwarteschlange. Als Auswahlkriterium können Jobnummern oder Benutzernamen übergeben werden. Wird kein Argument angegeben, so wird nur der aktive Job entfernt.

Mögliche Optionen:

-	Löscht alle Einträge einer Warteschlange.
-P Name	Wählt Druckerwarteschlange aus.

ls [Optionen] [Dateien]

ls

Zeigt den Inhalt von Verzeichnissen und listet Dateien auf. Sind keine Namen angegeben, so wird der Inhalt des aktuellen Verzeichnisses aufgelistet. Sind Namen angegeben, so werden nur die Dateien aufgelistet die zu einem der Namen (mit Wildcards) passen.

Mögliche Optionen:

-a	Zeigt alle Dateien an, auch solche, die mit einem Punkt beginnen.
-A	Wie Option -a, Einträge '.' und '..' werden jedoch unterdrückt.
-B	Ignoriert Backup-Dateien, die auf Tilde (~) enden.

461

-b	Zeigt nicht druckbare Zeichen als Oktalzahlen an.
-c	Sortiert Dateien nach dem Zeitpunkt der letzten Status-änderung.
-C	Zeigt nur die Dateinamen mehrspaltig an (Default)
-d	Zeigt bei Angabe von Verzeichnisnamen nur das Verzeichnis selbst und nicht seinen Inhalt.
-f	Führt bei der Ausgabe keinerlei Sortierung durch.
-F	Fügt in der Ausgabe an jeden Dateinamen ein spezielles Zeichen an, das den Typ der Datei zeigt (normale Datei, Verzeichnis, ausführbare Datei, Link, ...).
-G	Unterdrückt die Ausgabe der Gruppe im langen Format.
-i	Gibt zu jeder Datei den zugehörigen i-Node aus.
-k	Zeigt Dateigröße in Kilobyte an.
-l	Langes Ausgabeformat. Jede Datei wird in einer Zeile zusammen mit seinen Zugriffsrechten, Besitzer, Gruppe, Größe etc. angezeigt.
-L	Zeigt bei symbolischen Links die Datei oder das Verzeichnis, auf das der Link verweist anstelle des Links selbst.
-m	Gibt Dateinamen zeilenweise durch Komma getrennt aus.
-n	Gibt UID und GID numerisch aus.
-r	Gibt Dateien in umgekehrter Sortierreihenfolge aus.
-R	Listet rekursiv Unterverzeichnisse und deren Inhalt.
-s	Gibt die Dateigröße in Kilobyte vor dem Dateinamen aus.
-S	Sortiert Ausgabe nach der Dateigröße.
-t	Sortiert die Ausgabe nach dem Datum der letzten Änderung. Neuere Dateien werden zuerst aufgelistet.
-u	Sortiert die Ausgabe nach dem Zeitpunkt des letzten Dateizugriffs.
-x	Gibt Dateien in horizontal sortierten Spalten aus.
-X	Sortiert die Ausgabe nach der Dateiextension.

m4 [Optionen] [Dateien]

Makro-Prozessor, der für verschiedene Programmdateien, im GNU-Autoconf-System und für `fvwm`-Konfigurationsdateien verwendet wird. Die Sprache wird im Info-System beschrieben.

mail [Optionen] [Adressen]

Programm zum Lesen und versenden von E-Mail. Benutzer sollten besser das Programm `pine` oder ein grafischer Mail-Reader verwendet werden. `mail` eignet sich aber hervorragend zum einfachen Versand von Textdateien, da der Inhalt über die Standardeingabe übergeben werden kann.

Beispiel:

```
mail linux@fh-heilbronn.de < Kritik.txt
```

make [Optionen] [Targets]

Liest ein Makefile und aktualisiert ein oder mehrere Targets. `make` wird meist zum Übersetzen von Quelldateien verwendet. Es wird detailiert im Info-System beschrieben.

Mögliche Optionen:

-C *Verzeichnis*	Wechselt in das übergebene Unterverzeichnis ehe ein Makefile gelesen wird.
-d	Gibt zusätzliche Debug-Information aus.
-e	Environment-Variable überschreiben entsprechende Variable im Makefile.
-f *Makefile*	Benutzt das angegebene *Makefile*.
-I *Verzeichnis*	Sucht im angegebenen *Verzeichnis* nach importierten Makefiles.
-k	Bricht bei Fehlern nur das aktuelle Target ab, nicht den gesamten Make-Vorgang
-n	Gibt nur Kommandos aus, ohne sie auszuführen.
-p	Gibt interne Makrodefinitionen aus.
-r	Benutzt keine default-Regeln
-s	Unterdrückt Bildschirmausgaben.

-t   Versieht die zu bearbeitenden Dateien mit dem aktuellen Datum, ohne die entsprechende Operation darauf auszuführen.

-w   Gibt vor und nach der Ausführung einer Operation das aktuelle Arbeitsverzeichnis aus.

---

man [Optionen] [[Sektion] Name]

man

Gibt Online Manualpages seitenweise auf dem Bildschirm aus. Diese stehen in einem Unterverzeichnis unter /usr/man oder in anderen Verzeichnissen, die in der Environment-Variable MANPATH aufgelistet sind.

Mögliche Optionen:

-a   Zeigt alle Manualpages an, die auf den übergebenen Namen passen.

-f   Entspricht dem Kommando whatis.

-h   Gibt eine Hilfsseite aus.

-k   Entspricht dem Kommando apropos.

-M *Pfad*   Spezifiziert eine Liste zusätzlicher Verzeichnisse, in denen nach Manualpages gesucht werden soll (siehe MANPATH).

-w   Gibt nicht den Inhalt sondern den Zugriffspfad einer Manualpage aus.

---

mesg [y | n]

mesg

Legt fest, ob andere Benutzer Meldungen mit write auf das Terminal schreiben können. Wird mesg ohne Option aufgerufen, so wird der aktuelle Status ausgegeben.

---

mkdir [Optionen] Verzeichnisse

mkdir

Erzeugt Verzeichnisse.

Mögliche Optionen:

-m *Rechte*   erzeugt das neue Verzeichnis mit den angegebenen Zugriffsrechten

-p Wird ein Verzeichnispfad übergeben, bei dem einzelne Unterverzeichnisse nicht existieren, so werden diese ebenfalls erzeugt.

`more` [Optionen] [Dateien]

Gibt Dateien seitenweise aus. Mit **\<Enter\>** kann eine Zeile weitergeblättert werden, mit der Leertaste eine ganze Seite. **\<h\>** zeigt eine Hilfe mit allen Kommandos an und mit **\<q\>** kann der Befehl beendet werden. Wird keine Datei angegeben, so liest `more` von der Standardeingabe.

Mögliche Optionen:

+# Beginnt mit der übergebenen Zeilennummer.

-d Gibt am Seitenende die Zeile "Press space to continue, 'q' to quit." aus.

-f Zählt beim Seitenumbruch logische statt Bildschirmzeilen. Umgebrochene Zeilen werden einfach gezahlt.

-l Ignoriert Formfeed Steuerzeichen (^L).

-s Unterdrückt die Ausgabe mehrfacher Leerzeilen.

-u Unterdrückt Unterstreichungen.

---

mtools

Eine Reihe von Kommandos, die den einfachen Zugriff auf MS-DOS Dateisysteme erlauben. Im Normalfall werden diese zum Bearbeiten von Disketten genutzt. Der Zugriff auf eine DOS-Partition einer Festplatte ist einfacher, wenn diese gemountet wird (siehe `mount`). Die einzelnen Kommandos entsprechen weitgehend den DOS-Befehlen. Das bedeutet, man kann auf Floppy-Laufwerke mit den unter DOS üblichen Buchstabenbezeichnern (A.:, B:) zugreifen, wenn diese in der Datei `/etc/mtools` richtig konfiguriert wurden.

Kommandos

mattrib Modifiziert Dateiattribute.

mcd Wechselt das aktuelle Verzeichnis

mcopy Kopiert Dateien.

mdel Löscht Dateien.

mdir   Gibt das Inhaltsverzeichnis aus.

mformat Versieht eine bereits low-level-formatierte Diskette mit einem DOS-Dateisystem.

mlabel   Ändert das Volume-Label.

mmd   Erzeugt ein Unterverzeichnis.

mrd   Löscht ein Unterverzeichnis.

mren   Benennt eine Datei um.

mtype   Gibt den Inhalt einer Datei aus.

---

mount [Optionen] [Device] [Mount-Punkt]

mount

Bindet neue Dateisysteme in den Verzeichnisbaum ein. Ein Dateisystem wird an einer definierten Stelle in den UNIX-Dateibaum eingehängt. Nicht angegebene Parameter werden den Einträgen der Datei /etc/fstab entnommen.

Mögliche Optionen:

-a   Mountet alle in /etc/fstab angegebenen Dateisysteme automatisch.

-f   Unterdrückt den eigentlichen mount-Systemaufruf (sinnvoll mit Option -v).

-n   Unterdrückt Einträge in /etc/mtab.

-o Opts Zusätzliche Optionen, die vom jeweiligen Dateisystem abhängig sind.

Allgemeine Optionen:

async   Alle Ein- und Ausgabe erfolgen asynchron.

auto   Dateisystem kann über die -a Option gemountet werden.

defaults Standard-Optionen:
rw, suid, dev, exec, auto, nouser, async

dev   Erlaubt die Verwendung von Zeichen- und Blockgeräten.

exec   Erlaubt das Ausführen von Kommandos.

noauto Kann nur explizit, nicht über die Option -a, gemountet werden.

nodev   Unterbindet die Verwendung von Zeichen- und Blockgeräten.

noexec Unterbindet das Ausführen von Kommandos.

nosuid   SUID- und SGID-Bit hat keine Wirkung.

nouser   Verbietet einem normalen Benutzer das Mounten von Dateisystemen.

remount   Erlaubt das erneute Mounten eines Dateisystems, z.B. um Mount-Optionen zu ändern.

ro   Mountet das Dateisystem nur lesbar. Diese Option muß beim Mounten von CD-ROM Dateisystemen angegeben werden.

rw   Mountet das Dateisystem zum Lesen und Schreiben.

suid   Ermöglicht die Ausführung von SUID- und SGID-Kommandos.

sync   Alle Ein- und Ausgabeoperationen erfolgen synchron.

user   Erlaubt einem normalen Benutzer das Mounten dieses Dateisystems.

Dateisystemabhängige Optionen:

case={lower|asis}   (hpfs) legt Groß-/Kleinschreibung fest.

check=*Wert* (ext2) ermöglicht Wahl der Konsistenzprüfungen vor dem Mounten eines Dateisystems

    none   keine Überprüfungen durchführen

    normal   i-Node- und Block-Bitmap werden geprüft (Default)

    strict   Prüft zusätzlich die Konsistenz der freien Blöcke.

check=*Wert* (msdos) legt fest, in welcher Form Dateinamen angegeben werden dürfen

    relaxed   Groß-/Kleinschreibung werden identisch behandelt, lange Dateinamen werden am Ende abgeschnitten.

    normal   Spezialzeichen wie *, ?, <, ... werden nicht akzeptiert (Default)

    strict   Keine langen Dateinamen und keine Spezialzeichen.

conv=*Wert* legt fest, ob beim Zugriff auf das Dateisystem eine Konvertierung der Zeilenendezeichen erfolgen soll (msdos, hpfs, iso9660).

    binary   Keine Konvertierung durchführen (Default).

text	CRLF/LF-Konvertierung wird bei allen Dateien durchgeführt.
auto	Konvertierung wird nicht auf Dateien mit der folgenden Extension durchgeführt: exe, com, bin, app, sys, drv, ovl, ovr, obj, lib, dll, pif, arc, zip, lha, zoo, tar, z, arj, tz, taz, tzp, tpz, gif, bmp, tif, gl, jpg, pcx, tfm, vf, gf, pk, pxl, dvi
block=*Wert*	legt bei iso9660-Dateisystemen die Blockgröße fest.
cruft	setzt das sog. *cruft*-Flag, um einen Fehler in bestimmten CD-ROM-Premastering-Programmen zu umgehen (iso9660)
debug	Erzeugt Debug-Meldungen (ext2, msdos).
errors=*Wert*	Legt Fehlerbehandlung feste (ext2).
continue	Keine spezielle Fehlerbehandlung (Default).
remount ro	Das Dateisystem wird neu, nur lesbar gemountet
panic	Erzwingt im Fehlerfall eine Kernel-Panic.
fat=*Wert*	Überschreibt den automatisch erkannten Wert für den FAT-Typ. Mögliche Werte sind 12 und 16 (msdos).
gid=*Wert*	Legt die GID für jede Datei des Dateisystems fest. (msdos, hpfs)
grpid	Neue Dateien erhalten dieselbe GID wie das Verzeichnis, in dem sie erzeugt werden (ext2).
nocheck	Entspricht check=none (ext2).
nogrpid	Neue Dateien erhalten die GID des erzeugenden Prozesses, wie das bei System V der Fall ist (ext2, Default).
norock	Schaltet die Rockridge-Erweiterungen ab. Es gibt dann keine Groß- bzw. Kleinschreibung und keine langen Dateinamen mehr. (iso9660).
quiet	Unterdrückt beim Versuch die Kommandos chmod oder chown auszuführen entsprechende Fehlermeldungen (msdos).
sb=*Wert*	Benutzt einen alternativen Superblock an der Übergebenen Blockposition. Normalerweise

befindet sich ein solcher an den Positionen 1, 8193, 16385, ...(ext2).

sysvgroups Siehe nogrpid.

uid=*Wert* Legt die GID für jede Datei des Dateisystems fest. (msdos, hpfs)

umask=*Wert* Legt die umask für Dateien fest (msdos, hpfs).

-r Dateisystem wird nur lesbar gemountet.

-t Typ Mountet Dateisystem eines bestimmten Typs (Default ist minix). Mögliche Werte sind minix, ext, etx2, xiafs, msdos, hpfs, proc, nfs, iso9660, sysv, xenix, coherent

-v Gibt ausführliche Meldungen aus.

---

mv [Optionen] Pfade Ziel

Bewegt Dateien und Verzeichnisse oder benennt sie um. Existiert das Ziel schon und ist es eine Datei, so wird sie überschrieben. Ist es ein Verzeichnis, so werden die angegebenen Dateien und Verzeichnisse in das existierende Verzeichnis verschoben. Existiert das Ziel noch nicht, so kann nur eine Datei oder ein Verzeichnis als Quelle angegeben werden und es wird zu Ziel umbenannt.

Mögliche Optionen:

-b Erzeugt vor dem Überschreiben einer Datei ein Backup.

-f Fragt bei existierenden Dateien vor dem Überschreiben nicht nach.

-i Fragt bei jeder Datei vor dem Überschreiben nach.

-u Verschiebt Dateien nur wenn diese neuer ist als die gleichnamige Zieldatei.

-S Siehe cp Kommando.

-V Siehe cp Kommando.

---

nice [-n Wert | -Wert] Kommandos [Argumente]

Führt Kommandos mit höherem Nice-Wert, also mit niedrigerer Priorität aus. nice ist meist schon in die Shell integriert. Der maximale Nice-Wert ist 19. Dem Systemadministrator ist auch die Angabe von negativen Werten bis -20 möglich. Ohne Angabe wird ein Nice-Level von 10 verwendet.

nm [Optionen] Dateien

Gibt die Symboltabelle von Objektdateien oder Libraries aus.

nohup Kommando [Argumente] &

Dieser Befehl ist meist in die Shell eingebaut. Er verhindert daß das angegebene Kommando beim Beenden der Shell ebenfalls beendet wird.

nroff [Optionen] Dateien

Formatiert Dateien, die entsprechende Format-Anweisungen enthalten für die Ausgabe auf dem Bildschirm oder Drucker (siehe auch groff).

openwin

Shell-Script zum Starten der X11 Umgebung.

passwd [Benutzer]

Ändert das eigene Paßwort. Der Systemverwalter kann optional das Paßwort anderer Benutzer ändern.

pr [Optionen] [Dateien]

Bereitet Textdateien zum Druck vor. Der Dateiinhalt wird seitenweise aufbereitet und mit einer Titelzeile versehen. Diese enthält das Datum, den Dateinamen und die Seitennummer.

Mögliche Optionen:

+Seite	Beginnt den Ausdruck ab der angegebenen *Seite*.
-Spalte	Erzeugt mehrspaltige Ausgabe.
-a	Stellt Spalten nebeneinander statt untereinander dar.
-c	Gibt nicht druckbare Zeichen in der '^'-Notation aus.
-d	Zweizeiliger Ausdruck.

-e[*Zeichen*[*Breite*]]

 Ersetzt beliebige *Zeichen* durch eine Anzahl von Leerzeichen. Standardmäßig werden Tabulator-Zeichen durch 8 Leerzeichen ersetzt.

-f Gibt am Seitenende ein Formfeed aus, anstatt eine Reihe von Leerzeilen zu generieren.

-h Text Ersetzt den Dateinamen in der Titelzeile durch den übergebenen Text.

-i[*Zeichen*[*Breite*]]

 Umgekehrte Funktionalität wie in Option -e.

-l Länge Legt die *Länge* einer Seite fest. Der Standardwert ist 66.

-n[*Zeichen*[*Breite*]]

 Gibt vor jeder Zeile eine fortlaufende Nummer aus. Optional kann ein *Zeichen* übergeben werden, das die Nummer vom Text trennt und die *Breite* der Nummer festgelegt werden.

-o *Breite* Erzeugt einen linken Rand der übergebenen *Breite*.

-r Unterdrückt Fehlermeldungen für Dateien, die nicht geöffnet werden können.

-t Unterdrückt die Ausgabe des Kopf- und Fußbereichs.

-v Gibt nicht druckbare Zeichen in Oktaldarstellung aus.

-w Legt die Seitenbreite in Zeichen fest. Der Standardwert ist 72.

-x Gibt Prozesse aus, die keinem Terminal zugeordnet sind.

---

ps [Optionen]

Gibt eine Liste von momentan vorhandenen Prozessen aus.

ps

Mögliche Optionen:

-a Zeigt die Prozesse aller Benutzer an.

-h Unterdrückt die Kopfzeile.

-j Gibt Prozeß-Gruppen-Id und Session-Id aus.

-l Ausführliches Ausgabeformat.

-m Gibt eine Übersicht der Speicherplatzbelegung aus.

-r Listet nur die momentan laufenden Prozesse.

-s Gibt Informationen über Signalstatus aus.

-u   Gibt den Namen des Prozeßeigentümers und die Startzeit aus.

-w   Unterdrückt das Abschneiden der Kommandozeilen bei breiten Ausgaben.

---

pwd

pwd

Gibt den kompletten Pfad des aktuellen Verzeichnisses aus.

---

rcp [Optionen] Quellen Ziel

rcp

Kopiert Dateien zwischen verschiedenen Rechnern. Die Quellen und das Ziel haben die Form User@Host:Pfad, wobei User@ weggelassen werden kann. In diesem Fall wird der aktuelle Benutzername verwendet. Für lokale Dateien wird nur der Pfad angegeben.

Mögliche Optionen:

-r   Kopiert rekursiv Unterverzeichnisse und deren Inhalt.

-p   Behält beim Kopieren die Dateiattribute (Datum, Zugriffsrechte) bei.

---

rlogin [Optionen] Host

rlogin

Stellt ähnlich wie telnet eine Verbindung zum angegebenen Host her, und loggt sich dort ein. Ist der aktuelle Benutzer auf dem entfernten Rechner in den Dateien .rhosts oder /etc/hosts.equiv eingetragen, so muß er kein Paßwort angeben.

Mögliche Optionen:

-l *Name*   Verwendet *Name* als Benutzername auf dem entfernten Rechner.

---

rm [Optionen] Dateien

rm

Löscht eine oder mehrere Dateien. Zum Löschen einer Datei benötigt man Schreibberechtigung im Verzeichnis, in dem die

Datei steht. Falls die Datei schreibgeschützt ist, wird jedoch nachgefragt. Verzeichnisse selbst werden mit rmdir gelöscht.

Mögliche Optionen:

-f Löscht Dateien ohne nachzufragen, auch wenn sie schreibgeschützt sind.

-i Fragt vor dem Löschen jeder Datei nach.

-r Löscht rekursiv Unterverzeichnisse und ihren Inhalt.

-v Gibt beim Löschen den Dateinamen aus.

---

rmdir [Optionen] Verzeichnisse

Löscht Unterverzeichnisse. Damit ein Verzeichnis gelöscht werden kann, muß es leer sein. Alternativ kann rm mit der Option -r verwendet werden, was Unterverzeichnisse mit ihrem Inhalt löscht.

rmdir

---

rsh [Optionen] Host [Kommandos]

Führt Kommandos auf einem entfernten Rechner aus. Der Zugriff muß dazu allerdings über einen Eintrag in /etc/hosts.equiv bzw. ~/.rhosts gestatten sein.

rsh

Mögliche Optionen:

-l Benutzer Versucht das übergebene Kommando unter einem anderen Benutzernamen auszuführen.

-n Lenkt Standardeingabe auf /dev/null um (behebt Probleme mit csh)

Beispiel

rsh -l uhl zeus.demo.de ls

    führt das Kommando ls als Benutzer uhl auf der Maschine zeus.demo.de aus.

---

sdiff [Optionen] Datei1 Datei2

Vergleicht zwei Dateien und gibt die Unterschiede nebeneinander in zwei Spalten aus (siehe auch diff). Diese Ausgabeform ist leichter lesbar, als die von diff. Zeilen die in einer der beiden

sdiff

Dateien nicht enthalten sind werden durch '<' bzw. '>' markiert. Zwei unterschiedliche Zeilen lassen sich durch ein '|'-Zeichen erkennen.

---

sed [Optionen] [Dateien]

Ändert Dateien ohne Interaktion mit dem Benutzer. Dieser Befehl wird meist in Shellscripten verwendet um Text zu ersetzen, zu löschen oder einzufügen. Wird keine Datei angegeben, so arbeitet sed mit der Standardeingabe.

Mögliche Optionen:

-e '*Anweisungen*'   Führt die Editieranweisungen mit den angegebenen Dateien aus.

-f *Script-Datei*   Liest die Editieranweisungen aus der *Script-Datei*.

-n   unterdrückt die Ausgabe der Eingabezeilen auf dem Bildschirm.

---

shutdown [Optionen] Zeitpunkt [Meldung]

Ändert den Runlevel des Systems oder beendet das System. Als Argument kann ein Zeitpunkt und eine Warnmeldung übergeben werden. Soll der Shutdown sofort erfolgen, so kann als Zeitpunkt "now" übergeben werden.

Mögliche Optionen:

-c   Unterbricht einen laufenden Shutdown.

-h   Stoppt das System nach dem Beenden aller Prozesse und Unmounten der Dateisysteme.

-k   Führt den eigentlichen Shutdown nicht durch, gibt nur eine entsprechende Warnung aus.

-r   Rebootet das System am Ende

-t *Sek*   Verzögerung zwischen der Ausgabe der Warnmeldung und dem Senden der Kill-Signale.

sleep Zeit

Wartet die angegebene Zeit in Sekunden. Dieser Befehl wird meist in Shellscripten verwendet.

---

sort [Optionen] [Dateien]

Sortiert die Zeilen in den angegebenen Dateien. Sind keine Dateien angegeben, so wird die Standardeingabe verarbeitet.

Mögliche Optionen:

+n-m	Legt den Sortierschlüssel zwischen den Feldern n und m fest.
-b	Führende Leerzeichen werden unterdrückt.
-c	Überprüft, ob die übergebenen Dateien bereits sortiert sind. Ist dies nicht der Fall, so wird mit einer Fehlermeldung abgebrochen.
-d	Ignoriert bei der Sortierung Interpunktionszeichen.
-f	Unterscheidet nicht zwischen Groß-/Kleinschreibung
-i	Ignoriert nicht druckbare ASCII-Zeichen.
-m	Mischt die beiden Eingabedateien.
-M	Interpretiert die ersten drei Zeichen als Monatsname (JAN, FEB, ..., DEC) und sortiert nach Monaten.
-n	Sortiert numerisch.
-o *Datei*	Lenkt die Standardausgabe in eine Datei um.
-r	Umkehrung der Sortierreihenfolge.
-t*Zeichen*	Legt den Spaltentrenner fest. Standardeinstellung ist Leerzeichen oder Tabulator.
-u	Doppelte Zeilen werden entfernt.

Beispiel

```
sort +2n -t: /etc/passwd
```
> Sortiert die Paßwortdatei numerisch nach dem Inhalt der dritten Spalte.

---

strings [Optionen] Dateien

Sucht nach Zeichenketten in Binär- und Objektdateien oder Programmen. Als Zeichenketten gelten dabei Sequenzen mit 4 oder mehr druckbaren Zeichen, die mit null terminiert sind.

Mögliche Optionen:

-a   Normalerweise wird bei Objektdateien nur das Code- und das Datensegment durchsucht. Diese Option sorgt dafür, daß die gesamte Datei bearbeitet wird.

-f   Jeder Zeichenkette wird der entsprechende Dateiname vorangestellt.

-n   Legt die minimale Länge einer Zeichenkette fest (Standardwert ist 4).

-o   Gibt die Position einer Zeichenkette in Bytes aus.

---

strip [Optionen] Dateien

strip

Entfernt Symbol-, Debug-, Zeilennummern-, und andere Informationen aus Objektdateien und Programmen und reduziert damit ihre Größe.

---

stty [Optionen] [Modi]

stty

Setzt Terminal-IO Modi. Dazu gehören allgemeine Einstellungen des Terminals wie Geschwindigkeit und Handshaking oder die Funktion von Sonderzeichen. Eine Liste aller möglichen Einstellung bekommt man mit der Option --help.

Mögliche Optionen:

-a   Gibt alle aktuellen Einstellungen aus.

--help   Gibt einen Hilfetext aus.

---

su [-] [Benutzer] [Argumente]

su

Startet eine neue Shell als anderer Benutzer. Dieses Programm wird verwendet um sich auf einem Terminal einzuloggen, das bereits von einem anderen Benutzer verwendet wird. Ohne Angabe eines Benutzers wird eine root-Shell geöffnet. Die neue Shell wird durch Eingabe von exit oder **<Strg-d>** beendet. Wird '-' als Option angegeben, so wird beim Starten der neuen Shell der gesamte Login-Prozeß durchlaufen. Außerdem können mit der Option -c auch einzelne Befehle unter einer anderen Benutzerkennung gestartet werden.

`tail` [Optionen] [Dateien]

Gibt die letzten 10 Zeilen der angegebenen Dateien aus.

Mögliche Optionen

-c [*b*|*k*|*m*] Gibt die letzten *n* Bytes aus. Angabe kann in Blöcken (*b*), Kilo- (*k*), oder Megabytes (*m*) erfolgen.

-f Beendet nicht nach der Ausgabe der letzten Zeilen sondern wartet darauf, daß in die Datei geschrieben wird. Sobald neue Zeilen an die Datei angefügt werden, werden sie ausgegeben. In diesem Modus kann das Programm mit BREAK (**<Strg-C>**) abgebrochen werden. Der Modus eignet sich besonders zur Überwachung von Logdateien.

-n Gibt die letzten n Zeilen aus.

-v Gibt den Dateinamen als Titelzeile aus.

`talk` Benutzer[@Host] [tty]

Stellt eine `talk`-Verbindung zum angegebenen Benutzer her. Ist der andere Benutzer auf mehreren Terminals eingeloggt, so kann das zu verwendende Terminal in der Kommandozeile angegeben werden. Bei einer `talk`-Verbindung wird das Terminal in zwei Hälften geteilt und die eigenen Eingaben werden in der oberen Hälfte, die Eingaben des anderen Benutzers in der unteren Hälfte dargestellt. Eine Verbindung wird mit **<Strg-C>** beendet. Leider gibt es zwei inkompatible Versionen von talk, so daß die Verbindung zu unterschiedlichen Plattformen nicht immer erfolgreich zustande kommt.

`tar` [Optionen] [Archiv] [Dateien]

Verwaltet tar-Archive (ursprünglich auf Bändern). Mit diesem Befehl können Dateien in ein Archiv geschrieben oder aus einem Archiv gelesen werden. Als Parameter muß mindestend eine der folgenden Operationen übergeben werden:

Mögliche Operationen:

-c   Erstellt eine Archiv.

-r   Fügt Dateien an ein Archiv an (nicht auf Bändern).

-t   Gibt den Inhalt eines Archivs aus.

-u   Fügt Dateien an ein Archiv an, falls sie noch nicht enthalten sind oder geändert wurden (nicht auf Bändern).

-x   Extrahiert Dateien aus einem Archiv.

Weitere Optionen:

-b *n*   Setzt den Blockingfaktor auf *n*.

-f *Archiv*   Gibt das *Archiv* an. Es kann eine normale Datei oder eine Device-Datei wie `/dev/rmt0` für ein Bandlaufwerk oder `/dev/fd0` für eine Diskette sein.

-h   Archiviert keine symbolischen Links, sondern referenzierte Dateien.

-k   Verhindert das Überschreiben vorhandener Dateien.

-L   Folgt symbolischen Links.

-m   Setzt die Änderungszeit beim Extrahieren von Dateien auf die aktuelle Zeit.

-M   Erzeugt oder extrahiert aus einem Multi-Volume-Archiv. Ein solches Archiv kann über mehrere Datenträger wie Disketten oder Bänder gehen.

-N *Datum*   Archiviert nur Dateien, die neuer als das übergebene *Datum* sind.

-o   Setzt den Besitzer beim Extrahieren von Dateien auf den aktuellen Benutzer.

-O   Extrahiert die Dateien auf die Standardausgabe.

-v   Gibt die Dateinamen beim Zufügen oder Extrahieren aus.

-z   Komprimiert das Archiv beim Erzeugen und dekomprimiert es beim Extrahieren.

Beispiele:

```
tar -cvf Archiv.tar *
```

Sichert alle Dateien und Unterverzeichnisse des aktuellen Verzeichnisses in ein Archiv namens Archiv.tar.

```
tar -cvf /dev/fd0  *.txt
```

Sichert alle Dateien des aktuellen Verzeichnisses mit der Endung `.txt` auf die Diskette im ersten Laufwerk.

```
tar -xvfb 20 /dev/rmt0
```
Extrahiert alle Dateien auf dem ersten Bandlaufwerk (Blockgröße 20)

```
tar -tvfz Archiv.tar.z
```
Listet den Inhalt eines komprimierten tar-Archivs.

---

tee [Optionen] [Dateien]

Dieses Programm wird als Filter verwendet. Es kopiert die Standardeingabe zur Standardausgabe und den angegebenen Dateien.

tee

Mögliche Optionen:

-a Fügt die über die Standardeingabe empfangenen Daten am Ende der Datei an, statt sie zu überschreiben.

-i Ignoriert Unterbrechungssignale.

---

telnet [Host [Port]]

Öffnet eine Verbindung zum angegebenen Rechner mit dem Telnet-Protokoll (siehe auch Seite 261). Optional kann eine Portnummer angegeben werden. Dies wird häufig zum Testen von Servern verwendet, die auf bestimmten Ports auf Verbindungen warten. Wird kein Host angegeben, so geht telnet in den Kommandomodus, in dem `telnet`-Befehle eingegeben werden können. Der Befehl `help` Listet alle wichtigen Kommando auf.

telnet

---

test Bedingung

Wertet die übergebene Bedingung aus und liefert im Falle eines wahren Ergebnisses eine Null, ansonsten einen Wert ungleich Null zurück. Alternativ kann die Bedingung auch in eckige Klammern gesetzt werden, was vor allem in Shellscripts ausgenutzt wird.

test

Dateien

-b *Datei*   *Datei* ist Block-Device.

-c *Datei*   *Datei* ist Character-Device.

-d *Datei*   *Datei* ist Verzeichnis.

-f *Datei*   *Datei* ist eine normale Datei.

-g *Datei*   Set-Group-ID-Bit (SGID) der *Datei* ist gesetzt.

-G *Datei*   Die effektive GID entspricht der Beseitzergruppe.

-k *Datei*   Sticky-Bit der *Datei* ist gesetzt.

-O *Datei*   Die effektive UID entspricht dem Dateibesitzer.

-p *Datei*   *Datei* ist Named Pipe.

-r *Datei*   *Datei* existiert und ist lesbar.

-s *Datei*   *Datei* ist größer als 0 Bytes.

-S *Datei*   *Datei* ist Socket.

-t [n]   Datei-Deskriptor n ist mit einem Terminal verbunden.

-u *Datei*   Set-User-Id-Bit (SUID) der *Datei* ist gesetzt.

-w *Datei*   *Datei* existiert und ist schreibbar.

-x *Datei*   *Datei* existiert und ist ausführbar.

d1 **-ef** *d2*   Datei *d1* und *d2* sind gelinkt.

d1 **-nt** *d2*   Datei *d1* ist neuer als Datei *d2*.

d1 **-ot** *d2*   Datei *d1* ist älter als Datei *d2*.

Zeichenketten

-n *z1*   Länge der Zeichenkette *z1* ist größer Null.

-z *z1*   Länge der Zeichenkette *z1* ist gleich Null.

z1   Zeichenkette *z1* ist ungleich Null.

z1 = *z2*   *z1* ist gleich *z2*.

z1 != *z2*   *z1* ist ungleich *z2*.

z1 < *z2*   *z1* ist lexikographisch kleiner als *z2*.

z1 > *z2*   *z1* ist lexikographisch größer als *z2*.

Nummerik

n1 **-eq** *n2*   *n1* ist gleich *n2*.

n1 **-ge** *n2*   *n1* ist größer oder gleich als *n2*.

n1 **-gt** *n2*   *n1* ist größer als *n2*.

n1 **-le** *n2*   *n1* ist kleiner oder gleich *n2*.

n1 **-lt** *n2* *n1* ist kleiner *n2*.

n1 **-ne** *n2*   *n1* ist ungleich *n2*.

Kombinationen

! *a1*   Wahr, falls Ausdruck *a1* falsch ist.

a1 **-a** *a2* Wahr, falls *a1* und *a2* wahr.

a1 **-o** *a2* Wahr, falls *a1* oder *a2* wahr.

Beispiele

```
if [ -f /etc/shadow ]
```
>Überprüft, ob die Datei /etc/shadow existiert.

if ["$res" != "j"]
>Ist der Inhalt der Variable res gelich "j"?

```
while [ -z "$res" ]
```
>Enthält die Variable res einen Leerstring?

---

time Kommando [Argumente]

Führt das angegebene Kommando aus und gibt danach die Ausführungszeit aus.

---

touch [Optionen] Dateien

Ändert die Zeit des letzten Zugriffs und der letzten Änderung von Dateien. Falls eine angegebene Datei nicht existiert, wird sie leer erstellt.

Mögliche Optionen:

-a   Ändert nur die Zeit des letzten Zugriffs.

-c   Verhindert das Erstellen von Dateien, die nicht existieren.

-m   Ändert nur die Zeit der letzten Änderung.

-r *Datei* Übernimmt die Zeit von einer übergebenen Referenzdatei.

-t *Wert* Setzt das Dateidatum und die Systemzeit auf den übergebenen Wert mit dem Format MMTTssmm (Monat, Tag, Stunde, Minuten).

---

tr [Optionen] [String1 [String2]]

Kopiert die Standardeingabe zur Standardausgabe und übersetzt dabei Zeichen oder löscht Zeichen. Wird in der Standardeingabe ein Zeichen aus String1 gefunden, so wird es durch das entsprechende Zeichen in String2 ersetzt.

Mögliche Optionen:

-c   Komplementiert die Zeichenmenge in String1
-d   Löscht Zeichen, die in String1 vorkommen.
-s   Unterdrückt mehrfach vorkommende Sequenzen in der Ausgabe.

---

troff [Optionen] [Dateien]

troff

Formatiert Dateien für Drucker oder Belichter (siehe auch nroff und groff)

---

true

true

Dieses Kommando gibt nur 0 ("erfolgreich") als Returncode zurück. Es wird vor allem in Shellscripten verwendet.

---

umask [Wert]

umask

Gibt den aktuellen Wert der Dateierzeugungsmaske als Oktalzahl aus oder setzt ihn. Diese legt fest, mit welchen Zugriffsberechtigungen eine neu erzeugte Dateien maximal versehen werden kann. Der umask-Wert wird dazu von den Permissions der zu generierenden Datei abgezogen.

---

uname [Optionen]

uname

Gibt Namen und Versionsnummer des vorliegenden Systems aus.

Mögliche Optionen:

-a   Gibt alle verfügbaren Informationen aus.
-m   Gibt Hardwaretyp (Prozessortyp) aus.
-n   Gibt Rechnernamen aus.
-r   Gibt Versionsnummer des Betriebssystems aus.
-s   Gibt den Namen des Betriebssystems aus.
-v   Gibt Datum und Uhrzeit der Compilation des Kernels aus.

uncompress [Optionen] [Dateien]

Stellt den Ursprungszustand einer mit `compress` komprimierten Datei wieder her.

Mögliche Optionen:

-c   Gibt den Dateiinhalt auf die Standardausgabe aus. `uncompress` verhält sich in diesem Fall wie das Kommando `zcat`.

---

uniq [Optionen] [Datei1[Datei2]]

Löscht aufeinanderfolgende, gleichlautende Zeilen in der zeilenweise sortierten Datei1 und gibt diese in Datei2 (bzw. auf die Standardausgabe) aus.

Mögliche Optionen:

-c   Gibt die Anzahl der Wiederholungen aus.

-d   Gibt nur Zeilen aus, die doppelt vorhanden sind.

-u   Gibt nur die Zeilen aus, die einfach vorhanden sind.

-n   Überspringt eine Anzahl von n Feldern (TAB und Leerzeichen sind Feldtrenner) bevor zwei Zeilen verglichen werden.

+n   Überspringt n Zeichen bevor es zum Vergleich kommt.

-w   Gibt die Anzahl der zu vergleichenden Zeichen an.

---

uptime

Gibt die aktuelle Uhrzeit, die Zeitspanne seit dem letzten Reboot, die Zahl der eingeloggten Benutzer und die momentane System-auslastung aus.

---

uudecode [Datei]

Dekodiert eine mit `uuencode` gewandelte Datei unter ihrem ursprünglichem Namen, Eigentümer und Zugriffsrechten.

---

uuencode [Datei1] Name

Kodiert Binärdateien so, daß sie als ASCII-Datei dargestellt und via Mail verschickt werden können. Eine kodierte Datei ist um 35% größer als das Original. Das Ergebnis wird auf die Standardausgabe geschrieben. Der übergebene Name entspricht dem Dateinamen nach dem Auspacken beim Empfänger.

vi [Optionen] [Dateien]

Fullscreen-Editor zur Bearbeitung von ASCII-Dateien. Basiert größtenteils auf ex. Funktioniert im allgemeinen auf allen Terminals.

w [Optionen] [Benutzer]

Zeigt die momentan eingeloggten Benutzer und deren Aktivität an. Ohne Parameter werden alle, bei der Übergabe eines Namens nur der ausgewählte Benutzer ausgegeben.

Mögliche Optionen:

-**h**   Unterdrückt die Ausgabe der Titelzeile.

-**f**   Bestimmt, ob das Login-Terminal ebenfalls ausgegeben werden soll.

-**s**   Kurzes Ausgabeformat.

wc [Optionen] [Dateien]

Zählt die in einer Textdatei befindliche Zahl an Zeichen, Worten und Zeilen.

Mögliche Optionen:

-**c**   Gibt nur die Anzahl der Zeichen aus.

-**l**   Gibt nur die Anzahl der Zeilen aus.

-**w**   Gibt nur die Anzahl der Worte aus.

whatis [Kommandos]

Gibt eine Kurzbeschreibung zu den übergebenen Kommandos aus dem Online-Manual aus.

which [Kommandos]

Gibt den Dateipfad der übergebenen Kommandos aus (meist internes Shell-Kommando).

who [Optionen] [Datei]

Gibt eine Liste der momentan eingeloggten Benutzer, deren Terminal, den Login-Zeitpunkt und den Namen des Rechners, vom dem aus der Login erfolgte, aus. Wird zusätzlich ein Dateiname übergeben, so wird diese Datei anstelle der /etc/utmp-Datei zur Auswertung herangezogen.

Mögliche Optionen:

am i Gibt die eigenen Daten aus.
-i Gibt die Zeitdauer an, in der der Benutzer inaktiv war.
-H Gibt eine Spaltenüberschrift aus.
-q Gibt nur die Login-Namen und die Zahl der Benutzer aus.
-w Zeigt an, ob der Benutzer mit write erzeugte Nachrichten akzeptiert (+) oder nicht (-).

write Benutzer [Terminal]

Gibt auf dem Terminal eines bestimmten Benutzers eine Nachricht aus. Die Nachricht wird von der Standardeingabe gelesen, bis die Eingabe durch EOF (**<Strg-d>**) abgebrochen wird.

xargs [Optionen] [Kommandos]

Führt ein Kommando mit den von der Standardeingabe gelesenen Argumenten (mehrfach) aus. So können beliebig lange Listen von Argumenten auch solchen Befehlen übergeben werden, die darauf nicht vorbereitet sind.

Mögliche Optionen:

-0 Dateinamen sind durch Null-Zeichen terminiert.
-e*String* Beendet die Abarbeitung, sobald die übergebene Zeichenkette in der Liste der Dateinamen erscheint (Standardwert ist '_').

-l*n*	Führt das Kommando mit *n* Argumenten aus.
-n*n*	Führt das Kommando mit maximal *n* Argumenten aus.
-p	Interaktive Abarbeitung, Benutzer muß mit 'y' antworten, ehe eine Kommando ausgeführt wird.
-s*n*	Jedes Argument darf maximal *n* Zeichen enthalten.
-t	Gibt das Kommando vor der Ausführung auf dem Bildschirm aus.

zcat [Dateien]

zcat

Dekomprimiert die übergebenen Dateien und gibt ihren Inhalt auf die Standardausgabe aus. Die komprimierte Datei bleibt dabei unverändert bestehen.

Anhang

16.1 Übersicht /etc-Dateien

Auf den folgenden Seiten werden die wichtigsten Konfigurationsdateien aufgelistet. Die meisten liegen im Verzeichnis /etc. Die Aufstellung bezieht sich in erster Linie auf die Slackware Distribution und entspricht nicht in allen Bereichen dem Linux-Filesystem Standard (FSSTND).

- **bootptab** - Konfigurationsdatei für den bootpd-Daemon.
- **csh.cshrc** - globale Definitionen für (t)csh.
- **csh.login** - globale Login-Shell Definitionen für (t)csh.
- **diphosts** - Liste von Maschinen, die eine SLIP-Verbindung aufbauen dürfen.
- **DIR_COLORS** - Konfigurationsdatei mit den Farbeinstellungen des ls-Kommandos.
- **disktab** - Datei zur Festlegung seltener Festplattenparameter für LILO
- **exports** - Datei, in der die per NFS exportierten Verzeichnisse definiert werden.
- **fdprm** - Parameter für Diskettenlaufwerke
- **fstab** - In dieser Datei stehen die Filesysteme und die Swap-Partitionen, die beim Booten gemounted bzw. aktiviert werden.
- **ftpaccess** - Konfigurationsdatei für den FTP-Daemon. Hier können Zugangsbeschränkungen und Nachrichten für den wu-ftpd oder diku-ftpd definiert werden.

487

- `ftpusers` - Konfigurationsdatei für den FTP-Daemon. Benutzer, die in dieser Datei stehen, können sich nicht per FTP einloggen.
- `gateways` - Datei mit Liste von Routern.
- `gettydefs` - Konfigurationsdatei für getty
- `group` - In dieser Datei stehen die Gruppen mit allen Benutzern, die zu der Gruppe gehören. Ist ein Benutzer mehreren Gruppen zugeordnet, so wird er in dieser Datei bei mehreren Gruppen angeben. In der Datei `passwd` ist nur seine primäre Gruppe angegeben.
- `gshadow` - Shadow-Datei für die Datei `group`
- `host.conf` - In dieser Datei wird die Reihenfolge der Suche nach einer IP-Adresse angegeben.
- `hosts` - Datei mit den Namen und IP-Adressen von anderen Rechnern. Diese Datei wird je nach Einstellung in der Datei `host.conf` vor oder nach einem Nameserver durchsucht, um die IP-Adresse eines Hosts zu finden.
- `hosts.allow` - Datei mit Rechnern, denen der Zugriff auf die lokalen Netzwerkdienste erlaubt ist (tcp-wrapper).
- `hosts.deny` - Datei mit Rechnern, denen der Zugriff auf die lokalen Netzwerkdienste verboten ist (tcp-wrapper).
- `hosts.equiv` - Liste von Rechnern, denen der Gebrauch der Berkeley r-Dienstprogramme erlaubt ist.
- `hosts.lpd` - Liste von Rechnern mit der Erlaubnis zum Zugriff auf lokale Drucker.
- `inetd.conf` - Konfigurationsdatei für den Daemon `inetd`. Hier wird angegeben, welcher Daemon bei einer Verbindung auf einem bestimmten Port gestartet werden soll.
- `inittab` - Konfigurationsdatei für den init-Prozeß. Hier werden den einzelnen Runlevels bestimmte Shell-Scripts zugeordnet.
- `issue` - Textdatei, die vor dem Login-Prompt ausgegeben wird. Normalerweise steht in dieser Datei der Name des Hosts und ein Begrüßungstext.
- `ld.so.cache` - Datei mit Konfigurationsdaten für den dynamischen Linker.
- `ld.so.conf` - Datei mit Pfaden unter denen Shared-Libraries zu finden sind.

- `lilo.conf` - Konfigurationsdatei für Linux Loader (LILO).
- `magic` - Datei, die eine Zuordnung von Bytemustern, die am Anfang einer Datei stehen, zu Dateitypen herstellt. Durch Suchen in dieser Datei kann der Typ einer anderen Datei festgestellt werden.
- `motd` - Textfile (message of the day), das normalerweise automatisch nach dem Einloggen angezeigt wird.
- `mtab` - Interne Tabelle für mount. In ihr sind die aktuell gemounteten Filesysteme eingetragen.
- `mtools` - Konfigurationsdatei der MTools.
- `named.boot` - Konfigurationsdatei für den Nameserver.
- `networks` - Datei, in der die IP-Adressen und Namen der bekannten Netzwerke vermerkt sind.
- `passwd` - Datei, in der die Benutzer definiert werden. Hier werden die User Ids, Benutzernamen, Login-Shells und die primären Gruppen definiert. die eigentlichen Paßworte stehen in der Datei shadow, die im Gegensatz zur passwd-Datei nur mit root-Privilegien gelesen werden kann.
- `printcap` - Datei zur Konfiguration der Druckerwarteschlangen.
- `profile` - Globale profile-Datei für Bourne-Shells (bash).
- `protocols` - In dieser Datei sind die TCP/IP-Pakettypen definiert.
- `resolv.conf` - Konfigurationsdatei für das TCP/IP-System. Hier wird der eigene Domainname und die Adresse des Nameservers eingetragen.
- `rpc` - Konfigurationsdatei für RPC-Server.
- `securetty` - Gibt an, über welche TTYs sich der Superuser einloggen darf.
- `services` - Datei, in der die TCP/IP-Ports den Services (Programmen) zugeordnet werden.
- `shadow` - Datei mit den verschlüsselten Paßwörtern der Benutzer
- `shells` - In dieser Datei werden die gültigen Shells des Systems eingetragen. Der FTP-Daemon überprüft beim Einloggen eines Benutzers als anonymous oder ftp, ob die Login-Shell des Benutzers in dieser Datei eingetragen ist. Wenn nicht, wird das Einloggen verweigert.

- `syslog.conf` - Konfigurationsdatei für den Syslog-Daemon.
- `termcap` - Konfigurationsdatei für die termcap-Library. Hier werden die Steuerzeichen der verschiedenen Terminaltypen definiert.
- `utmp, wtmp` - Protokolldateien, in denen das Ein- und Ausloggen von Benutzern festgehalten wird.
- `xmmounttab` - Konfigurationsdatei für xmmount
- `xvmounttab` - Konfigurationsdatei für xvmount

16.2   Übersicht /etc-Verzeichnisse

- `/etc/default` - Verzeichnis für Default-Parameter
  - `useradd` - Default Werte für den useradd-Befehl.
  - `getty.XXX` - Konfiguration des getty-Programms für den Port XXX.
  - `uugetty.XXX` - Konfiguration des uugetty-Programms für den Port XXX.
- `lilo` - Verzeichnis mit LILO-Installationsprogramm
- `skel` - Verzeichnis mit den Dateien, die bei useradd automatisch in das Home-Verzeichnis eines neuen Benutzers kopiert werden.
- `rc.d` - Verzeichnis mit Scripts die vom Prozeß beim Übergang in die jeweiligen Runlevels aufgerufen werden
  - `rc.0` - Script für Runlevel 0 (Shutdown des Systems)
  - `rc.6` - Script für Runlevel 6 (Login über xdm)
  - `rc.K` - Script für Singleuser-Mode
  - `rc.M` - Script für Multiuser-Betrieb (Runlevel 1-6)
  - `rc.S` - Script das beim Booten des Systems das Swapping aktiviert und die Dateisysteme auf Konsistenz prüft.
  - `rc.keymap` - Script zum Laden der länderspezifischen Tastatur-Tabellen
  - `rc.local` - Script zum Start lokaler Daemons
  - `rc.inet1` - Script zur Initialisierung der Netzwerkschnittstellen
  - `rc.inet2` - Script zum Start der Netzwerk-Daemons

– `rc.serial` - Script zur Konfiguration der seriellen
Schnittstellen

16.3 Konfiguration des Kernels

Die folgende Übersicht zeigt exemplarisch die Konfiguration des
Linux Kernels. Da diese sehr stark im Wandel ist, sind immer
Abweichungen möglich.

```
hermes:/usr/src/linux# make config

*
* General setup
*
Kernel math emulation (CONFIG_MATH_EMULATION) [n] n
Normal floppy disk support (CONFIG_BLK_DEV_FD) [y] y
Normal harddisk support (CONFIG_BLK_DEV_HD) [y] y
XT harddisk support (CONFIG_BLK_DEV_XD) [n] n
Networking support (CONFIG_NET) [y] y
Limit memory to low 16MB (CONFIG_MAX_16M) [n] n
PCI bios support (CONFIG_PCI) [n] n
System V IPC (CONFIG_SYSVIPC) [y] y
Kernel support for ELF binaries (CONFIG_BINFMT_ELF) [y] y
Use -m486 flag for 486-specific optimizations (CONFIG_M486) [y] y
*
* Networking options
*
TCP/IP networking (CONFIG_INET) [y] y
IP forwarding/gatewaying (CONFIG_IP_FORWARD) [n] y
IP multicasting (ALPHA) (CONFIG_IP_MULTICAST) [n] n
IP firewalling (CONFIG_IP_FIREWALL) [n] n
IP accounting (CONFIG_IP_ACCT) [n] n
*
* (it is safe to leave these untouched)
*
PC/TCP compatibility mode (CONFIG_INET_PCTCP) [n] n
Reverse ARP (CONFIG_INET_RARP) [n] n
Assume subnets are local (CONFIG_INET_SNARL) [y] y
Disable NAGLE algorithm (normally enabled) (CONFIG_TCP_NAGLE_OFF) [n] n
The IPX protocol (CONFIG_IPX) [n] y
*
* SCSI support
*
SCSI support? (CONFIG_SCSI) [n] y
*
* SCSI support type (disk, tape, CDrom)
*
Scsi disk support (CONFIG_BLK_DEV_SD) [y] y
Scsi tape support (CONFIG_CHR_DEV_ST) [n] y
Scsi CDROM support (CONFIG_BLK_DEV_SR) [n] y
Scsi generic support (CONFIG_CHR_DEV_SG) [n] n
*
* SCSI low-level drivers
*
Adaptec AHA152X support (CONFIG_SCSI_AHA152X) [n] n
Adaptec AHA1542 support (CONFIG_SCSI_AHA1542) [y] y
Adaptec AHA1740 support (CONFIG_SCSI_AHA1740) [n] n
Adaptec AHA274X/284X support (CONFIG_SCSI_AHA274X) [n] n
BusLogic SCSI support (CONFIG_SCSI_BUSLOGIC) [n] n
UltraStor 14F/34F support (CONFIG_SCSI_U14_34F) [n] n
Future Domain 16xx SCSI support (CONFIG_SCSI_FUTURE_DOMAIN) [n] n
Generic NCR5380 SCSI support (CONFIG_SCSI_GENERIC_NCR5380) [n] n
NCR53c7,8xx SCSI support (CONFIG_SCSI_NCR53C7xx) [n] y
Always IN2000 SCSI support (test release) (CONFIG_SCSI_IN2000) [n] n
PAS16 SCSI support (CONFIG_SCSI_PAS16) [n] n
QLOGIC SCSI support (CONFIG_SCSI_QLOGIC) [n] n
Seagate ST-02 and Future Domain TMC-8xx SCSI support (CONFIG_SCSI_SEAGATE) [n] n
Trantor T128/T128F/T228 SCSI support (CONFIG_SCSI_T128) [n] n
UltraStor SCSI support (CONFIG_SCSI_ULTRASTOR) [n] n
7000FASST SCSI support (CONFIG_SCSI_7000FASST) [n] n
EATA ISA/EISA (DPT PM2011/021/012/022/122/322) support (CONFIG_SCSI_EATA) [n] n
*
* Network device support
*
Network device support? (CONFIG_NETDEVICES) [y] y
```

```
Dummy net driver support (CONFIG_DUMMY) [n] n
SLIP (serial line) support (CONFIG_SLIP) [n] y
 CSLIP compressed headers (SL_COMPRESSED) [y] y
 16 channels instead of 4 (SL_SLIP_LOTS) [n] n
PPP (point-to-point) support (CONFIG_PPP) [n] y
PLIP (parallel port) support (CONFIG_PLIP) [n] n
Load balancing support (experimental) (CONFIG_SLAVE_BALANCING) [n] n
Do you want to be offered ALPHA test drivers (CONFIG_NET_ALPHA) [n] n
Western Digital/SMC cards (CONFIG_NET_VENDOR_SMC) [n] y
WD80*3 support (CONFIG_WD80x3) [n] n
SMC Ultra support (CONFIG_ULTRA) [n] y
AMD LANCE and PCnet (AT1500 and NE2100) support (CONFIG_LANCE) [n] n
3COM cards (CONFIG_NET_VENDOR_3COM) [y] y
3c501 support (CONFIG_EL1) [n] n
3c503 support (CONFIG_EL2) [n] n
3c509/3c579 support (CONFIG_EL3) [y] y
Other ISA cards (CONFIG_NET_ISA) [n] n
EISA, VLB, PCI and on board controllers (CONFIG_NET_EISA) [n] n
Pocket and portable adaptors (CONFIG_NET_POCKET) [n] y
AT-LAN-TEC/RealTek pocket adaptor support (CONFIG_ATP) [n] n
D-Link DE600 pocket adaptor support (CONFIG_DE600) [n] n
D-Link DE620 pocket adaptor support (CONFIG_DE620) [n] y
*
* CD-ROM drivers
*
Sony CDU31A/CDU33A CDROM driver support (CONFIG_CDU31A) [n] n
Mitsumi CDROM driver support (CONFIG_MCD) [n] n
Matsushita/Panasonic CDROM driver support (CONFIG_SBPCD) [n] n
*
* Filesystems
*
Standard (minix) fs support (CONFIG_MINIX_FS) [y] y
Extended fs support (CONFIG_EXT_FS) [n] n
Second extended fs support (CONFIG_EXT2_FS) [y] y
xiafs filesystem support (CONFIG_XIA_FS) [n] n
msdos fs support (CONFIG_MSDOS_FS) [y] y
umsdos: Unix like fs on top of std MSDOS FAT fs (CONFIG_UMSDOS_FS) [n] n
/proc filesystem support (CONFIG_PROC_FS) [y] y
NFS filesystem support (CONFIG_NFS_FS) [y] y
ISO9660 cdrom filesystem support (CONFIG_ISO9660_FS) [y] y
OS/2 HPFS filesystem support (read only) (CONFIG_HPFS_FS) [n] n
System V and Coherent filesystem support (CONFIG_SYSV_FS) [n] n
*
* character devices
*
Cyclades async mux support (CONFIG_CYCLADES) [n] n
Parallel printer support (CONFIG_PRINTER) [n] y
Logitech busmouse support (CONFIG_BUSMOUSE) [n] n
PS/2 mouse (aka "auxiliary device") support (CONFIG_PSMOUSE) [n] y
C&T 82C710 mouse port support (as on TI Travelmate) (CONFIG_82C710_MOUSE) [y] y
Microsoft busmouse support (CONFIG_MS_BUSMOUSE) [n] n
ATIXL busmouse support (CONFIG_ATIXL_BUSMOUSE) [n] n
Selection (cut and paste for virtual consoles) (CONFIG_SELECTION) [n] n
VESA Power Saving Protocol Support (CONFIG_VESA_PSPM) [n] n
QIC-02 tape support (CONFIG_QIC02_TAPE) [n] n
QIC-117 tape support (CONFIG_FTAPE) [n] n
*
* Sound
*
Sound card support (CONFIG_SOUND) [n] n
*
* Kernel hacking
*
Kernel profiling support (CONFIG_PROFILE) [n] n
Verbose scsi error reporting (kernel size +=12K) (CONFIG_SCSI_CONSTANTS) [y] y

The linux kernel is now hopefully configured for your setup.
Check the top-level Makefile for additional configuration,
and do a 'make dep ; make clean' if you want to be sure all
the files are correctly re-made

hermes:/usr/src/linux#
```

16.4   Kommerzieller Linux Support

Die folgenden Firmen bieten Dienstleistungen und Support im
Bereich Linux an:

Thinking Objects Software GmbH
Obere Heerbergstraße 17
97078 Würzburg
Tel. 0931/2877950
Fax. 0931/2877951
E-Mail: info@to.com
WWW: www.to.com

- Linux-Consulting
- Software-Entwicklung und Portierungen
- Linux-Hardware
- Linux-ISDN-Lösungen
- PC/Macintosh-Anbindungen
- Internet-Anbindung/Services
- Vertrieb von Linux-Software

Unifix Software GmbH
38106 Braunschweig
Tel. 0531 / 23880-0
Fax. 0531 / 338751
E-Mail: info@unifix.de

- Linux-Distribution
- Software-Entwicklung und Portierungen
- Erstellung kundenspezifischer CDs
- Linux -Support
- OSF/Motif für Linux

Anhang

16.5 Weitere Literatur

Andeleigh, Prabhat K.
UNIX System Architecture. Prentice Hall [1993]

Comer, Douglas E.
Internetworking with TCP/IP. Vol. 1-3, Prentice Hall [1991]

Flanagan, David
X Toolkit Intrinsics Reference Manual. Vol. 5, O'Reilly [1993]

Fuchssteiner B.
MuPAD - Benutzerhandbuch. Birkhäuser [1993]

Gilly, Daniel
UNIX in a Nutshell. O'Reilly [1992]

Gulbins, Jürgen
UNIX. Springer [1988]

Heller, Dan
XView Programming Manual. Vol. 7, O'Reilly [1991]

Heller, Dan
Motif Programming Manual. Vol. 6, O'Reilly [1992]

Hewlett Packard (Hrsg.)
Ultimate Guide to the Vi and Ex Text Editors.
Addison Wesley [1990]

Kernighan, Pike
Der UNIX-Werkzeugkasten. Hanser [1986]

Kopka, Helmut
LaTeX - Eine Einführung. Addison Wesley [1992]

Lippmann, Stanley B.
C++ Primer. Addison Wesley [1991]
Mui, Linda und Pearce, Eric
X Window System Administrator's Guide. Vol. 8, O'Reilly [1993]

Nye, Adrian
Xlib Programming Manual. Vol. 1, O'Reilly [1992]

Nye, Adrian
Xlib Reference Manual. Vol. 2, O'Reilly [1992]

Nye, Adrian und O'Reilly, Tim
X Toolkit Intrinsics Programming Manual.
Vol. 4, O'Reilly [1990]

Open Software Foundation
OSF/Motif Progammer's Guide. Prentice Hall [1993]

Open Software Foundation
OSF/Motif Progammer's Reference. Prentice Hall [1993]

Open Software Foundation
OSF/Motif Users's Guide. Prentice Hall [1993]

Quercia, Valerie und O'Reilly, Tim
X Window System User's Guide. Vol. 3, O'Reilly [1991]

Sanitfaller M.
TCP/IP und NFS in Theorie und Praxis. Addison Wesley [1993]

Schoonover, Michael A.
GNU Emacs - UNIX Text Editing and Programming

Addison Wesley [1992]

Hetze Sebastian und Müller, Martin
Linux Anwender Handbuch. Selbstverlag [1994]

Stapelberg, Stefan
UNIX System VR4 für Einsteiger und Fortgeschrittene.
Addison Wesley [1993]

Stevens, W. Richard
Advanced Programming in the UNIX Environment.
Addison Wesley [1992]

Stevens, W. Richard
UNIX Network Programming. Prentice Hall [1990]

Young, Douglas A.
X Window System, Programming and Applications with Xt .
Prentice Hall [1990]

Index

F

M

516

Y

Yard Software 331
YARD-SQL 331
Yggdrasil 82

Z

Zählen 484
Zahlensysteme 428
zcat 486
Zeichenketten 475
Zeichenkonversion 127
Zeichenprogramm 318; 319
Zeichensatz 321
Zeichensätze 147; 322
Zeilennummern 385
Zeilenumbruch 50
Zeit 440

Zeitpunkt 426
Zentralrechners 14
Zerlegen 437
zircon 291; 401
zlilo 111
Zmodem 342
Zugangsschutz 13
Zugriffsberechtigung 431
Zugriffsberechtigungen 136
Zugriffsgeschwindigkeit 48;
    82
Zugriffskontrolle 49
Zugriffspfad 250
Zugriffsrecht 20
Zugriffsrechte 13; 14; 20; 49;
    135; 268; 482
Zugriffszeit 481
Zugriffzeit 45
Zusatzhardware **89**
Zustandsinformation 244
Zyxel 130